立德崇能

PHOTOSHOP 2020 ANLI JIAOCHENG

Photoshop 2020 案例教程

（中文版）

严圣华　许　辉　查晓颖　主编

图书在版编目(CIP)数据

Photoshop 2020 案例教程/严圣华，许辉，查晓颖主编.—苏州：苏州大学出版社，2022.4（2024.7重印）
ISBN 978-7-5672-3836-7

Ⅰ.①P… Ⅱ.①严… ②许… ③查… Ⅲ.①图像处理软件-教材 Ⅳ.①TP391.413

中国版本图书馆 CIP 数据核字(2022)第 017923 号

书　　名：Photoshop 2020 案例教程
　　　　　Photoshop 2020 Anli Jiaocheng

主　　编：严圣华　许　辉　查晓颖
责任编辑：吴昌兴
装帧设计：吴　钰

出版发行：苏州大学出版社(Soochow University Press)
社　　址：苏州市十梓街 1 号　邮编：215006
印　　刷：常州市武进第三印刷有限公司
邮购热线：0512-67480030
销售热线：0512-67481020

开　　本：787 mm×1 092 mm　1/16　印张：21　字数：538 千
版　　次：2022 年 4 月第 1 版
印　　次：2024 年 7 月第 2 次印刷
书　　号：ISBN 978-7-5672-3836-7
定　　价：58.00 元

若有印装错误，本社负责调换
苏州大学出版社营销部　电话：0512-67481020
苏州大学出版社网址　http://www.sudapress.com
苏州大学出版社邮箱　sdcbs@suda.edu.cn

《Photoshop 2020 案例教程》

编 写 组

主　编　严圣华　许　辉　查晓颖

副主编　朱小荣　戈　璇　唐美燕

徐　英　杨凌霞　季林凤

茆　丹

参　编　徐　晔　周海燕　李　伟

孙振楠　傅俊哲　周　娟

鲁　毅　田素端

Preface 前言

《Photoshop 2020 案例教程》以循序渐进的方式讲解了 Photoshop 2020 的全部功能，全面系统地介绍了 Photoshop 2020 的基本操作方法和图形图像处理技巧，包括图像处理基础知识、Photoshop 2020 界面、绘制和编辑选区、绘制图像、修饰图像、编辑图像、绘制图形及路径、图层、文字、蒙版、调整图像的色彩和色调、使用通道与滤镜、案例实训等内容。

本书以项目为载体，以任务为主线，将 Photoshop 的相关知识点和应用操作技巧以实例的形式进行了详细的讲解。通过对各案例的实际操作，学生可以快速上手，熟悉软件功能和设计思路，快速地掌握图形图像的设计理念和设计元素，顺利达到实战水平。书中的练习题，可以拓展学生的实际应用能力，利于学生掌握软件的使用技巧。

本书适合广大 Photoshop 初学者，以及有志于从事平面设计、插画设计、包装设计、网页制作、三维动画设计、影视广告设计等工作的人员使用，同时也适合高职院校相关专业的学生和各类培训班的学员参考阅读。

限于篇幅，拓展练习和综合实训等内容放在苏州大学出版社教育资源服务平台(http://www.sudajy.com)上，读者可自行下载。由于时间仓促及水平所限，书中难免存在疏漏及不足之处，恳请广大读者批评指正。

编者

2021 年 10 月

Contents 目录

第一章

走进 Photoshop 2020

◆ 本章学习简介

通过本章的学习，学生应掌握 Photoshop 中的常用术语、概念及其主要功能，常用的图像模式及使用范围，能够区分“存储”“存储为”“存储为 Web 所用格式”三个关于存储的命令，能够区分并正确使用不同的图像格式。Photoshop 的预置文件是本章的难点。

◆ 本章学习目标

- 理解图形图像的相关知识。
- 知道 Photoshop 2020 的应用领域。
- 掌握 Photoshop 2020 的基本操作。

◆ 本章学习重点

- 熟练掌握 Photoshop 2020 的基本操作及辅助工具的使用方法。
- 熟练掌握 Photoshop 2020 中各参数的设置方法。

第一节 你应了解的图像知识

一、位图和矢量图

计算机中的图像是以数字方式记录、处理和存储的，这些由数字信息表述的图像称为数字化图像。数字化图像主要分为两类：位图和矢量图。Photoshop 是典型的位图软件，但它也包含矢量功能。了解一些图像的常识是必需的，这对深入理解和学习 Photoshop 软件是有帮助的。

1. 位图

位图图像在技术上称为栅格图像，它使用像素（pixel）来表现图像。选择【缩放工具】，在视图中多次单击，将图像放大，可以看到图像是由一个个的像素点组成的，每个像素都具有特定的位置和颜色值，如图 1-1-1 所示。位图图像最显著的特征就是它们可以表现颜色的细腻层次。基于这一特征，位图图像被广泛用于照片处理、数字绘画等领域。

图 1-1-1 位图放大前后对比

2. 矢量图

矢量图形也称为向量图形，是根据其几何特性来描绘图像的。矢量文件中的图形元素称为对象，每个对象都是一个自成一体的实体。使用【缩放工具】将图像不断放大，此时可看到矢量图仍保持为精确、光滑的图形，如图 1-1-2 所示。

图 1-1-2 矢量图放大前后对比

二、像素

在 Photoshop 中，像素是组成图像的最基本单元，它是一个小的矩形颜色块。一个图像通常由许多像素组成，这些像素被排成横行或纵列。当用【缩放工具】将图像放到足够大时，就可以看到类似马赛克的效果，每一个小矩形块就是一个像素，也可称为栅格，如图 1-1-3 所示。

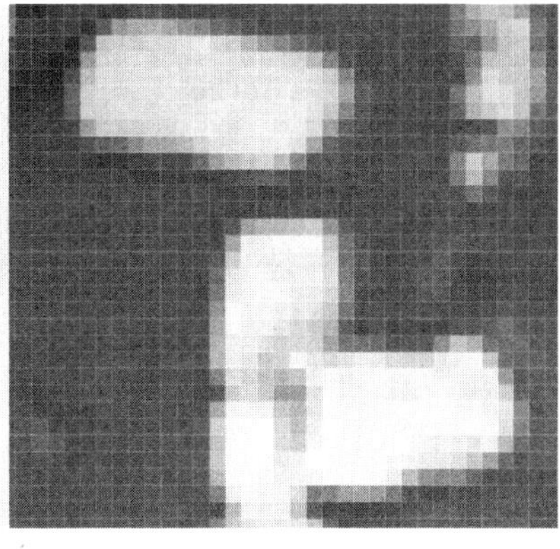

图 1-1-3 像素放大前后对比

三、分辨率

分辨率就是单位面积里面的像素数量。两幅同样是 1 厘米宽度的图像,像素越多,图像就越清晰,图像质量就越高,分辨率的数值就越高。

1. 图像的分辨率

图像的分辨率的单位是 ppi(pixels per inch),即每英寸(1 英寸=2.54 厘米)所包含的像素数量。如果图像分辨率是 72 ppi,则表示在每英寸长度内包含 72 个像素。图像分辨率越高,意味着每英寸所包含的像素越多,图像就有越多的细节,颜色过渡就越平滑。

图像分辨率和图像大小之间有着密切的关系。图像分辨率越高,所包含的像素越多,也就是图像的信息量越大,因而文件也就越大。通常文件的大小是以兆字节(MB)为单位的。

2. 显示器的分辨率

显示器的分辨率是通过像素大小来描述的。例如,如果显示器的分辨率与照片的像素大小相同,则按照 100% 的比例查看照片时,照片将填满整个屏幕。图像在屏幕上显示的大小取决于下列因素:图像的像素大小、显示器的大小和显示器的分辨率的设置。

在 Photoshop 中,可以更改屏幕上的图像放大率,从而轻松处理任何像素大小的图像。

3. 打印机的分辨率

打印机的分辨率的测量单位是油墨点/英寸(也称作 dpi)。一般来说,每英寸的油墨点越多,得到的打印输出效果就越好。大多数喷墨打印机的分辨率为 720~2 880 dpi(从技术上说,喷墨打印机将产生细微的油墨喷射痕迹,而不是像照排机或激光打印机一样产生实际的点)。

打印机的分辨率不同于图像的分辨率,但与图像分辨率相关。要在喷墨打印机上打印出高质量的照片,图像的分辨率应至少为 220 ppi,才能获得较好的效果。

四、文件格式

由于记录内容和压缩方式不同,图形图像的文件格式也不同。不同的文件格式具有不同的文件扩展名。每种格式的图形图像文件都有不同的特点、产生背景和应用范围。下面介绍几种常用的图像文件格式。

1. Photoshop 格式(简称为 PSD 格式)

对于新建的图像文件,Adobe 提供的 Photoshop 格式是默认的格式,也是唯一可支持所有图像模式的格式,包括位图、灰度、双色调、索引颜色、RGB、CMYK、Lab 和多通道模式等。

Photoshop 格式的缩写是 PSD,它可以支持所有 Photoshop 的特性,包括 Alpha 通道、专色通道、多种图层、剪贴路径、任何一种色彩深度或任何一种色彩模式。它是一种常用工作状态的格式,因为它可以包含所有的图层和通道的信息,所以可随时进行修改和编辑。

2. Photoshop EPS 格式

EPS 是 Encapsulated PostScript 的首字母缩写。EPS 格式可以说是一种通用的行业标准格式,可同时包含像素信息和矢量信息。除了多通道模式的图像之外,其他模式都可存储为 EPS 格式,但是它不支持 Alpha 通道。EPS 格式可以制作"剪贴路径",在排版软件中可以产生镂空或蒙版效果。EPS 格式衍生的另外一个格式是 DCS。DCS 2.0 可以支持专色通道,但只支持 CMYK 和多通道模式,和 EPS 格式一样,它也支持剪贴路径。如果图像需要印刷输出,切记输出前在【图像】→【模式】菜单中将图像的 RGB 模式转换为 CMYK 模式,否则图像就不会正常地被分色输出。

3. Photoshop DCS 格式

DCS 是 DeskTop Color Separation 的首字母缩写,只有在图像是 CMYK 模式和多通道模式时,才可存储为 DCS 格式。

DCS 格式分为 DCS 1.0 和 DCS 2.0 两种。

当储存为 DCS 1.0 格式时,在桌面上会有 5 个文件图标,缺一不可,它们分别相当于"通道"面板中的 4 个颜色通道和 1 个合成通道。当将其置入排版软件中时,只需要置入合成通道对应的预览图像即可。

当储存为 DCS 2.0 格式时,可生成 5 个文件,也可生成一个单独的文件,并且可选择不同的预览图像。DCS 2.0 格式可保留专色通道。

4. JPEG 格式

JPEG 是一种图像压缩格式,支持 CMYK、RGB 和灰度颜色模式,但不支持透明度。与 GIF 格式不同,JPEG 保留 RGB 图像中的所有颜色信息,但通过有选择地扔掉数据来压缩文件大小。JPEG 图像在打开时自动解压缩,压缩级别越高,得到的图像品质越低;压缩级别越低,得到的图像品质越高。在大多数情况下,"最佳"品质选项产生的结果与原图像几乎无差别。

5. BMP 格式

BMP 是 DOS 和 Windows 兼容计算机上的标准 Windows 图像格式。BMP 格式支持 RGB、索引颜色、灰度和位图颜色模式。

6. TIFF 格式

TIFF 是一种灵活的位图图像格式,几乎支持所有的绘画、图像编辑和页面排版应用程序。而且,几乎所有的桌面扫描仪都可以产生 TIFF 图像。TIFF 文档的最大文件大小可达 4 GB。Photoshop CS 和更高版本支持以 TIFF 格式存储的大型文档。

TIFF 格式支持具有 Alpha 通道的 CMYK、RGB、Lab、索引颜色和灰度图像,以及没有

Alpha 通道的位图模式图像。

Photoshop 可以在 TIFF 文件中存储图层;但是,如果在另一个应用程序中打开该文件,则只有拼合图像是可见的。

Photoshop 也能够以 TIFF 格式存储注释、透明度和多分辨率金字塔数据。

在 Photoshop 中,TIFF 图像文件的位深度为 8、16 或 32 位/通道,可以将高动态范围图像存储为 32 位/通道 TIFF 文件。

7. IFF 格式

IFF(交换文件格式)是一种通用的数据存储格式,可以关联和存储多种类型的数据。IFF 是一种便携格式,它具有支持静止图片、声音、音乐、视频和文本数据的多种扩展名。IFF 格式包括 Maya IFF 和 IFF(以前为 Amiga IFF)。

8. GIF 格式

GIF(图形交换格式)是在 World Wide Web 及其他联机服务上常用的一种文件格式,用于显示超文本标记语言(HTML)文档中的索引颜色图形和图像。GIF 是一种用 LZW 压缩的格式,目的在于最小化文件大小和电子传输时间。GIF 格式保留索引颜色图像中的透明度,但不支持 Alpha 通道。

第二节 Photoshop 与你的设计梦想

Photoshop 软件是 Adobe 公司旗下有名的图像处理软件之一。作为平面设计中最常用的工具之一,它的应用领域很广泛,包括平面设计、影视后期加工、网页制作、绘画、界面设计、动画与 3G 等。

不同应用领域,对 Photoshop 中所需要掌握的知识点有所不同,应根据具体需要进行重点学习。

一、平面广告设计

平面广告设计是 Photoshop 软件最基本的功能,利用它可从整体外观上把握商业广告的构思布置。利用 Photoshop 可以把广告设计成各种大小不一的形式,既能满足各类设计要求,也可用于招贴、海报等图像的平面处理,从多个方面保证了设计效果。

除了常规的图像处理功能外,Photoshop 软件还具备了一些特殊的操作功能,满足了各类平面广告设计的需要。根据当前的使用情况,我们可以把 Photoshop 确定为图像编辑、图像合成、校色调色、特效制作等几个方面。

Photoshop 软件运用于商业广告平面设计,能够发挥出最佳设计效果。在达到预期宣传效果的同时,为商家赢取更多的经济利益。因而,在设计中充分运用 Photoshop 软件,将更有利于广告功能的发挥。

二、包装设计

随着人们的文化水平越来越高,人们的审美观念也随着提高。作为一件商品,它的包装设计很重要。就像观察一个人,首先往往会注意到对方的衣着,然后才会观察其他。如果对方的衣着得体,那就会给人一个初始的好印象。一件商品要想卖得好,它的包装至关重要。包装的美丑直接关系到人们的购买欲望。人们希望商品的包装能够完美体现商品的内在。

包装设计中常需要制作产品的效果图,Photoshop 是制作这类效果图的主要软件。

Photoshop 在包装设计中有非常大的作用,通过 Photoshop 的各类图像处理功能的应用,外来图像与商品包装的创意实现了完美融合。

三、UI 设计

UI 是英文 User Interface 的缩写,本意是用户界面。在飞速发展的电子产品中,界面设计工作一点点被重视起来。做界面设计的“美工”也随之被称为“UI 设计师”或“UI 工程师”。其实,软件界面设计就像工业产品中的工业造型设计一样,是产品的重要卖点。一个电子产品拥有美观的界面,会给人带来舒适的视觉享受,拉近人与商品的距离,为商家创造卖点。界面设计不是单纯的美术绘画,它需要定位使用者、使用环境、使用方式并且为最终用户而设计,是建立在科学性之上的艺术设计。检验一个界面的标准,既不是某个项目开发组领导的意见,也不是项目成员投票的结果,而是终端用户的感受。所以界面设计要和用户研究紧密结合,是一个不断为最终用户设计满意视觉效果的过程。

由于 Photoshop 具有强大的图像处理功能,所以它成为多数 UI 设计师的首选软件。

四、插画设计

插画,是运用图案表现的形象,本着审美与实用相统一的原则,尽量使线条、形态清晰明快,制作方便。插画是世界通用的语言,其设计在应用上通常分为人物、动物、商品形象。

通过插画形式,强调商品特征,使其与商品直接联系起来,宣传效果较为明显。

Photoshop 软件的使用,使插画的创作变得丰富多彩,无论是简洁,还是繁复,无论是传统媒介效果(如油画、水彩、版画风格),还是数字图形,无穷无尽的新变化、新趣味,都可以更方便、更快捷地完成。

五、网页制作

通常,制作网站的流程基本都是先用 Photoshop 设计出版式。我们可在 Photoshop 中,通过文字资料和图片资料的堆砌,表达出网页制作的直接效果,这样客户也会根据他们的需求提出一些比较明了的建议。

网页设计中,与网页相关的图像的处理、图标的设计,都与 Photoshop 密不可分。因此,Photoshop 也是设计网页首选的软件。

六、绘画

使用数字技术创作时,对自然媒质的模拟一直是不太好把握的内容。Photoshop 包含很多滤镜和专门的应用,它们有望产生令人信服的结果。

Photoshop 在绘画工具方面提供的功能包含了绘画所需要的所有元素。这些供我们支配的工具和特性包含很多选项,具有极大的灵活性。有些内容适用于所有用户,甚至能模拟几乎所有的艺术风格。

用 Photoshop 作为数字式绘画工具,用户会有用不完的颜料和画布,也不用担心把心爱的工具放错位置。每天工作结束后,用户不需要担心画笔的清洗工作。Photoshop 可以

很好地解决将传统工具从现实领域转换到相应数字领域的问题。

七、数码影像创意

数码影像创意是 Photoshop 的特长，通过 Photoshop 的处理可以将原本风马牛不相及的对象组合在一起，也可以使用"狸猫换太子"的手段使图像发生面目全非的巨大变化。

八、数码摄影后期处理

数码摄影后期处理的过程中，Photoshop 具有强大的图像修饰功能。利用这些功能，可以快速修复一张破损的老照片，也可以修复人脸上的斑点等缺陷。对原始照片进行处理，需要在 Photoshop 中设置色阶、水平调整、颜色调整、锐化等参数，以带给人们全新的视觉效果，满足各种设计方案的需要。

Photoshop 在数码照片后期处理中的作用是巨大的，特别是对一些曝光有问题的照片，甚至可以起到化腐朽为神奇的作用。

九、建筑效果图后期处理

在制作建筑效果图（包括许多三维场景）时，人物、配景及场景的颜色常常需要在 Photoshop 中增加并调整。

十、三维模型材质的制作

在三维软件中，如果能够制作出精良的模型，而无法为模型应用逼真的贴图，也无法得到较好的渲染效果。实际上在制作材质时，除了要依靠软件本身具有的材质功能外，利用 Photoshop 可以制作在三维软件中无法得到的合适的材质效果。

第三节 Photoshop 2020 的基本操作

Photoshop 已经有 30 年的发展历程，本书介绍的 Photoshop 2020 是 Adobe 公司于 2019 年年末发行的版本。Photoshop 2020 从软件图标到界面都有了新的改变。通过本部分的学习，读者可以熟悉 Photoshop 2020 的工作界面。

➡ Photoshop 2020 的工作界面

通过认识 Photoshop 2020 的工作界面，了解 Photoshop 2020 中各面板的作用，快速掌握 Photoshop 2020 的工作环境。

【操作实施】

双击 Windows 桌面上的 Photoshop 2020 启动图标，启动 Photoshop 2020。执行【文件】→【打开】命令（图 1-3-1），打开一张图片，如图 1-3-2 所示。

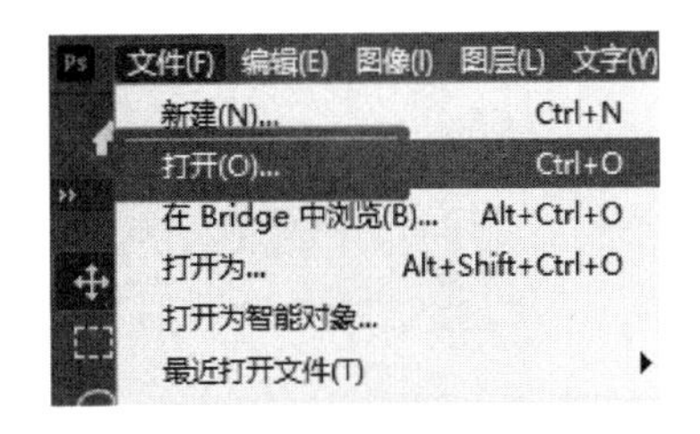

图 1-3-1 【打开】命令

图 1-3-2　打开图片界面

【相关知识】

一、界面概述

双击 Windows 桌面上的 Photoshop 2020 启动图标，即可启动 Photoshop 2020。然后，打开一幅图像文件。此时中文 Photoshop 2020 工作界面如图 1-3-3 所示。

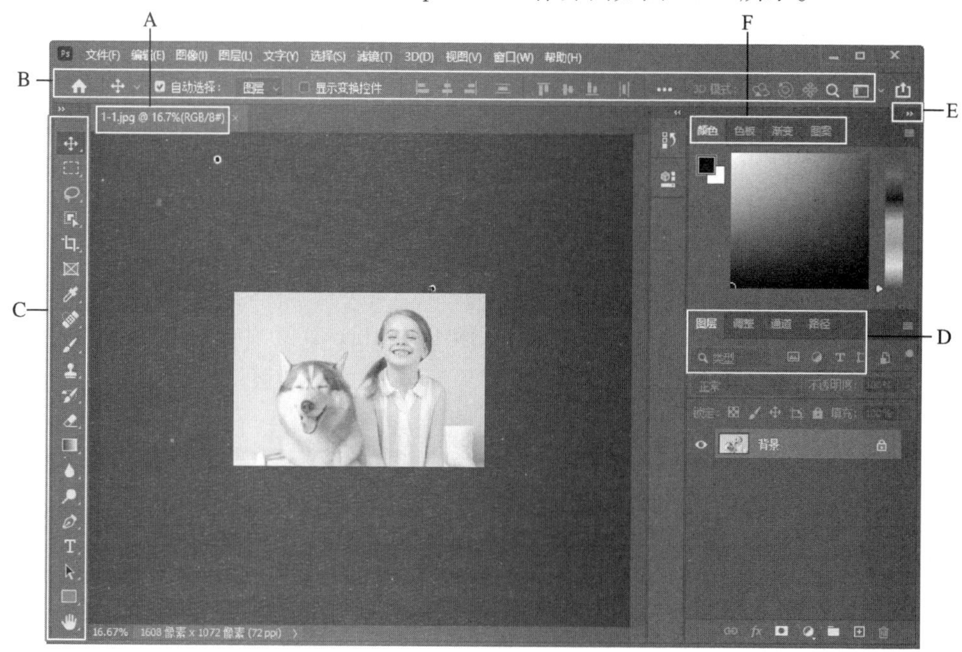

A—选项卡式“文档”窗口；B—【控制】面板；C—【工具】面板；
D—水平折叠停放的四个面板组；E—【折叠为图标】按钮；F—面板标题栏 。

图 1-3-3　Photoshop 2020 工作界面

可以看出这是一个标准的 Windows 窗口，可以对它进行移动、调整大小、最大化、最小化和关闭等操作。Photoshop 2020 工作界面由标题栏、菜单栏、工具箱、选项栏、画布窗口和各种面板等组成。

二、工具箱和工具属性栏

启动 Photoshop 2020 时，【工具】面板将显示在屏幕左侧。【工具】面板中的某些工具会在上下文相关属性栏中提供一些选项。通过这些工具，用户可以输入文字，选择、绘制、编辑、移动、注释和查看图像，或对图像进行取样。其他工具可让用户更改前景色/背景色、转到 Adobe Online 及在不同的模式中工作。此外，可以展开某些工具以查看它们后面的隐藏工具，工具图标右下角的小三角形表示存在隐藏工具，如图 1-3-4 所示。

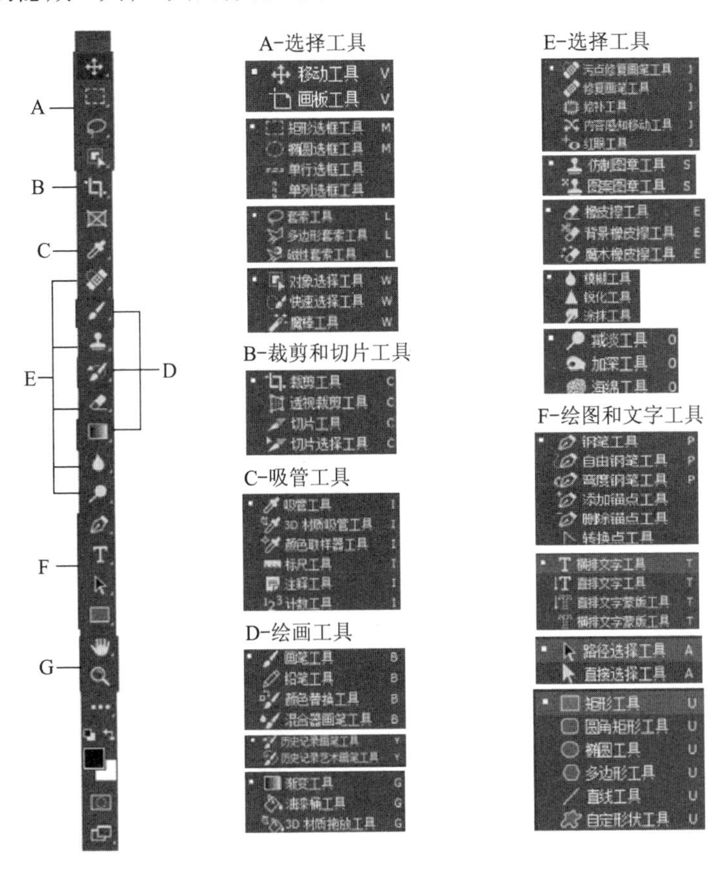

图 1-3-4　工具箱

三、程序窗口和图像窗口

1. 程序窗口

可以使用各种元素（如面板、栏、窗口等）来创建和处理文档和文件。这些元素的任意排列方式称为工作区，也就是程序窗口。不同应用程序的工作区具有相同的外观，因此用户可以在应用程序之间轻松切换。用户也可以通过从多个预设工作区中进行选择或创建自己的工作区来调整各个应用程序，以适合用户的工作方式，如图 1-3-5 所示。

图 1-3-5　程序窗口

虽然不同版本中的默认程序窗口布局不同，但是对其中元素的处理方式基本相同。

2. 图像窗口

图像窗口是用来显示图像、绘制图像和编辑图像的窗口，是一个标准的 Windows 窗口，如图 1-3-6 所示。可以对它进行移动、调整大小、最大化、最小化和关闭等操作。图像窗口标题栏内的图标 右边显示出当前图像文件的名称、显示的比例、当前图层的名称和彩色模式等信息。

图 1-3-6　图像窗口

四、菜单

菜单栏有 11 个主菜单选项，如图 1-3-7 所示。

用鼠标单击主菜单栏上的选项，会出现它的子菜单。单击菜单之外的任何地方或按【Esc】键、【Alt】键、【F10】键，都可以关闭已打开的菜单。菜单的形式与其他 Windows 软件的菜单形式相同，都遵循相同的约定。例如，菜单选项名右边是组合按键名称；菜单名右边有省略号“…”，则表示单击该菜单命令后会调出一个对话框；等等。

Ps　文件(F)　编辑(E)　图像(I)　图层(L)　文字(Y)　选择(S)　滤镜(T)　3D(D)　视图(V)　窗口(W)　帮助(H)

图 1-3-7　菜单栏

五、面板

面板是非常重要的图像处理辅助工具，在 Photoshop 2020 中有很多浮动的面板，可方便用户进行图像的各种编辑和操作。这些面板均列在【窗口】菜单下。在后面的章节中将会详细介绍。

浮动面板指的是打开 Photoshop 2020 软件后在此桌面上可以移动、关闭的各种控制面板。除了前面讲过的工具箱及和工具配合使用的选项栏以外，Photoshop 2020 还有其他浮动面板，如历史记录面板、字符面板、画笔面板、图层面板等。当按【Tab】键时，可将包括工具箱在内的所有面板关闭，再按【Tab】键，可恢复为关闭前的状态。如果在按住【Shift】键的同时按【Tab】键，就会关闭除了工具箱以外的其他面板。

Photoshop 软件本身将不同面板进行了分组，用户也可以根据自己的工作习惯进行重新编排。根据默认情况，Photoshop 2020 重新启动后会保持上次退出时所有面板的位置。

在【窗口】菜单下可看到由横线将面板分为几组。在默认状态下，每组面板都是组合在一个面板组中出现的，如图 1-3-8 所示的就是【属性】和【信息】的组合面板。在组合面板中，名称标签的颜色呈白色表示是当前显示的面板。图 1-3-8 中，【信息】面板是当前显示的面板，单击【属性】标签，就可使【属性】成为当前面板。

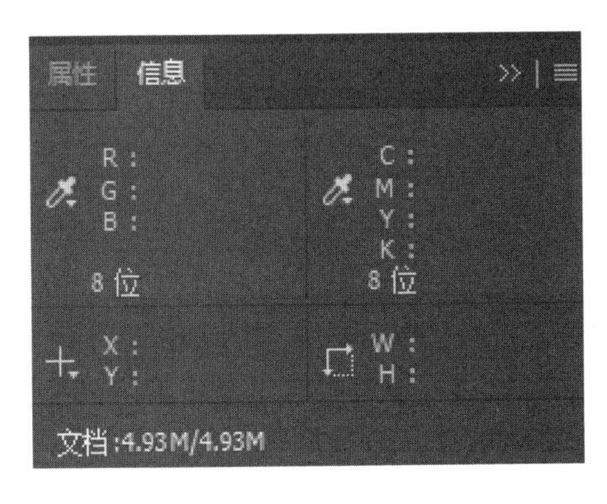

图 1-3-8　信息面板

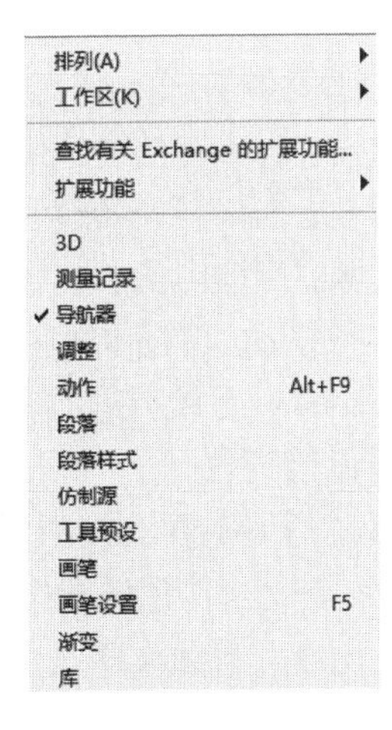

图 1-3-9　窗口菜单

【窗口】菜单下的命令是开关命令(图 1-3-9)，前面有对勾的表示的是已选中的命令，面板已在桌面上显示；再次选择，前面的对勾消失，表示面板关闭。

六、状态栏

状态栏位于每个文档窗口的底部，显示诸如现用图像的当前放大率和文件大小等信息，以及有关使用现用工具的简要说明。

具体步骤如下：

（1）单击文档窗口底部边框中的箭头（图 1-3-10）。

（2）从弹出式菜单中选取一个查看选项。

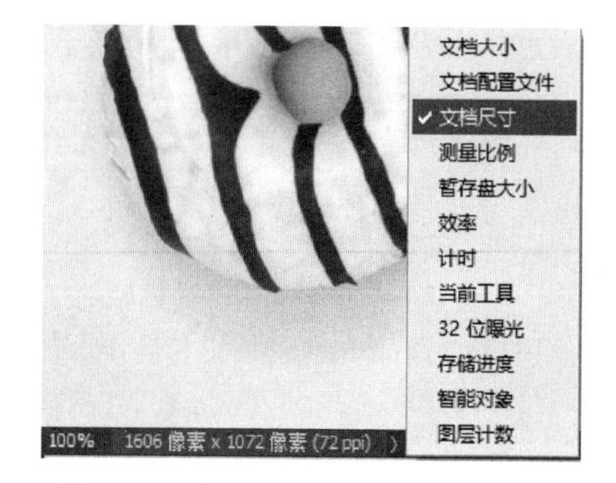

图 1-3-10　单击文档窗口底部边框中的箭头

文档大小：有关图像中的数据量的信息。左边的数字表示图像的打印大小，它近似于以 Adobe Photoshop 格式拼合并存储的文件大小。右边的数字指明文件的近似大小，其中包括图层和通道。

文档配置文件：图像所使用颜色配置文件的名称。

文档尺寸：图像的尺寸。

测量比例：当前图像中设置的比例单位。

暂存盘大小：有关用于处理图像的 RAM 量和暂存盘的信息。左边的数字表示当前正由程序用来显示所有打开的图像的内存量，右边的数字表示可用于处理图像的总 RAM 量。

效率：执行操作实际所花时间的百分比，而非读写暂存盘所花时间的百分比。如果此值低于 100%，则 Photoshop 正在使用暂存盘，因此操作速度会较慢。

计时：完成上一次操作所花的时间。

当前工具：现用工具的名称。

32 位曝光：用于调整预览图像，以便在计算机显示器上查看 32 位/通道高动态范围（HDR）图像的选项。只有当文档窗口显示 HDR 图像时，该滑块才可用。

存储进度：自动存储的进度。

智能对象：当前图像所包含的智能对象情况。

图层计数：当前图像所包含的图层数量。

单击状态栏的文件信息区域，可以显示文档的宽度、高度、通道和分辨率。按住【Ctrl】键（Windows 系统）或【Command】键（macOS 系统）单击，可以显示宽度和高度。

七、预设管理器

执行【编辑】→【预设】→【预设管理器】命令，可以弹出“预设管理器”对话框，如图 1-3-11 所示。使用“预设管理器”可以管理工具和等高线的预设库。这使用户可以很容易重复使用或共享预设库文件。每种类型的库均有自己的文件扩展名和默认文件夹。默认预设是可以恢复的。

需要注意的是，不能使用“预设管理器”创建新的预设，因为每个预设都是在各自类型的编辑器内创建的。利用“预设管理器”，可以创建由多个单个类型的预设组成的库。

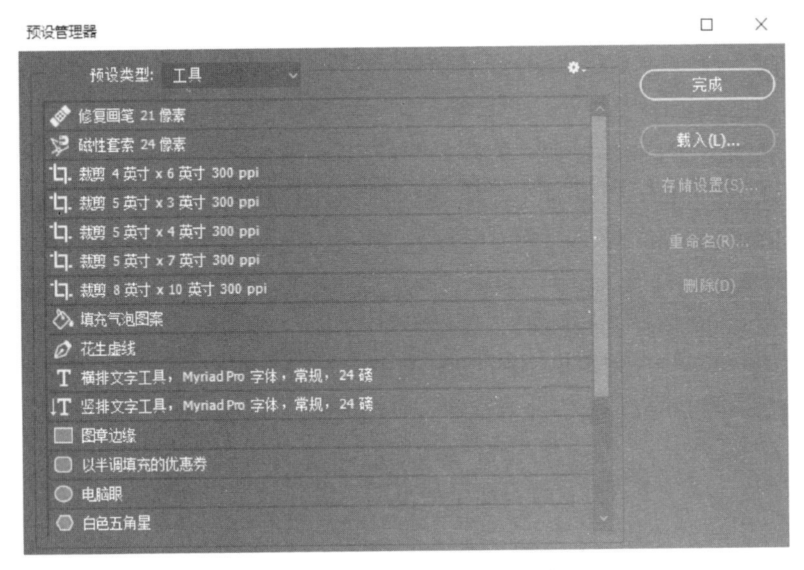

图 1-3-11　“预设管理器”对话框

八、首选项

许多程序设置都存储在 Photoshop 2020 Presets 文件夹中，其中包括常规显示选项、文件存储选项、性能选项、光标选项、透明度选项、文字选项、增效工具和暂存盘选项。其中大多数选项都是在“首选项”对话框中设置的。每次退出应用程序时都会存储首选项设置。

1. 使用“首选项”对话框

(1) 执行【编辑】→【首选项】命令，然后从子菜单中选择所需的首选项组，如图 1-3-12所示。

(2) 如果要在不同的首选项组之间切换，请执行下列操作之一：

① 从“首选项”对话框左侧的菜单中选择相应的首选项组（图 1-3-13）。

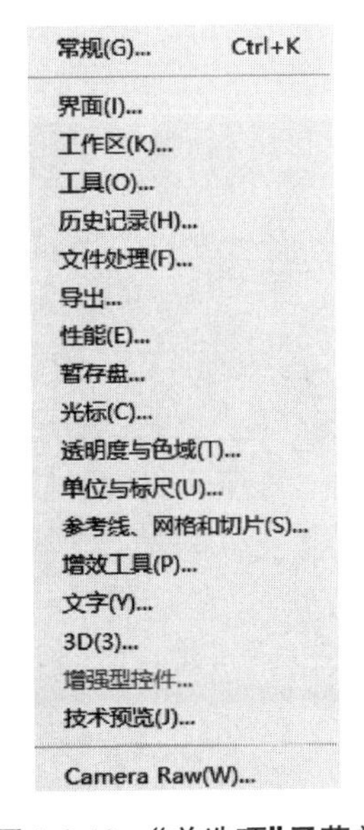

图 1-3-12　“首选项”子菜单

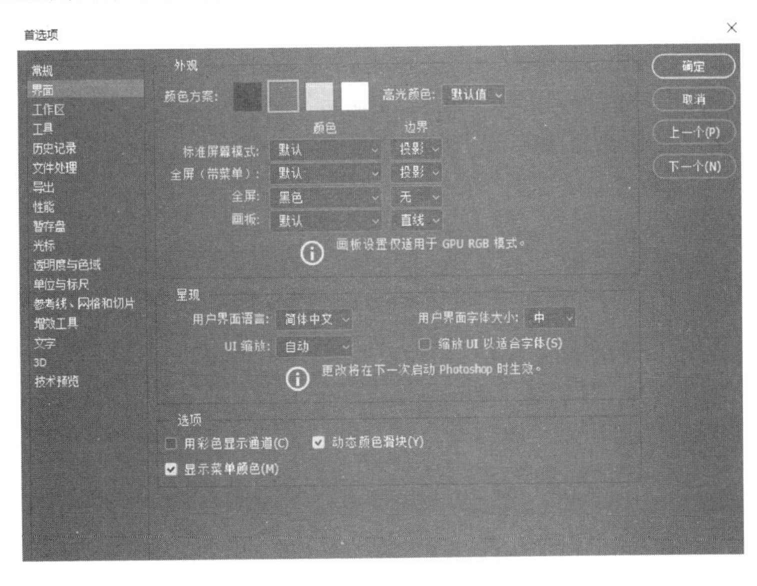

图 1-3-13　“首选项”对话框

② 单击【下一个】按钮，显示列表中的下一个首选项组；单击【上一个】按钮，显示上个首选项组。

2. 将所有首选项都恢复为默认设置

执行下列操作之一：

（1）启动 Photoshop 2020 时，按住【Alt】+【Ctrl】+【Shift】快捷键，将提示用户删除当前的设置。

（2）（仅 macOS 系统）打开“Library”文件夹中的“Preferences”文件夹，并将“Adobe Photoshop CS Settings”文件夹拖动到“废纸篓”中。

下次启动 Photoshop 2020 时，将会创建新的首选项文件。

3. 禁用和启用警告消息

有时用户会看到一些包含警告或提示的信息。通过选择信息中的“不再显示”选项，用户可以禁止显示这些信息，也可以在全局范围内重新显示所有已被禁止显示的信息。

要启用警告消息，操作步骤如下：

（1）执行【编辑】→【首选项】→【常规】命令。

（2）单击【复位所有警告对话框】并单击【确定】按钮。

如果出现异常现象，可能是因为首选项已损坏。如果用户怀疑首选项已损坏，请将首选项恢复为默认设置。

➡ 文档的基本操作

文档的基本操作是 Photoshop 2020 学习的起步阶段，要实现对图像的管理操作就必须掌握 Photoshop 2020 中文档的基本操作。

【操作实施】

通过【文件】菜单下的各项子菜单，可以完成新建文档、打开文档、关闭文档的操作；通过【编辑】菜单及历史记录面板，可实现对操作的撤销与恢复；通过【存储】、【存储为】命令，可以实现对不同格式文件的保存。

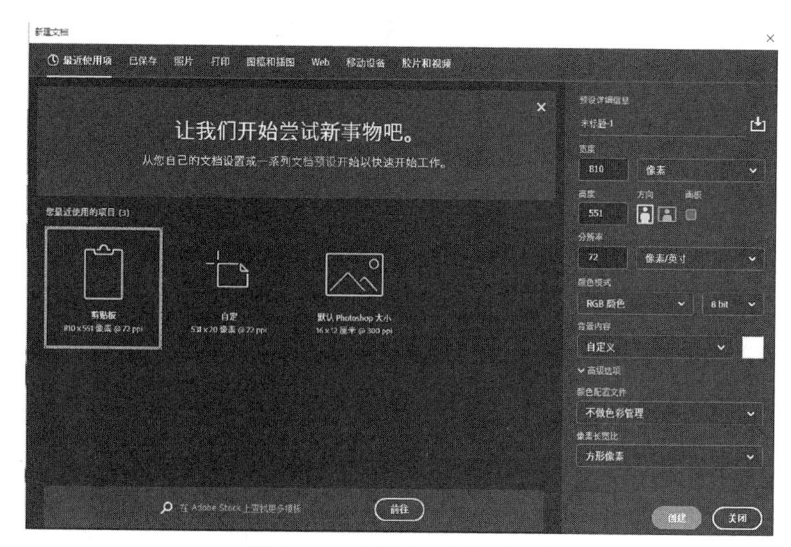

图 1-3-14 “新建文档”对话框

（1）执行【文件】菜单中的【新建】命令，可弹出“新建文档”对话框，如图 1-3-14 所示。

（2）执行【文件】菜单中的【打开】

命令，弹出“打开”对话框（图 1-3-15），选中要打开的文件，单击【打开】按钮，就可将此文件打开。

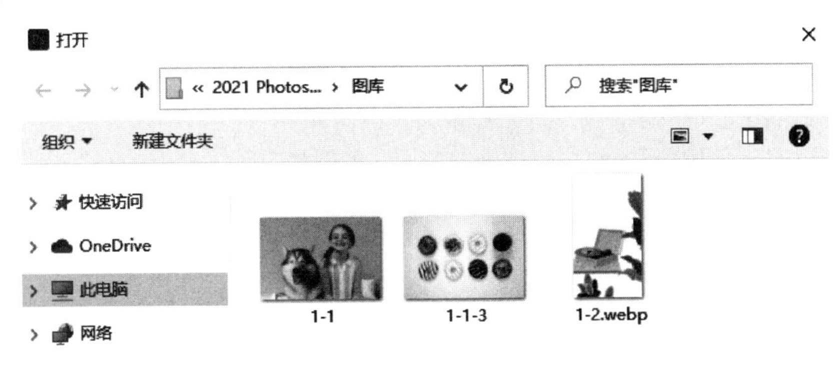

图 1-3-15　“打开”对话框

（3）单击【关闭】按钮 X ，将文档关闭，如图 1-3-16 所示。

图 1-3-16　【关闭】按钮

【相关知识】

一、新建文档

在“新建文档”对话框中可对所建文件的预设详细信息进行各种设定。

(1) 在【名称】文本框中输入图像名称。

(2) 在【最近使用项】面板中可选择一些内定的图像尺寸。

(3) 在【宽度】和【高度】文本框中输入值,可以设置宽度和高度。

(4)【分辨率】的单位一般选择“像素/英寸”。如果制作的图像是用于印刷,需设定300 像素/英寸的分辨率。

(5) 在【颜色模式】下拉菜单中可设定图像素的色彩模式。

(6)【背景内容】中的 5 个选项用来设定图像的背景图层颜色:

白色: 用白色(默认的背景色)填充背景图层。

黑色: 用黑色填充背景图层。

背景色: 用当前背景色填充背景图层。

透明: 使第一个图层透明,没有颜色值。最终的文档内容将包含单个透明的图层。

自定义: 单击右侧拾色器按钮,设置任意颜色填充背景图层。

(7) 必要时,可单击【高级选项】按钮以显示更多选项。

在【高级选项】下,选取一个颜色配置文件,或选取【不做色彩管理】。对于【像素长宽比】,除非使用用于视频的图像,否则选取【方形像素】。

(8) 完成设置后,用户可以单击【名称】文本框右侧的【存储预设】按钮,将这些设置存储为预设,或单击【创建】按钮,以打开新文件。

二、打开文档

在【文件类型】下拉列表中选中【所有格式】,“打开”对话框中就会出现当前文件夹中的所有文件。当选择具体格式时,在对话框中会列出当前文件格式的所有文件。

除了【打开】命令之外,还有另外两种打开图像的方法。如果是 Photoshop 2020 产生的图像,直接用鼠标双击文件图标就可将其打开。将图像的图标拖到 Photoshop 2020 软件图标上,图像也可被打开。

执行【文件】→【最近打开文件】命令,从子菜单中选择一个文件并将其打开。若要指定在【最近打开文件】子菜单中可能用的文件数,执行【编辑】→【首选项】→【文件处理】命令,并在弹出的对话框的最下端的【近期文件列表包含】文件框中输入可能用的文件数即可。

三、存储文档

Photoshop 2020 支持多种文件格式,可将文件存储为它们中的任何一种格式,或按照不同的软件要求将其存储为相应的文件格式后置入排版或图形软件中。

在【文件】菜单下有【存储】、【存储为】两个关于存储的命令 。

1. 存储

执行【存储】命令,文件将自动保存,此时保存的图像会按照原有的图像格式存储。在图像有了图层等内容后,执行【存储】命令总是默认以 PSD 格式存储文件。

2. 存储为

【存储为】命令以不同的位置或文件名存储图像。在 Photoshop 2020 中,【存储为】命令可以选择将图像存储在当前计算机上,也可以选择将图像保存在云文档中。执行【保存在您的计算机上】命令,会弹出"另存为"对话框,如图 1-3-17 所示。其中各项设置介绍如下:

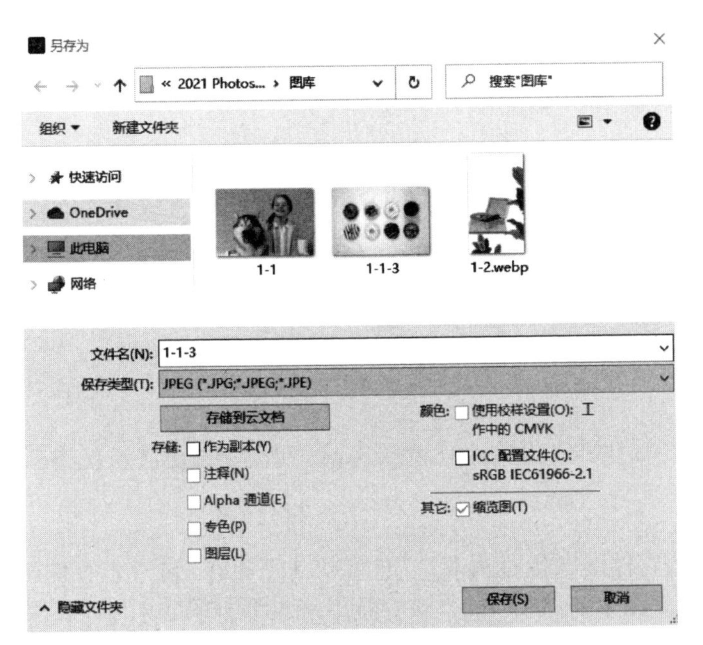

图 1-3-17　"另存为"对话框

作为副本:此选项可存储原文件的一个副本,并保持原文件的打开状态,原文件不受任何影响。选择此选项后,名称后面会自动加上【副本】字样,这样原文件就不会被替换。

注释:可将注释与图像一起存储。

Alpha 通道:用于将 Alpha 通道信息与图像一起存储。不选择该选项,可将 Alpha 通道从存储的图像中删除。

专色:可将专色通道信息与图像一起存储。不选中该选项,可将专色从已存储的图像中删除。

图层:用于保留图像中的所有图层。如果该选项被禁用或不可用,则所有的可视图层将合并为背景层(取决于所选的格式)。

使用校样设置(只适用于 PDF、EPS、DCS 1.0 和 DCS 2.0):可以模拟出图像在不同打印设备、不同显示设备(需有这些设备的特性 ICC 文件)上呈现出来的颜色。

ICC 配置文件:只适用于 Photoshop 的格式(.PSD),以及 PDF、JPEG、TIFF、EPS、DCS 和 PICT 格式。

3. 文件存储的设定

执行【编辑】→【首选项】→【文件处理】命令,打开"首选项"对话框,如图 1-3-18 所示。文件存储选项设置如下:

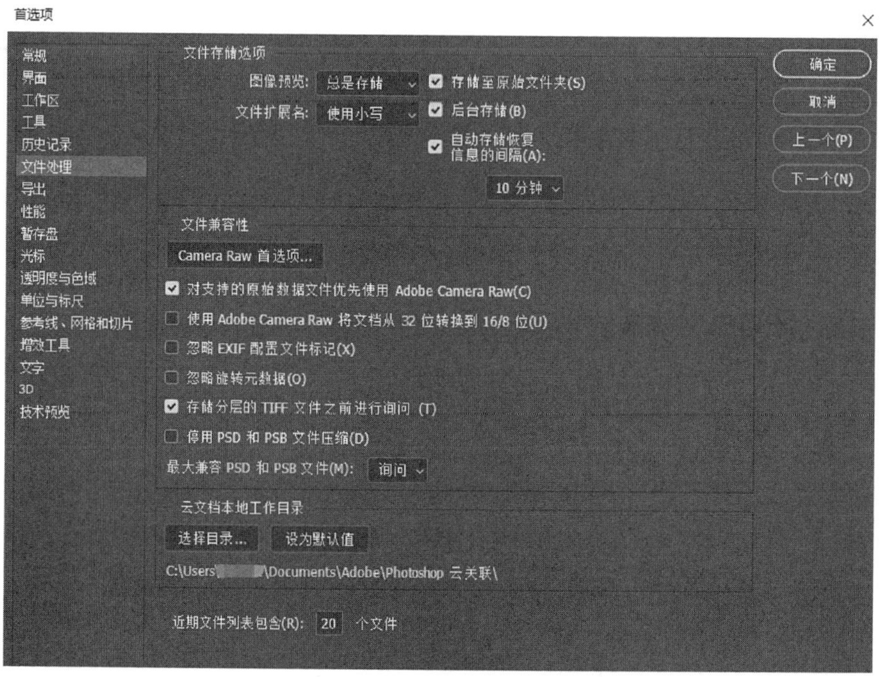

图 1-3-18 “首选项”对话框

图像预览:为存储图像预览选取选项,其中,【总不存储】表示存储文件时不带预览,【总是存储】表示与指定的预览一起存储文件,【存储时询问】表示基于每个文件指定预览。

文件扩展名(Windows 系统):针对指明文件格式的三个字符的文件扩展名选取选项【使用大写】或【使用小写】,前者使用大写字符追加文件扩展名,后者使用小写字符追加文件扩展名。

后台存储:勾选后会对正在运行的 Photoshop 文件进行后台存储。

存储至原始文件夹:图像存储到的默认文件夹为图像的源文件夹。取消选择此选项,可将默认文件夹改为用户上次存储文件时所用的文件夹。

自动存储恢复信息的间隔:默认设置为 10 分钟对文件进行一次保存。

4. *存储大型文档*

Photoshop 2020 支持宽度或高度最大为 300 000 像素的文档,并提供 3 种文件格式用于存储其图像的宽度或高度超过 300 000 像素的文档。需要注意的是,大多数其他应用程序都无法处理大于 2 GB 的文件或者宽度或高度超过 300 000 像素的图像。

执行【文件】→【存储为】命令,并选取下列文件格式之一,即可存储文档。

(1) 大型文档格式(PSB):支持任何文件大小的文档。所有 Photoshop 功能都保留在 PSB 文件中(不过,当文档的宽度或高度超过 30 000 像素时,某些增效滤镜不可用)。目前,只有 Photoshop CS 和更高版本才支持 PSB 文件。

(2) Photoshop Raw:支持任何像素大小或文件大小的文档,但是不支持图层。以 Photoshop Raw 格式存储的大型文档是拼合的。

(3) TIFF:支持最大为 4 GB 的文件。超过 4 GB 的文档不能以 TIFF 格式进行存储。

四、关闭文档

关闭当前图像窗口有如下 3 种方法。

方法一：单击【文件】菜单中的【关闭】菜单命令或按【Ctrl】+【W】快捷键，即可将当前的图像窗口关闭。如果在修改图像后没有存储图像，则会弹出一个提示框，提示用户是否保存图像。单击该提示框中的【是】按钮，即可将图像保存，然后关闭当前的画布窗口。

方法二：单击当前图像窗口右上角的【关闭】按钮 X ，也可以将当前的文档窗口关闭。

方法三：单击【文件】菜单中的【关闭全部】菜单命令，可以将所有文档窗口关闭。

五、撤销与恢复

在实际工作中，对某些操作会经常修改，还可能存在很多误操作，Photoshop 2020 提供了还原操作的菜单命令，并由【历史记录】面板提供更强大的修复功能。

1. 恢复命令

大多数误操作都可以还原。也就是说，可将图像的全部或部分内容恢复到上次存储的版本。

使用还原命令：单击【编辑】菜单中的【还原】命令。如果操作不能还原，则将显示灰色的【还原】。

恢复到上次存储的版本：单击【文件】菜单中的【恢复】命令，【恢复】操作将作为历史记录状态添加到【历史记录】面板中，并且可以还原。

2. 恢复到前一个图像状态

（1）单击状态的名称。

（2）从【历史记录】面板菜单或【编辑】菜单中选择【前进一步】或者【后退一步】，以便移动到下一个或前一个状态。

3. 使用【历史记录】面板

可以使用【历史记录】面板在当前工作会话期间跳转到所创建图像的任一最近状态。每次对图像应用更改时，图像的新状态都会添加到该面板中。

例如，如果用户对图像局部执行选择、绘画和旋转等操作，则每一种状态都会单独在面板中列出。当用户选择其中某个状态时，图像将恢复为第一次应用该更改时的外观，然后用户可以从该状态开始工作。也可以使用【历史记录】面板来删除图像状态，并且还可以依据某个状态或快照创建文档。要显示【历史记录】面板，单击【窗口】菜单中的【历史记录】命令，或单击【历史记录】面板选项卡即可，如图 1-3-19 所示。

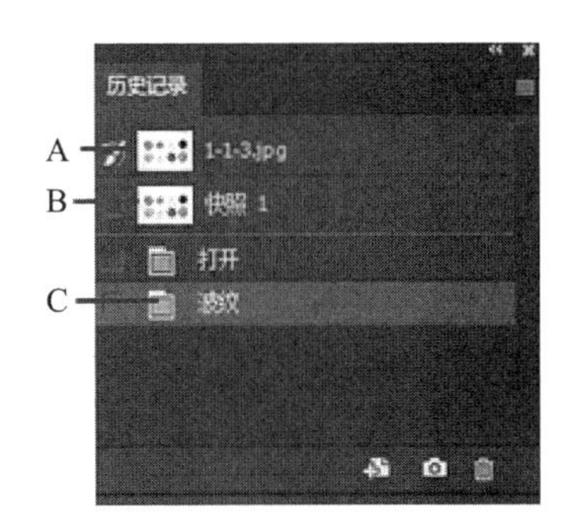

A—设置历史记录画笔的源；
B—快照缩览图；
C—历史记录状态。

图 1-3-19 【历史记录】面板

在使用【历史记录】面板时，需注意以下几点：

（1）程序范围内的更改（如对面板、颜色设置、动作和首选项的更改）不是对某个特定图像的更改，因此不会反映在【历史记录】面板中。

（2）默认情况下,【历史记录】面板将列出以前的 20 个状态。可以通过设置首选项来更改记录的状态数。较早的状态会被自动删除,以便为 Photoshop 释放出更多的内存。如果要在整个工作会话过程中保留某个特定的状态,可为该状态创建快照。

（3）关闭并重新打开文档后,将从面板中清除上一个工作会话中的所有状态和快照。

（4）默认情况下,面板顶部会显示文档初始状态的快照。

（5）状态将被添加到列表的底部。也就是说,最早的状态在列表的顶部,最新的状态在列表的底部。

（6）每个状态都会与更改图像所使用的工具或命令的名称一起列出。

（7）默认情况下,当选择某个状态时,它下面的各个状态将呈灰色。这样,很容易就能看出从选定的状态继续工作,将放弃哪些更改。

（8）默认情况下,选择一个状态,然后更改图像,将会消除后面的所有状态。

（9）如果选择一个状态,然后更改图像,致使以后的状态被消除,可使用【还原】命令来还原上一步更改并恢复消除的状态。

（10）默认情况下,删除一个状态将删除该状态及其后面的状态。如果选取了【历史记录选项】中的【允许非线性历史记录】选项,那么删除一个状态的操作将只会删除该状态。

4. 设置历史记录选项

用户可以指定【历史记录】面板中的最大项目数,并设置其他选项自定义面板。

从【历史记录】面板菜单中选取【历史记录选项】,弹出“历史记录选项”对话框,如图 1-3-20 所示。对话框中选项的含义如下:

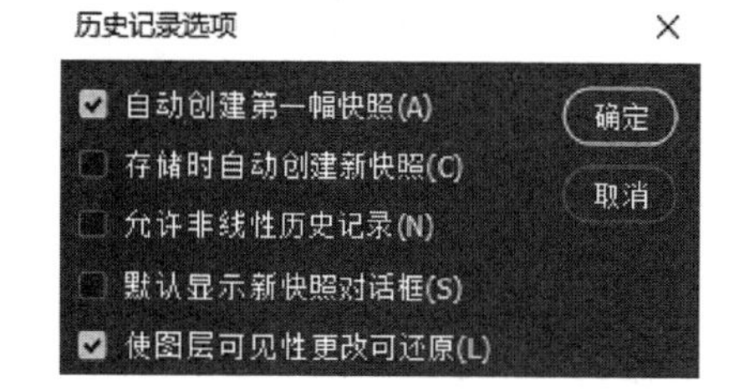

图 1-3-20 “历史记录选项”对话框

自动创建第一幅快照:在打开文档时自动创建图像初始状态的快照。

存储时自动创建新快照:每次存储时都生成一个快照。

允许非线性历史记录:对选定状态进行更改,而不会删除它后面的状态。通常情况下,选择一个状态并更改图像时,所选状态后面的所有状态都将被删除。【历史记录】面板将按照所做编辑步骤的顺序来显示这些步骤的列表。通过以非线性方式记录状态,可以选择某个状态、更改图像并且只删除该状态。更改操作将附加到列表的结尾。

默认显示新快照对话框:强制 Photoshop 提示用户输入快照名称,即使在用户使用面板上的按钮时也是如此。

使图层可见性更改可还原:默认情况下,不会将显示或隐藏图层记录为历史步骤,因而无法将其还原。选择此选项,可在历史步骤中记录图层可见性更改。

5. 设置编辑历史记录选项

有时出于客户方面或法律方面的考虑,需要将对文件所做的操作详细记录在 Photoshop 中。“编辑历史记录日志”可帮助用户保留一份对图像所做更改的文本历史记录。可以使用 Adobe Bridge 或“文件简介”对话框来查看“编辑历史记录日志”元数据。

既可以选择将文本导出为外部日志文件,也可以将信息存储在所编辑的文件的元数

据中。将许多编辑操作存储为文件元数据会使文件变大,此类文件可能要花比平常更长的时间来打开和存储。

默认情况下,每个会话的历史记录数据都将存储为嵌入在图像文件中的元数据。用户可以指定将历史记录数据存储在何处,以及历史记录中所包含信息的详细程度。

(1) 执行【编辑】→【首选项】命令,选择【常规】选项,如图 1-3-21 所示。

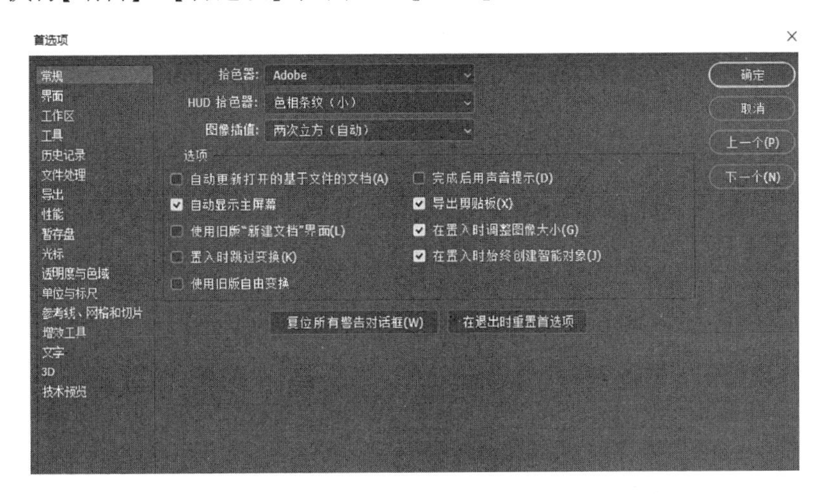

图 1-3-21 【常规】选项面板

(2) 在左侧列表中选择【历史记录】,再取消勾选【历史记录】复选框,可从启用状态切换到禁用状态;反之亦然。

(3) 对于【将记录项目存储到】选项,请选择下列之一。

① 元数据:将历史记录存储为嵌入在每个文件中的元数据。

② 文本文件:将历史记录导出为文本文件。将提示用户为文本文件命名,并选择文件的存储位置。

③ 两者兼有:将元数据存储在文件中,并创建一个文本文件。

注 如果要将文本文件存储在其他位置或另存为其他文件,请单击【选取】按钮,指定要在何处存储文本文件,为文件命名(如有必要),然后单击【保存】按钮。

(4) 从【编辑记录项目】菜单中,选择以下选项之一,如图 1-3-22 所示。

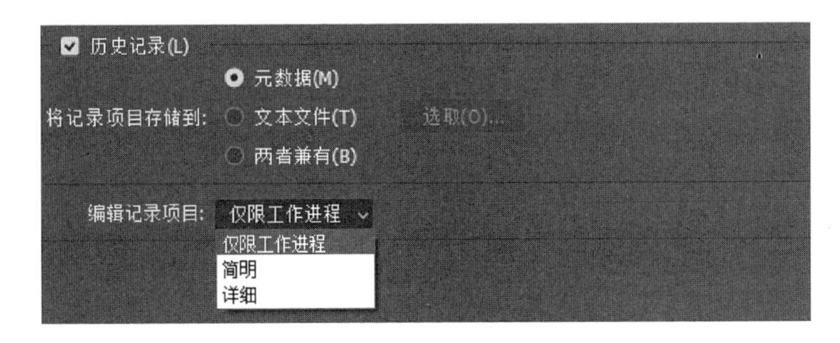

图 1-3-22 【编辑记录项目】下拉列表

① 仅限工作进程:保留每次启动或退出 Photoshop 以及每次打开和关闭文件的记录

(包括每个图像的文件名)。不包括任何有关对文件所做编辑的信息。

② 简明:除【会话】信息外,还包括出现在【历史记录】面板中的文本。

③ 详细:除【简明】信息外,还包括出现在【动作】面板中的文本。如果需要对文件做出的所有更改的完整历史记录,请选择【详细】。

➡ 辅助工具的使用

在 Photoshop 中参考线可以帮助用户更好地完成选择、定位和编辑图像等;标尺可以确定图像或元素的位置,起到辅助定位的作用。

执行【视图】下的相关子菜单命令或按相应快捷键,可以实现标尺、网格、辅助线的创建与删除;执行【编辑】→【首选项】命令,可实现标尺、网格、辅助线的属性设置。

【操作实施】

(1) 打开 Photoshop 2020 软件,打开一张图片。

(2) 执行【视图】→【标尺】命令,在窗口顶部和左侧会出现标尺,也可通过【Ctrl】+【R】快捷键显示/隐藏标尺。

(3) 从水平标尺拖移以创建一条水平参考线。

(4) 执行【视图】→【显示】→【网格】,显示网格。

【相关知识】

一、标尺

标尺可帮助用户精确定位图像或元素。用 Photoshop 2020 软件打开一张图片,执行【视图】→【标尺】命令,标尺会出现在现用窗口的顶部和左侧(图 1-3-23)。当用户移动指针时,标尺内的标记会显示指针的位置。要显示或隐藏标尺,可通过【Ctrl】+【R】快捷键来实现。

图 1-3-23　标尺

若更改标尺原点,即左上角标尺上的 (0, 0) 标志,可使用户从图像上的特定点开始度量。标尺原点也确定了网格的原点。更改步骤如下:

(1) 执行【视图】→【对齐到】命令,然后从子菜单中选择任意选项组合。此操作会将标尺原点与参考线、切片或文档边界对齐,也可以与网格对齐。

(2) 将指针放在窗口左上角标尺的交叉点上,然后沿对角线向下拖移到图像上,可看到一组十字线,它们标出了标尺上的新原点,如图 1-3-24 所示。

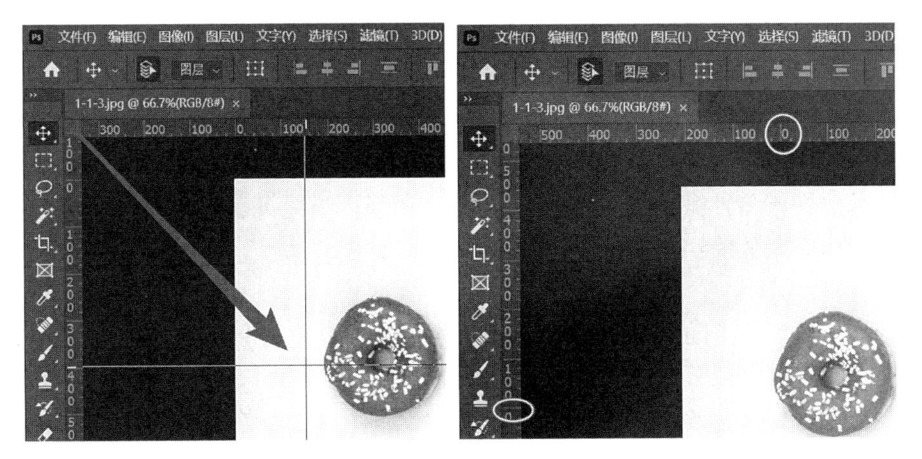

图 1-3-24　更改原点

(3) 要将标尺的原点复位到默认值,双击标尺的左上角即可。

二、参考线

参考线可帮助用户精确地定位图像或元素。参考线显示为浮动在图像上方的一些不会打印出来的线条。参考线可以移动或移去,还可以锁定参考线,以防意外移动。

若要显示或隐藏参考线,执行【视图】→【显示】→【参考线】命令即可。

1. 置入参考线

(1) 如果看不到标尺,执行【视图】→【标尺】命令。

注　为了得到最准确的读数,请按 100% 的放大率查看图像或使用【信息】面板。

(2) 执行以下操作之一来创建参考线(图 1-3-25):

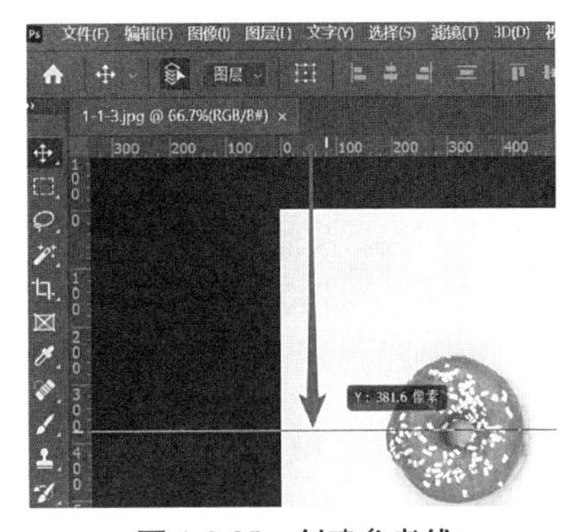

图 1-3-25　创建参考线

① 执行【视图】→【新建参考线】命令,在"新建参考线"对话框中,选择【水平】或【垂直】单选按钮,并输入位置,然后单击【确定】按钮。

② 从水平标尺向下拖移以创建水平参考线。

③ 按住【Alt】键,然后拖动垂直标尺创建水平参考线。

④ 从垂直标尺拖动以创建垂直参考线。

⑤ 按住【Alt】键,然后拖动水平标尺创建垂直参考线。

⑥ 按住【Shift】键并拖动水平或垂直标尺创建与标尺刻度对齐的参考线。

注　拖动参考线时,指针变为双箭头。

(3) 如果要锁定所有参考线,执行【视图】→【锁定参考线】命令即可。

2. 移动参考线

(1) 选择【移动工具】,或按住【Ctrl】键以启动移动工具。

(2) 将鼠标指针放置在参考线上(鼠标指针会变为双向箭头)。

(3) 可按照下列任意方式移动参考线:

① 拖移参考线以移动。

② 单击或拖动参考线时按住【Alt】键,可将参考线从水平改为垂直,或从垂直改为水平。

③ 拖动参考线时按住【Shift】键,可使参考线与标尺上的刻度对齐。如果网格可见,执行【视图】→【对齐到】→【网格】命令,则参考线将与网格对齐。

3. 从图像中移去参考线

若要移去一条参考线,可将该参考线拖移到图像窗口之外;若要移去全部参考线,可执行【视图】→【清除参考线】命令。

三、智能参考线

智能参考线可以帮助对齐形状、切片和选区。当用户绘制形状或创建选区或切片时,智能参考线会自动出现。如果需要可以隐藏智能参考线。

显示或隐藏智能参考线,执行【视图】→【显示】→【智能参考线】命令即可。

四、网格

利用网格(图 1-3-26)可精确地定位图像或元素,对于对称排列图像很有用。网格在默认情况下显示为不打印出来的线条,但也可以显示为点。

若要显示或隐藏网格,执行【视图】→【显示】→【网格】命令即可。

图 1-3-26 网格

五、注释工具

在 Photoshop 2020 中可以将文字注释或语音注释附加到图像上,这对在图像中加入评论、制作说明或其他信息非常有用。

文字注释或语音注释在图像上都显示为不可打印的小图标。它们与图像上的位置相关联,而不是与图层相关联。可以显示或隐藏注释,打开文字注释并查看或编辑其内容以及播放语音注释;也可以将语音注释添加到操作中,并将其设置为在操作执行或暂停期间播放。如图 1-3-27 所示,工具组中第 5 个即为【注释工具】。

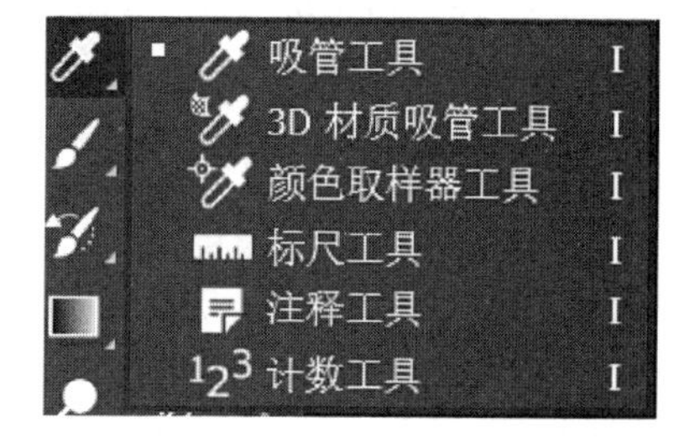

图 1-3-27 【注释工具】选项

➡ 视图工具

在编辑图像时,会频繁地在图像的整体和局部间来回切换,此时可以通过视图工具对整体进行把握和对局部修改,以达到最完美的效果。

打开一张图片后,利用【Ctrl】+【+】或【Ctrl】+【-】快捷键,可以放大或缩小视图,按住"空格键"拖动鼠标,可实现对视图的平移。

【操作实施】

(1) 使用 Photoshop 2020 软件打开一张图片。

(2) 使用【Ctrl】+【+】和【Ctrl】+【-】快捷键,观察图像的变化。

(3) 按住"空格键"拖动鼠标,观察图像的变化。

【相关知识】

一、缩放工具和抓手工具

1. 缩放工具

使用【缩放工具】，可以实现放大或缩小图像。在工具箱中选择【缩放工具】时，光标在画面内显示为一个带加号的放大镜，使用这个放大镜单击图像，即可实现图像的成倍放大（或使用【Ctrl】+【+】快捷键）。而按住【Alt】键使用【缩放工具】时，光标为一个带减号的缩小镜，单击可实现图像的成倍缩小（或使用【Ctrl】+【-】快捷键）。

2. 抓手工具

当图像较大或显示比例较大时，图像窗口不能完全显示整幅画面，这时可以使用【抓手工具】来拖动画面，以卷动窗口来显示图像的不同部位。当然，也可以通过窗口右侧及下方的滑轨和滑块来移动画面的显示内容。按住空格键，可实现【抓手工具】的临时切换。

二、导航器

导航器是用来观察图像的，可方便地进行图像的缩放（此处的缩放是指将图像放大或缩小以方便对图像全部及局部的观察，图像本身并没有发生大小的变化或像素的增减）。

在【导航器】面板（图 1-3-28）的左下角显示百分比数字，可直接输入需要的百分比，按【Enter】键后，图像就会按输入的百分比显示，在导航器中会有相应的预览图，也可用鼠标拖动导航器下方的三角滑块来改变缩放的比例。滑动栏的两边有两个形状像山的小图标，左侧的图标较小，单击此图标可使图像缩小显示，单击右侧的图标可使图像放大显示。

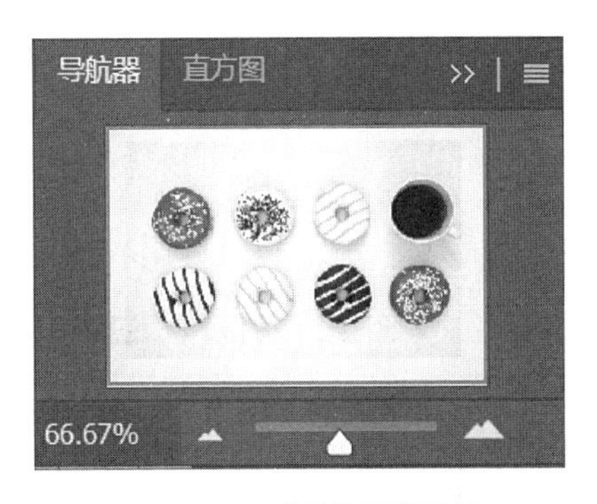

图 1-3-28　【导航器】面板

单击导航器右边的菜单按钮，在弹出的菜单中执行【面板选项】命令，可弹出“面板选项”对话框，在其中可定义显示框的颜色，在【导航器】面板的预览图中可看到用色框表示图像的观察范围，默认色框的颜色是浅红色。在“面板选项”对话框中，用鼠标单击色块就会弹出拾色器，选择颜色后将其关闭，在色块中将会显示所选的颜色。另外，也可从【颜色】下拉菜单中选择软件已经设置的其他颜色。

三、旋转视图工具

使用【旋转视图工具】（图 1-3-29），可以在不破坏图像的情况下旋转画布，使用该工具不会使图像变形。使用【旋转视图工具】可以像旋转画纸一样旋转画布，从不同角度观察和处理图像。也可以在具有 Multi-Touch 触控板的 MacBook 计算机上使用【旋转视图工具】。

图 1-3-29　旋转视图工具

可执行下列任一操作：

（1）选择【旋转视图工具】，然后在图像中单击并拖动，以进行旋转。无论当前画布是什么角度，图像中的罗盘都将指向北方。

（2）选择【旋转视图工具】，在【旋转角度】字段中输入数值（以指示变换的度数）。

（3）选择【旋转视图工具】，单击（或按住鼠标并来回拖动以设置）【视图】控件设置旋转角度。

要将画布恢复到原始角度，可单击【复位视图】。

四、屏幕模式

屏幕模式是指将图像在整个屏幕上查看，将隐藏菜单栏、标题栏和滚动条。

可执行下列任一操作（图 1-3-30）：

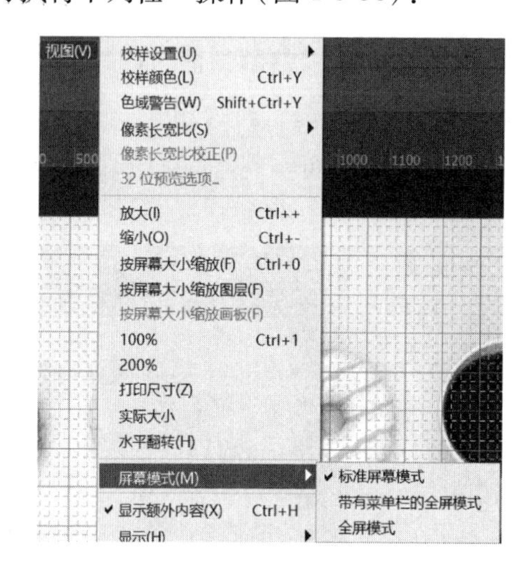

图 1-3-30 屏幕模式设置

（1）要显示默认模式（菜单栏位于顶部，滚动条位于侧面），选取【视图】菜单下【屏幕模式】中的【标准屏幕模式】；或单击应用程序栏上的【更改屏幕模式】按钮，并从弹出式菜单中选择【标准屏幕模式】。

（2）要显示带有菜单栏和 50% 灰色背景、没有标题栏和滚动条的全屏窗口，选择【视图】菜单下【屏幕模式】中的【带有菜单栏的全屏模式】；或单击应用程序栏上的【更改屏幕模式】按钮，并从弹出式菜单中选择【带有菜单栏的全屏模式】。

（3）要显示只有黑色背景的全屏窗口（无标题栏、菜单栏或滚动条），选择【视图】菜单下【屏幕模式】中的【全屏模式】；或单击应用程序栏上的【更改屏幕模式】按钮，并从弹出式菜单中选择【全屏模式】。

➡ 创建自定义的工作区

不同行业对 Photoshop 中各项功能的使用频率有所不同，针对这一点，Photoshop 为用户提供了几个常用的预设工作区供用户选择，同时可根据个人的操作习惯新建工作区。

通过【窗口】→【工作区】命令，可以实现工作区的新建、复位和删除操作，创建符合个人习惯的工作区。

【操作实施】

(1) 执行【窗口】→【工作区】→【新建工作区】命令,如图 1-3-31 所示。

(2) 打开"新建工作区"对话框,键入工作区的名称,如图 1-3-32 所示。

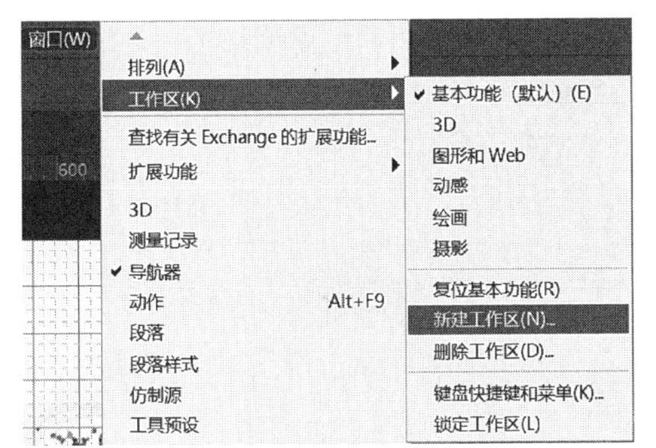

图 1-3-31　新建工作区

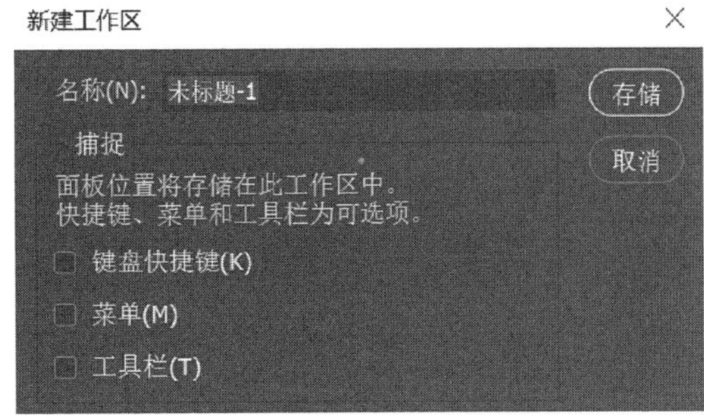

图 1-3-32　"新建工作区"对话框

第四节　Photoshop 2020 的新功能

一、云文档

Photoshop 2020 新增了一项云文档功能,用户可以将做好的作品直接保存到 Adobe 云中,以便与其他设备或用户交换文件。这一功能打通了 Windows、Mac、iPad 之间最后一道交换屏障。云文档采用 Adobe 账号登录,用户在每一次按住【Ctrl】+【S】快捷键执行保存命令时自动弹出,如图 1-4-1 所示。

图 1-4-1　【保存到云文档】按钮

二、预设分组

Photoshop 2020 在"预设"上做了很大的调整。在 Photoshop 2020 中所有的预设都加入了分组，比如渐变、图案、样式、色板、形状，如图 1-4-2 所示。此外 2020 版也在之前版本的基础上，对预设库做了扩展，无论是色彩、形状还是图案，用户都能找到很多与以前不一样的地方，有些无须追加就能直接体验，如图 1-4-3 所示。

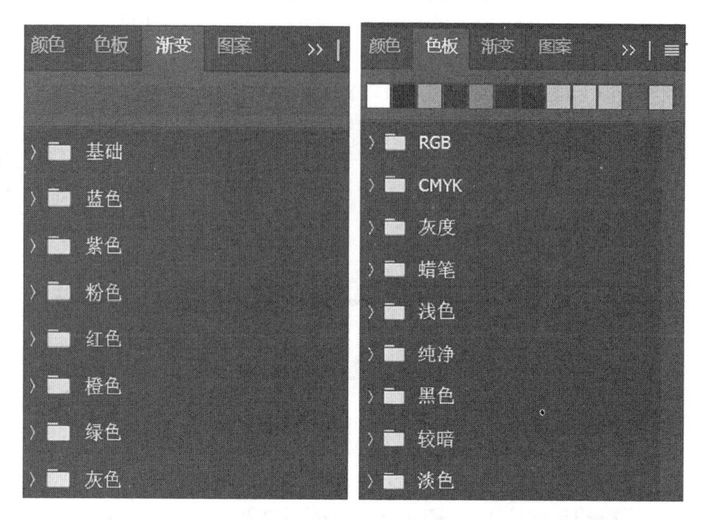

图 1-4-2　预设分组

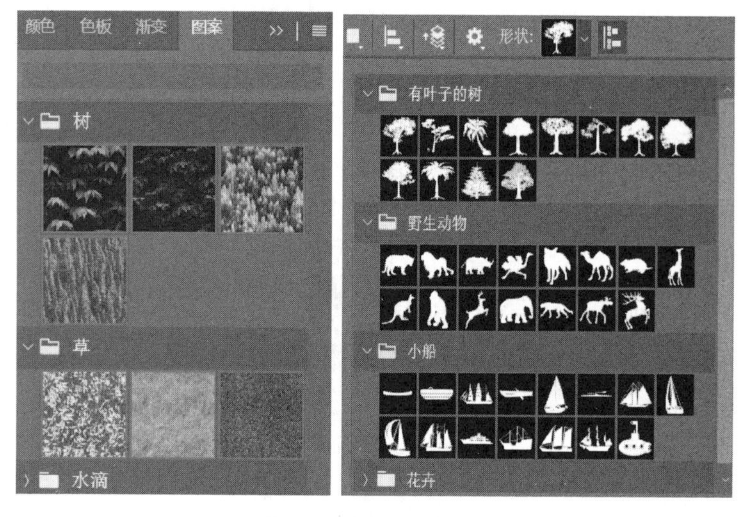

图 1-4-3　预设库扩展

三、自动抠图

Photoshop 2020 在快速选择工具和魔棒工具中，加入了一项【对象选择工具】，这一工具可以帮助用户实现智能抠图。Photoshop 2020 这项工具提供了“矩形”和“套索”两组模式，用户可以根据实际物体形状加以选择。同时，用户也可以利用【Shift】键和【Alt】键对选区进行叠加与编辑，配合对象选择，完善抠图。

四、变换工具更统一

从 Photoshop 2019 开始，Adobe 公司就对变换工具启用了一种全新模式。在使用【Ctrl】+【T】快捷键对元素进行自由变换时，即便没有按下【Shift】键，元素也是等比例缩放

的。但这一变化目前并未拓展到形状上，即对非矢量元素不用按下【Shift】键，而对矢量元素则要按下【Shift】键。Photoshop 2020 则将二者合二为一，无论是矢量元素还是非矢量元素，都可以不按【Shift】键直接完成等比缩放。

五、智能对象转换为图层

Photoshop 2020 的智能对象增加了一个将智能对象转换为图层的小功能，通过右击智能对象，选择【转换为图层】，可以将原智能对象里的元素编组，直接呈现在主图内，如图 1-4-4 所示。

图 1-4-4　【转换为图层】命令

注　转换为图层的智能对象，也可以再次右击换回智能对象，这一过程完全可以互逆。

本章练习

一、选择题

1. 在 Photoshop 中，将彩色模式转换为双色模式或位图模式时，必须先将其转换为(　　)。

A. Lab 模式　　B. RGB 模式　　C. CMYK 模式　　D. 灰度模式

2. CMYK 颜色模式是一种(　　)。

A. 屏幕显示模式　　B. 光色显示模式　　C. 印刷模式　　D. 油墨模式

3. 在 Photoshop 中，(　　)是由许多不同颜色的小方块组成的，每一个小方块称为像素。

A. 位图　　B. 矢量图　　C. 向量图　　D. 平面图

二、填空题

1. 分辨率就是________________的像素数量。

2. Photoshop 常用的图像文件格式有________、________、________、________等。

3. 状态栏位于每个文档窗口的________。

4. 图像的显示模式有________、________和________。

三、操作题

1. 打开一幅 PSD 图像格式化图像，再将它以名为“Test1”、格式为“jpg”保存。

2. 打开 10 幅图像，将这 10 幅图像的大小调整得一样，均为宽 400 像素、高 300 像素。

3. 新建一个图像文件，设置该文件的名称为“图像作品 1”，画布宽度为 300 毫米、高度为 200 毫米，背景为浅绿色，分辨率为 100 像素/英寸，颜色模式为 RGB 颜色和 8 位。在该图像窗口内显示标尺和网格，标尺的单位设定为像素。

4. 将“图层”“通道”“动作”调板分离，再将它们合并成面板组。

5. 设置前景色为白色，背景色为黑色。

6. 在图像窗口中添加 3 条水平参考线和 2 条垂直参考线。

第二章

选区的创建与编辑

◆ **本章学习简介**

在设计工作中，经常用到 Photoshop 选区功能。图形图像的选取是图像制作中重要的内容，选取范围的方法也多种多样。在学习过程中，要学会灵活运用各种方法，做到举一反三。本章对各种选择工具的使用方法和使用技巧进行详细的说明，让学习者利用选区工具，可以在这些区域内进行抠图、复制、粘贴、色彩调整等操作。

◆ **本章学习目标**

- 理解选区的功能。
- 掌握创建选区的方法。
- 熟练使用各种工具创建选区。
- 能够灵活应用选区。

◆ **本章学习重点**

- 熟练使用各种工具创建选区。
- 熟练掌握选框工具的使用方法。
- 熟练掌握套索工具的使用方法。
- 熟练掌握创建选区的方法。
- 熟练掌握选区的编辑操作技术。

案例一　规则选区的创建与编辑——绘制中国工商银行 logo

【案例说明】

中国工商银行 logo 整体上是一个隐性的方孔钱币，体现金融业的行业特征，并具有“方圆的规矩”的哲理思想。logo 的中心是一个经过变形的“工”字，中间断开，加强了“工”字的特点，且两边对称，体现银行与客户之间平等互信的依存关系。中国工商银行 logo 属于矢量图，在 Photoshop 中主要通过绘制矩形选区和椭圆选区，并填充相应颜色完成绘制。

【相关知识】

一、矩形选框工具

选框工具是一组创建规则选区的工具，默认状态下显示的是【矩形选框工具】。单击右下角的小三角按钮，弹出选框工具组(图 2-1-1)，其选项分别是【矩形选框工具】、【椭圆选框工具】、【单行选框工具】和【单列选框工具】。

【矩形选框工具】用于创建矩形选区，单击工具箱中的【矩形选框工具】按钮，然后在图中直接拖动鼠标，即可绘制出矩形选择区域(图 2-1-2)，其属性栏如图 2-1-3 所示，若要取消选区，可按【Ctrl】+【D】快捷键。

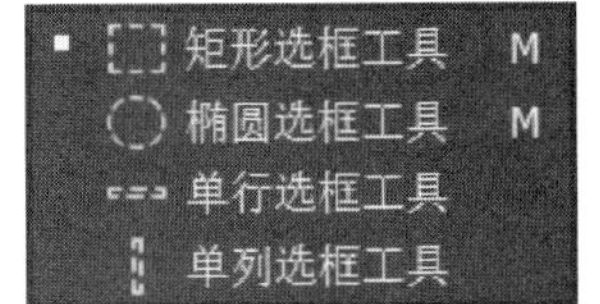

图 2-1-1　选框工具组

图 2-1-2　创建矩形选区

图 2-1-3　【矩形选框工具】属性栏

该属性栏中选项的含义如下：

【新选区】：单击此按钮，可以创建一个新的选区，如果绘制之前还有其他选区，则绘制后的选区将会取代之前的选区。

【添加到选区】：单击此按钮，可以在图像原有选区的基础上，增加绘制之后的选区，从而得到一个新选区或增加一个新选区，效果如图 2-1-4 所示。用户可以将它理解为数学中的“并集”概念。

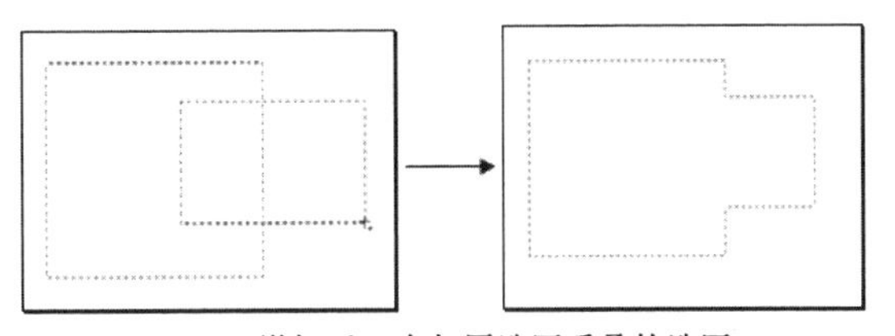

(a) 增加了一个与原选区重叠的选区

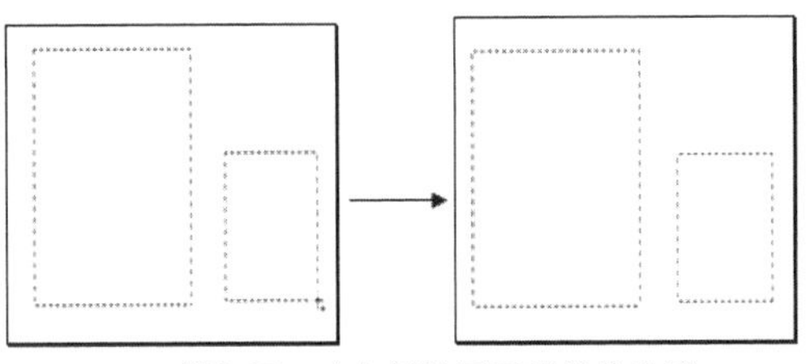

(b) 增加了一个与原选区不重叠的选区

图 2-1-4　添加到选区

【从选区减去】：单击此按钮，可以在图像原有选区的基础上，减去绘制之后的选区，得到一个新选区，效果如图 2-1-5 所示。用户可以将它理解为数学中的“补集”概念。

【与选区交叉】：单击此按钮，

可得到原有图像选区和后来绘制选区相交部分的选区，效果如图 2-1-6 所示，用户可以将它理解为数学中的“交集”概念。

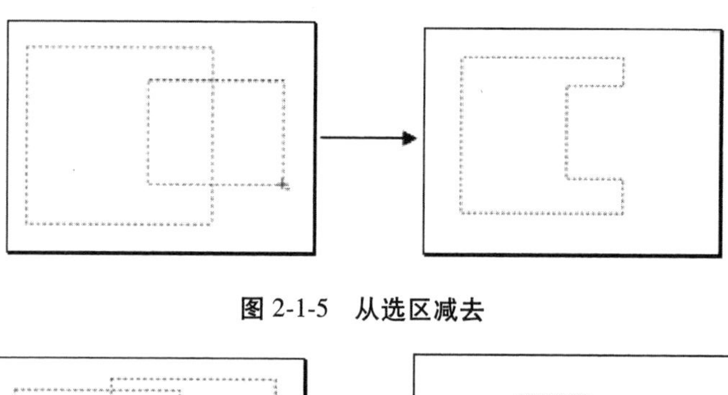

图 2-1-5　从选区减去

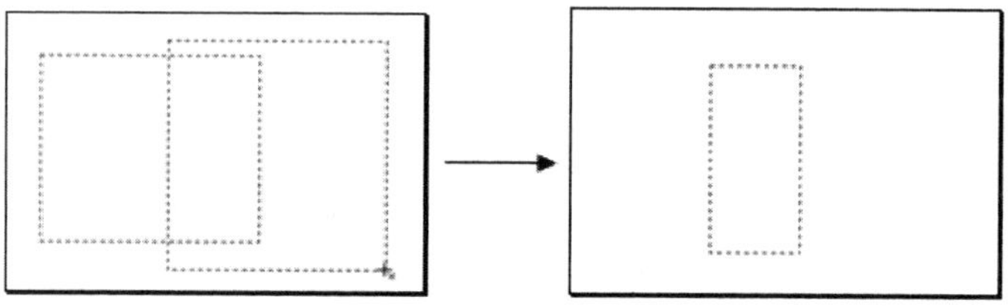

图 2-1-6　与选区交叉

如果新绘制的选区与原来的选区没有相交，则会弹出如图 2-1-7 所示的提示框，提示因为没有相交，所以未选择任何像素。

图 2-1-7　提示信息

技巧　在创建新选区的同时按住【Shift】键，可进行“添加到选区”操作；按住【Alt】键，可进行“从选区减去”的操作；按住【Alt】+【Shift】快捷键，可进行“与选区交叉”操作。

【羽化】：通过建立选区并且在其边缘建立一个模糊的边界，从而达到柔和边缘的效果。羽化分别从选区两侧开始模糊边缘，其对比效果如图 2-1-8 所示。用户可以在  羽化：0 像素 数值框中输入具体的羽化值，从而确定羽化程度的大小。输入的羽化值范围是 0~255，单位是像素，数值越大，产生的羽化效果越明显。

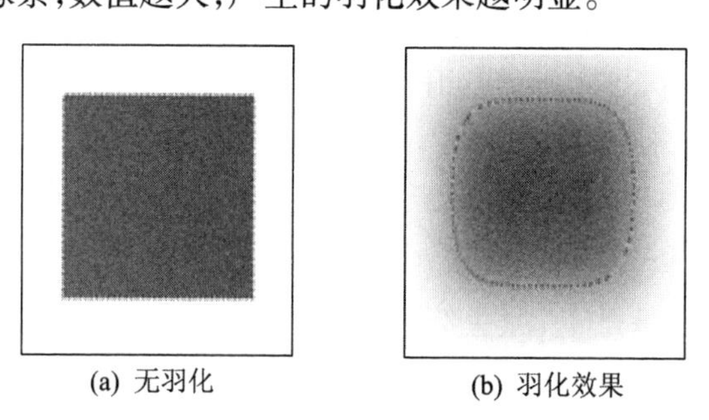

(a) 无羽化　　(b) 羽化效果

图 2-1-8　无羽化与羽化的效果对比

提示　如果用户所要羽化的选区半径小于输入的羽化值半径，将弹出一个如图 2-1-9 所示的提示框，提示为：“任何像素都不大于 50% 选择。选区边将不可见。”我们在绘制有

羽化的选区的时候，一定要先输入羽化值，再绘制选区，才会出现羽化效果。

【样式】：下拉列表由 3 个选项构成(图 2-1-10)，分别是【正常】、【固定比例】和【固定大小】。【固定比例】可固定矩形选区的长宽比例，而【固定大小】是用来绘制固定长和宽的选区。

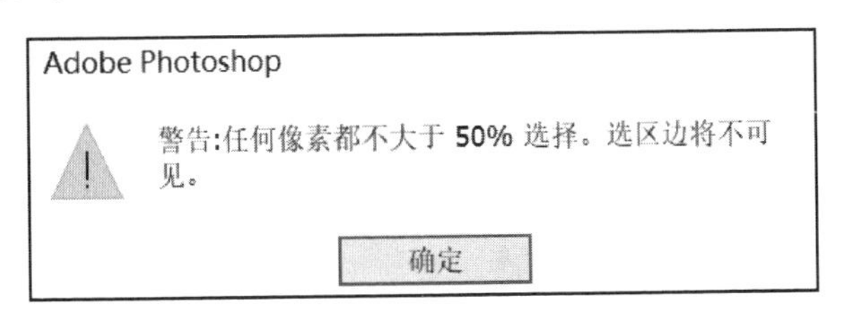

图 2-1-9 提示框

图 2-1-10 【样式】下拉列表

二、椭圆选框工具

【椭圆选框工具】用来绘制椭圆形选区，单击工具箱中的【椭圆选框工具】按钮，然后在图中直接拖动鼠标，就可以绘制出椭圆形选区(图 2-1-11)，其属性栏如图 2-1-12 所示。

图 2-1-11 创建椭圆形选区

图 2-1-12 【椭圆选框工具】属性栏

技巧 在使用【矩形选框工具】 或【椭圆选框工具】 时，按【Shift】键可得到正方形选区或正圆选区，按【Alt】键可以绘制以起点为中心的椭圆形选区，按【Alt】+【Shift】快捷键可以绘制以起点为圆心的正圆选区。

【椭圆选框工具】属性栏和【矩形选框工具】属性栏的用法一致，在这里不再赘述。

【消除锯齿】：选中该复选框，可柔化选区边缘的锯齿，从而在一定程度上使边缘平滑，其对比效果如图 2-1-13 所示。使用【矩形选框工具】时该复选框无效。

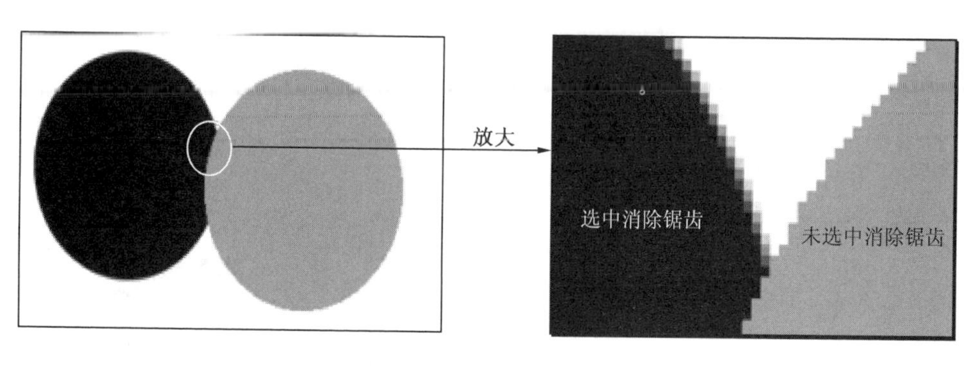

图 2-1-13　消除锯齿效果

三、行列选框工具

选择【单行选框工具】或【单列选框工具】，在图像中单击鼠标，可在单击处创建一个高或宽为一个像素的矩形选框，效果如图 2-1-14 所示。用缩放工具放大后如图 2-1-15 所示，可观察到它占一个像素的宽度。

图 2-1-14　创建宽为一个像素的矩形选框

图 2-1-15　放大效果

四、选区的原理及作用

使用选区能限制绘制或编辑图像的区域，从而得到精确的效果。Photoshop 的选区呈现为黑白交替的浮动线——“蚂蚁线”，如图 2-1-16 所示。

图 2-1-16　选区

需要注意的是：

（1）图像的基本组成单位是像素，因而制作选区时不存在选择半个像素。

（2）选区有 256 个灰度级别，即选区是有透明度的，表示像素中的灰度被选中的程度。

（3）制作选区时，只有选择程度在 50%以上的像素，才会显示在蚂蚁线的区域内；若

选择程度小于 50%，选区边界将不可见，但并不等于没选区，选区依然存在。

在图像中绘制出的可进行编辑操作的区域，用户可以进行复制、粘贴、色彩调整等操作。如果不设定选区，用户进行的操作将会对整个图像执行。

在 Photoshop 图像处理中经常要建立复杂或简单的选区，甚至半透明的选区，以便对图像的局部进行编辑。选区用于确定操作的有效区域，从而使每一项操作都有的放矢。如在图像中选中选区，再对图像进行操作，就会发现仅选区内的图像被编辑，而选区外部并没有任何变化。这充分证明选区约束了操作发生的有效范围，因而获得一个精确的选区是至关重要的。

【案例实施】

（1）新建一个文件，弹出“新建文档”对话框，设置文件名为“中国工商银行标志制作”，尺寸为 10 厘米×10 厘米，分辨率为 300 像素/英寸，如图 2-1-17 所示。

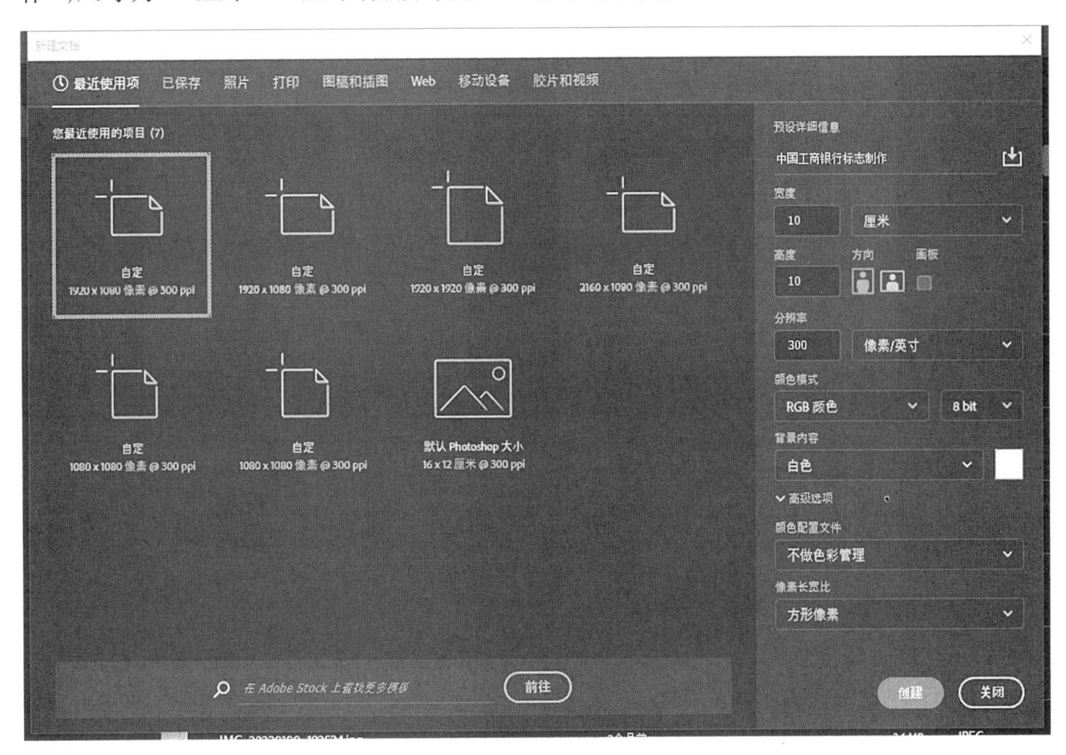

图 2-1-17　“新建文档”对话框

（2）按【Ctrl】+【R】快捷键，调出“标尺”，如图 2-1-18 所示。

（3）为了制作更精确的效果，执行【编辑】→【首选项】→【参考线、网格和切片】命令，在选项栏中对网格进行相关的设置，如图 2-1-19 所示。之后在新建文件中按住【Ctrl】+【'】快捷键，显示网格线，如图 2-1-20 所示。

图 2-1-18　显示标尺

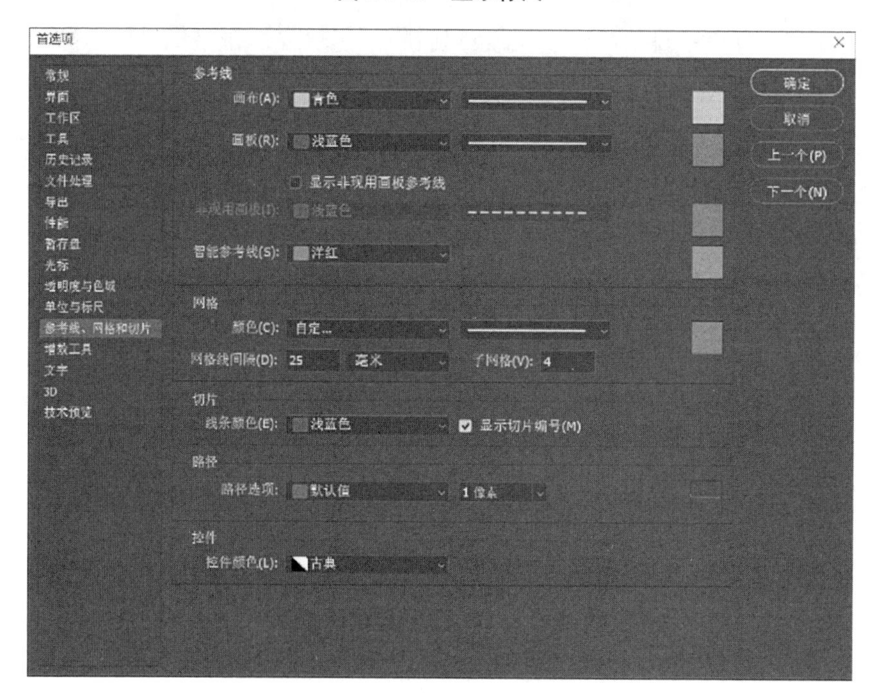

图 2-1-19　设置网格线

图 2-1-20 显示网格线

(4) 以显示的网格线为基准,选中【矩形选框工具】工具,绘制"中国工商银行标志"选区(需要将选区属性设置为【添加到选区】),如图 2-1-21 所示。

(5) 新建图层 1,按住【Ctrl】+【Delete】快捷键,进行前景色填充,对"中国工商银行标志"选区填充颜色,如图 2-1-22 所示。

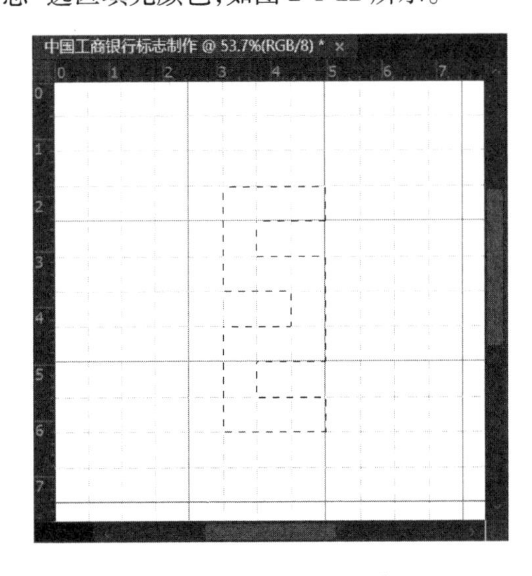

图 2-1-21 使用【矩形选框工具】绘制选区

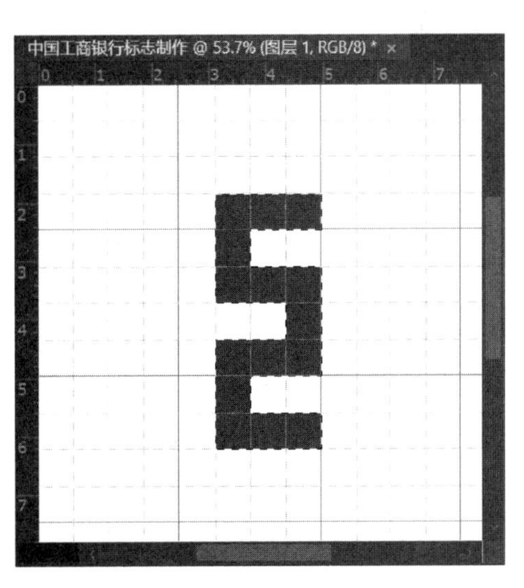

图 2-1-22 填充颜色

(6) 复制图层 1,按住【Ctrl】+【T】快捷键,执行自由变换,右击并选择水平翻转,按住【Shift】键移动到合适位置,如图 2-1-23 所示。

(7) 缩放图层,并以中心控制点为基准拖拉水平、垂直交叉参考线,如图 2-1-24 所示。

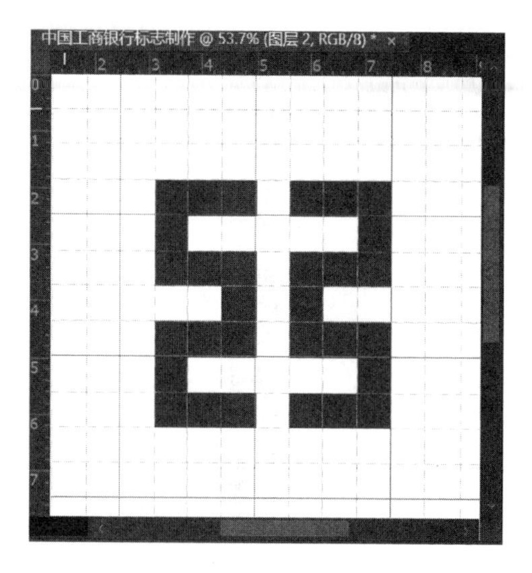

图 2-1-23　摆放图层

图 2-1-24　缩放图层并拖拉参考线

（8）选中【椭圆选框工具】，按下鼠标后按住【Ctrl】+【Shift】+【Alt】快捷键，以“工”形中心为基准，绘制正圆选区，将选区属性设置为【从选区减去】，创建圆环形选区并填充颜色，如图 2-1-25 所示。

（9）最终效果如图 2-1-26 所示。

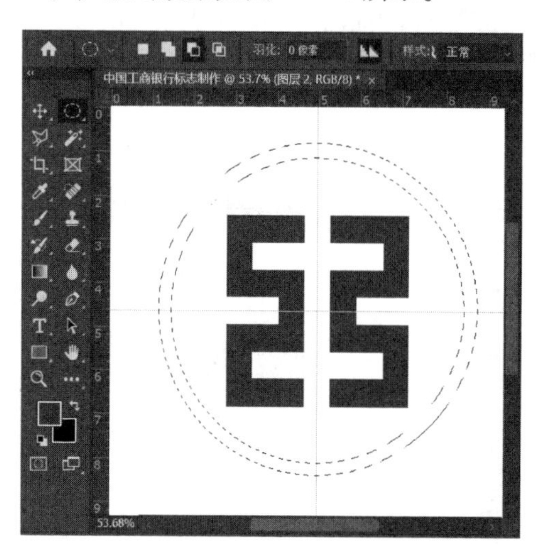

图 2-1-25　创建圆环形选区

图 2-1-26　最终效果

案例二　不规则选区的创建与编辑——制作扶贫助农宣传海报

【案例说明】

脱贫攻坚是时代赋予每一个扶贫工作者的时代任务和光荣使命。我国实施精准扶贫、精准脱贫，走出了一条中国特色减贫道路。本案例重点在于熟练使用几种不规则选区工具，根据需要利用套索工具、多边形套索工具和磁性套索工具，选取不同的素材进行位置和大小的调整，制作扶贫助农宣传海报。

【相关知识】

一、套索工具

前文介绍的选框工具用于创建规则形状的选区，但实际上用户常常需要创建不规则形状的选区，这时选框工具就不能满足用户的需要了，因此 Photoshop 2020 提供了套索工具。用户利用这个工具可以自由选取需要的区域。

套索工具是一组用于创建不规则选区的工具，默认状态下显示的是【套索工具】。单击右下角的小三角按钮，弹出套索工具组（图 2-2-1），其选项分别是【套索工具】、【多边形套索工具】和【磁性套索工具】。

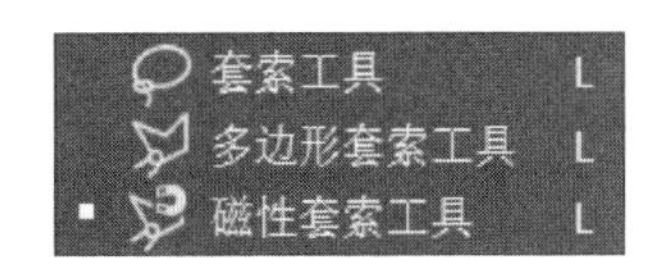

图 2-2-1　**套索工具组**

【套索工具】用于创建任意形状的选区，该工具的属性栏和选框工具属性栏用法相同，如图 2-2-2 所示。

羽化：0 像素　消除锯齿　选择并遮住...

图 2-2-2　**【套索工具】属性栏**

单击【套索工具】按钮，在图像中按住鼠标左键不放并拖动鼠标，即可创建出用户需要选取的范围，如图 2-2-3 所示。若松开鼠标，则系统自动连接起点和终点，形成完整的选区。

图 2-2-3　**用套索工具创建选区**

二、多边形套索工具

虽然利用套索工具可以选择任意形状的选区，但是手动调节可控性较差。多边形套索工具弥补了套索工具的不足。单击【多边形套索工具】按钮，当鼠标变为形状后，在图像中合适的位置单击鼠标，然后再移动鼠标到下一个位置并单击，系统会自动将两点连成一条直线。重复这样的操作，可创建不规则的多边形选区。当选取结束时，将鼠标指针移动到起点，鼠标指针旁边

出现一个 符号，单击鼠标左键，即可完成选取，如图 2-2-4 所示。

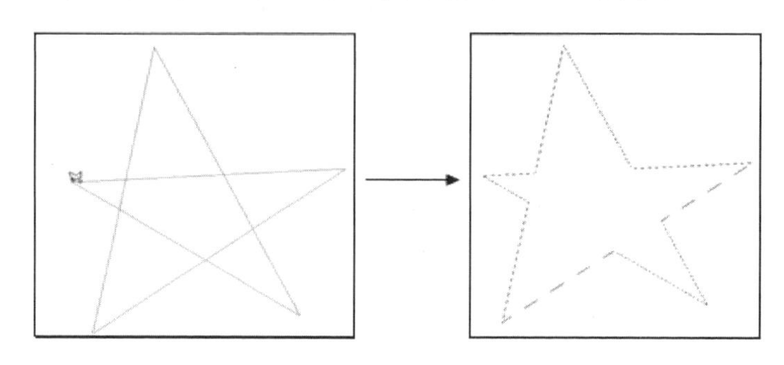

图 2-2-4　用【多边形套索工具】创建选区

三、磁性套索工具

磁性套索工具既具备了套索工具的方便性，又具备了钢笔工具的精确性。它是根据图像中颜色的反差来创建选区的，适用于图像和背景反差大、边缘清晰、形状比较复杂的图像。在对图像创建选区时，只需拖动鼠标，选区便可自动吸附到图像边缘，如图 2-2-5 所示。

技巧　在使用【多边形套索工具】和【磁性套索工具】的时候，用户经常无法找到选取的起点，选区无法封闭，在这种情况下可以按【Enter】键，系统会自动在起点和终点之间取最短的直线闭合选区。

图 2-2-5　【磁性套索工具】使用实例

单击【磁性套索工具】按钮 后，其相应的属性栏如图 2-2-6 所示。

图 2-2-6　【磁性套索工具】属性栏

该属性栏中选项的含义如下：

【宽度】：用来定义套索的宽度，将宽度指定好了以后，在套索的过程中将自动检测鼠标指针两侧指定宽度内与背景反差最大的边缘。宽度越大，检测范围就越大，但是选取的精度就越低。

【对比度】：用来设置选取图像时的边缘反差，范围为1%~100%。百分比越高，灵敏度越高；百分比越低，灵敏度越低。

【频率】：用来设置创建节点的数量，范围为0~100。频率越高，标记的节点越多。

【钢笔压力】：该选项只有安装了绘图板及其启动程序时才有效。在有效的条件下，选中此复选框，套索的“蚂蚁线”宽度随着钢笔压力的增大而变细。

对【磁性套索工具】属性栏，可根据不同的图像进行相应的设置。如果能合理地设置属性，将最大限度地发挥磁性套索工具的功能。例如，在边缘对比度比较高的图像上，可以将宽度和对比度的数值设置得大一些；反之，可以通过设置较小的宽度值和较大的边缘对比度来得到较精确的选区。

【案例实施】

（1）按【Ctrl】+【O】快捷键，打开本案例素材文件夹中的背景图片，如图2-2-7所示。

（2）按【Ctrl】+【O】快捷键，打开本案例素材文件夹中的元素图片，如图2-2-8所示。

（3）使用【套索工具】选取小女孩、小男孩、萝卜等素材，复制选区至背景文件中，调整至合适位置（注意素材元素所在图层，此部分内容后续会详述）。按住【Ctrl】+【T】快捷键，执行自由变换，并调整至合适大小，如图2-2-9所示，按【Enter】键确认。

图2-2-7 背景图片

图2-2-8 元素图片

图2-2-9 执行自由变换

（4）使用【多边形套索工具】选取广告牌，如图2-2-10所示，并将选取的素材通过复制、粘贴的方式或拖曳的方式放置在背景文件中，调整位置并按【Ctrl】+【T】快捷键，执行自由变换。

（5）用【磁性套索工具】选取广告牌下的假山，并将其和广告牌合并，放置在背景文件中，调整其位置和大小，最终完成扶贫海报的制作，如图2-2-11所示。

图 2-2-10 选取广告牌

图 2-2-11 最终效果

案例三 快速选取工具的应用——制作网站 banner

【案例说明】

2020 年年初疫情暴发,学了一点网页制作基础的小明同学想要利用自己所学的知识制作一个相关网站。请你帮助小明设计一款网站 banner,要求内容简洁,搭配合理,包含基本的相关元素。

【相关知识】

一、对象选择工具

在最新版本的 Photoshop 2020 中,新增加了一个对摄影后期非常实用的抠图工具【对象选择工具】。【对象选择工具】和【魔棒工具】在一个组 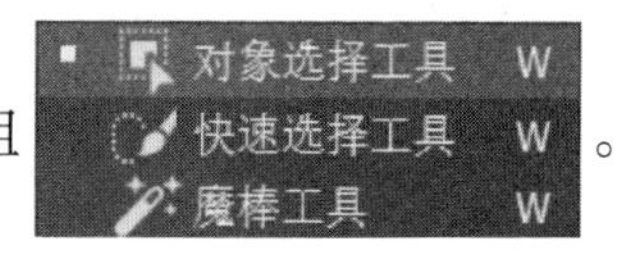

。这是一款人工智能自动选取的工具,只要在照片中框选一个范围,就可以实现自动选区,方便进一步抠图等后期处理。它仿佛可以读懂用户的内心,帮助用户选出所要的内容。【对象选择工具】属性栏如图 2-3-1 所示。

图 2-3-1 【对象选择工具】属性栏

在属性栏中可以选择框选模式,有【矩形】和【套索】两种方式 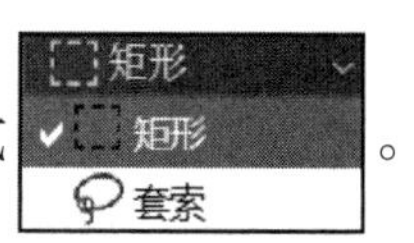

。

现在以实例进行介绍，比如要将一张图中的人物放置在另一张图的环境中。在选择工具时，先选中【对象选择工具】，然后按住鼠标拖拉，框选人物，如图 2-3-2 所示。

图 2-3-2　框选人物

在框选的过程中，选择范围超过了人物范围，但当松开鼠标之后，选区会自动识别人物范围(图 2-3-3)。

图 2-3-3　【对象选择工具】选取人物

将选取好的人物拖曳到另一张图片中并执行自由变换调整，最终效果如图 2-3-4 所示。

图 2-3-4　最终效果

二、快速选择工具

【快速选择工具】给用户提供了难以置信的优质选区创建解决方案。这一工具被添加在工具箱的上方区域，与【魔棒工具】归为一组。【快速选择工具】要比【魔棒工具】更为强大，所以【快速选择工具】显示在工具箱面板中显眼的位置。

现以实例来介绍此工具。

（1）在 Photoshop 2020 中打开一幅花的图像，如图 2-3-5 所示。

【快速选择工具】可以在工具箱的上方找到，如图 2-3-6 所示。

如同许多其他工具，【快速选择工具】的使用方法是基于画笔模式的，也就是说，可以画出所需的选区。如果选取离边缘比较远的较大区域，就要使用大一些的画笔；如果要选取边缘，则换成小尺寸的画笔，这样才能尽量避免选取背景像素。

提示　要更改画笔大小，可以调整选项栏中画笔大小数值（图 2-3-7），也可以直接使用快捷键【[】或【]】来减小或增大画笔。

图 2-3-5　实例图

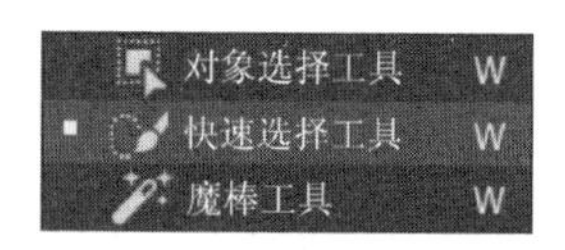

图 2-3-6　【快速选择工具】选项

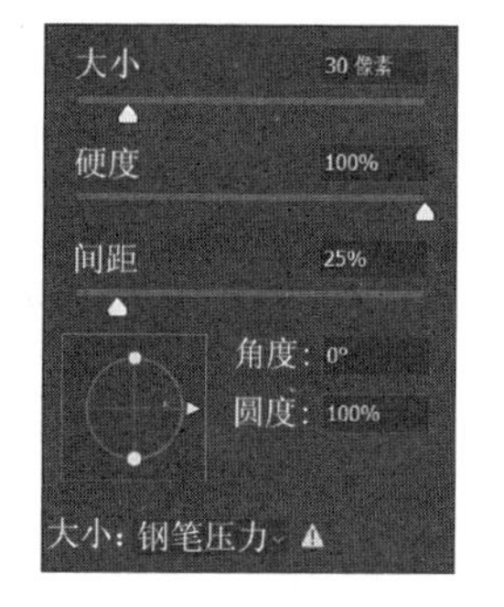

图 2-3-7　设置画笔

（2）【快速选择工具】是智能的，比【魔棒工具】更加直观和准确。【快速选择工具】会自动调整选区大小，并寻找到边缘使其与选区分离，不需要在要选取的整个区域中涂画。

（3）如果有些区域不想被选中，却仍包含到了选区里面，这时只需要将画笔大小调小一些，然后按住【Alt】键，再用【快速选择工具】选取区域即可，如图 2-3-8 所示。

三、魔棒工具

【魔棒工具】根据颜色范围来创建选区，主要用来选择颜色相同或类似的区域，有魔

术般奇妙的效果。单击【魔棒工具】按钮后，在图像上单击需要选取的区域，则与单击处颜色相同和相似部分将被选中，如图 2-3-9 所示。

图 2-3-8 缩小画笔

图 2-3-9 【魔棒工具】创建选区

单击【魔棒工具】按钮，其属性栏如图 2-3-10 所示。

图 2-3-10 【魔棒工具】属性栏

该属性栏中选项的含义如下：

【容差】用来设置颜色范围的误差值，范围为 0~255，默认容差是 32。一般来说，容差越大，选择的颜色范围越大；容差越小，选择的颜色范围越小，选取的颜色也就越接近。当容差为 0 时，只选择单个像素及图像中颜色值和它完全相等的若干个像素；当容差值为 255 时，将选取整幅图像。

【连续】勾选此复选框，则与单击区域相连的颜色范围才会被选中；未勾选，则在整幅图像中所有与单击区域颜色相同的范围都被选中。例如，当勾选该复选框时，选择【魔棒工具】，单击圆环中的白色区域，得到的选区如图 2-3-11 所示；不勾选该复选框时，得到的选区如图 2-3-12 所示。

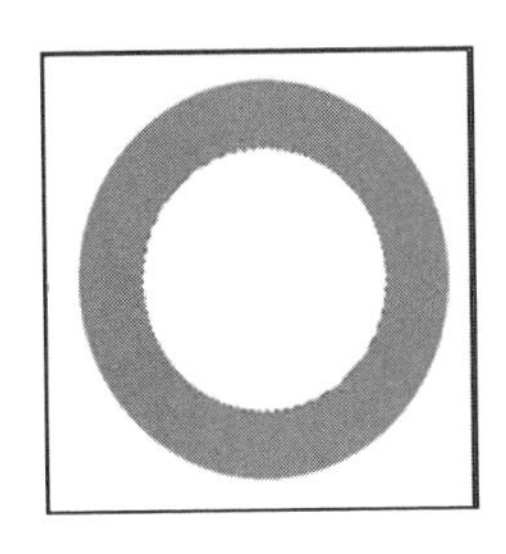

图 2-3-11 按下连续按钮时的选区

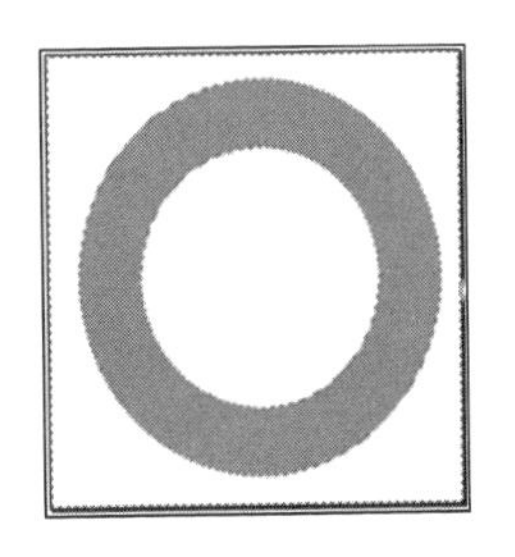

图 2-3-12 未按下连续按钮时的选区

【案例实施】

（1）按【Ctrl】+【O】快捷键，打开本案例素材文件夹中的背景图片，如图 2-3-13 所示。

图 2-3-13 背景图

（2）按【Ctrl】+【O】快捷键，打开本案例素材文件夹中的元素图片，选择【对象选择工具】，将元素图片中的护士选中；如果有选取不合适的部位，可通过添加或减少选区实现（按【Shift】键添加选区，按【Alt】键减少选区）；复制选中的人物到背景文件中，按住【Ctrl】+【T】快捷键，执行自由变换，调整至合适大小，如图 2-3-14 所示。

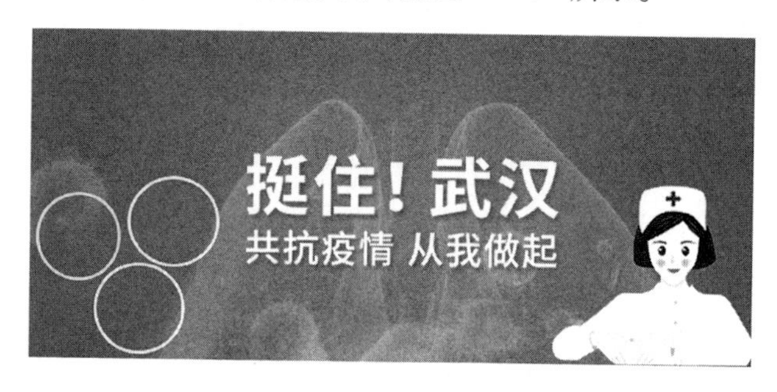

图 2-3-14 添加“护士”元素

（3）在素材文件中，利用【矩形选区工具】选取“开窗通风”图标，复制到背景文件中（图 2-3-15），选取【魔棒工具】，吸取蓝色背景并删除背景，执行自由变换，将之调整至合适大小，放置在圆形图标内。

图 2-3-15 增加“开窗通风”图标

（4）继续选择其他元素，完善网页 banner。可以用【对象选择工具】或【快速选择工具】选取戴口罩的女孩和洗手的男孩，再配合【魔棒工具】局部调整，执行自由变换，将之调整至合适大小，放置在圆形图标内。最终效果如图 2-3-16 所示。

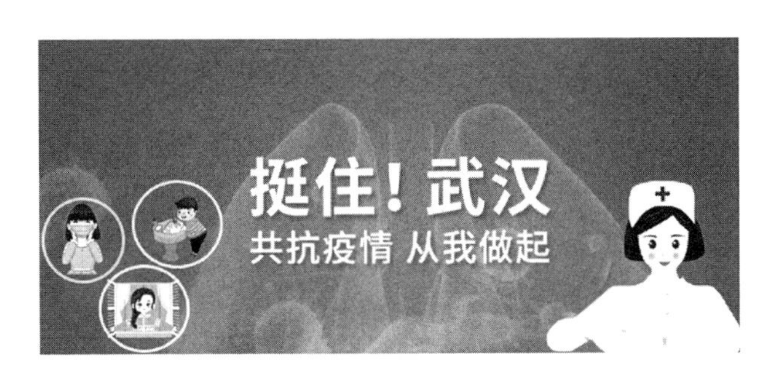

图 2-3-16　最终效果

案例四　色彩范围的设置——制作助农公众号封面

【案例说明】

由于受疫情的影响，很多农产品滞销，电商专业同学利用自己的专业特长帮助农民制作公众号进行推广。现在需要设计公众号首页，包含农产品的一些基本要素。小明设计了一款助农公众号封面，但是他的同学觉得还不够完整，请帮他完善助农公众号封面的设计。

【相关知识】

一、色彩范围

除了前面讲述的利用选框工具和套索工具可以创建选区之外，用户还可以使用色彩范围命令和快速蒙版来创建选区。

【色彩范围】命令是按颜色范围来选取图像中某一部分的区域，它和【魔棒工具】类似，但比【魔棒工具】具有更强的可调性。

执行【选择】→【色彩范围】命令，弹出“色彩范围”对话框，如图 2-4-1 所示。

【选择】：用来定义选取颜色范围的方式。单击选项框右侧的黑色三角按钮，弹出如图 2-4-2 所示的下拉列表。其中：

- 【红色】、【黄色】、【绿色】、【青色】、【蓝色】和【洋红】：这些选项用于在选取的图像中指定选取的某一区域的颜色范围。在选择了某一种颜色后，便不可再使用颜色容差和颜色吸管工具。
- 【高光】、【中间调】和【阴影】：这些选项用于选取图像中不同亮度的区域。
- 【溢色】：该选项用于选择在印刷中无法表现的颜色。

【颜色容差】：拖动其下的滑块或在数值框中输入数值，可调整颜色的选取范围。数值越大，包含的相似颜色越多，选取范围也就越大。

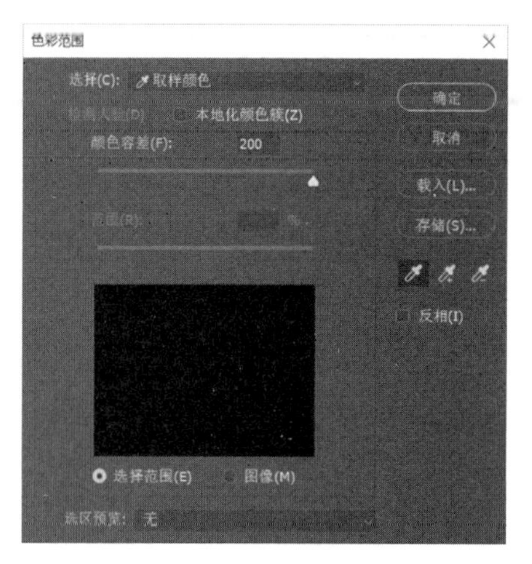

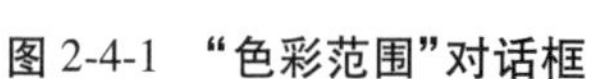
图 2-4-1 “色彩范围”对话框

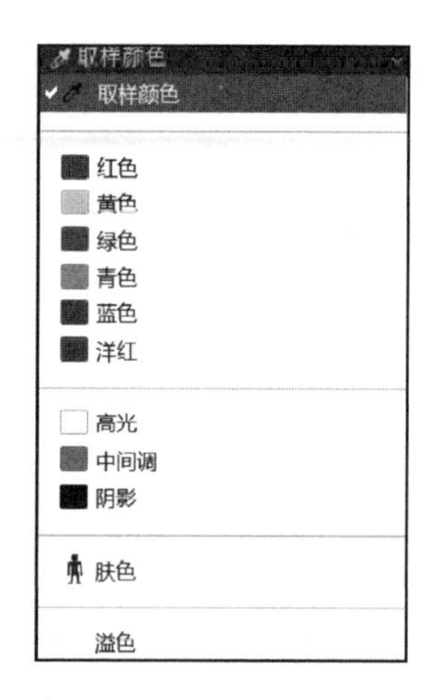

图 2-4-2 【选择】下拉列表

在“色彩范围”对话框的右侧有 3 个吸管工具，分别为吸管工具、加色吸管工具和减色吸管工具，其各个工具含义如下：

【吸管工具】：用于吸取所要选择的颜色。

【添加到取样】：用于增加颜色的选取范围。

【从取样中减去】：用于减少颜色的选取范围。

【选区预览】：用于控制原图像在所创建的选区下的显示情况。单击选项框右侧的黑色箭头，弹出如图 2-4-3 所示的下拉列表。其中：

- 【无】：表示不在图像窗口中显示任何预览。
- 【灰度】：表示以灰色调显示原图像选区以外的部分。
- 【黑色杂边】：表示在图像窗口中以黑色显示选区以外的部分。
- 【白色杂边】：表示在图像窗口中以白色显示选区以外的部分。
- 【快速蒙版】：表示在图像窗口中以快速蒙版的颜色显示选区以外的部分。

【载入】和【存储】：用于保存和载入“色彩范围”对话框中的设置。

【反相】：选中此复选框，可将选区范围反转。

对图像执行【色彩范围】命令后的效果如图 2-4-4 所示。

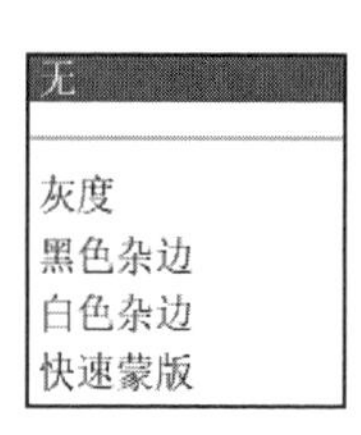

图 2-4-3 【选区预览】下拉列表

图 2-4-4 执行【色彩范围】命令后的效果

二、选区的基本操作

对于创建好的选区，用户有时候需要对其进行进一步的调整，即编辑选区。对选区的编辑主要是通过【选择】菜单来实现的。

（1）执行菜单栏中的【选择】→【全部】命令，得到整个图像的选区，效果如图 2-4-5 所示，其快捷键为【Ctrl】+【A】。

（2）执行【选择】→【取消选择】命令，则取消已选择的范围，其快捷键为【Ctrl】+【D】。

（3）执行【选择】→【重新选择】命令，则恢复上一次选择的范围，其快捷键为【Ctrl】+【Shift】+【D】。

（4）执行【选择】→【反选】命令，则选取已有选区以外的范围，可以利用这个命令选取形状不规则的选区，如图 2-4-6 所示，其快捷键为【Ctrl】+【Shift】+【I】。

图 2-4-5 全选

图 2-4-6 反选

三、移动选区

移动选区的方法：单击【新选区】按钮 ，把鼠标放在选区内，当鼠标指针变成箭头加方块形状时，可自由移动选区。

技巧 在移动选区的时候，用户不但可以使用鼠标来进行移动，还可以使用键盘上的4 个方向键来进行移动，每按一次方向键选区将以 1 个像素为单位进行移动；如果在使用方向键移动的同时按住【Shift】键，则选区以 10 个像素为单位进行移动。

四、羽化命令

执行【选择】→【修改】→【羽化】命令或者按快捷键【Shift】+【F6】，弹出“羽化选区”对话框，在【羽化半径】数值框中输入数值来确定选区的羽化值大小，如图 2-4-7 所示。

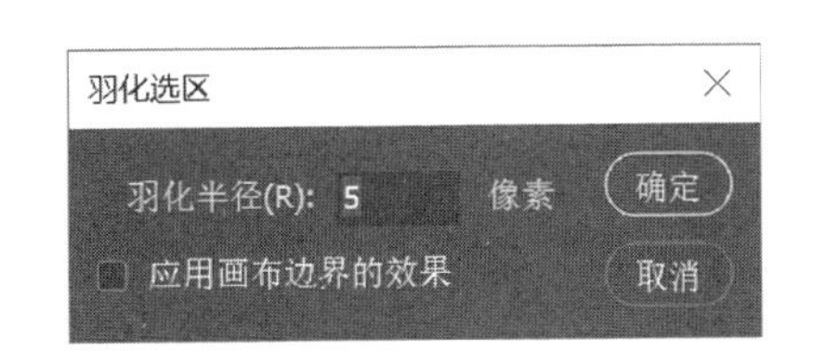

图 2-4-7 “羽化选区”对话框

提示 制作羽化选区的方法有两种：一种是通过选取工具的属性栏来实现；另外一种是通过执行【选择】→【修改】→【羽化】命令来实现。使用属性栏羽化选区时一定要在绘制选区前设置好羽化值。而【羽化】命令则是在绘制选区后，再进行羽化值的设置。

五、调整选区

Photoshop 2020 中可以通过【选择】菜单下的【修改】子菜单中的命令进行选区的编辑，【修改】子菜单中有【边界】、【平滑】、【扩展】、【收缩】、【羽化】5 个命令，如图 2-4-8 所示。

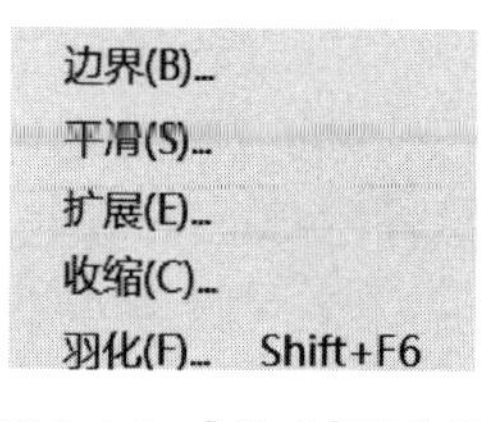

图 2-4-8 【修改】子菜单

1. 边界选区

执行【选择】→【修改】→【边界】命令，弹出“边界选区”对话框，在该对话框的【宽度】数值框中输入宽度的数值，以确定选区边界宽度的大小，效果如图 2-4-9 所示。

(a) 原选区　　(b) 修改宽度后的选区

图 2-4-9 扩张边界效果

2. 平滑选区

这个命令用于平滑选区的尖角和消除锯齿。执行【选择】→【修改】→【平滑】命令，弹出“平滑选区”对话框，在该对话框中通过设置取样半径的大小，来设置平滑选区尖角和锯齿的程度，如图 2-4-10 所示。

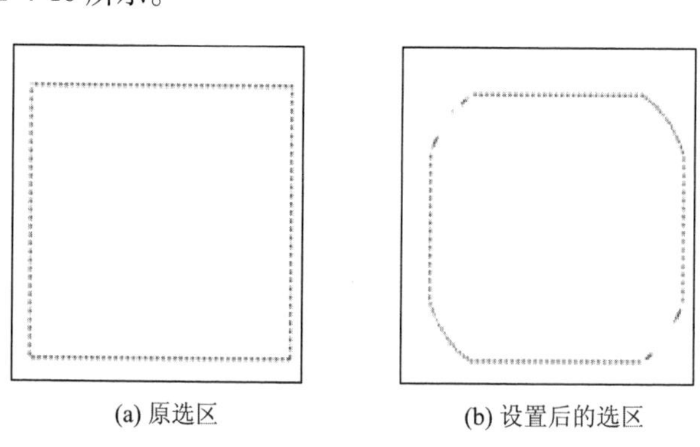

(a) 原选区　　(b) 设置后的选区

图 2-4-10 平滑选区效果

需要注意的是，平滑选区和羽化选区都可使选区尖角趋于平滑，但是效果却不相同。虽然平滑选区也可以使选区尖角趋于平滑，但不能产生羽化选区的模糊边缘效果。对进行过平滑操作的选区和羽化操作的选区分别进行填充，效果对比如图 2-4-11 所示。

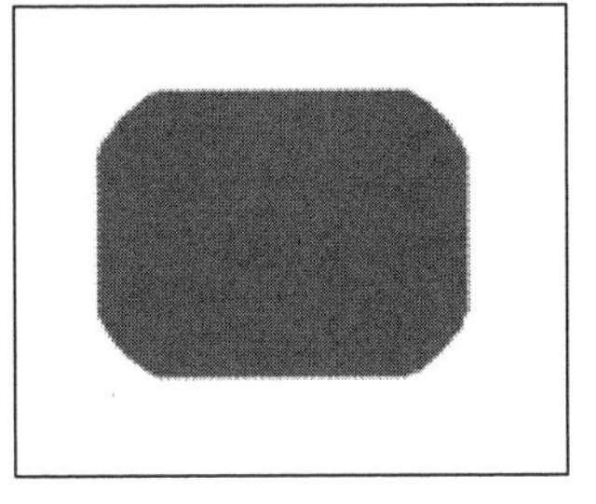

(a) 平滑选区填充

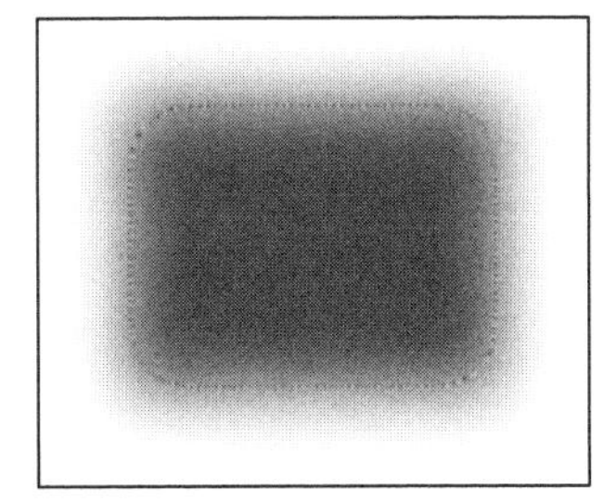

(b) 羽化选区填充

图 2-4-11　**填充效果对比**

3. 扩展选区与收缩选区

扩展选区与收缩选区分别用于扩大选区范围与缩小选区范围。执行【选择】→【修改】→【扩展】(或【收缩】)命令,在弹出的"扩展选区"(或"收缩选区")对话框中,设置扩展量的值(或收缩量的值),效果对比如图 2-4-12 所示。

(a) 扩展选区

(b) 收缩选区

图 2-4-12　**扩展选区与收缩选区的效果对比**

六、扩大选取

扩大选取根据相近的颜色来扩展选区范围,它将选区扩大到与邻近的颜色相似的像素点上。执行【选择】→【扩大选取】命令,Photoshop 2020 会自动按照设定的颜色范围扩大到临近颜色相似的范围,效果如图 2-4-13 所示。

(a) 原选区

(b) 设置后的效果

图 2-4-13　**扩大选取效果**

七、选取相似

选取相似也是根据颜色来扩展选区范围的,它将选区扩大到整幅图像中颜色相似的像素点上。执行【选择】→【选取相似】命令，Photoshop 2020 会自动按照设定的颜色范围来扩大到整幅图像颜色相似的范围，如图 2-4-14 所示。

(a) 原选区

(b) 设置后的选区

图 2-4-14　选取相似效果

八、变换选区

变换选区可以对选区实施自由变形，从而实现对选区的进一步调整。执行【选择】→【变换选区】命令，则会在选区周围出现一个变形调节框，如图 2-4-15 所示。该变形调节框的周围有 8 个控制点和 1 个旋转轴，用户可以通过这 8 个控制点和 1 个旋转轴来实现对选区的缩放、变形和旋转等操作。

执行【变换选区】命令以后，按【Esc】键撤销【变换选区】操作，按【Enter】键应用【变换选区】操作。

九、描边选区

描边选区可对选区的范围进行描边。执行【编辑】→【描边】命令，弹出“描边”对话框，如图 2-4-16 所示。该对话框中选项的含义如下：

图 2-4-15　变换选区

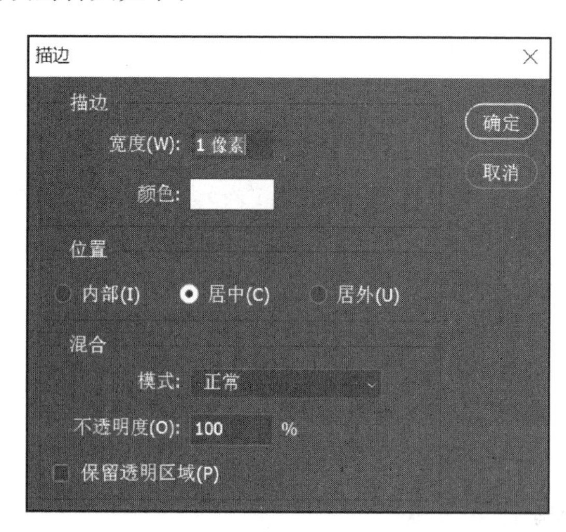

图 2-4-16　“描边”对话框

【宽度】：可设置描边的边框宽度，宽度范围为1～16个像素。

【颜色】：单击颜色框，可弹出“拾色器”对话框，从中选择合适的颜色。

【位置】：该选项区有3个单选按钮，即【内部】、【居中】、【居外】。它们分别指描边的边框位于选框的内边界、边界上和外边界。

【模式】：设置混合模式(具体内容详见第四章图层混合模式)。

【不透明度】：设置描边的不透明程度，其效果如图2-4-17所示。

(a) 原图

(b) 描边

图2-4-17 描边效果对比

十、存储选区与载入选区

当需要反复调用所创建的选区时，可通过系统主菜单命令【选择】→【存储选区】保存当前选区。这时会弹出“存储选区”对话框，在其中设置选区的名字后确认即可。

当需要打开或调入某选区时，在系统主菜单中执行【选择】→【载入选区】命令，将弹出“载入选区”对话框，在【通道】栏中可以选择已保存的选区，以便打开指定选区。使用【存储选区】命令，可以将制作好的选区存储到通道中，以方便以后调用。同样地，我们也可以执行【载入选区】命令，将存储好的选区载入重新使用。

【案例实施】

(1) 按【Ctrl】+【O】快捷键，打开本案例素材文件夹中的背景图片，如图2-4-18所示。

(2) 按【Ctrl】+【O】快捷键，打开本案例素材文件夹中的元素图片，如图2-4-19所示。

(3) 执行【选择】→【色彩范围】命令，用吸管吸取背景中蓝色较深的部位，调整容差值到合适位置，单击【确定】按钮(图2-4-20)；再将素材元素图片中蓝色区域选中。

(4) 将选取的蓝色选区范围删除，并执行【选择】→【反选】命令，选取麦穗及手的区域，用选区的方式将选中的选区粘贴至背景层，调整其大小及位置。最终效果如图2-4-21所示。

图 2-4-18　背景图片

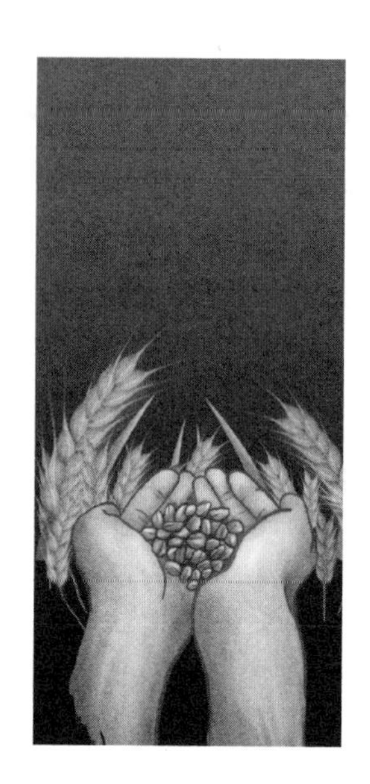

图 2-4-19　元素图片

图 2-4-20　“色彩范围”对话框

图 2-4-21　最终效果

本章练习

一、填空题

1. ________是在图像上绘制出的可进行编辑操作的区域。

2. 创建规则选区的工具有________、________、________和________。

3. 执行菜单栏中的________，我们可以选择整个图形中的相近颜色。

4. 在使用【多边形套索工具】和【磁性套索工具】时，用户经常无法找到选取的起点，选区无法封闭，在这种情况下可以按________键，系统会自动在起点和终点之间取最短的直线闭合选区。

5. 在创建新选区的同时按住________键，可进行“添加到选区”操作；按住________键，可进行“从选区减去”的操作；按住________键，可进行“与选区交叉”操作。

二、简答题

1. 创建不规则选区的方法有哪几种？

2. 如何创建正圆或正方形的选区？

3. 魔棒工具与快速选择工具有什么异同点？

三、操作题

1. 打开本章练习素材“花”，分别使用【魔棒工具】和【色彩范围】命令来选取花和绿叶，体会两者之间的相似与不同之处。

2. 用选框工具绘制出如图所示的选区。

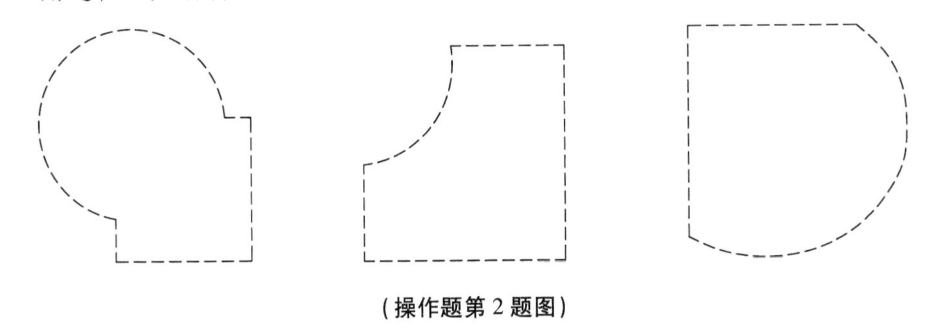

（操作题第 2 题图）

3. 打开本章练习素材中的“油菜花 1”，将油菜花的颜色进行修改，效果见“油菜花 2”。

第三章

修饰与变换

◆ **本章学习简介**

画笔工具是绘制图像的重要工具,也是学习 Photoshop 过程中的重点和难点。通过本章的学习,应掌握画笔工具的使用方法。利用画笔工具,可以将图像风格变得更加独特。除此之外,还应学会去除照片中地面上的杂物或不应出现的人物,以及人物面部的眼袋、斑点、皱纹等,并对图像的局部进行调整。

◆ **本章学习目标**

- 掌握画笔工具的使用方法。
- 掌握去除画面瑕疵的方法。
- 掌握对画面进行局部调整的方法。

◆ **本章学习重点**

- 熟练掌握【画笔设置】面板的使用方法。
- 熟练掌握去除画面瑕疵的方法。

案例一　画笔的运用——绘制蝴蝶

【案例说明】

小明的朋友有一张蝴蝶的图片,想请小明用 Photoshop 制作出颜色各异的蝴蝶,有什么方法能达到要求呢?

本案例可将素材中的蝴蝶定义为画笔,然后设置画笔的属性,就可以制作出颜色各异的蝴蝶。

【相关知识】

一、画笔的基本操作

Photoshop 2020 中的【画笔工具】是使用前景色在画面中进行绘画的。选中【画笔工具】或按【B】键,在画面中单击,就可以绘制出一个圆点,如图 3-1-1 所示。在画面中按住鼠标左键并拖动,就可以绘制出线条,如图 3-1-2 所示。

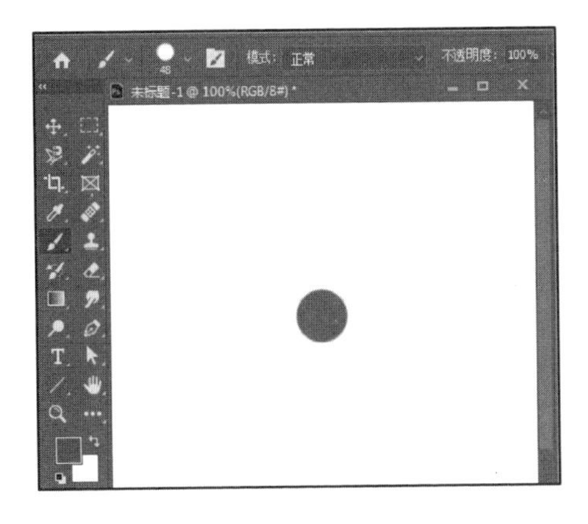

图 3-1-1 绘制圆点

图 3-1-2 绘制线条

【画笔工具】属性栏如图 3-1-3 所示。该属性栏中选项的含义如下：

图 3-1-3 【画笔工具】属性栏

单击按钮，打开“画笔预设”选取器。在“画笔预设”选取器中，可以设置画笔的大小、硬度、笔尖。“画笔预设”选取器包含了多组画笔，展开其中一个画笔组，单击选择一种合适的笔尖，通过拖动滑块，可设置画笔的大小和硬度。使用过的画笔笔尖也会出现在“画笔预设”选取器中，如图 3-1-4 所示。

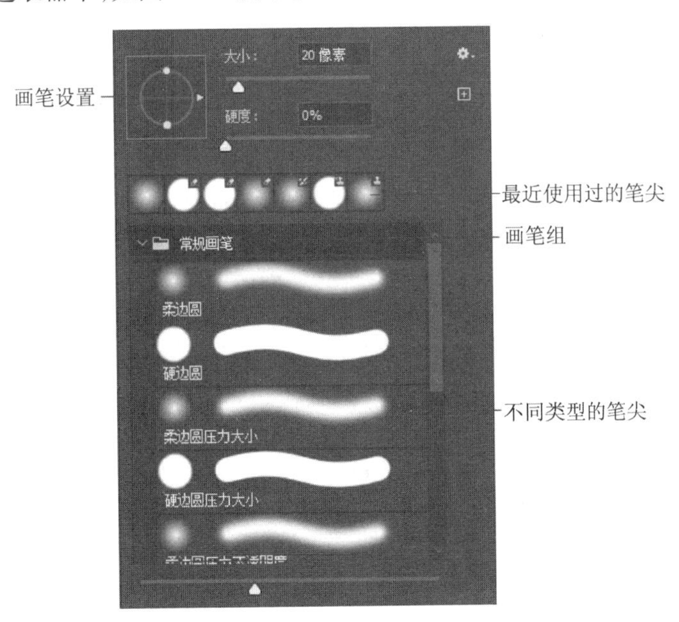

图 3-1-4 “画笔预设”选取器

【画笔设置面板】：单击按钮，弹出【画笔设置】和【画笔】面板。

【模式】：单击右侧的下拉按钮，用于设置画笔绘制图像与画面的混合模式。

【不透明度】：单击右侧的下拉按钮，在弹出的控制条中拖动滑块，也可以在输入框中输入数值，用于设置画笔绘制出来的颜色的不透明度，数值越大，不透明度越高。

【流量】：用于控制画笔绘制图像时运用颜色的速率，流量越大，速率越快。

:激活此按钮，可以启用喷枪功能，Photoshop 会根据鼠标左键的单击程度来确定画笔笔迹的填充数量。例如，关闭喷枪功能时，每单击一次会绘制一个笔迹；启用喷枪功能以后，按住鼠标左键不放，可持续绘制笔迹。

【平滑】设置所绘制线条的流畅程度，数值越高，线条越平滑。

：在使用带有压感的手绘板时，启用该项，则可以对“大小”使用“压力”；关闭该项，以“画笔预设”控制压力。

二、【画笔设置】面板

【画笔设置】面板是 Photoshop 中较为重要的一项功能，因为工具箱中的许多工具都需要在该面板中设置画笔属性。

【画笔设置】面板包含一些可用于确定如何向图像应用颜料的画笔笔尖选项。在【画笔设置】面板中，可以对画笔的大小和边缘样式等属性进行详细而精确的设置，还可以修改现有画笔并设计新的自定义画笔。

执行【窗口】→【画笔设置】命令，或按【F5】键，打开【画笔设置】面板。默认情况下，【画笔设置】面板显示【画笔笔尖形状】设置页面，如图 3-1-5 所示。【画笔设置】面板并不

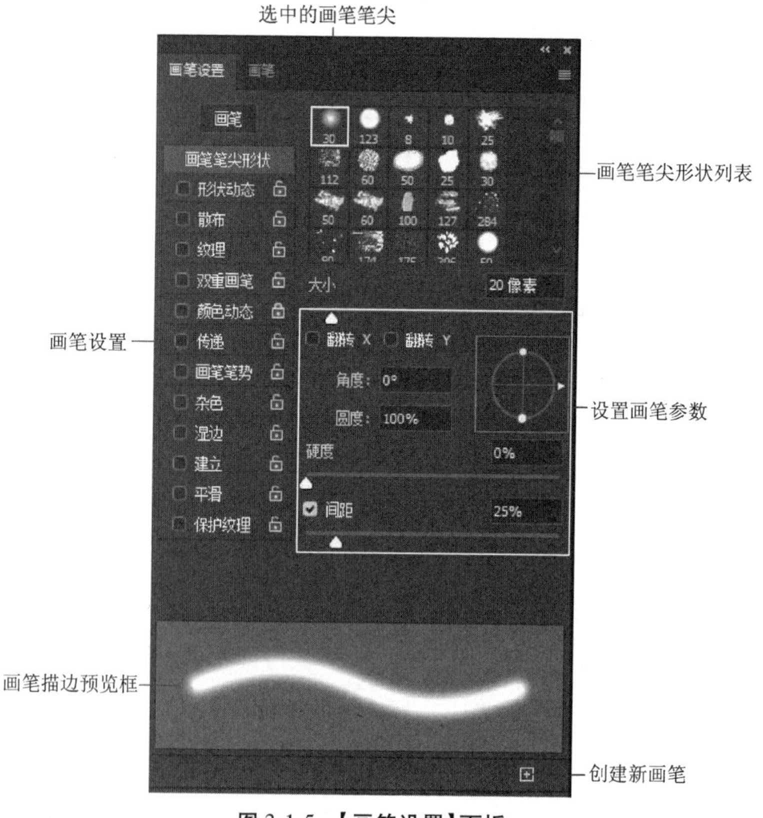

图 3-1-5 【画笔设置】面板

是单纯针对【画笔工具】而设立的面板选项，只要是可以调整画笔大小的工具，都可以通过该面板设置选项。该面板中选项的含义如下：

选中的画笔笔尖：当前选中的画笔笔尖。

画笔笔尖形状列表：在该列表中有多种可供选择的画笔笔尖，用户可以使用默认的笔尖样式，也可以载入新的样式。

画笔设置：选中画笔设置中的所需选项，单击具体名称，即可设置该选项下的参数。

设置画笔参数：可以对画笔的大小、角度、圆度、间距等进行设置。

画笔描边预览框：以上各项参数设置改变时，会在画笔描边预览框中看到当前画笔的预览效果。

创建新画笔：可以将通过以上各项参数设置的画笔形状保存为新画笔，以便在日后的操作中使用。

提示　在选中了绘画工具、橡皮擦工具或颜色加深减淡等工具时，单击选项栏右侧的面板按钮，也可以打开【画笔设置】面板。

在【画笔设置】面板左侧有一列选项组，单击选中一个选项后，该组的可用选项会出现在面板的右侧。

提示　若是只单击复选框左侧的方框，可在不查看选项的情况下启用或停用这些选项。

1.【画笔笔尖形状】选项

画笔的最基本属性就是笔尖形状，它将直接决定利用画笔绘制的图形效果。单击【画笔设置】面板中的【画笔笔尖形状】选项，在右侧出现的选项中，可对画笔笔尖的形状进行设置，可更改其大小、角度或间距等，如图 3-1-6 所示。该面板中选项的含义如下：

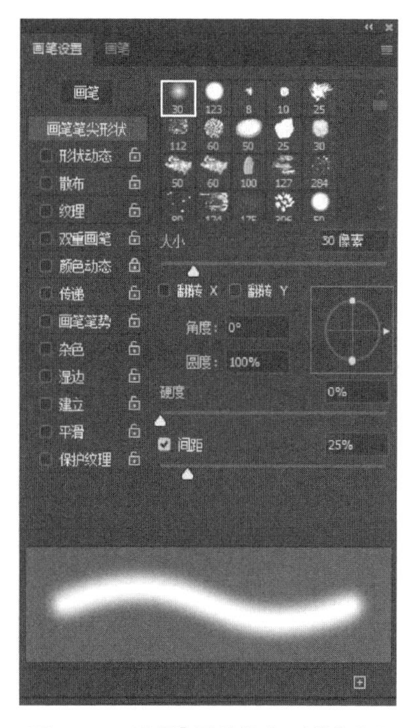

图 3-1-6　设置【画笔笔尖形状】选项

【大小】：用于设置画笔笔尖的大小，其数值越大，画笔就越大，取值范围为 1~5 000 像素。

【翻转 X】：选中该选项后，画笔方向将在水平方向上发生翻转。

【翻转 Y】：选中该选项后，画笔方向将在垂直方向上发生翻转。

【角度】：用于设置笔尖绘画时的倾斜角度，效果如图 3-1-7 和图 3-1-8 所示。

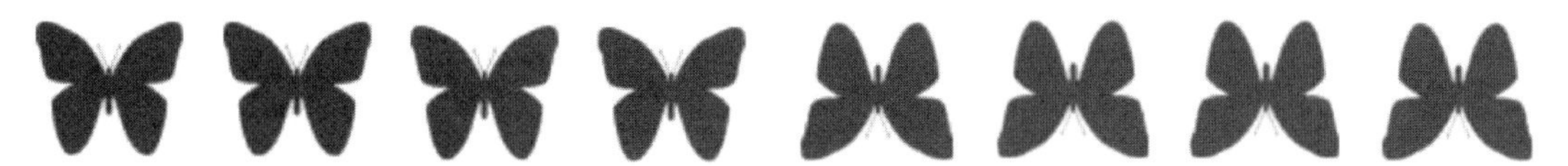

图 3-1-7　角度为 0°时的画笔效果　　　图 3-1-8　角度为 180°时的画笔效果

【圆度】：表示画笔短轴和长轴的比率，用于控制画笔的形状，其数值越大，画笔形状越接近正圆或接近画笔在定义时所具有的比例。

【硬度】：用于控制笔刷边缘的清晰程度，该选项只有在画笔列表中选择椭圆形画笔时才有效，其数值越大，笔刷的边缘越清晰，效果如图 3-1-9 和图 3-1-10 所示。

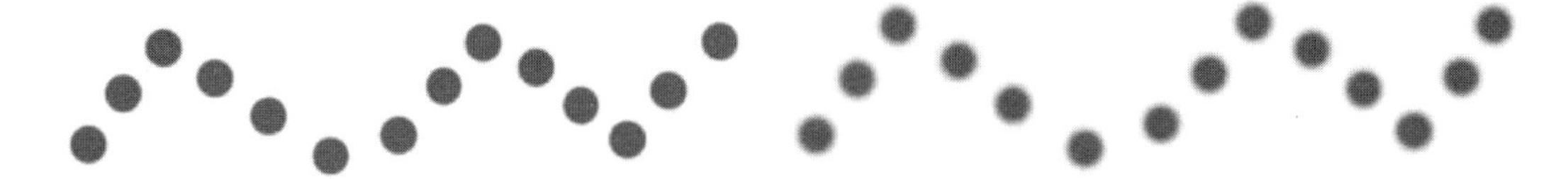

图 3-1-9　硬度为 100%时的画笔效果　　　　图 3-1-10　硬度为 50%时的画笔效果

【间距】该复选框可设置两个画笔笔尖之间的距离，间距越大，画笔笔尖之间的距离越大，效果如图 3-1-11 和图 3-1-12 所示。

2.【形状动态】选项

单击【画笔设置】面板中的【形状动态】选项，将显示如图 3-1-13 所示的画笔调板，其中显示了与形状动态有关的参数。该面板中选项的含义如下：

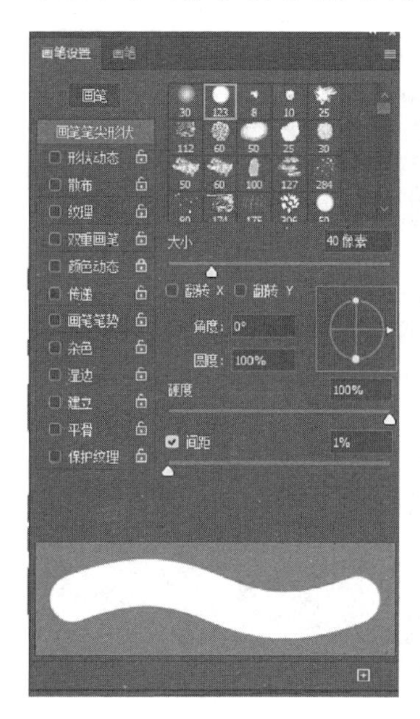

图 3-1-11　间距为 1%时的画笔效果

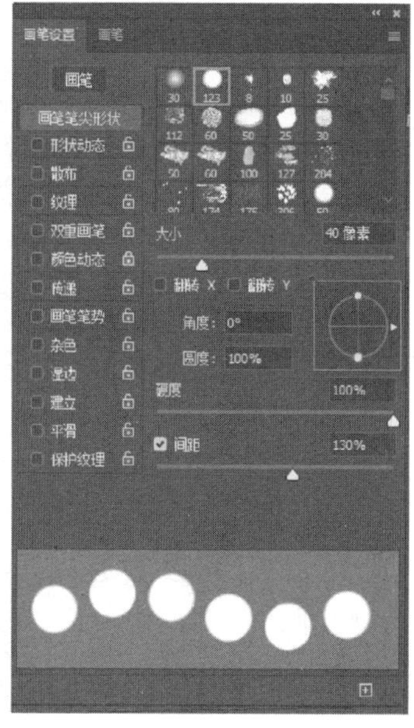

图 3-1-12　间距为 130%时的画笔效果

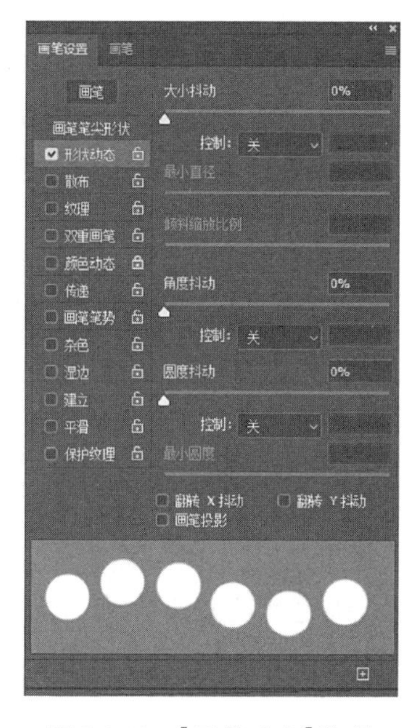

图 3-1-13　【形状动态】选项

【大小抖动】：该选项可以指定描边中画笔笔尖大小的改变方式。在【控制】下拉列表中可选择选项以指定如何控制画笔笔尖的大小变化。不同渐隐值所对应的线条如图 3-1-14 所示。

【最小直径】：该选项可设置当使用【大小抖动】或【控制】时画笔笔尖可缩放的最小百分比。

【倾斜缩放比例】：当【大小抖动】中的【控制】选项设置为【钢笔斜度】时，在旋转前应用于画笔高度的比例因子。

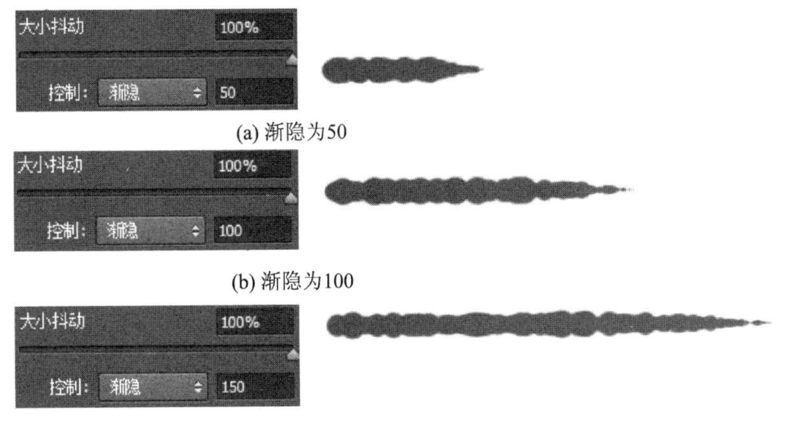

(a) 渐隐为50

(b) 渐隐为100

(c) 渐隐为150

图 3-1-14　不同渐隐值所对应的线条

【角度抖动】：可设定描边中画笔笔尖角度的改变方式，其中可设置 360°的百分比值以指定抖动的最大百分比，效果如图 3-1-15 和图 3-1-16 所示。利用【控制】下拉列表可指定控制画笔笔尖角度变化的方式。

图 3-1-15　角度抖动为 0%时的绘制效果　　**图 3-1-16　角度抖动为 100%时的绘制效果**

【圆度抖动】：该选项可指定画笔笔迹的圆度在绘制时的改变方式。通过【控制】下拉列表，可指定控制画笔笔迹的圆度变化。

【最小圆度】：指定当【圆度抖动】或【控制】启用时画笔笔尖的最小圆度。

3.【散布】选项

选中【散布】选项组，其选项设置如图 3-1-17 所示。利用该选项组中的选项可确定描边中笔尖的数目和位置，可创建出类似喷笔的图像效果。在制作树叶纷飞、星光或随机性很强的光斑效果时，【散布】选项是必须设置的。该面板中选项的含义如下：

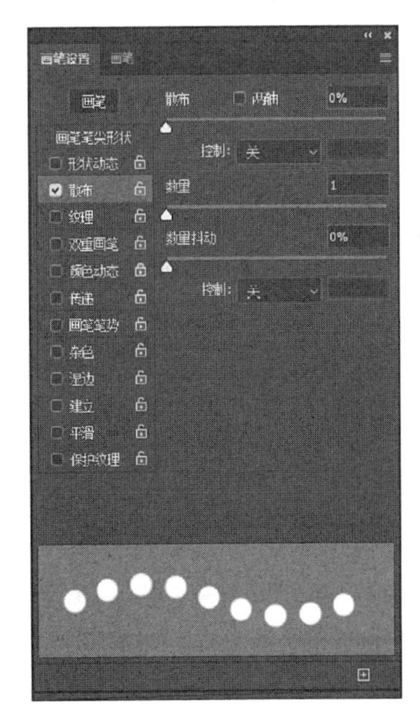

图 3-1-17　【散布】选项

【散布】：指定画笔笔尖在描边中的分布方式。勾选【两轴】复选框时，画笔笔尖将按径向分布；若取消勾选【两轴】复选框，画笔笔尖将垂直于描边路径分布。该参数值越大，散布的效果越大。如图 3-1-18 和图 3-1-19 所示为将散布分别设置为0%和400%时绘画的对比效果。

图 3-1-18　散布为 0%时的绘画效果

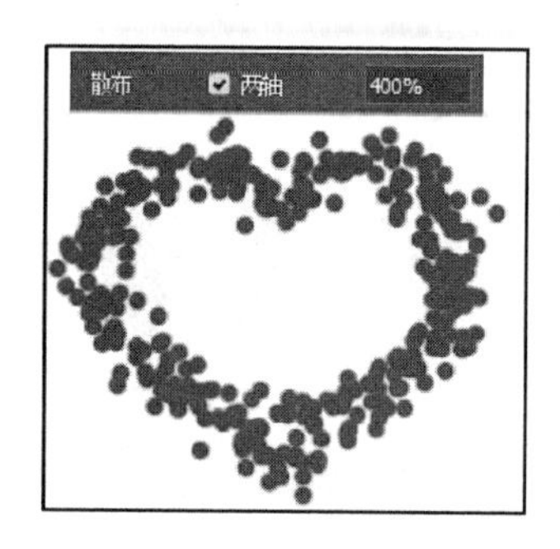

图 3-1-19　散布为 400%时的绘画效果

【数量】：该选项设定在每个间距间隔应用的画笔笔尖数量，其数值越大，构成画笔的绘制点就越多。如图 3-1-20 和图 3-1-21 所示为数量分别是 1 和 10 时的绘画对比效果。

图 3-1-20　数量为 1 时的绘画效果

图 3-1-21　数量为 10 时的绘画效果

【数量抖动】：根据间距间隔时变化的态势设定画笔笔尖的数量，其数量越大，画笔的数量抖动幅度也就越大。其下方的【控制】下拉列表用于设置数量的动态控制。如图 3-1-22 和图 3-1-23 所示为数量抖动分别为 0%和 100%时的绘画效果。

图 3-1-22　数量抖动为 0%时的绘画效果

图 3-1-23　数量抖动为 100%时的绘画效果

4.【纹理】选项

单击选中【纹理】选项组，其选项设置如图 3-1-24 所示。该选项可以将图案添加到画笔描边上，使描边看起来像是在带纹理的画布上绘制的一样。在【纹理】选项中可以对图案的大小、亮度、对比度、混合模式等进行设置。该面板中选项的含义如下：

【设置纹理/反相】：单击图案缩览图右侧的倒三角图标 ，可以在弹出的【图案】拾色器中选择一个图案，并将其设置为纹理（图 3-1-25），绘制出的笔触就会带有纹理，如图 3-1-26 所示。如果勾选【反相】复选框，可以基于图案中的色调来反转纹理中的亮点和暗点，如图 3-1-27 所示。

【缩放】：该选项可指定纹理的缩放比例。

【为每个笔尖设置纹理】：勾选该复选框，可将选定的纹理单独应用于画笔描边中的每个画笔笔迹，而不是作为整体应用于画笔描边。

【模式】：设定用于组合画笔和图案的混合模式。

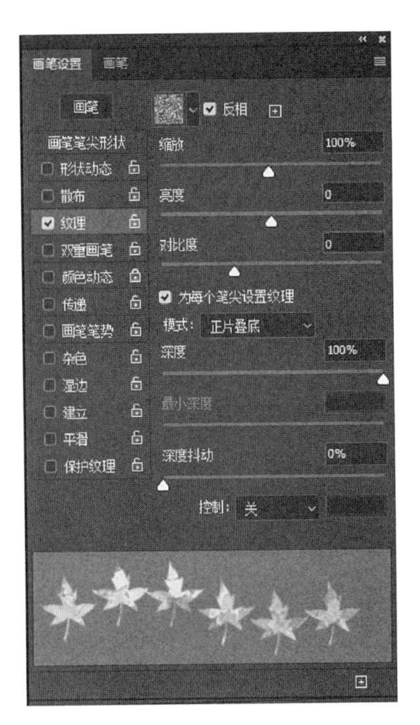

图 3-1-24 【纹理】选项

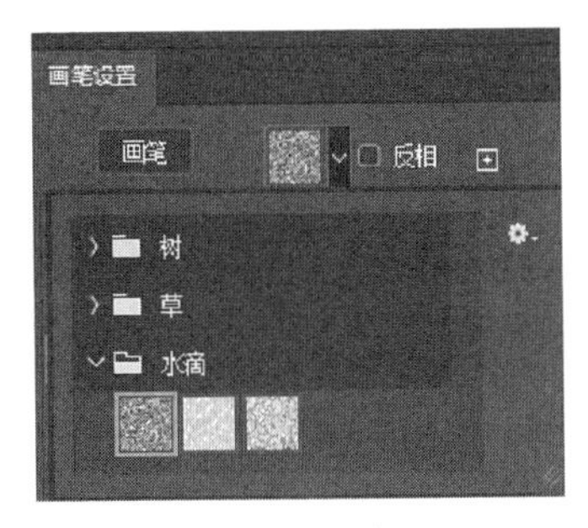

图 3-1-25 设置纹理

图 3-1-26 带有纹理的绘图效果

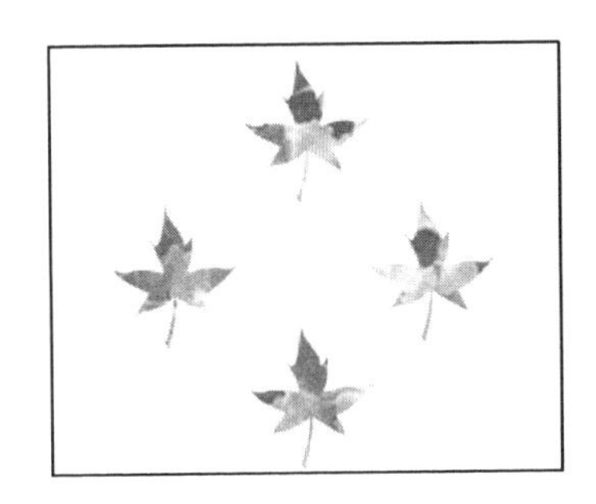

图 3-1-27 勾选【反相】的绘图效果

【深度】：用于设置纹理显示时的浓度，其取值越大，纹理越深。

【最小深度】：用于设置纹理显示时的最小浓度，其取值越大，纹理显示浓度的波动幅度越小。

【深度抖动】：用于设置纹理显示浓度的波动程度，其取值越大，波动的幅度就越大。

5.【双重画笔】选项

双重画笔是一种特殊效果的画笔，包括主画笔和第二画笔。使用该画笔绘画时，第二画笔的笔尖形状图案将被填充到主画笔的运动轨迹内。单击【画笔设置】面板中的【双重画笔】选项，将显示如图 3-1-28 所示的【画笔设置】面板，其中显示了与双重画笔有关的参数。该面板中选项的含义如下：

图 3-1-28 【双重画笔】选项

【模式】：该选项可改变主要笔尖和下一个笔尖组合画笔笔尖时使用的图像混合效果，如图 3-1-29 所示。这是设置不同混合模式后的绘制效果。

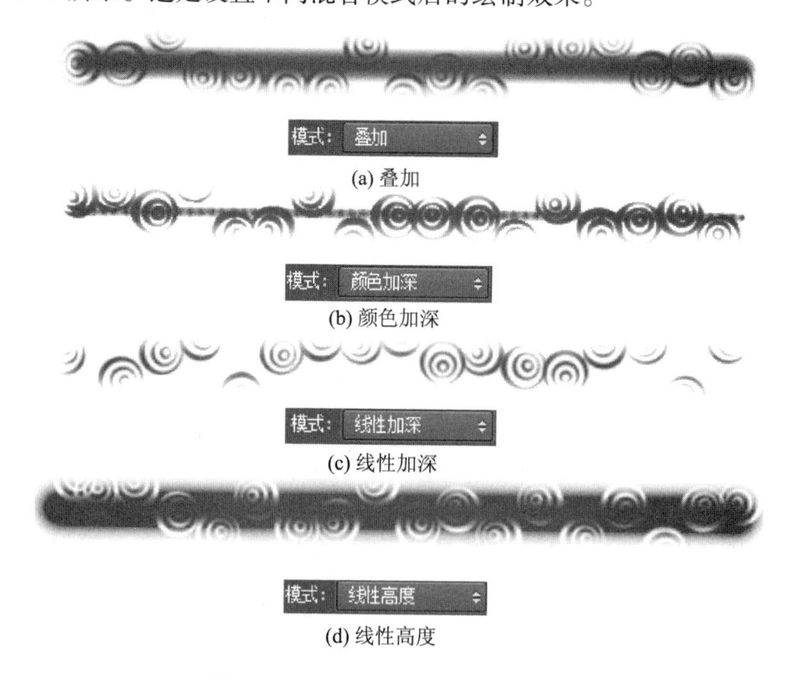

(a) 叠加

(b) 颜色加深

(c) 线性加深

(d) 线性高度

图 3-1-29 不同混合模式的绘制效果

【大小】：该选项可控制两个笔尖绘制时的画笔大小，如图 3-1-30 所示。若单击 按钮，可恢复画笔笔尖的原始大小。

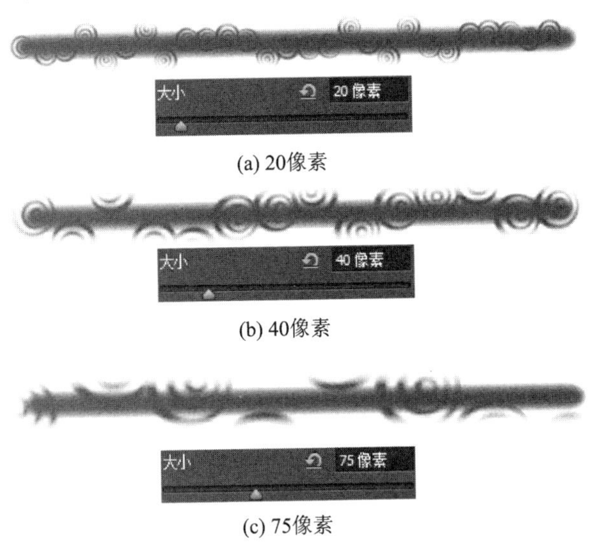

(a) 20像素

(b) 40像素

(c) 75像素

图 3-1-30　不同大小的笔尖效果

【间距】：该选项可设定描边中下一个画笔笔尖之间的距离，如图 3-1-31 所示。

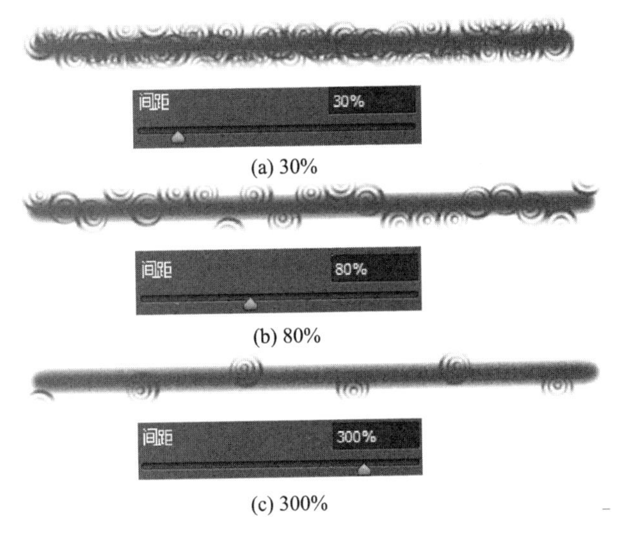

(a) 30%

(b) 80%

(c) 300%

图 3-1-31　不同间距的绘制效果

【散布】：该选项设定描边中双笔尖画笔笔迹的分布方式，如图 3-1-32 所示。参数越大，第 2 个笔尖的散布效果越大。当勾选【两轴】复选框时，双笔尖画笔笔迹按径向分布；若取消勾选该复选框，双笔尖画笔笔迹垂直于描边路径分布。

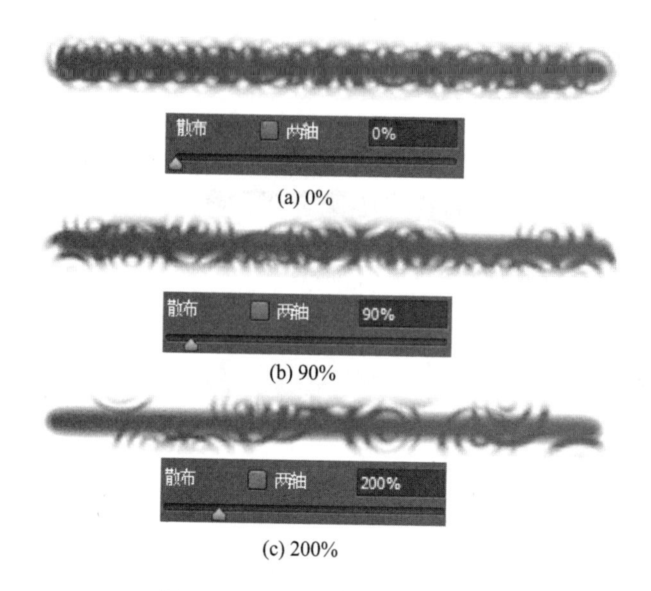

(a) 0%

(b) 90%

(c) 200%

图 3-1-32　不同散布的绘制效果

【数量】：该选项可设定双笔尖排列的密度，其参数值越大，密度越大，如图 3-1-33 所示。

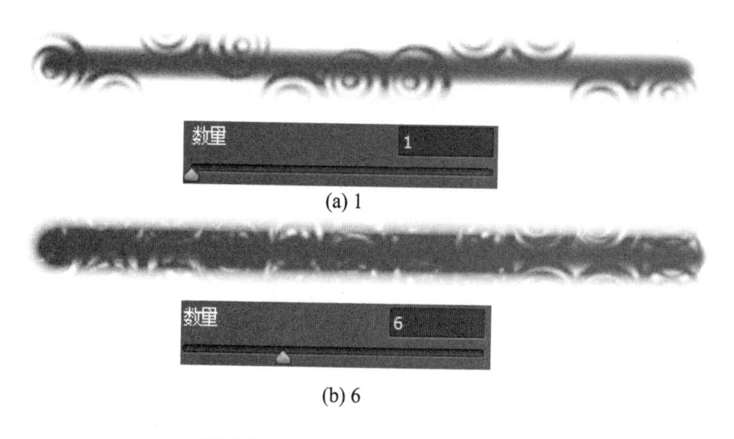

(a) 1

(b) 6

图 3-1-33　不同数量的绘制效果

6.【颜色动态】选项

【颜色动态】：选项可为绘制的画笔添加丰富的颜色变化效果，如图 3-1-34 所示。它决定了描边路线中颜色的变化方式。该面板中选项的含义如下：

【前景/背景抖动】：该参数栏可控制前景色和背景色之间的颜色变化方式，如图 3-1-35 所示。利用【控制】下拉列表可设定控制画笔笔尖的颜色变化。

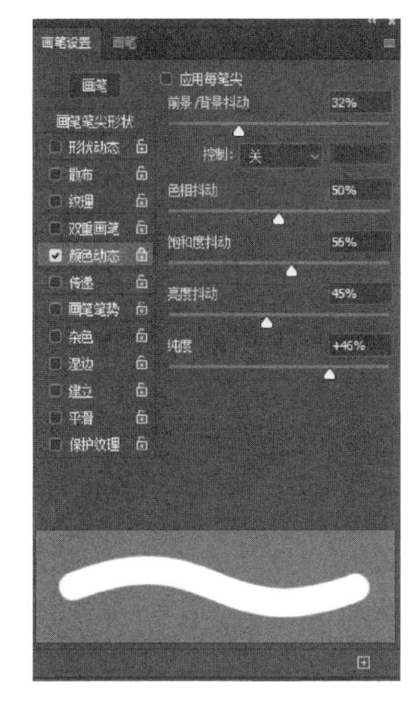

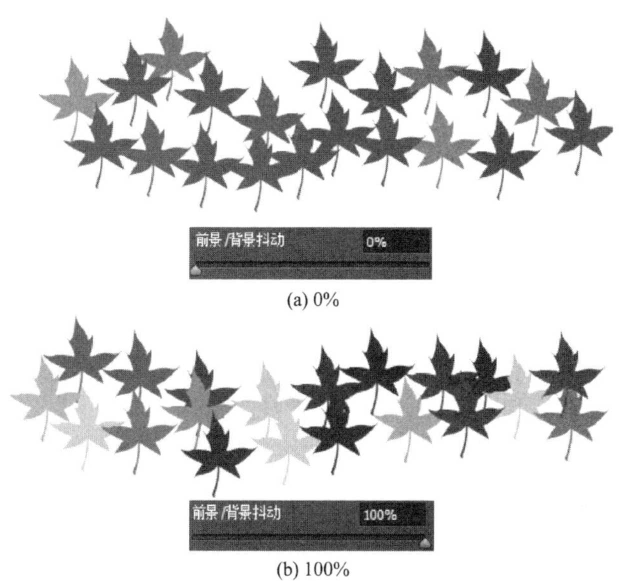

(a) 0%

(b) 100%

图 3-1-34　【颜色动态】选项　　　　图 3-1-35　不同前景/背景抖动的绘制效果

【色相抖动】：该选项可设定描边中颜色色相影响的幅度，如图 3-1-36 所示。参数值越大，颜色变化得越丰富。

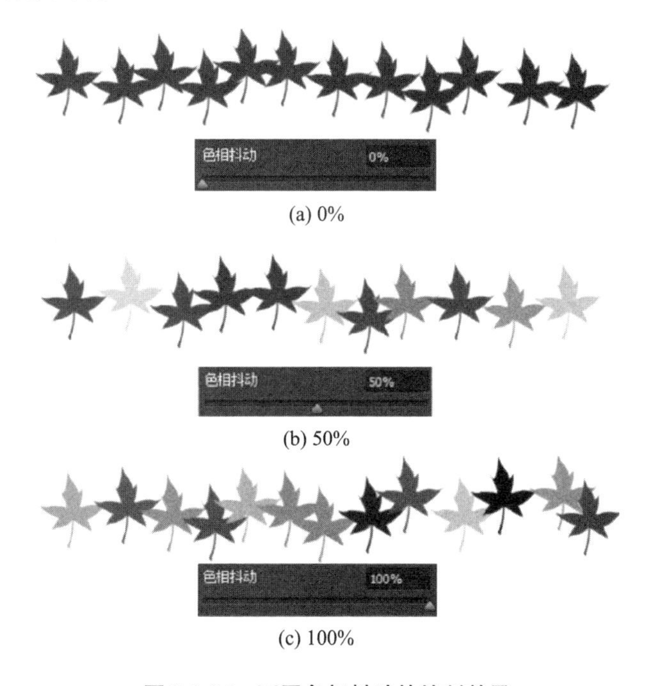

(a) 0%

(b) 50%

(c) 100%

图 3-1-36　不同色相抖动的绘制效果

【饱和度抖动】：该选项设定描边中颜色饱和度可以改变的百分比。当该参数值较小时，可在改变饱和度的同时保持接近前景色的饱和度；该值较大时，可增大饱和度级别之间的差异。

【亮度抖动】：该选项可控制描边中颜色的亮度。参数值较小时，可在改变亮度的同时保持接近前景色的亮度；参数值较大时，可增大亮度级别之间的差异。

【纯度】：该选项可增大或减小颜色的饱和度。当值为-100%时，颜色将完全去色；当值为+100%时，颜色将完全饱和。

7.【传递】选项

使用【传递】画笔选项可控制颜色在描边路线中的改变方式，设计出有透明度变化的画笔效果，如图 3-1-37 所示。该面板中选项的含义如下：

【不透明度抖动】：该选项设定画笔描边中颜色透明度的变换方式。在【控制】下拉列表中可选择控制画笔笔尖变化的方式，其中：

- 【关】：不控制画笔笔尖的不透明度变化。
- 【渐隐】：按指定数量的步长渐隐色彩不透明度。
- 【钢笔压力】、【钢笔斜度】或【光笔轮】：根据钢笔压力、钢笔斜度或钢笔拇指轮的位置来改变色彩的不透明度。

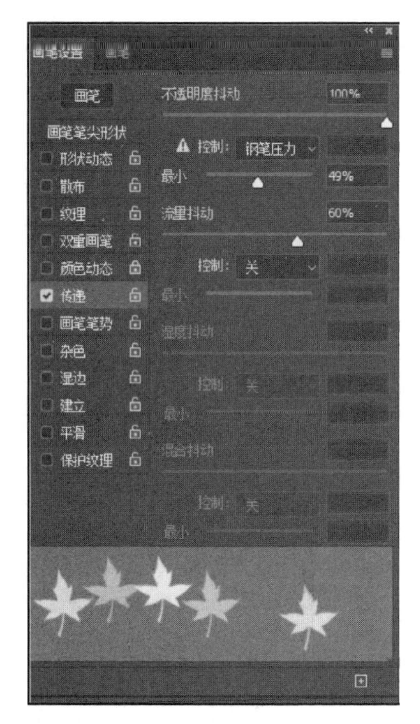

图 3-1-37 【传递】选项

【流量抖动】：该选项用于设定画笔描边中流量的变化。通过【控制】下拉列表，可使用以下几个选项进行调控，其中：

- 【关】：不控制画笔笔迹的流量变化。
- 【渐隐】：按指定数量的步长渐隐流量。
- 【钢笔压力】、【钢笔斜度】或【光笔轮】：可依据钢笔压力、钢笔斜度或钢笔拇指轮的位置来改变流量。

8. 其他画笔选项

在【画笔设置】面板中还有一些选项，可针对笔尖的绘制效果进行设置，效果如图 3-1-38 所示。

(a) 杂色

(b) 湿边

(c) 建立

(d) 保护纹理

图 3-1-38 其他选项应用效果

【画笔笔势】：获得类似光笔的效果，可控制画笔的角度和位置。

【杂色】：启用该选项后，将使画笔的边缘随机产生杂边效果。

【湿边】：可沿画笔边缘增大流量，创建出类似水彩的效果。

【建立】：启用喷枪式的建立效果。

【平滑】：使画笔在绘制时生成更平滑的曲线。

【保护纹理】：可将具有相同图案和缩放比例的属性应用于具有纹理的所有画笔预

设。该选项可使在使用多个纹理画笔笔尖绘画时,模拟出一致的画布纹理。

三、创建自定义画笔

在 Photoshop 2020 中可以创建自定义画笔,如绘制的图形、整个图像或者选区内的部分图像。

具体操作步骤如下:

(1) 打开本案例素材文件夹中的图像文件“狐狸.jpg”,如图 3-1-39 所示。

(2) 选择【椭圆选框工具】,在工具属性栏中设置羽化为 25 像素,在图像上创建一个选区,如图 3-1-40 所示。

图 3-1-39 “狐狸”照片

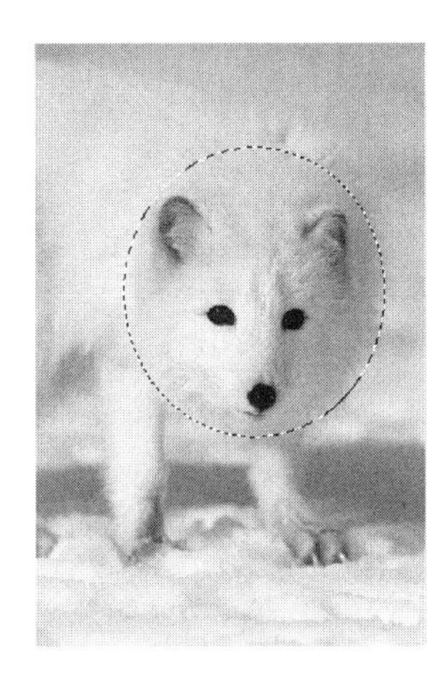

图 3-1-40 创建椭圆选区

(3) 执行【编辑】→【定义画笔预设】命令,打开“画笔名称”对话框,如图 3-1-41 所示。输入画笔的名称,然后单击【确定】按钮,创建自定义画笔。

图 3-1-41 “画笔名称”对话框

(4) 打开【画笔设置】面板,选择面板左侧的【画笔笔尖形状】选项,在画笔列表中就可以找到新建的画笔,如图 3-1-42 所示。

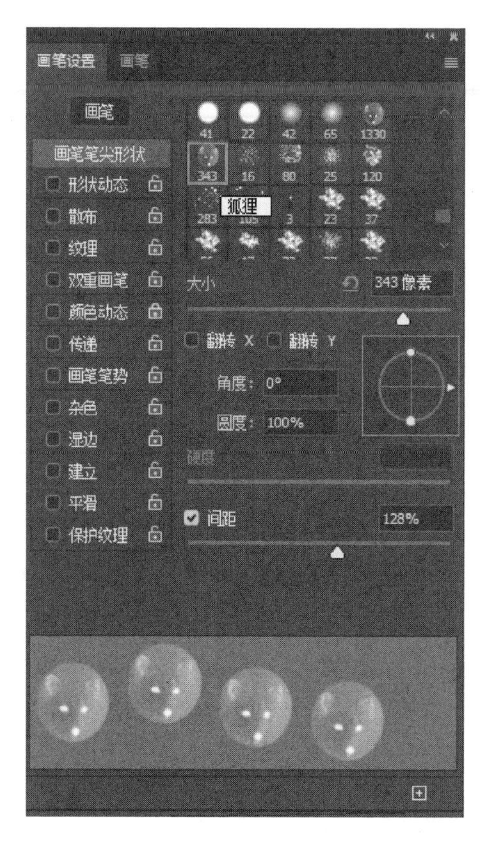

图 3-1-42　新建画笔后的【画笔设置】面板

四、定义图案

定义图案后，可以重复使用图案填充图层或选区。Photoshop 2020 附带多种预设图案，也可以创建新图案并将它们存储在库中，以供不同的工具使用。预设图案显示在【油漆桶工具】、【图案图章工具】、【修复画笔工具】和【修补工具】属性栏的弹出式面板中及“图层样式”对话框中。从弹出式面板菜单中选取一个选项，可以更改图案在弹出式面板中的显示方式。

定义图案的具体操作步骤如下：打开本案例素材文件夹中的图像文件“树.jpg”，用【矩形选框工具】选取一块区域，如图 3-1-43 所示。执行【编辑】→【定义图案】命令，出现“图案名称”对话框，输入图案的名称，单击【确定】按钮，如图 3-1-44 所示。

图 3-1-43　创建矩形选区

需要注意的是，必须用【矩形选框工具】选取，并且不能带有羽化（无论是选取前还是选取后），否

则定义图案的功能就无法使用。另外，如果不创建选区直接定义图案，将把整幅图像作为定义图案。如果正在使用某个图像中的图案并将它应用于另一个图像，那么 Photoshop 2020 将转换其颜色模式。

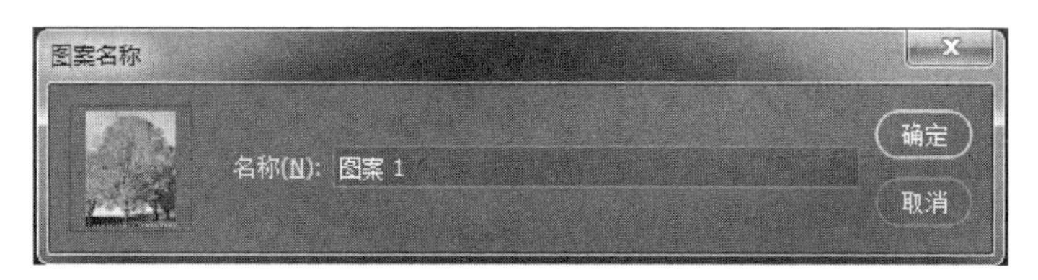

图 3-1-44　“图案名称”对话框

【案例实施】

利用画笔工具，制作出如图 3-1-45 所示的蝴蝶效果。

（1）新建一个文件，背景色从淡蓝到深蓝（可用吸管工具吸取），使用渐变工具填充背景，效果如图 3-1-46 所示。

图 3-1-45　蝴蝶

图 3-1-46　渐变填充背景

（2）选择画笔中的恰当图形作出图中的青草和萤火虫，效果如图 3-1-47 所示。

（3）选择画笔中的恰当图形作出图中的星星，效果如图 3-1-48 所示。

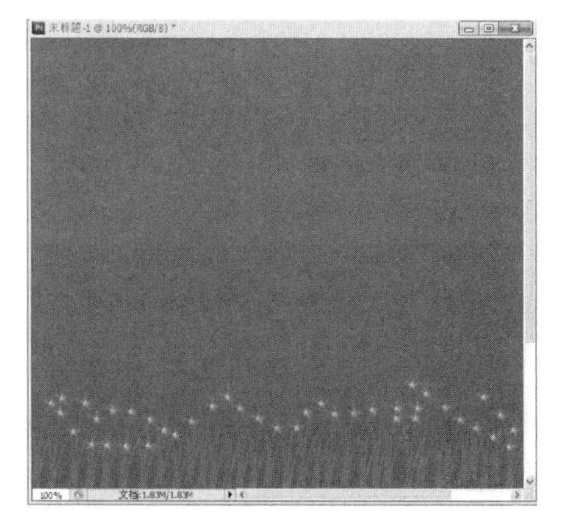

图 3-1-47　绘制青草和萤火虫

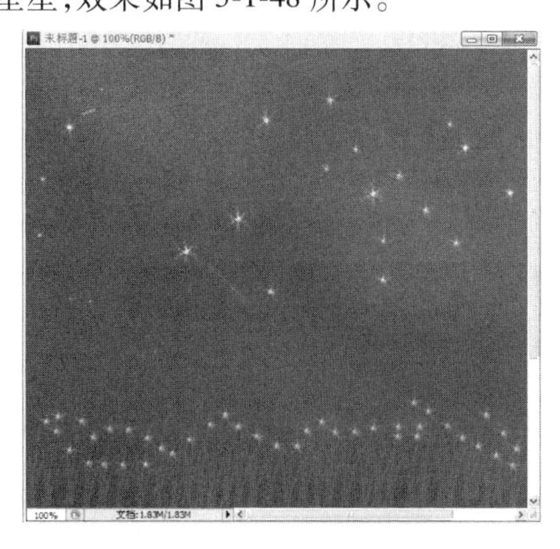

图 3-1-48　绘制星星

（4）定义素材中的蝴蝶为画笔，执行【编辑】→【定义画笔预设】命令，弹出“画笔名称”对话框，如图 3-1-49 所示。再改变当前色，制作出不同颜色和不同大小的蝴蝶，如图 3-1-50 所示。

图 3-1-49 “画笔名称”对话框

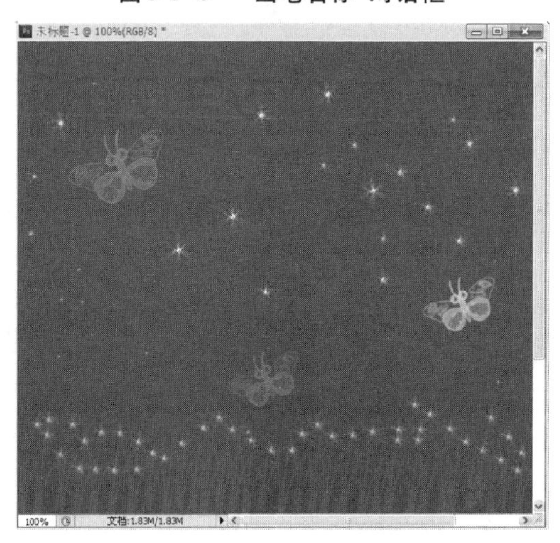

图 3-1-50 制作蝴蝶

（5）保存文件为“蝴蝶.psd”。

案例二 图像修复工具的应用——让有籽西瓜变成无籽西瓜

【案例说明】

小红有一张有籽西瓜的照片，如图 3-2-1 所示。她希望让有籽西瓜变成无籽西瓜，效果如图 3-2-2 所示，请你帮她完成。

图 3-2-1 原图

图 3-2-2 去籽后的效果

本案例可使用【修复画笔工具】或者【修补工具】实现。

【相关知识】

一、污点修复画笔工具

【污点修复画笔工具】专门用于去除照片或图像中的杂色或污点，使用此工具时不需要人工取样操作，只需要在杂色或污点位置处单击，系统即可自动在图像中进行像素取样，并消除图像中的杂色或污点。【污点修复画笔工具】属性栏如图 3-2-3 所示。该属性栏中选项的含义如下：

图 3-2-3　【污点修复画笔工具】属性栏

【模式】：用来设置修复图像时使用的混合模式。若选择“替换”，则可以在使用柔边画笔时，保留画笔描边边缘处的杂色、胶片颗粒和纹理。

【类型】：可以选择一种修复的方法。确定样本像素有【内容识别】、【创建纹理】和【近似匹配】3 种类型。选择【内容识别】，则比较附近的图像内容，不留痕迹地填充选区，同时保留图像的关键细节，如阴影和对象边缘。选择【创建纹理】，则使用选区中的所有像素创建一个用于修复该区域的纹理，如果纹理不起作用，可以再次修改该区域。选择【近似匹配】，若没有为污点建立选区，则样本自动采用污点外部四周的像素；若选中污点，则样本采用选区外围的像素。

污点修复画笔工具的使用方法如下：

（1）打开本案例素材文件夹中要修复的图片“污点照片.jpg”，如图 3-2-4 所示。

（2）选择【污点修复画笔工具】，然后在属性栏中选取比要修复的区域稍大一点的画笔笔尖。

（3）在要处理的污点的位置单击或拖动即可去除污点，如图 3-2-5 所示。

图 3-2-4　修复前的照片

图 3-2-5　修复后的照片

需要注意的是，由于该工具是根据涂抹时修补画笔所覆盖的图像区域来决定如何修补破损点的，因此，画笔不宜太大，只需比破损点稍大即可。

二、修复画笔工具

【修复画笔工具】可用于校正瑕疵，使它们消失在周围的图像中。与【仿制图章工具】

一样,使用【修复画笔工具】可以使用图像或图案中的样本像素来绘画,但此工具能够将样本像素的纹理、光照、透明度和阴影与所修复的像素进行匹配,从而使修复后的图像无人工痕迹。

【修复画笔工具】属性栏如图 3-2-6 所示。其中的【对齐】和【样本】选项与【仿制图章工具】相应选项的功能相同。该属性栏中选项的含义如下:

图 3-2-6 【修复画笔工具】属性栏

【画笔】: 设置画笔大小、硬度、间距等。

【模式】: 设置克隆后的像素与原图像的色彩混合模式。

【源】: 用来指定用于修复像素的源。选择【取样】后,可按住【Alt】键在图像上单击进行取样,然后在需要修复的区域拖动鼠标进行涂抹即可;选中【图案】后,可从此选项右侧的图案下拉菜单中选择一个图案,此时在图像中直接单击并拖动鼠标即可绘制图案。

【对齐】: 勾选此复选框,会对像素进行连续取样,在修复图像时,取样点随修复位置的移动而变化。若取消勾选此复选框,则会在每次停止并重新开始绘制时使用初始取样点中的样本像素。

三、修补工具

使用【修补工具】可以用其他区域或图案中的像素来修复选中的区域。像【修复画笔工具】一样,【修补工具】会将样本像素的纹理、光照和阴影与源像素进行匹配。使用【修补工具】,还可以仿制图像的隔离区域。

【修补工具】属性栏如图 3-2-7 所示。该属性栏中选项的含义如下:

图 3-2-7 【修补工具】属性栏

选区按钮: 单击【新选区】按钮,拖动鼠标可以创建一个新的选区;单击【添加到选区】按钮,可在当前选区上添加新的选区;单击【从选区减去】按钮,可在现有的选区中减去当前绘制的选区;单击【与选区交叉】按钮,只保留原来的选区与当前创建的选区相交的部分。

【修补】: 选中【源】,然后将选区边框拖动到想要进行取样的区域,放开鼠标后,原来选中的区域会使用样本像素进行修补;选择【目标】,然后将选区边框拖动到要修补的区域,放开鼠标时,将使用样本像素修补新选定的区域。

【使用图案】: 当使用修补工具在图像中创建一个选区后,可激活【使用图案】选项。在图案下拉菜单中选择一个图案后,单击【使用图案】按钮,可以使用图案填充选定的区域。

修补工具的使用方法如下:

(1) 将鼠标移动到图片文档窗口,此时,鼠标变形为一个带有小钩的补丁形状。使用其绘制一个区域将污点包围。

（2）将鼠标移动到刚才所绘制的源区域中，当鼠标变形时，按住鼠标左键拖动选区到用于修补的区域；松开鼠标后，选区自动回到源区域。

注　利用【修补工具】可以精确地针对某一个区域用样本或图案进行修复，比【修复画笔工具】更为快捷方便，所以通常使用此工具对照片、图像进行精处理。

下面我们就通过具体实例的操作，使用修补工具去除白云。

具体操作步骤如下：

（1）打开要修复的图片，如图 3-2-8 所示。

（2）在工具箱中选择【修补工具】，如图 3-2-9 所示。

（3）在如图 3-2-10 所示的属性栏中单击【源】，再移动鼠标指针到目标区域上并将要修补的区域框选出来，如图 3-2-11 所示。

（4）移动鼠标指针到选区内，然后按住鼠标左键向颜色较近的地方拖动，松开鼠标后即可将目标区域的白云修补好，如图 3-2-12 所示。

（5）按【Ctrl】+【D】快捷键取消选择，得到如图 3-2-13 所示的效果。

图 3-2-8　修复前的照片

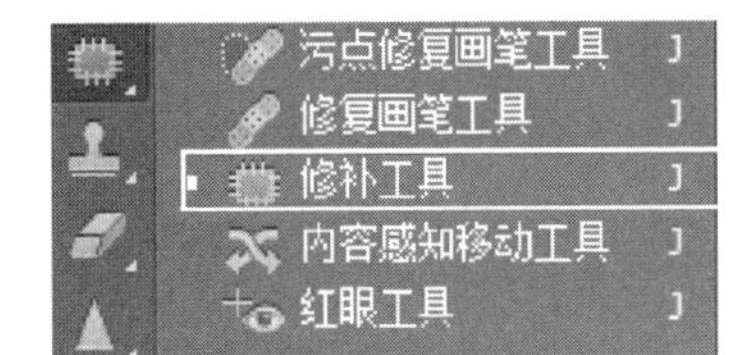

图 3-2-9　【修补工具】选项

图 3-2-10　【修补工具】属性栏

图 3-2-11　选中需修补区域

图 3-2-12　拖曳鼠标修补

图 3-2-13　修复后的照片

四、内容感知移动工具

【内容感知移动工具】与【污点修复画笔工具】、【修复画笔工具】、【修补工具】和【红眼工具】合并在一个工具箱中。【内容感知移动工具】可以快速地移动或复制物体，移动或复制后的物体边缘会自动进行柔化处理，以便和周围的环境完美地融合在一起。

【内容感知移动工具】属性栏如图 3-2-14 所示。

图 3-2-14 【内容感知移动工具】属性栏

应用【内容感知移动工具】时，【新选区】、【添加到选区】、【从选区减去】、【与选区交叉】选项一般不常用，而【模式】、【结构】与【颜色】选项是必用的选项。

该属性栏中选项的含义如下：

【模式】：用来选择图像移动方式，包括【移动】和【扩展】。

【结构】：指调整原结构保留的严格程度。

【颜色】：可修改原颜色的程度。数值设置越大，图像与周围融合度越好。

【对所有图层取样】：如果文档中包含多个图层，勾选此复选框，可以对所有图层中的图像进行取样。

【内容感知移动工具】有两大作用：移动与复制。

下面我们就通过具体实例的操作，使用【内容感知移动工具】移动图像。

具体操作步骤如下：

（1）打开本案例素材文件夹中的图像文件“足球.jpg”，如图 3-2-15 所示。

（2）在工具箱中选择【内容感知移动工具】，如图 3-2-16 所示。

图 3-2-15 “足球”图片

图 3-2-16 【内容感知移动工具】选项

（3）在选项栏中将【模式】设置为【移动】。

（4）在图像中按下鼠标左键，不要松开，然后拖动鼠标创建选区，将足球选中，如图 3-2-17 所示。

提示 创建选区的方法类似于套索工具。

（5）将光标移动到选区内，按下鼠标左键，不要松开，然后拖动鼠标，即可将足球移动到另外的位置，如图 3-2-18 所示。

图 3-2-17　创建足球选区

图 3-2-18　移动足球位置

（6）释放鼠标左键，即可移动足球，然后按下【Ctrl】+【D】快捷键取消选区。移动后的效果如图 3-2-19 所示。

【内容感知移动工具】也可以实现复制的功能。

如果选择【扩展】，重复上述步骤，则复制选择的物体，效果如图 3-2-20 所示。

图 3-2-19　移动效果

图 3-2-20　复制效果

五、红眼工具

使用【红眼工具】可以去除人物或动物在闪光照片中的“红眼”。

【红眼工具】属性栏如图 3-2-21 所示。该属性栏中选项的含义如下：

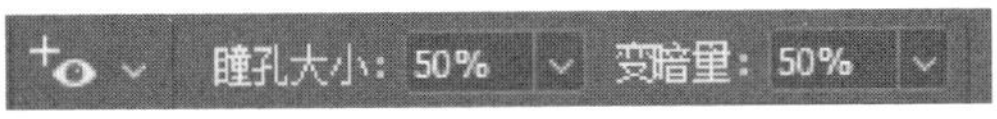

瞳孔大小：50%　变暗量：50%

图 3-2-21　【红眼工具】属性栏

【瞳孔大小】：增大或减小受红眼工具影响的区域。

【变暗量】：设置校正的暗度。

人们在用数码相机进行拍照过程中会发现，数码相片中人物的眼睛有些会出现“红眼”现象，这让照片看起来很不美观。下面我们就通过具体实例的操作，用【红眼工具】快速消除红眼。

具体操作步骤如下：

（1）打开本案例素材文件夹中的图片“红眼.jpg”，如图 3-2-22 所示。

（2）在 RGB 颜色模式下，选择【红眼工具】，在要处理的“红眼”位置进行拖拉，即可去除红眼。如果对结果不满意，可以还原修正，在属性栏中设置选项，然后再次单击红眼，效果如图 3-2-23 所示。

图 3-2-22　要处理红眼的图片

图 3-2-23　处理后的效果

（3）保存文件。

注　“红眼”是由照相机闪光灯在主体视网膜上反光引起的。在光线暗淡的房间里照相时，由于主体的虹膜张开，会频繁地看到“红眼”。为了避免出现“红眼”，可以使用照相机的“红眼”消除功能。最好使用可安装在相机上远离相机镜头位置的独立闪光装置。

六、颜色替换工具

【颜色替换工具】能够简化图像中特定颜色的替换操作，可以使用校正颜色在目标颜色上绘画。该工具不适用于位图、索引或多通道颜色模式的图像。

【颜色替换工具】属性栏如图 3-2-24 所示。该属性栏中选项的含义如下：

图 3-2-24　【颜色替换工具】属性栏

【取样】：用来设置颜色取样的方式。单击【取样：连续】图标，在拖移鼠标时可连续对颜色取样；单击【取样：一次】图标，替换包含第一次单击的颜色区域中的目标颜色；单击【取样：背景色板】图标，只替换包含当前背景色的区域。

【限制】：选择【不连续】，可替换出现在光标下任何位置的样本颜色；选择【连续】，可替换与当前光标下的颜色邻近的颜色；选择【查找边缘】，可替换包含样本颜色的连续区域，同时可更好地保留形状边缘的锐化程度。

【容差】：用来设置工具的容差。较低的百分比可以替换与单击点像素非常相似的颜色。

【消除锯齿】：勾选此复选框，可以为所校正的区域定义平滑的边缘。

【案例实施】

方法一：使用【修复画笔工具】去除瓜籽。

(1) 执行【文件】→【打开】命令,打开本案例素材文件夹中的图片“有籽西瓜.jpg”,如图 3-2-1 所示。

(2) 在 Photoshop 2020 工具箱中选择【缩放工具】,将西瓜放大,以便处理。

(3) 按【Ctrl】+【J】快捷键,复制一个图层,选择工具箱中的【修复画笔工具】,在属性栏中设置笔触的【大小】和【硬度】,将【源】设置为【取样】,如图 3-2-25 所示。

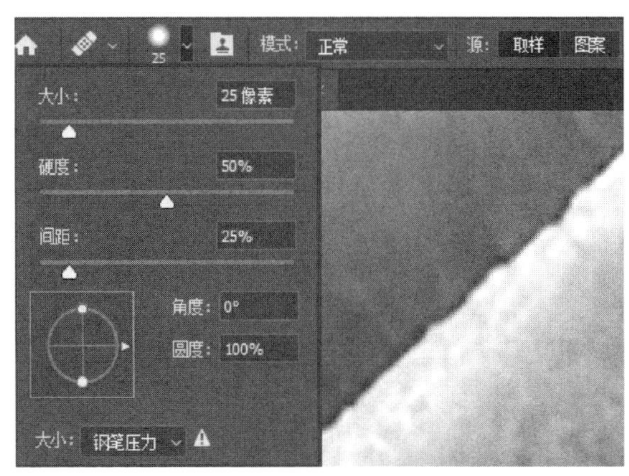

图 3-2-25　设置【修复画笔工具】属性栏

(4) 将光标放在没有瓜籽处,按下【Alt】键进行取样,松开【Alt】键,在瓜籽处涂抹,即可将瓜籽去除,如图 3-2-26 所示。

图 3-2-26　去除一粒瓜籽

(5) 重复第(4)步,根据需要调整笔触的大小,去除其余的瓜籽,完成对整个西瓜瓜籽的去除,效果如图 3-2-2 所示。

方法二:使用【修补工具】去除瓜籽。

(1) 执行【文件】→【打开】命令,打开本案例素材文件夹中的图片“有籽西瓜.jpg”,如图 3-2-1 所示。

(2) 在 Photoshop 2020 工具箱中选择【缩放工具】,将西瓜放大,以便处理。

(3) 按【Ctrl】+【J】快捷键,复制一个图层,选择工具箱中的【修补工具】,在属性栏中选中【源】,移动鼠标到目标区域上并将修补的区域框选出来。

(4) 移动鼠标指针到选区内,然后按住鼠标左键向颜色较近的区域拖动,松开鼠标左键,即可将目标区域的瓜籽去掉。按【Ctrl】+【D】快捷键取消选择,即可去掉一粒瓜籽。

(5) 重复第(4)步,去除其余的瓜籽,完成对整个西瓜瓜籽的去除,效果如图 3-2-2 所示。

案例三　图章工具的应用——制作“美酒蛋糕”图片

【案例说明】

完成如图 3-3-1 所示的“美酒蛋糕”图片的处理工作,最终效果如图 3-3-2 所示。

图 3-3-1　原图

图 3-3-2　最终效果

【相关知识】

一、仿制图章工具

【仿制图章工具】对于复制对象或去除图像中的缺陷很有效果。选择【仿制图章工具】后，按住【Alt】键在图像中单击，可以从图像中取样，如图 3-3-3 所示。取样后，在画面上拖动鼠标涂抹，可以复制取样内容，如图 3-3-4 所示。

图 3-3-3　取样

图 3-3-4　复制图像

【仿制图章工具】属性栏如图 3-3-5 所示。该属性栏中选项的含义如下：

图 3-3-5　【仿制图章工具】属性栏

【画笔】、【模式】、【不透明度】、【流量】和【喷枪】等选项与【画笔工具】中相应选项的功能相同。

【对齐】：勾选此复选框，在连续对像素进行取样时，即使释放鼠标按钮，也不会丢失当前取样点。若取消勾选此复选框，则会在每次停止并重新开始绘制时使用初始取样点中的样本像素。

【样本】：从指定的图层中进行数据取样。要从现用图层及其下方的可见图层中取样，选择【当前和下方图层】；要仅从现用图层中取样，选择【当前图层】；要从所有可见图

层中取样，选择【所有图层】；要从调整图层以外的所有可见图层中取样，选择【所有图层】，然后单击右侧的【打开以在仿制时忽略调整图层】按钮。

二、图案图章工具

利用【图案图章工具】可以对选择的图案或者自己创建的图案进行绘画。选择该工具后，在工具属性栏中选择一个图案，然后在画面中拖动鼠标即可开始绘画。

【图案图章工具】属性栏如图 3-3-6 所示。该属性栏中选项的含义如下：

图 3-3-6　【图案图章工具】属性栏

多数选项都与【画笔工具】相应选项的功能相同。

【图案列表】：单击按钮，可以在打开的下拉面板中选择一个图案。

【对齐】：勾选此复选框，可以保持图案与原始起点的连续性，即使放开鼠标按键并继续绘画也不例外；若取消勾选此复选框，则可在每次停止并开始绘画时重新启动图案。

【印象派效果】：勾选此复选框，可创建印象派效果的图案。

【案例实施】

（1）执行【文件】→【打开】命令，打开本案例素材文件夹中的图片文件“美酒蛋糕.jpg”，如图 3-3-1 所示。

（2）新建一个空白图像文件。执行【文件】→【新建】命令，系统将弹出“新建文档”对话框，在对话框中输入文件名“美酒蛋糕”，宽度为 520 像素，高度为 780 像素，分辨率为 72 像素/英寸，颜色模式为 RGB 颜色，背景内容为白色，单击【创建】按钮，如图 3-3-7 所示，即可新建一个文件名为“美酒蛋糕”的空白文件。

图 3-3-7　“新建文档”对话框

（3）利用【仿制图章工具】复制“美酒蛋糕.jpg”文件。单击工具箱中的【仿制图章工具】，单击工具选项栏中“画笔”选项后面的下拉按钮 ，设置画笔的【大小】为 60 像素，其他选项不变。

（4）在原“美酒蛋糕.jpg”图像窗口的最左上角位置按下鼠标左键和【Alt】键，开始取样，一直按住鼠标左键和【Alt】键拖动到图像的最右下角，即完成对整个“美酒蛋糕.jpg”图像的取样。

（5）从新建的“美酒蛋糕.jpg”图像窗口的对应位置开始拖动鼠标，如图 3-3-8 所示，即可将“美酒蛋糕.jpg”图像复制到新建的图像窗口中，如图 3-3-9 所示。

图 3-3-8　利用【仿制图章工具】复制图像

图 3-3-9　被复制到新建图像窗口中的“美酒蛋糕.jpg”图像

（6）定义“美酒蛋糕”文字图案。新建一个空白图像文件，在“新建文档”对话框中设置宽度为 100 像素，高度为 60 像素，分辨率为 72 像素/英寸，颜色模式为 RGB 颜色，背景内容为透明。

（7）单击工具箱中的【横排文字工具】 T ，在选项栏中设置字体为“华文新魏”，字号为 18 点，颜色为红色，输入文字“美酒蛋糕”。

（8）执行【编辑】→【变换】→【斜切】命令，在文字周围将显示一个控制框，如图 3-3-10 所示。通过鼠标拖动各控制点可将文字变换成如图 3-3-11 所示的效果。

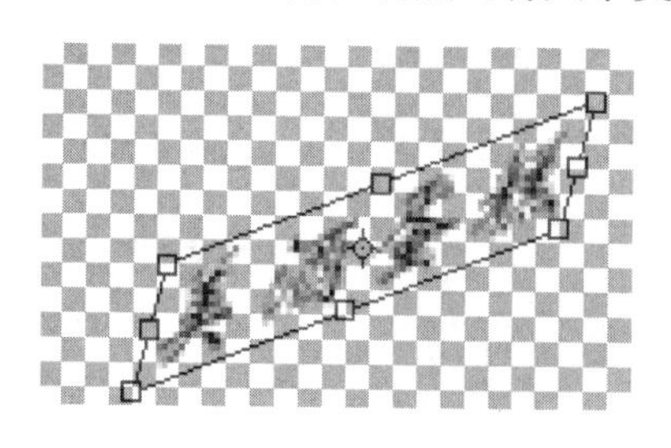

图 3-3-10　文字周围的控制框

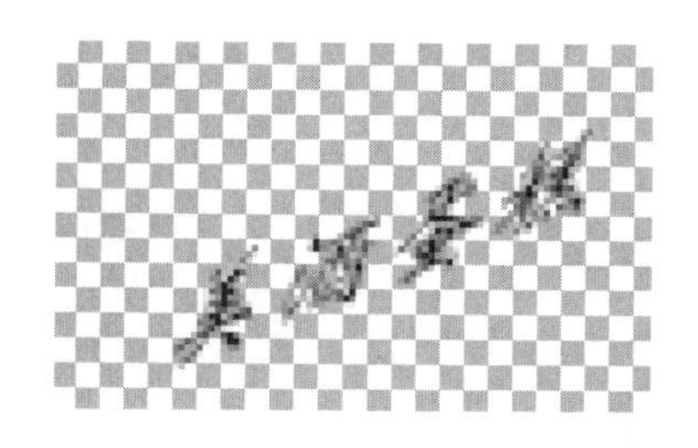

图 3-3-11　经过【斜切】变换后的文字效果

（9）执行【编辑】→【定义图案】命令，系统将弹出如图 3-3-12 所示的“图案名称”对话

框，在【名字】后输入“美酒蛋糕文字”，并单击【确定】按钮。

图 3-3-12 “图案名称”对话框

（10）单击工具箱中的【图案图章工具】，在属性栏中选择图案“美酒蛋糕文字”，如图 3-3-13 所示。在新建的“美酒蛋糕.jpg”图像窗口中拖动鼠标，就可将“美酒蛋糕文字”图案添加到图像窗口中，得到如图 3-3-14 所示的效果。

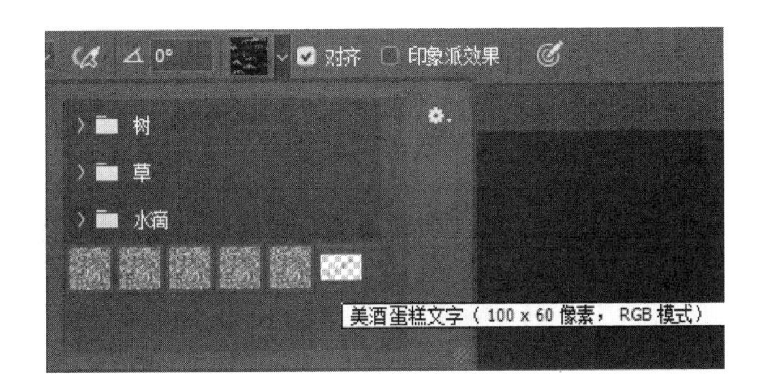

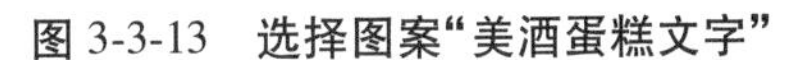

图 3-3-13 选择图案“美酒蛋糕文字”

图 3-3-14 添加文字图案后的效果

（11）单击工具箱中的【横排文字工具】T，在选项栏中设置字体为“华文新魏”，字号为 30 点，颜色为红色（R，G，B 参数分别为 249，54，12），置于左下角并输入文字“美酒蛋糕”，效果如图 3-3-2 所示。

（12）执行【文件】→【存储为】命令，保存文件为“美酒蛋糕.psd”。

案例四 背景橡皮擦工具的应用——利用背景橡皮擦工具抠图

【案例说明】

李涛需要把照片中的小狗单独抠出来，给它换一个蓝色背景，他需要你的帮忙。原图如图 3-4-1 所示，效果图如图 3-4-2 所示。

图 3-4-1　原图

图 3-4-2　最终效果

【相关知识】

Photoshop 2020 提供了【橡皮擦工具】、【背景橡皮擦工具】和【魔术橡皮擦工具】这 3 种擦除工具,其中每种工具的功能和擦除效果均不相同。【橡皮擦工具】是最常用也是最基础的擦除工具,直接在画面中按住鼠标左键并拖动就可以擦除对象。而【背景橡皮擦工具】和【魔术橡皮擦工具】则是基于画面中颜色的差异,擦除特定区域范围内的图像,这两个工具经常用于“抠图”,适合处理边缘清晰的图像。

一、橡皮擦工具

右击【橡皮擦工具】按钮,然后在弹出的工具组列表中选择【橡皮擦工具】,接着选择背景层。如果使用【橡皮擦工具】在背景层擦除,被擦除的部分将呈现背景色,如图 3-4-3 所示。如果在普通图层擦除,被擦除的部分将呈现透明效果,如图 3-4-4 所示。

图 3-4-3　擦除背景图层后的效果

图 3-4-4　擦除普通图层后的效果

【橡皮擦工具】属性栏如图 3-4-5 所示。该属性栏中选项的含义如下：

图 3-4-5 【橡皮擦工具】属性栏

【模式】：用于选择橡皮擦的模式，橡皮擦的模式包括【画笔】、【铅笔】和【块】这 3 种。其中，【画笔】和【铅笔】模式下“擦”的实质就是改变像素的颜色的“画”；而在【块】模式下，橡皮擦为方块状，效果如图 3-4-6 所示。

【不透明度】：用来设置【橡皮擦工具】的擦除强度。设置为 100%时，可以完全擦除像素，当设置【模式】为【块】时，该选项将不可用，效果如图 3-4-7 所示。

【流量】：用于设置【橡皮擦工具】的涂抹速度。

【平滑】：用于设置擦除时线条的流畅程度，数值越高，线条越平滑。

【抹到历史记录】：选中该选项并拖动鼠标，可以恢复到【历史记录】面板中恢复点处的图像状态。

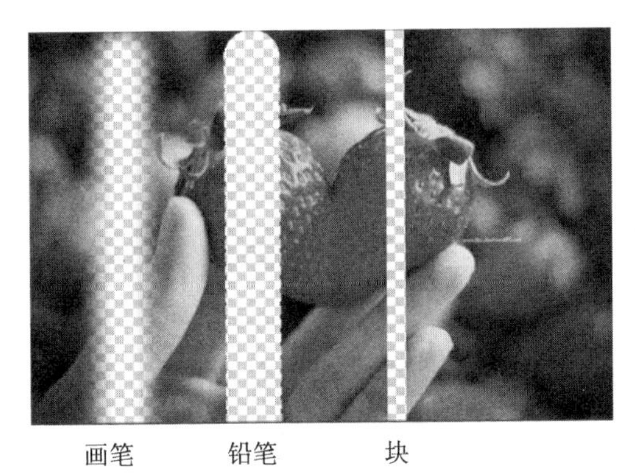

画笔　　铅笔　　块

图 3-4-6 不同模式下的擦除效果对比

不透明度100%　　不透明度40%

图 3-4-7 不同不透明度下的擦除效果对比

二、背景橡皮擦工具

【背景橡皮擦工具】能智能采集画笔中心的颜色，并删除画笔内出现的该颜色的像素。右击【橡皮擦工具】按钮，然后在弹出的工具组列表中选择【背景橡皮擦工具】，接着选择背景层，如图 3-4-8 所示。在画面中将画笔中心放在背景上，按住鼠标左键拖动，光标经过的位置像素被擦除了，擦除后将呈现透明效果，且背景层自动转换为普通图层“图层 0”，效果如图 3-4-9 所示；如果在普通图层上使用，擦除后将显示位于下一可见图层中的颜色或图像。

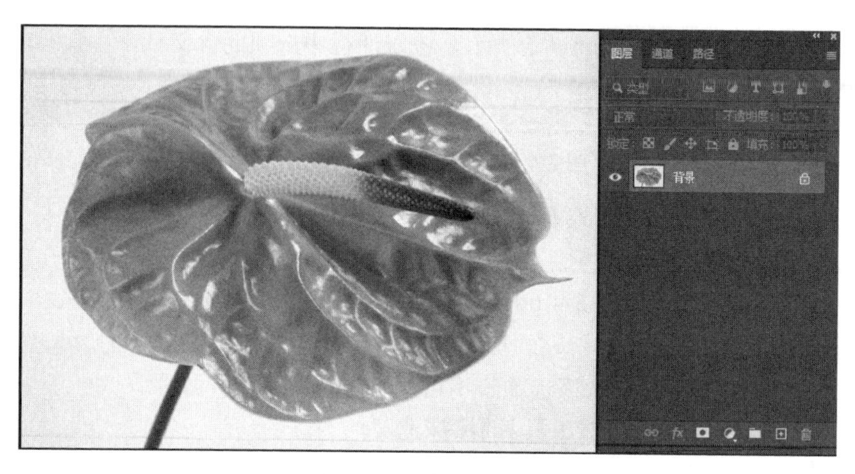

图 3-4-8　选择背景层

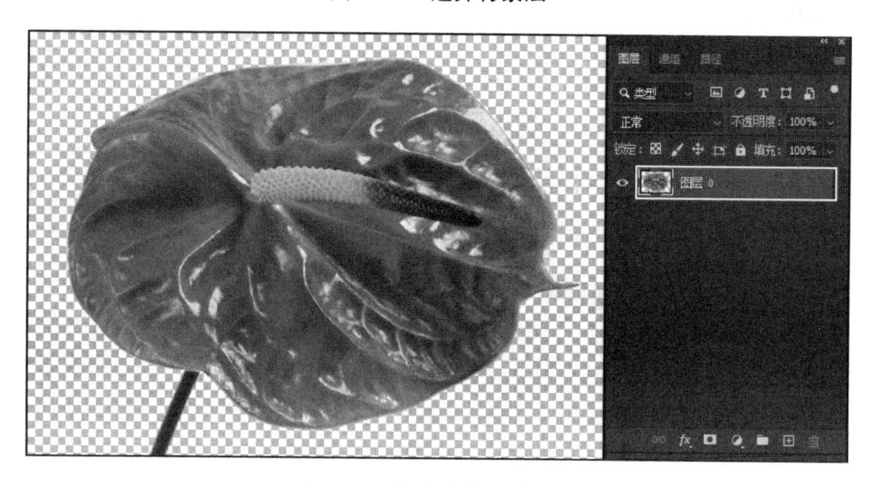

图 3-4-9　擦除背景后的效果

【背景橡皮擦工具】属性栏如图 3-4-10 所示。该属性栏中选项的含义如下：

图 3-4-10　【背景橡皮擦工具】属性栏

【取样】:用于设置颜色取样方式。单击【取样:连续】按钮，在拖动鼠标时可以连续对颜色取样,凡是出现在光标中心十字线内的图像都会被擦除;单击【取样:一次】按钮，只擦除包含第一次单击点颜色的图像,适合擦除纯色背景;单击【取样:背景色板】按钮，只擦除包含背景色的图像。

【限制】: 用于设置被擦除的限制模式,包括【不连续】、【连续】和【查找边缘】这 3 种擦除方式。选择【不连续】选项,可擦除出现在光标下任何位置的样本颜色;选择【连续】选项,只擦除包含样本颜色并且互相连接的区域;选择【查找边缘】选项,可擦除包含样本颜色的连接区域,同时可以更好地保留形状边缘的锐化程度。

【容差】: 用来设置颜色的容差范围,低容差仅限于擦除与样本颜色非常相似的区域,

高容差可擦除范围更广的颜色。

【保护前景色】：勾选该复选框，可以防止擦除与当前前景色相匹配的像素。

三、魔术橡皮擦工具

【魔术橡皮擦工具】的效果相当于【魔棒工具】的效果，可以根据像素颜色将图像中与鼠标单击处颜色相近的像素擦除为背景色或透明效果。

在图片(图 3-4-11)中右击【橡皮擦工具】按钮，然后在弹出的工具组列表中选择【魔术橡皮擦工具】，接着选择背景图层；在画面的背景处单击，则背景色去除，达到抠图的目的，效果如图 3-4-12 所示。

图 3-4-11　“叶子”图片

图 3-4-12　擦除背景后的效果

【魔术橡皮擦工具】：属性栏如图 3-4-13 所示。该属性栏中选项的含义如下：

图 3-4-13　【魔术橡皮擦工具】属性栏

【容差】：用于设置被擦除的颜色范围。【容差】值越小，被擦除的颜色范围也就越小。

【消除锯齿】：选中后擦除区域的边缘将更平滑。

【连续】：用于设置是否只擦除连续的、颜色在【容差】范围内的像素。如果取消勾选该复选框，将擦除图像中所有的相似像素。

【对所有图层取样】：未勾选时，只擦除当前图层相似颜色；勾选后，将擦除对可见图层取样后的相似颜色。

【不透明度】：控制擦除的强度。不透明度越高，擦除的强度越大，当不透明度为 100%时，将完全擦除。

【案例实施】

(1) 打开本案例素材文件夹中的图片，如图 3-4-1 所示。

(2) 按【Ctrl】+【J】快捷键，将背景图层复制一层，效果如图 3-4-14 所示。

图 3-4-14　复制背景层后的【图层】面板

（3）隐藏背景图层，选择背景拷贝图层，选择【背景橡皮擦工具】，大小设置为 100 像素，选择【取样：连续】按钮，【限制】选择【连续】，【容差】设置为 45%，按【Enter】键确定。

（4）将光标放在图像的背景部分，单击并拖动鼠标。先将狗的毛发外部进行擦除，切记光标中间的“+”不要碰到狗的毛发，效果如图 3-4-15 所示。

（5）选择橡皮擦工具，擦除距离毛发远的区域，效果如图 3-4-16 所示。

图 3-4-15　擦除狗的毛发外部效果图

图 3-4-16　擦除背景后的效果图

（6）在当前图层下方，新建一个图层，将前景色设为蓝色，按【Alt】+【Delete】快捷键，填充蓝色，效果如图 3-4-17 所示。

图 3-4-17　填充背景

（7）处理毛发附近没有擦除的部分。选择背景拷贝图层，选择【吸管工具】，单击狗狗毛发浅色部分，吸取的颜色为前景色；按住【Alt】键，在没擦干净的地方单击吸取的颜色作为背景色，然后选择【背景橡皮擦工具】，按下【取样：背景色板】按钮，【限制】选择【不连续】，勾选【保护前景色】，在毛发外部仔细擦除残留的背景色。最终效果如图 3-4-2 所示。

案例五　减淡工具与加深工具的应用——让眼睛更有神

【案例说明】

小明有一张图片，如图 3-5-1 所示，他希望将眼睛变得更有神，你能帮助他完成这个效果（图 3-5-2）吗？

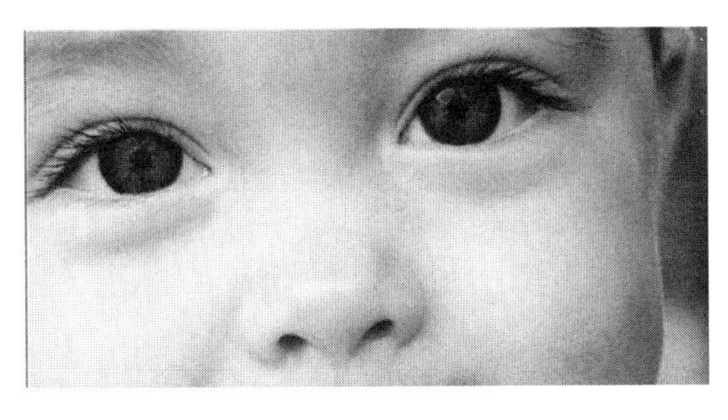

图 3-5-1　原图

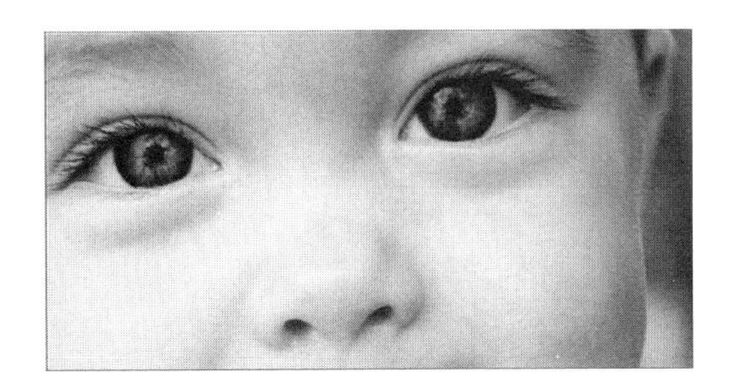

图 3-5-2　最终效果

【相关知识】

使用【减淡工具】、【加深工具】和【海绵工具】，可以对图像局部的明暗、饱和度等进行处理，这些工具位于工具箱的一个工具组中。

一、减淡工具

【减淡工具】用于使图像区域变亮。用【减淡工具】在某个区域上方涂抹的次数越多，该区域就会变得越亮。

【减淡工具】属性栏如图 3-5-3 所示。该属性栏中选项的含义如下：

65　范围：中间调　曝光度：50%　保护色调

图 3-5-3　【减淡工具】属性栏

【范围】：可以选择【阴影】、【中间调】和【高光】，分别进行减淡处理。选择【中间调】，更改灰色的中间范围；选择【阴影】，更改暗区域；选择【高光】，更改亮区域。

【曝光度】：控制【减淡工具】的使用效果，曝光度越高，效果越明显。

【喷枪】：激活该按钮，可以使【减淡工具】具有喷枪的效果。

【保护色调】：勾选此复选框，可以保护图像的色调不受影响。

图 3-5-4 为对图像做减淡处理前后的效果比较。

(a) 减淡前

(b) 减淡后

图 3-5-4　对图像做减淡处理前后的效果比较

二、加深工具

【加深工具】用于使图像区域变暗。用【加深工具】在某个区域上方绘制的次数越多，该区域就会变得越暗。其属性栏与【减淡工具】属性栏相同。图 3-5-5 为对图像使用加深处理前后的效果比较。

(a) 加深前

(b) 加深后

图 3-5-5　对图像做加深处理前后的效果比较

三、海绵工具

使用【海绵工具】，可精确地更改区域的色彩饱和度。在灰度模式下，该工具通过将灰阶远离或靠近中间灰色来增加或降低对比度。如图 3-5-6 所示为原图像，如图 3-5-7 所示为增加饱和度的效果，如图 3-5-8 所示为降低饱和度的效果。

图 3-5-6　原图像

图 3-5-7　增加饱和度

图 3-5-8　降低饱和度

【海绵工具】：属性栏如图 3-5-9 所示。该属性栏中选项的含义如下：

图 3-5-9　【海绵工具】属性栏

【模式】：该下拉列表框包含两个内容，【加色】选项将增加颜色饱和度，而【去色】则减少颜色饱和度。

【流量】：用来控制和降低饱和度的程度。

【自然饱和度】：勾选此复选框，可以改变图像过度饱和度而发生的溢色。

【案例实施】

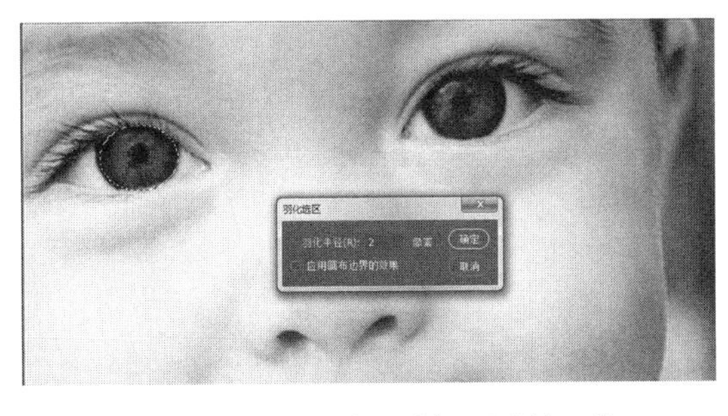

图 3-5-10　利用选区选择眼睛并羽化

（1）在工具箱中选择【椭圆选框工具】，把眼睛单独选择出来，并执行【选择】→【修改】→【羽化】命令，在弹出的“羽化选区”对话框中设置【羽化半径】为2像素，如图3-5-10所示。

（2）执行【图像】→【调整】→【曲线】命令，在弹出的“曲线”对话框中设置，以提高亮度，如图3-5-11所示。

（3）在“曲线”对话框中的【通道】框中选择蓝色，再给眼睛提高一点蓝色，如图3-5-12所示。

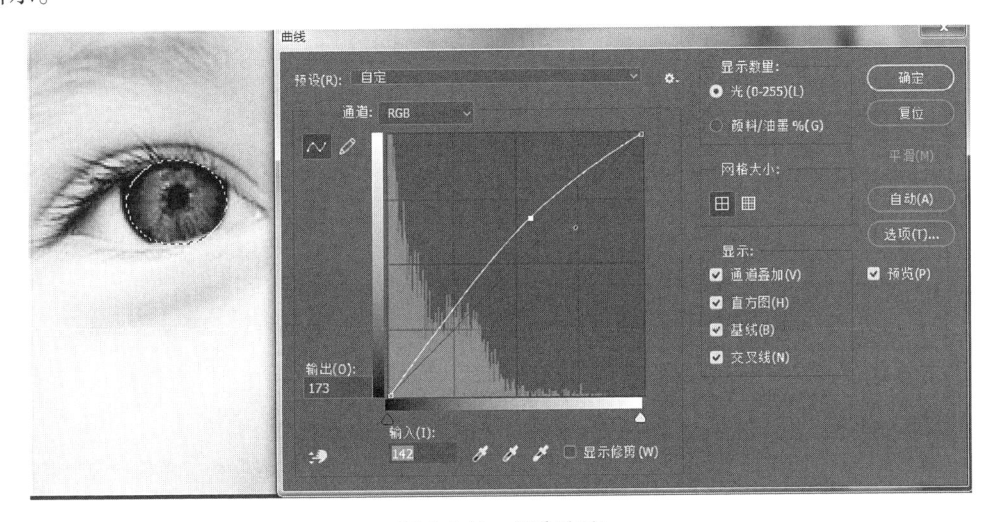

图 3-5-11　提高亮度

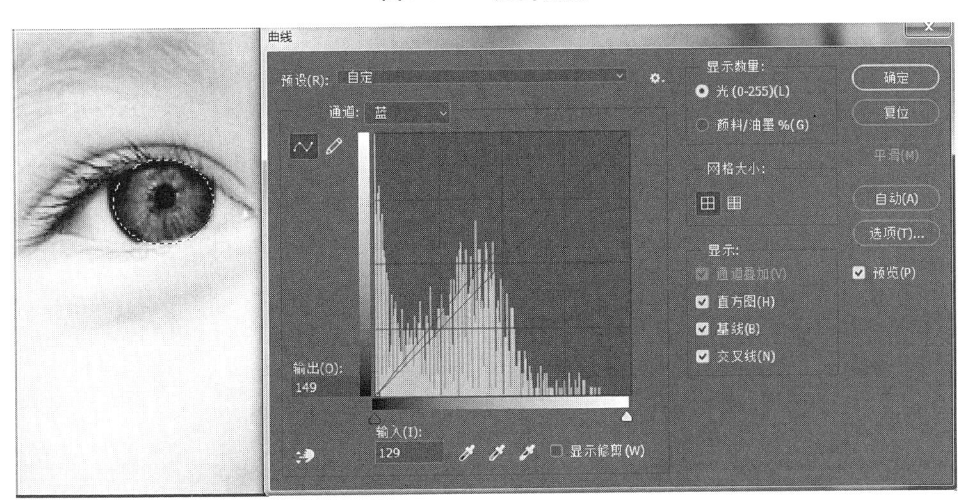

图 3-5-12　提高蓝色

（4）选择【加深工具】，设置加深工具的画笔【硬度】为20%，【范围】为阴影，【曝光度】为 15%，给眼睛周围一圈加深，如图 3-5-13 所示。

范围： 阴影　曝光度： 15%　0°　保护色调

(a) 参数设置

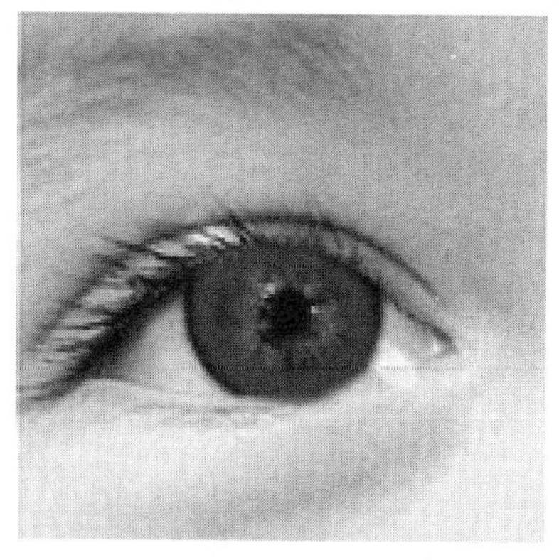

(b) 效果

图 3-5-13　给眼睛周围一圈加深

（5）选择【减淡工具】，【范围】选择高光，给图中红色部分加上高光，效果如图 3-5-14 所示。

（6）另外一只眼睛方法相同，最后效果如图 3-5-2 所示。

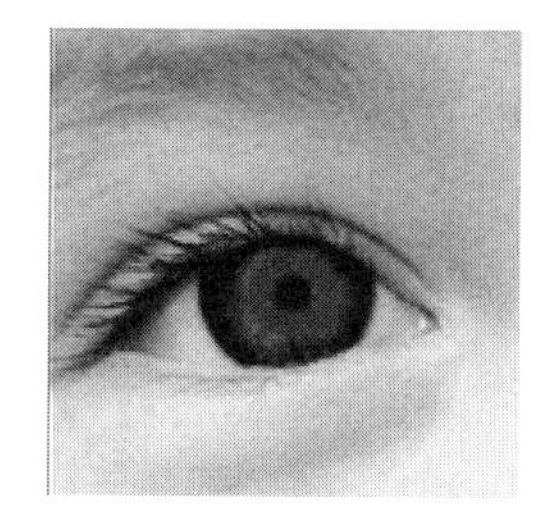

图 3-5-14　给图中红色部分加上高光

案例六　历史记录画笔工具的应用——飞驰的动车

【案例说明】

小李的手边有一张动车的图片（图 3-6-1），他希望做出“飞驰的动车”的效果（图 3-6-2），请你帮他完成吧！

图 3-6-1　“动车”图片

图 3-6-2　飞驰的动车

【相关知识】

在 Photoshop 2020 中，历史记录画笔工具组中有两个工具：【历史记录画笔工具】和【历史记录艺术画笔工具】，如图 3-6-3 所示。这两个工具是以【历史记录】面板中“标记”的步骤作为“源”，再在画面中绘制。绘制出的部分会呈现出标记的历史记录的状态。【历史记录画笔工具】会完全真实地呈现出标记的历史记录的状态，而【历史记录艺术画笔工具】会将历史效果进行“艺术化”，从而呈现出类似于印象派的图像效果。

图 3-6-3 历史记录画笔工具组

一、历史记录画笔工具

【历史记录画笔工具】属性栏如图 3-6-4 所示。

图 3-6-4 【历史记录画笔工具】属性栏

在属性栏中可以设置画笔的大小、颜色混合模式、不透明度及渐变效果。由于这些属性的设置与前面介绍的几种工具中的相关属性的设置类似，这里不再重复。

【画笔工具】是以前景色为“颜料”在画面中绘画，而【历史记录画笔工具】是以【历史记录】为“颜料”在画面中绘画。被绘制的区域就会回到历史操作的状态中。那么以哪一步历史记录进行绘制呢？这就需要执行【窗口】→【历史记录】命令，打开【历史记录】面板，在想要作为绘制内容的步骤前单击，使之出现，即可完成历史记录的设定。此时，被标记的历史记录为最初状态，如图 3-6-5 所示。然后单击工具箱中的【历史记录画笔工具】按钮，适当调整画笔大小，在画面中进行适当涂抹（绘制方法与【画笔工具】相同），被涂抹的区域将恢复为【历史记录】面板中记录的某一历史状态，如图 3-6-6 所示。

图 3-6-5 设置【历史记录画笔工具】的源

图 3-6-6 最终效果

二、历史记录艺术画笔工具

【历史记录艺术画笔工具】属性栏如图 3-6-7 所示。该属性栏中选项的含义如下：

图 3-6-7 【历史记录艺术画笔工具】属性栏

【样式】：用于选择和设置绘画描边的形状。

【区域】：用于设置绘画描边所覆盖的区域，数值越高，覆盖的区域越大，描边的数量也越多。

【容差】：用于设置绘画描边的区域。

使用【历史记录艺术画笔工具】，可以将标记的历史记录状态或快照用作源数据，然后以一定的艺术效果对图像进行修改。【历史记录艺术画笔工具】常用于为图像创建不同的颜色和艺术风格。

在工具箱中选择【历史记录艺术画笔工具】，先在选项栏中对笔尖大小、样式、不透明度进行设置，如图 3-6-8 所示。接着单击【样式】按钮，在下拉列表中选择一个样式。设置【区域】和【容差】的值，设置完毕后在画面中进行涂抹，效果如图 3-6-9 所示。

图 3-6-8 属性栏设置

图 3-6-9 最终效果

【案例实施】

（1）执行【文件】→【打开】命令，打开本案例素材文件夹中的图片文件“动车.jpg”，效果如图 3-6-1 所示。

（2）按【Ctrl】+【J】快捷键，复制背景层，【图层】面板如图 3-6-10 所示。

（3）执行【滤镜】→【模糊】→【动感模糊】命令，弹出“动感模糊”对话框，将【角度】设为 −12 度，【距离】设为 90 像素，如图 3-6-11 所示。单击【确定】按钮，效果如图 3-6-12 所示。

图 3-6-10 复制背景层

图 3-6-11 “动感模糊”对话框

（4）选择工具箱中的【历史记录画笔工具】，展开【历史记录】面板，可以看到【历史记录画笔工具】的图标出现在“动车”素材缩略图的前面，意味着此处为【历史记录画笔工具】的源，如图 3-6-13 所示。

图 3-6-12 动感模糊后的动车效果

图 3-6-13 【历史记录】面板

（5）通过【[】键和【]】键控制【历史记录画笔工具】的笔尖大小，在动车的头部涂抹，涂抹的地方恢复原图像,效果如图3-6-14所示。

(6) 如果发现恢复原图的区域过多,想要动感模糊的效果更明显,可单击【历史记录】面板中“动感模糊”步骤前的空白小方块,设置此步骤为【历史记录画笔工具】的源,如图3-6-15所示。

图3-6-14 【历史记录画笔工具】涂抹头部后的效果

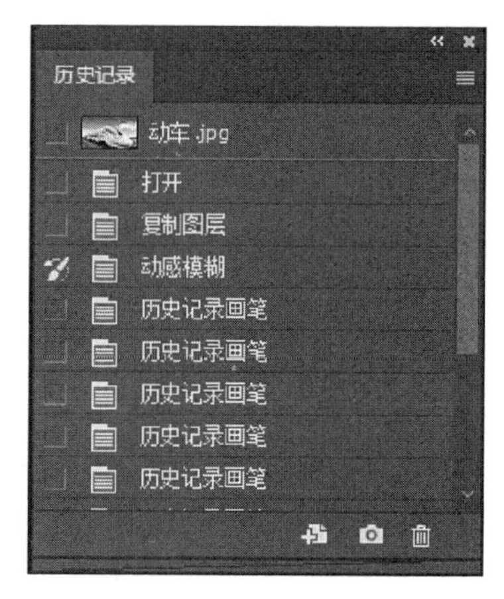

图3-6-15 设置【历史记录画笔工具】的源

(7) 在画面中涂抹想恢复动感模糊效果的位置,涂抹处便出现动感模糊的效果,完成图像的制作,如图3-6-2所示。

(8) 保存文件,文件名为“飞驰的动车.psd”。

本章练习

一、单选题

1. 在使用仿制图章工具时,按住(　　)键并单击可以定义原始图像。

A.【Alt】　B.【Ctrl】　C.【Shift】　D.【Alt】+【Shift】

2. 使用减淡工具是为了(　　)。

A. 使图像中某些区域变暗　B. 删除图像中的某些像素

C. 使图像中某些区域变亮　D. 使图像中某些区域的饱和度增加

3. 下面对模糊工具功能的描述正确的是(　　)。

A. 模糊工具只能使图像的一部分边缘模糊

B. 模糊工具的强度是不能调整的

C. 模糊工具可降低相邻像素的对比度

D. 如果在有图层的图像上使用模糊工具,只有所选中的图层才会起变化

4. 下面的工具可以减少图像饱和度的是(　　)。

A. 加深工具　B. 锐化工具(正常模式)

C. 海绵工具　D. 模糊工具(正常模式)

二、多选题

1.下列有关修复画笔工具的使用的描述正确的是(　　)。

A. 修复画笔工具可以修复图像中的缺陷,并能使修复的结果自然融入原图像

B. 在使用修复画笔工具的时候,要先按住【Ctrl】键来确定取样点

C. 如果是在两个图像之间进行修复,那么要求两幅图像具有相同的色彩模式

D. 在使用修复画笔工具的时候,可以改变画笔的大小

2. 下面对于“图像大小”的叙述正确的是(　　)。

A. 使用图像大小命令,可以在不改变图像像素数量的情况下,改变图像的尺寸

B. 使用图像大小命令,可以在不改变图像尺寸的情况下,改变图像的分辨率

C. 使用图像大小命令,不可能在不改变图像像素数量及分辨率的情况下,改变图像的尺寸

D. 使用图像大小命令,可以设置在改变图像像素数量时,Photoshop 计算插值像素的方式

3. 有关裁剪工具的使用,下列描述正确的是(　　)。

A. 裁剪工具可以按照设定的长度、宽度和分辨率来裁切图像

B. 裁剪工具只能改变图像的大小

C. 单击工具选项栏上的【拉直】按钮后,可在画布中拖动,以校正照片的倾斜问题

D. 要想取消裁剪框,可以按键盘上的【Esc】键。

4. 下列有关仿制图章工具使用的描述正确的是(　　)。

A. 仿制图章工具只能在本图像上取样并用于本图像中

B. 仿制图章工具可以在任何一张打开的图像上取样,并用于任何一张图像中

C. 仿制图章工具一次只能确定一个取样点

D. 在使用仿制图章工具的时候,可以改变画笔的大小

三、填空题

1. ________________面板用于选择预设画笔和定义自定义画笔。

2. ________________工具能够简化图像中特定颜色的替换。

四、操作题

1. 去掉图中多余的人物。

(a) 原图

(b) 最终效果

(操作题第 1 题图)

2. 去掉图中日期。

(a) 原图

(b) 最终效果

（操作题第 2 题图）

第四章

图　层

◆ 本章学习简介

图层是 Photoshop 图像处理的基础之一，使用图层可以很方便地修改图像，简化图像编辑操作，还可以创建各种图层特效，实现各种特殊效果。在本章中，将学习使用图层技术进行图像处理，如创建普通图层、编辑图层、创建调整图层和填充图层等操作，除此以外，还能够使用图层样式和图层混合选项制作美观实用的图像效果。

◆ 本章学习目标

- 理解图层的基本概念。
- 掌握图层的链接、对齐与分布、锁定、合并等各种编辑方法。
- 掌握图层编组的方法与使用技巧。
- 掌握图层样式的编辑与应用。
- 掌握图层混合模式的设置与应用。
- 掌握图层复合的概念与应用。
- 综合应用图层处理问题图片。

◆ 本章学习重点

- 掌握编辑图层的方法。
- 掌握管理图层的方法。
- 掌握图层样式的应用。
- 掌握图层混合模式的设置方法。

案例一　图层的概念——绘制爱心树

【案例说明】

《爱心树》讲述了一段耐人寻味的故事，大树给予了一个男孩成长中所需要的一切，把无私、博大的爱给予了小男孩，而自己却不图一丝一毫的回报。这个小故事向我们传递了一个简单的道理，只要让别人快乐，看到别人的微笑，自己也会跟着感受到幸福与快乐。

现在,就让我们学着用更加形象直观的方式去描述儿时的故事,并且将大树那种光辉且无私的形象表现出来吧!

【相关知识】

一、图层的概念

我们可以把图层比喻成一张张透明的纸,在多张纸上画了不同的东西,然后叠加起来,就是一幅完整的画。通过图层的透明区域,可以看到下面的图层内容(图 4-1-1)。

图 4-1-1　图层概念及图层关系

图中的各种物体都在不同的图层中,这样可以方便地管理和编辑图像。实际操作时,可以移动图层上的内容,也可以更改图层的不透明度以使图层变得透明。编辑一个图层中的图像时,不会影响其他图层中的图像。

需要注意的是,图层是有上下顺序的,上面的图层会遮住下面的图层。树上的 5 颗爱心,各占 5 个图层,有的在大树图层的上面,有的在大树图层的下面,看到的效果是不一样的。

二、认识【图层】面板

【图层】面板上显示了图像中的所有图层、图层组和图层效果,我们可以使用【图层】面板上的各种功能来完成一些图像编辑任务。

当启动 Photoshop 2020 后,程序界面的默认状态下是显示【图层】面板的,但如果在界面上没有显示【图层】面板,可执行如下操作:

执行【窗口】→【图层】命令或按【F7】键,可以显示【图层】面板(图 4-1-2),其中将显示当前图像的所有图层信息。

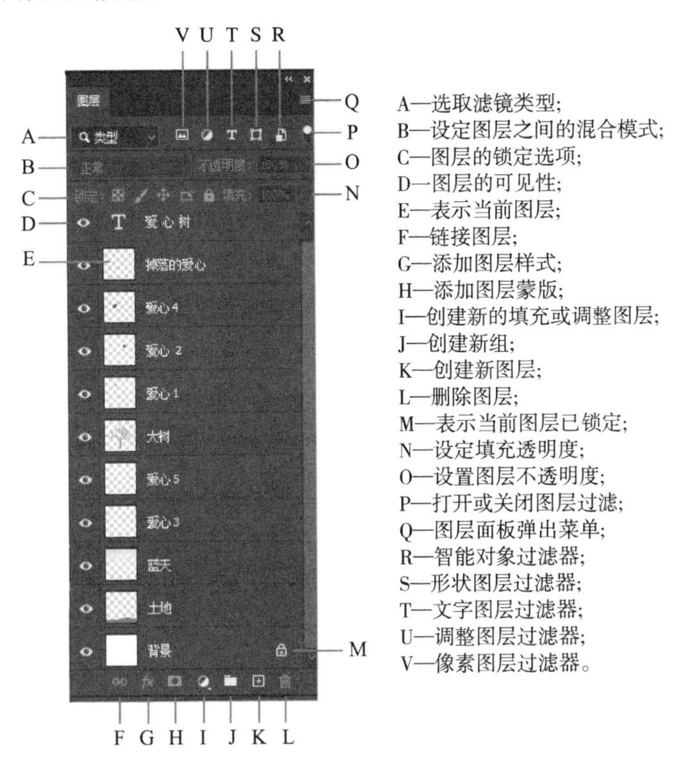

图 4-1-2 【图层】面板

三、图层的类型

在 Photoshop 中可以创建不同类型的图层,这些图层都有各自的功能和特点。

1. 从图层的可编辑性分类

如果从图层的可编辑性进行分类,可以将图层分为背景图层和普通图层。

使用白色背景或彩色背景创建图像时,会自动建立一个背景图层,这个图层是被锁定的,位于图层的最底层。一幅图像只能有一个背景图层,我们是无法改变背景图层的排列顺序的,同时也不能修改它的不透明度或混合模式(图 4-1-3)。不过可以将背景图层转换为普通图层,然后更改这些属性。

利用【图层】面板上的【新建图层】按钮,可以创建普通图层(图 4-1-4)。

如果按照透明背景方式建立新文件时,图像就没有背景图层,最下面的图层不会受到功能上的限制(图 4-1-5)。

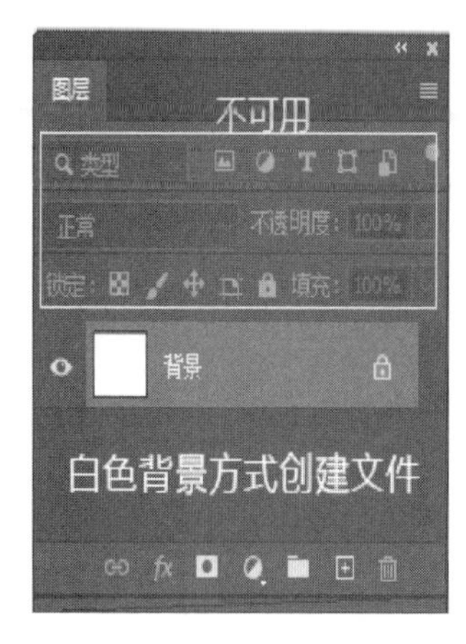

图 4-1-3　背景图层

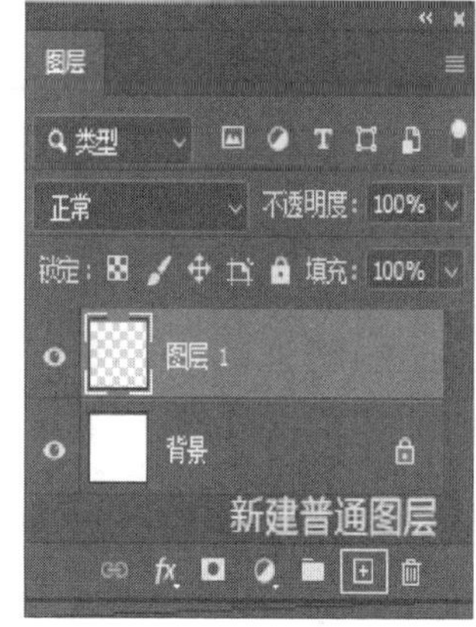

图 4-1-4　普通图层 1

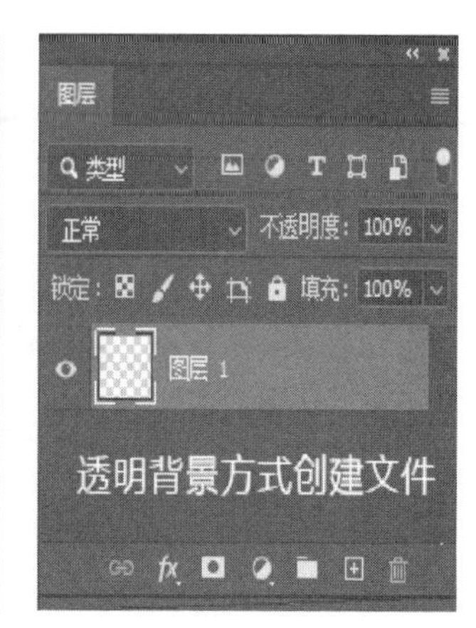

图 4-1-5　普通图层 2

2. 从图层的功能分类

如果从图层的功能上进行分类，可以将图层分为文字图层、形状图层、蒙版图层、填充图层、调整图层、智能对象图层、智能滤镜图层和视频图层（图 4-1-6、图 4-1-7）。

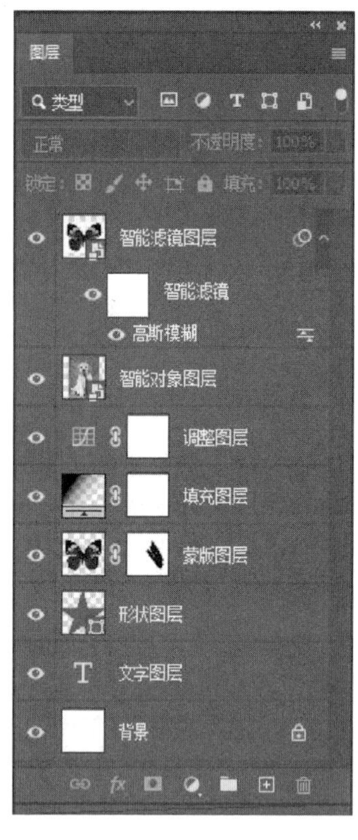

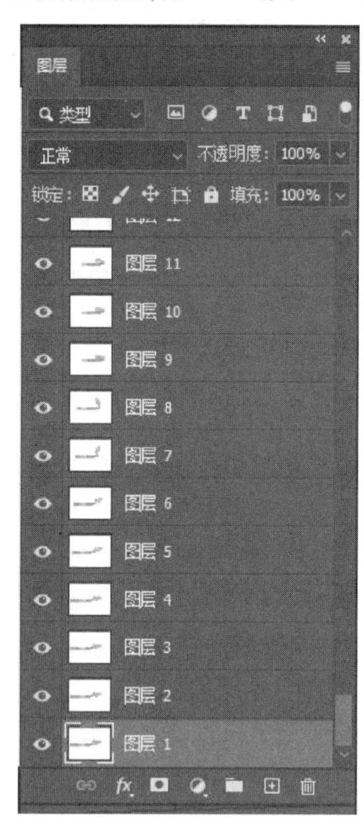

图 4-1-6　图层分类及其显示　　　　图 4-1-7　视频图层

（1）文字图层：在图像中输入文字时生成的图层，文字图层的缩略图显示为一个【T】标志。文字图层不能应用色彩调整和滤镜，也不能使用绘画工具进行编辑，如果要处理，要先将文字图层进行栅格化。具体方法：执行【图层】→【栅格化】→【文字】命令，可以将

文字图层栅格化。

（2）形状图层：使用钢笔工具或形状工具时可以创建形状图层。形状图层包含定义形状颜色的填充图层，以及定义形状轮廓的链接矢量蒙版，适用于创建 Web 图形。

（3）蒙版图层：添加了图层蒙版的图层，使用蒙版可以显示或者隐藏部分图像。

（4）填充图层：用纯色、渐变或图案填充的特殊图层。

（5）调整图层：调整图层可将颜色和色调调整应用于图像，而不会永久更改像素值。

（6）智能对象图层：智能对象是包含栅格或矢量图像中的图像数据的图层，智能对象将保留图像的源内容及其所有原始特性，从而让用户能够对图层执行非破坏性编辑。对智能对象图层放大/缩小之后，该图层的分辨率不会发生变化（区别：普通图层缩小之后，再去放大变换，就会发生分辨率的变化）。而且智能图层有“跟着走”的说法，即一个智能图层上发生了变化，对应“智能图层图层副本”也会发生相应的变化。

（7）智能滤镜图层：在【滤镜】菜单中有【智能滤镜】选项。创建智能滤镜的同时，自动创建【智能图层】。创建智能滤镜之后，会在图层的下面产生像【效果】一样的子选项，即可关闭或开启“眼睛”来决定是否显示该图层的滤镜效果。多个效果可以重复叠加，而且可以对其中的单个效果进行关闭或开启。方法类似于【混合选项】。

（8）视频图层：打开视频文件或图像序列时，帧将包含在视频图层中。

【案例实施】

下面是绘制“爱心树”具体的操作步骤，案例的核心就是利用图层实现元素之间的叠加效果：

（1）新建一个文件，设置尺寸为 600 像素×600 像素，背景为白色，如图 4-1-8 所示。

（2）单击【图层】面板上的【新建图层】按钮，在背景层之上新建一个透明图层，如图 4-1-9 所示。

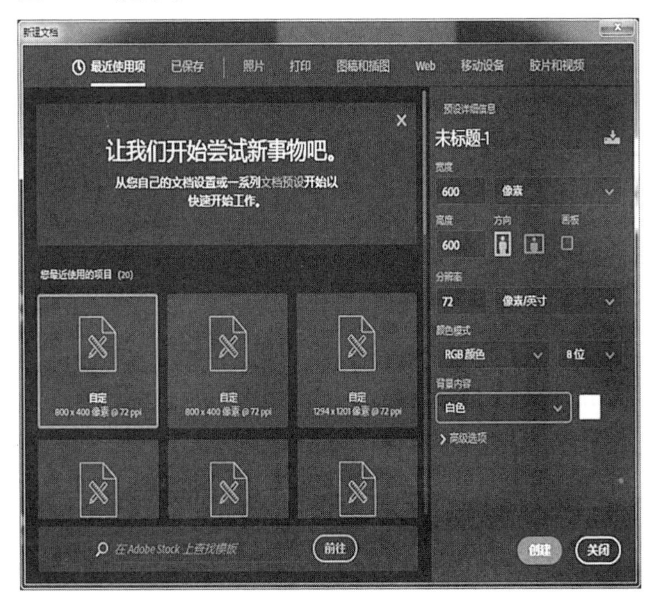

图 4-1-8 “新建文档”对话框

图 4-1-9 创建普通图层

（3）双击新图层名称，将图层名称修改为“天空”。

（4）设置前景色/背景色（蓝色/白色），如图 4-1-10 所示；选择工具箱中的【渐变工具】，利用鼠标在画布中进行拖放，效果如图 4-1-11 所示。

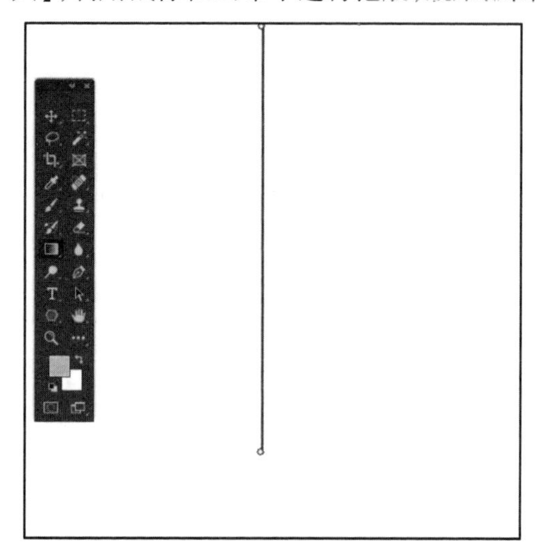

图 4-1-10　设置前景色/背景色

图 4-1-11　渐变效果

（5）按照步骤（2）、（3）新建图层，并将图层名称修改为“土地”。选择工具箱中的【钢笔工具】，绘制如图 4-1-12 所示的闭合路径。

（6）在【路径】面板中右击，弹出快捷菜单，选择【填充路径】命令，用棕色填充当前路径，形成土地效果，如图 4-1-13 所示。

图 4-1-12　绘制闭合路径

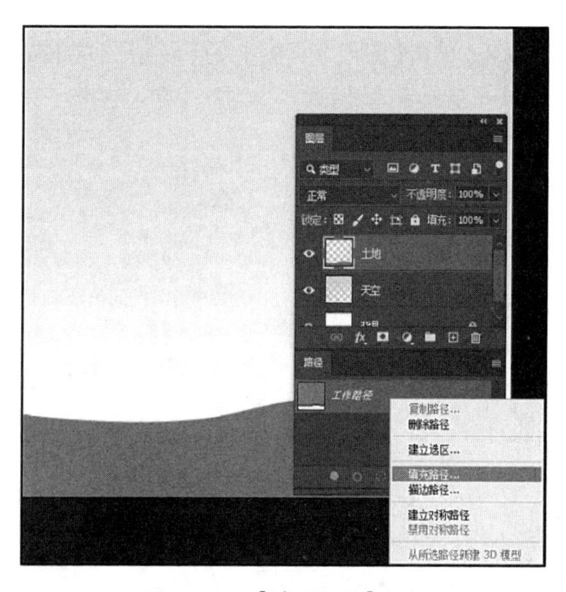

图 4-1-13　【填充路径】命令

（7）按照步骤（2）、（3）新建图层，并将图层名称修改为“大树”。执行【文件】→【打开】命令，打开本案例素材文件夹中的“树.png”文件，将图形复制到“大树”图层中，调整大小，效果如图 4-1-14 所示。

（8）按照步骤（2）、（3）新建图层，并将图层名称修改为“爱心 1”。执行【文件】→【打开】命令，打开本案例素材文件夹中的“爱心.jpg”文件，选取“爱心”图形复制到“爱心 1”图层中，调整大小与位置，效果如图 4-1-15 所示。

图 4-1-14　绘制“大树”

图 4-1-15　绘制“爱心”

（9）依次新建图层，完成其他“爱心”果实制作，调整图层的上下位置，呈现不同的果实效果。

（10）选择工具箱中的【直排文字工具】，输入文字“爱心树”。最终效果及图层关系如图 4-1-16 所示。

图 4-1-16　最终效果及图层关系

案例二　图层的基本操作——绘制奥运五环标志

【案例说明】

奥林五环标志是由皮埃尔·德·顾拜旦先生于1913年构思设计的,是世界范围内为人们广泛认知的奥林匹克运动会标志。奥林五环标志由蓝、黑、红、黄、绿5种颜色组成,因为这5个颜色能代表当时国际奥委会成员国国旗的颜色。5个圆环连接在一起象征世界五大洲的团结,象征全世界的运动员以公正、坦率的比赛和友好的精神在奥林匹克运动会上相见、欢聚一堂。

【相关知识】

图层的基本操作包括新建图层、选择图层、调整图层的顺序、显示/隐藏图层、移动图层、复制图层等,这些操作都可以在【图层】面板中完成。

一、新建图层

可以通过以下方法创建新图层。打开本案例素材文件夹中的图像文件“蝴蝶.jpg”。

方法一:通过【新建图层】按钮创建新图层。

单击【图层】面板下方的【创建新图层】按钮 ,即可在当前选择图层的上方新建图层(图4-2-1)。若按住【Ctrl】键再单击【创建新图层】按钮,则可以在当前图层的下方新建图层。

图4-2-1　新建图层

方法二:通过菜单命令创建新图层。

执行【图层】→【新建】命令,建立新图层。

方法三:通过【拷贝】和【粘贴】命令创建新图层。

使用选框工具确定选择范围(图4-2-2)。执行【编辑】→【拷贝】命令,接着在本图像或其他图像上执行【编辑】→【粘贴】命令,即会自动给所粘贴的图像新建一个图层(图4-2-3)。

图4-2-2　创建“蝴蝶”选区

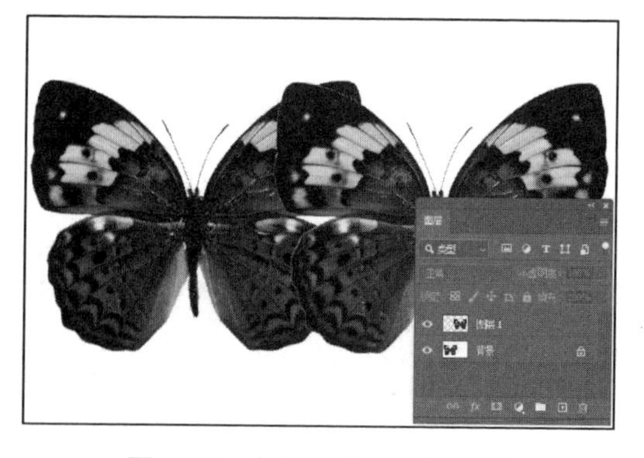

图4-2-3　创建新的“蝴蝶”图层

方法四：通过拖放建立新图层。

打开两幅图像文件，使用【移动工具】，拖动一幅图像到另外一张图像上，松开鼠标，原图像不受影响，而另一张图像多了一个被拖动图像的图层。

二、选择图层

可以选择一个或者多个图层进行编辑处理。在 Photoshop 2020 的【图层】面板中单击某一个图层时，该图层变为灰色，即为当前图层。可以通过以下方法选中多个图层。

方法一：要选择多个连续的图层，可在【图层】面板中单击第一个图层，然后按住【Shift】键单击最后一个图层（图 4-2-4）。

方法二：要选择多个不连续的图层，可按住【Ctrl】键并单击其他图层（图 4-2-5）。

图 4-2-4　选择连续的图层

图 4-2-5　选择不连续的图层

方法三：要选择某一类型的图层（如所有文字图层），可单击【图层】面板上的【文字图层过滤器】按钮，则只显示当前文件所有的文字图层（图 4-2-6）。

三、显示与隐藏图层

单击【图层】面板左侧的“眼睛”图标，则可以切换图层的显示与隐藏。显示“眼睛”的图层为可见图层，没有“眼睛”的图层为隐藏图层（图 4-2-7）。

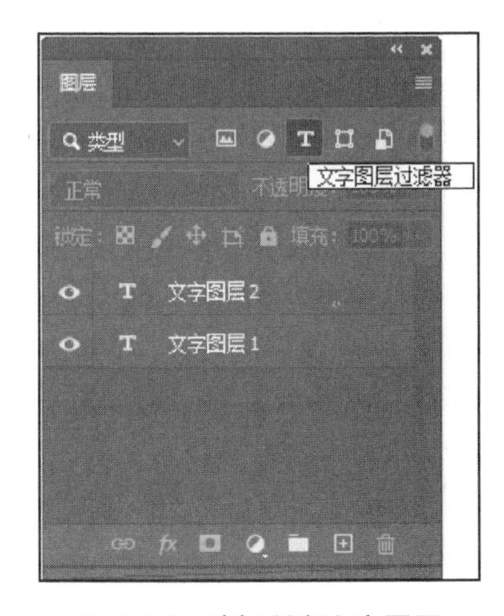

图 4-2-6　选择所有文字图层

图 4-2-7　图层的隐藏与显示

如果按住【Alt】键单击一个“眼睛”图标，则只显示该图标对应的图层，其他图层全部被隐藏，再次按住【Alt】键单击同一个“眼睛”图标，即可恢复图层的可见性。

四、复制、删除与移动图层

在复制图层时，可以在当前图像内复制图层，也可将图层复制到其他图像或新图像中。采用以下方法可以复制图层。

方法一：在【图层】面板上拖动图层到【创建新图层】按钮 上，松开鼠标，即可生成一个原图层的副本（图 4-2-8、图 4-2-9）。

方法二：选中要复制的图层，单击【图层】面板右上角的弹出菜单 ，执行【复制图层】命令，复制该图层；也可以直接执行【图层】→【复制图层】命令，复制图层。

方法三：选中要复制的图层，利用【Ctrl】+【J】快捷键复制当前图层。

方法四：不同图像文件之间复制图层时，打开两个图像文件，选择【移动工具】 ，在【图层】面板中将需要复制的图层从源图像拖动到目标图像，即可将此图层复制到目标图像上。

图 4-2-8　**拖动图层**

图 4-2-9　**图层副本**

删除不再需要的图层可以减小图像文件的大小。采用以下方法可以删除图层。

方法一：选择一个或多个图层，单击【图层】面板上的【删除】按钮 ，在弹出的对话框中单击【是】按钮（图 4-2-10）。

方法二：将所选图层拖放到【删除】按钮上，也可以直接删除图层。

方法三：执行【图层】→【删除】命令，删除所选图层。

想要改变图像在图层中的位置，可以通过以下方法移动图层。

方法一：选择要移动的图层，单击【移动工具】 ，在图像窗口中按住鼠标左键并拖动鼠标即可移动图层（图 4-2-11、图 4-2-12）。

方法二：按下键盘上的方向键，也可移动图层对象，每次可将对象微移 1 个像素；按住【Shift】键同时使用方向键，则每次可将对象微移 10 个像素。

图 4-2-10　删除图层

图 4-2-11　移动前的图层效果

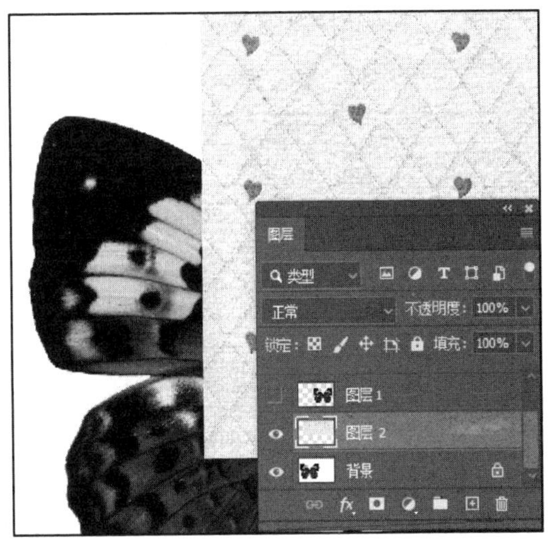

图 4-2-12　移动后的图层效果

五、调整图层的顺序

Photoshop 中的图层是按照创建的先后顺序堆叠在一起的，改变图层的顺序会影响图像的最终显示效果。采用以下方法可以调整图层的顺序。

方法一：在【图层】面板上，图层分布如图 4-2-13 所示；拖动当前图层到其他图层，当出现黑线的时候松开鼠标（图 4-2-14），即可实现图层顺序的调整（图 4-2-15）。

图 4-2-13 原图层顺序

图 4-2-14 拖动图层

方法二：选择图层，执行【图层】→【排列】命令，在其后的子菜单中可以选择改变图层顺序（图 4-2-16）。

图 4-2-15 更改顺序后的图层

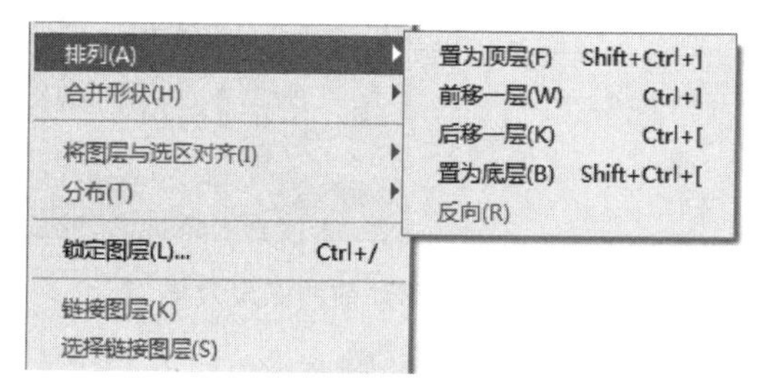

图 4-2-16 【排列】命令

【案例实施】

下面是奥运五环具体的制作方法，案例的核心就是利用图层的基本操作实现环环相扣的效果。

（1）新建一个文件，尺寸设置为 800 像素×600 像素，分辨率设置为 300 像素/英寸，背景为白色（图 4-2-17）。

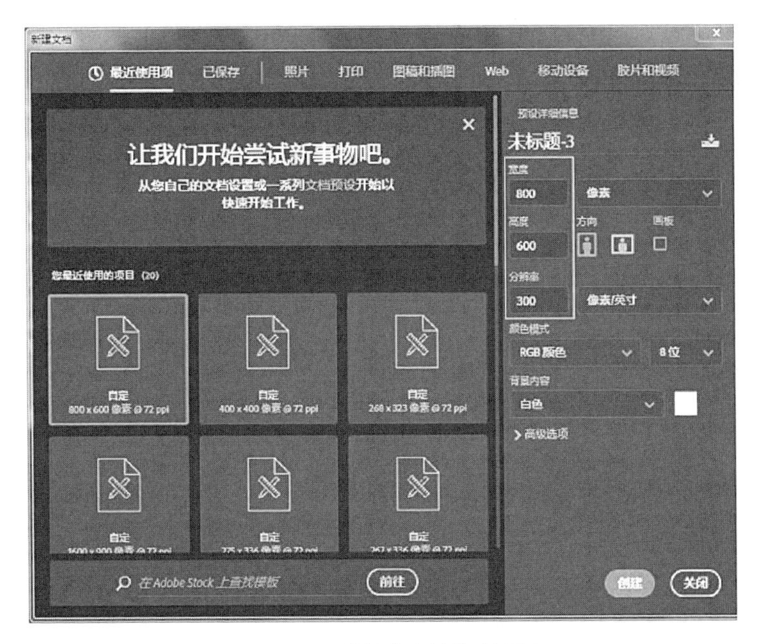

图 4-2-17 “新建文档”对话框

（2）执行【编辑】→【首选项】→【参考线、网格和切片】命令，将【网络线间隔】设置为 50 像素，【子网格】设为 10（图 4-2-18）。

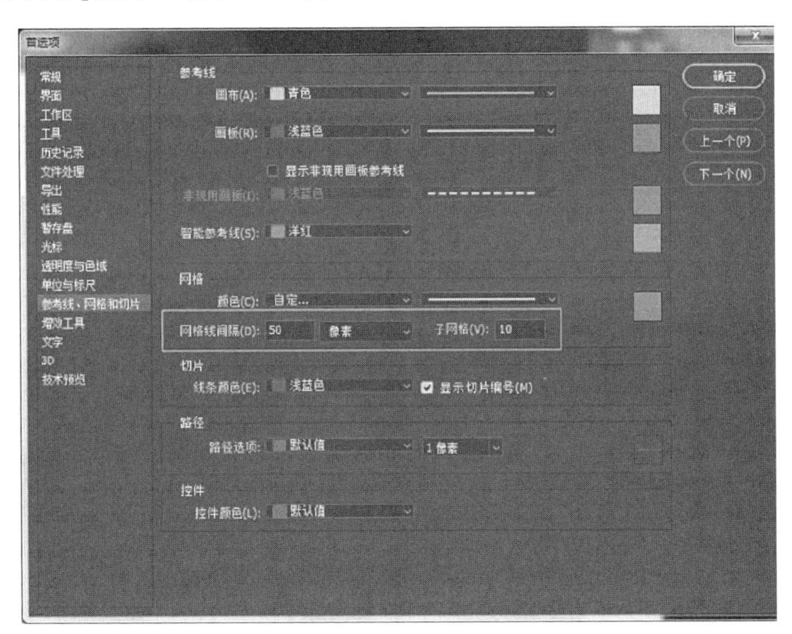

图 4-2-18 【首选项】设置

（3）新建图层，并执行【视图】→【显示】→【网格】命令（图 4-2-19）。

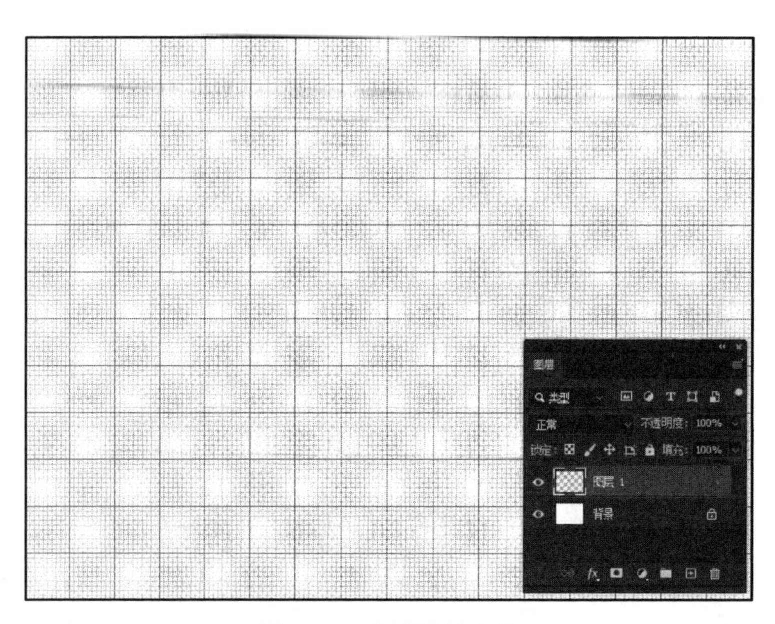

图 4-2-19　网络线的应用

（4）选择【画笔工具】，在“图层 1”中确定圆心位置。

（5）选择【椭圆选框工具】，不勾选【消除锯齿】选项（图 4-2-20）。

（6）在“图层 1”之上再新建图层，重命名为“蓝色”；将鼠标定位在“圆心”位置，按住鼠标左键的同时按下【Shift】+【Alt】快捷键，拖动鼠标可以得到一个 240 像素×240 像素的圆形选区（图 4-2-21）。

图 4-2-20　【椭圆选框工具】

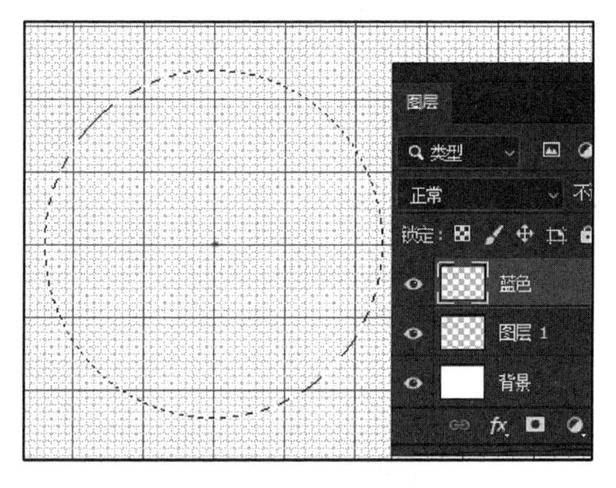

图 4-2-21　圆形选区

（7）将前景色设置为蓝色（#006bb0），利用【Shift】+【F5】快捷键为圆形填色。

（8）保持选区状态，执行【选择】→【变换选区】命令，同时按下【Shift】+【Alt】快捷键，向内拖动鼠标，将选区缩小为 200 像素×200 像素，确定变换（图 4-2-22）。

（9）按下【Delete】键，将选区内的像素删除，通过【Ctrl】+【D】快捷键取消选区，这样就绘制出第一个五环（图 4-2-23）。

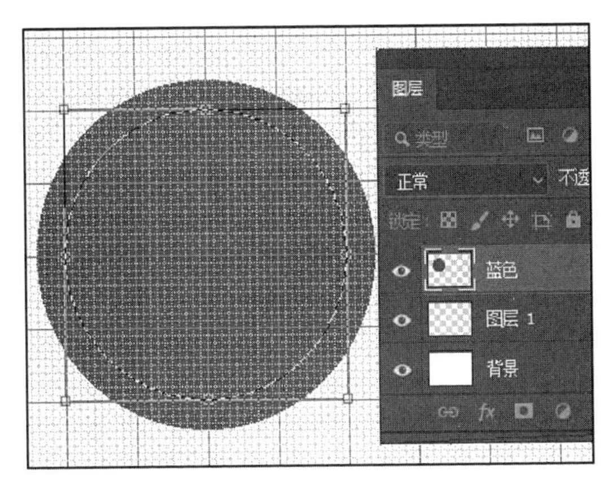

图 4-2-22　变换选区

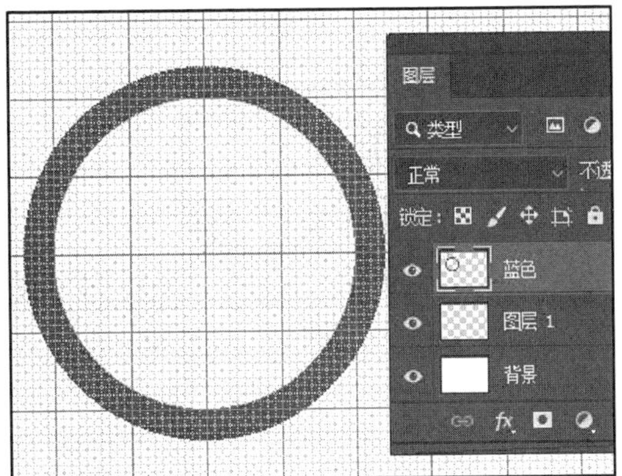

图 4-2-23　圆环绘制完成

（10）利用【Shift】键选中“图层 1”与“蓝色”图层，执行【图层】→【合并图层】命令，将两个图层合并为一个图层，效果如图 4-2-24 所示。

（11）选择“蓝色”图层，利用【Ctrl】+【J】快捷键复制当前图层，并重命名为“黑色”。

（12）单击“黑色”图层，使其成为当前图层。按下【Ctrl】键，单击“蓝色”图层前面的缩览图，载入选区（图 4-2-25）。

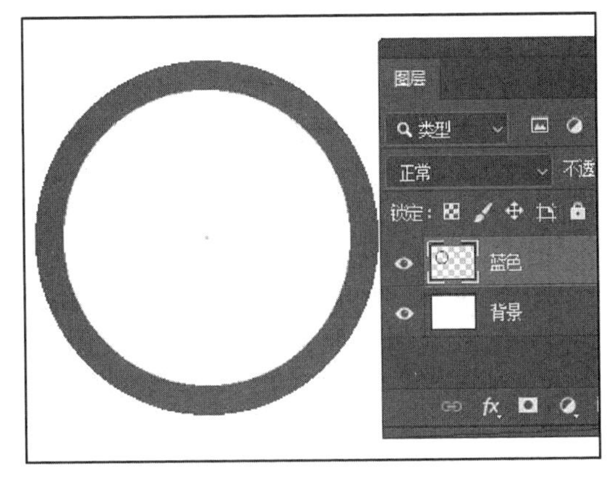

图 4-2-24　合并图层

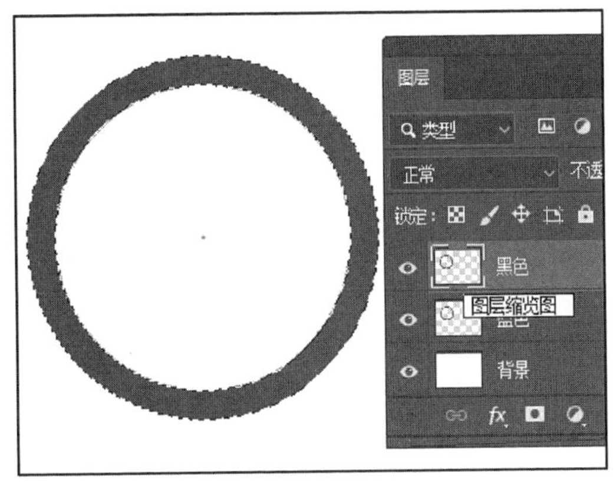

图 4-2-25　复制图层并载入选区

（13）将前景色设置为黑色（#1d1815），利用【Shift】+【F5】快捷键为圆环填色，并向右移动到合适位置（图 4-2-26）。

注　在《奥林匹克宪章》中对五环的大小和间距比例有这样的规定：以圆环内圈半径为单位 1，外圈半径为 1.2；相邻圆环圆心水平距离为 2.6；两排圆环圆心垂直距离为 1.1。因此，本案例在调整五环的间距时利用了“圆心”及“网络线”按比例进行了设置。

（14）重复步骤（11）、（12）、（13），绘制其他圆环，并调整到合适位置。效果和图层关系如图 4-2-27 所示。其中，红色圆环颜色代码为#dc2f1f，黄色圆环颜色代码为#efa90d，绿色圆环颜色代码为#059341。

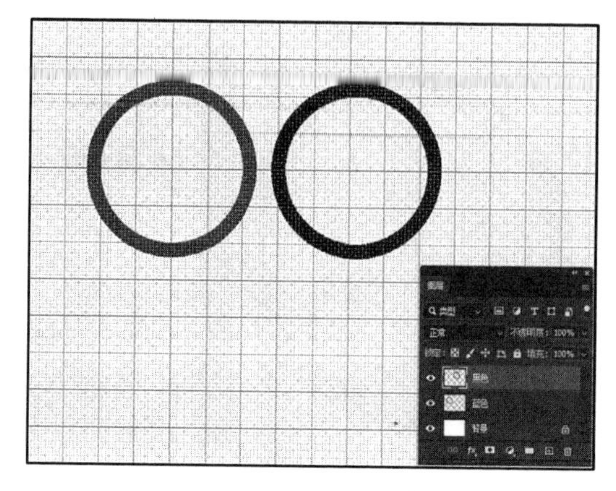

图 4-2-26　绘制黑色圆环

图 4-2-27　五环基本效果及图层关系

（15）选择【橡皮擦工具】，依次擦除各图层上的“圆心”。

（16）切换到【移动工具】，单击“蓝色”图层，使其成为当前图层。按下【Ctrl】键，单击“蓝色”图层前面的缩览图，载入选区；再按下【Ctrl】+【Shift】+【Alt】快捷键，单击“黄色”图层缩览图，得到两个图层相交的选区部分（图 4-2-28）。

（17）激活“黄色”图层，选择工具箱中的选区工具，如【椭圆选框工具】，将属性修改为【从选区减去】，框选下面的选区，则可以将下面的选区减去，只保留上面的选区（图 4-2-29）。

图 4-2-28　选取相交部分

图 4-2-29　从选区减去

（18）按下【Delete】键，将上面选区的黄色部分删除，实现蓝黄两环相扣（图 4-2-30）。

（19）重复步骤（16）、（17）、（18），实现其他圆环的环环相扣效果（图 4-2-31）。

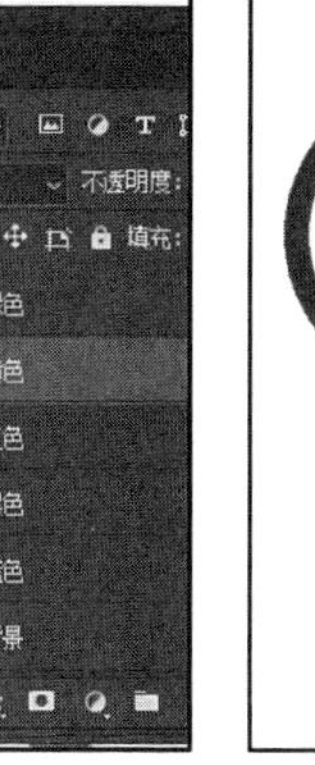

图 4-2-30 蓝黄两环相扣

图 4-2-31 奥运五环效果

案例三 图层的对齐与分布——排版证件照

【案例说明】

证件照的排版基本都是固定的,使用 5 寸或 6 寸的相纸,可以一次性打印出多张 1 寸或 2 寸照片。如何在 6 寸的相片纸中用 Photoshop 来排版 1 寸照片? 除了操作技巧以外,还需要提前了解各种规格照片的尺寸和像素要求(表 4-3-1)。

表 4-3-1 4 种规格照片的尺寸及像素要求

规格	尺寸	像素要求
1 寸	2.5 厘米×3.5 厘米	295 像素×413 像素
2 寸	3.5 厘米×5.3 厘米	413 像素×626 像素
5 寸	8.9 厘米×12.7 厘米	1 205 像素×1 795 像素
6 寸	10.2 厘米×15.2 厘米	1 051 像素×1 500 像素

参考表中数据,1 寸照片的尺寸是 2.5 厘米×3.5 厘米,分辨率设置为 300 像素/英寸,则照片最终像素为 295 像素×413 像素。

【相关知识】

一、锁定图层

锁定图层功能是为了便于在编辑图像的过程中,保护已经编辑完成的内容。按下【图层】面板中的【锁定】按钮,图层右侧会出现一个像“锁”的图标,可以完全或部分锁定图层以保护其内容,再次按下相应按钮,即可取消锁定。

在【图层】面板中有 5 个锁定选项可供选择,分别是【锁定透明像素】、【锁定图像像素】、【锁定位置】、【防止在画板和画框内外自动嵌套】和【锁定全部】(图 4-3-1)。

（1）【锁定透明像素】：在图层中没有像素的部分是透明的，所以在操作的时候可以只针对有像素的部分进行操作。按下此按钮，即可保护图层的透明部分，编辑范围将被限制在图层的不透明部分。

（2）【锁定图像像素】：按下此按钮，不管是透明部分还是图像部分都不允许进行编辑，可防止用户利用绘图工具修改图层上的像素。

（3）【锁定位置】：按下此按钮，无法使用移动工具拖动该图层和改变该图层的位置。

（4）【防止在画板和画框内外自动嵌套】：按下此按钮，当使用移动工具将画板内的图层或图层组移出画板的边缘时，被移动的图层或图层组不会脱离画板。

（5）【锁定全部】：按下此按钮，以上 4 点都包含，图层中的所有编辑功能将被锁定，图像将不能进行任何编辑。

图层锁定后，图层名称的右边会出现一个“锁”图标。当图层完全锁定时，“锁”图标是实心的；当图层部分锁定时，“锁”图标是空心的（图 4-3-2）。

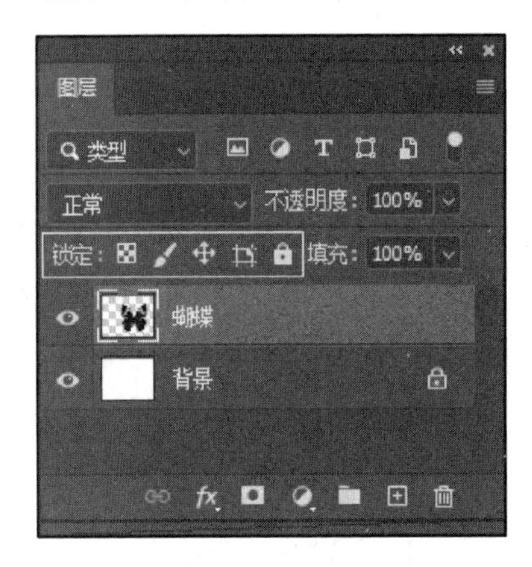

图 4-3-1　锁定按钮

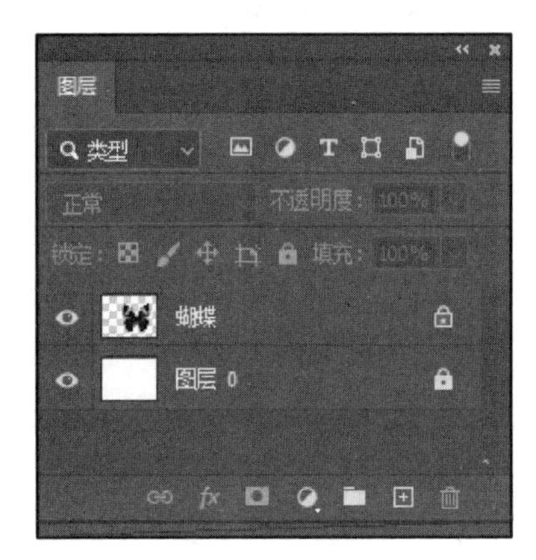

图 4-3-2　图层锁定

二、链接图层

在实际工作中常需要将多个图层中的元素一起移动或对齐、分布。若使用【移动工具】一个一个地操作，不仅麻烦，还会改变元素之间的相对位置。链接图层可以将两个或两个以上的图层链接起来，形成一个图层整体，然后对链接的图层统一执行移动、应用变换及创建蒙版等操作。

1. 创建链接

在【图层】面板上选择要链接的两个或多个图层（图 4-3-3），单击面板底部的【链接图层】按钮（图 4-3-4），即可在选择的图层之间建立链接。链接后的图层右侧会出现一个链接图标，可以对链接的图层进行统一的操作（图 4-3-5）。

图 4-3-3　选择多个图层

图 4-3-4　【链接】按钮

2. 取消链接

选择要取消链接的图层,单击面板底部的【链接图层】按钮,可以取消当前图层的链接。

3. 禁用和启用链接

按住【Shift】键,单击链接图层右侧的链接图标,在链接图标上出现一个红×,如图 4-3-6 所示,表示当前图层的链接被禁用。如果按住【Shift】键,再次单击链接图标,即可重新启用链接。

图 4-3-5　建立链接

图 4-3-6　禁用链接

三、对齐与分布图层

在图层操作中可以使用【移动工具】来调整图层的内容在设计界面中的位置,还可以应用【图层】菜单中的【对齐】和【分布】图层命令来排列这些内容的位置。

1. 对齐图层

要对齐多个图层中的内容,可以通过以下方法实现。打开本案例素材文件夹中的文件“对齐与分布.psd”。

(1) 选择多个需要对齐的图层,执行【图层】→【对齐】命令,在下拉菜单中选择合适的对齐命令(图 4-3-7)。

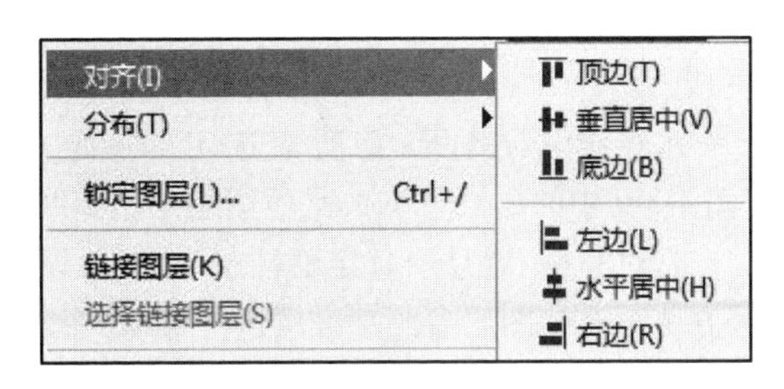

图 4-3-7　【对齐】命令

(2) 选择【移动工具】,在工具选

项栏中单击相应的对齐按钮(图 4-3-8)。各对齐命令的功能如下:

图 4-3-8 【移动工具】属性栏

【顶对齐】:在所有选定的图层中,以原先位于最顶部的图层为基准层,其他图层参照基准层进行移动,如图 4-3-9 所示为对齐前的图像效果,如图 4-3-10 所示为设置顶对齐后的效果。

【垂直居中对齐】:在所有选定的图层中,以原先位于垂直中心的图层为基准层(图 4-3-9 中的 2 号方块),其他图层参照基准层进行移动(图 4-3-11)。

【底对齐】:与顶对齐类似,在所有选定的图层中,以原先位于最底部的图层为基准层(图 4-3-9 中的 3 号方块),其他图层参照基准层进行移动(图 4-3-12)。

【左对齐】:在所有选定的图层中,以原先位于最左端的图层为基准层(图 4-3-9 中的 1 号方块),其他图层参照基准层进行移动(图 4-3-13)。

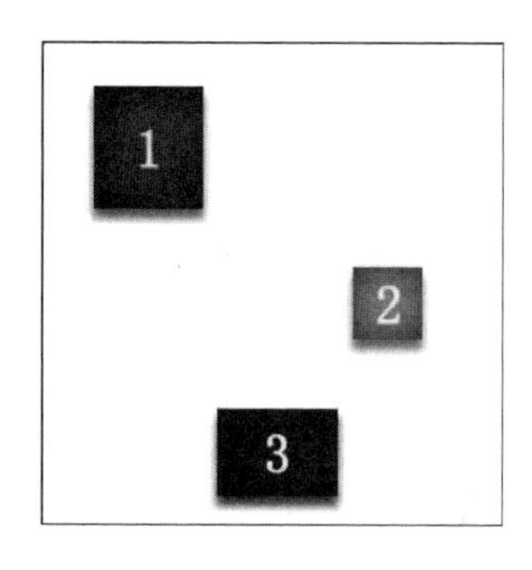

图 4-3-9 原图

图 4-3-10 顶对齐

图 4-3-11 垂直居中对齐

图 4-3-12 底对齐

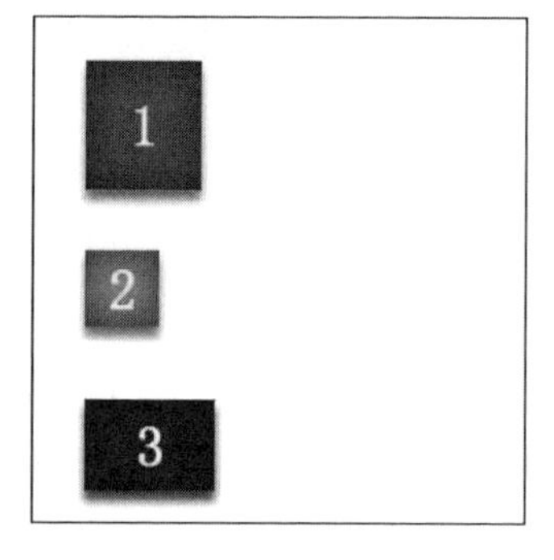

图 4-3-13 左对齐

水平居中对齐:在所有选定的图层中,以原先位于水平中心的图层为基准层(图 4-3-9 中的 3 号方块),其他图层参照基准层进行移动(图 4-3-14)。

右对齐:在所有选定的图层中,以原先位于最右端的图层为基准层(图 4-3-9 中的 2 号方块),其他图层参照基准层进行移动(图 4-3-15)。

图 4-3-14 水平居中对齐

图 4-3-15 右对齐

提示 要将图层的内容与选区边框对齐,应先在图像中建立选区(图 4-3-16);选中各个图层,执行【图层】→【将图层与选区对齐】命令,或在【移动工具】的设置栏进行设定,操作步骤与上述内容类似(图 4-3-17)。

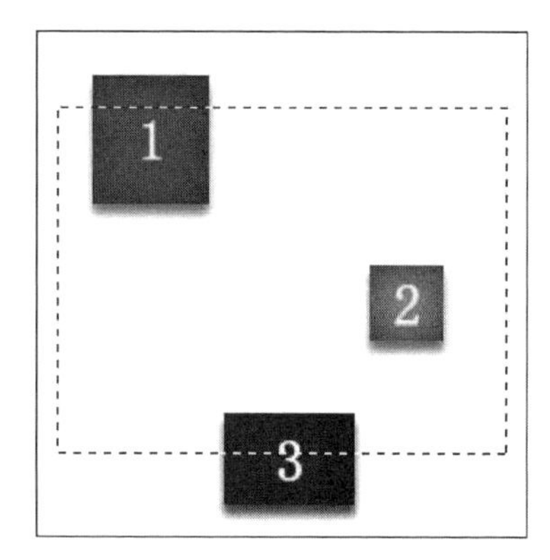

图 4-3-16 建立选区

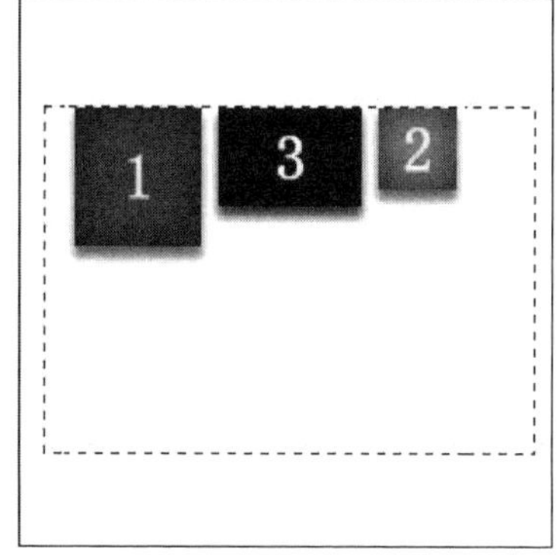

图 4-3-17 与选区边框顶对齐

2. 分布图层

要将图层中的元素进行均匀分布,必须选择或链接 3 个或 3 个以上的图层,然后执行【图层】→【分布】命令后,可以选择相应的分布方式(图 4-3-18);也可以先选择【移动工具】,在设置栏中进行设定,项目与菜单是相同的(图 4-3-19)。

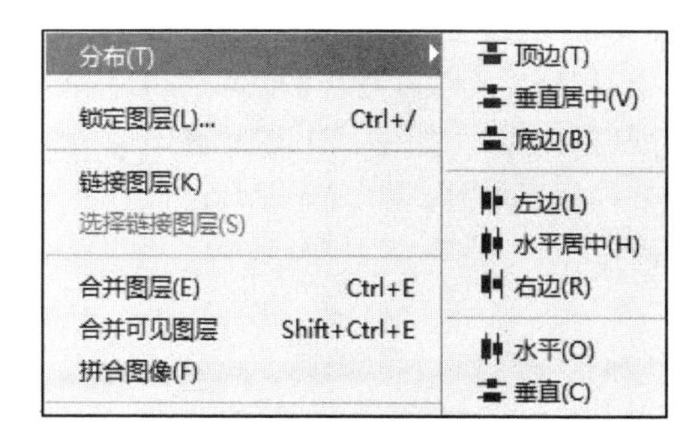

图 4-3-18 【分布】命令

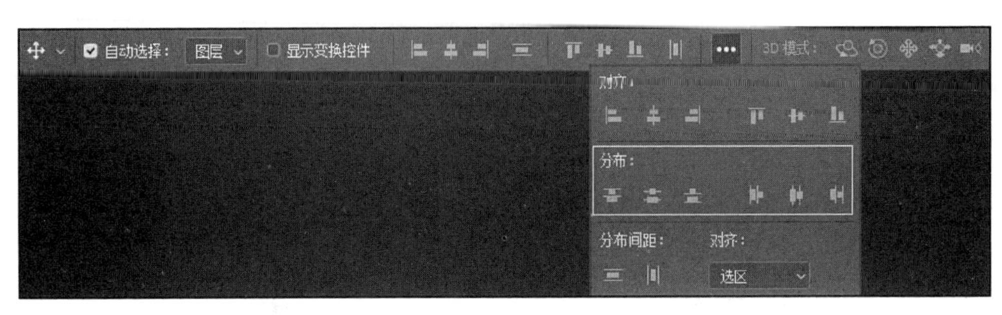

图 4-3-19 【移动工具】属性栏

各分布命令的功能如下：

【按顶分布】：将从每个图层的顶端像素开始，间隔均匀地分布图层（图 4-3-20）。

【垂直居中分布】：将从每个图层的垂直中心像素开始，间隔均匀地分布。

【按底分布】：将从每个图层的底端像素开始，间隔均匀地分布图层。

【按左分布】：将从每个图层的左端像素开始，间隔均匀地分布图层。

【水平居中分布】：从每个图层的水平中心开始，间隔均匀地分布图层。

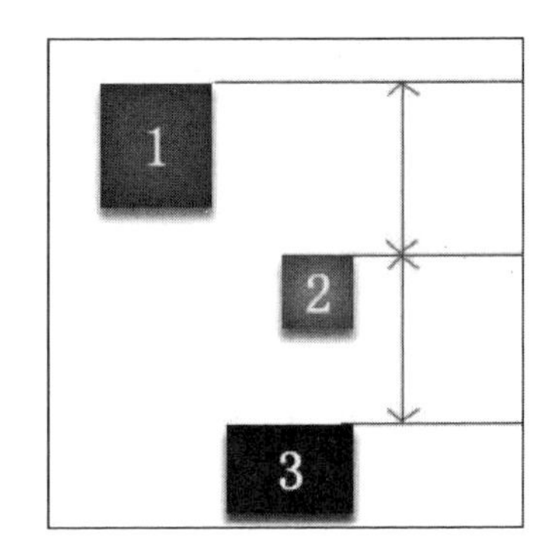

图 4-3-20 顶边分布

【按右分布】：将从每个图层的右端像素开始，间隔均匀地分布图层。

【案例实施】

下面是对 1 寸照片进行排版，案例的核心就是利用图层的分布与对齐实现图像的规则排列。

(1) 新建文件，设置尺寸为 1 795 像素×1 205 像素，分辨率为 300 像素/英寸，背景为白色。文件相当于一张 6 寸相片的大小。

(2) 执行【文件】→【打开】命令，打开本案例素材文件夹中的“1 寸.png”文件，选取图像并复制到相应图层中，调整位置，效果如图 4-3-21 所示。

注 若照片尺寸不合要求，可以按标准进行设置：1 寸照片的尺寸是 2.5 厘米×3.5 厘米，分辨率设置为 300 像素，则照片最终像素为 295 像素×413 像素。

(3) 按住【Alt】键的同时，拖曳 1 寸照片，可以复制图像；在移动复制的同时再按住【Shift】键，可以水平移动并复制多个图层（图 4-3-22）。

图 4-3-21 1 寸证件照的添加

图 4-3-22 水平复制图像

（4）当前各头像之间的间距是不等的，可以利用图层的分布来进行等距排列。在【图层】面板中选中图层 1，按住【Shift】键单击“拷贝 4”，将 5 个头像全部选中。在【移动工具】属性栏中选择【水平居中分布】，5 个头像的间距就调整完成了（图 4-3-23）。

注 移动工具的分布是按照首尾两个图像的位置，将两个图像之间的其他图像等距排列的，所以必须确保首尾图像位置合适。

（5）按住【Alt】键将选中的整排图像向下复制，调整位置，最终实现 1 寸证件照的排版（图 4-3-24）。

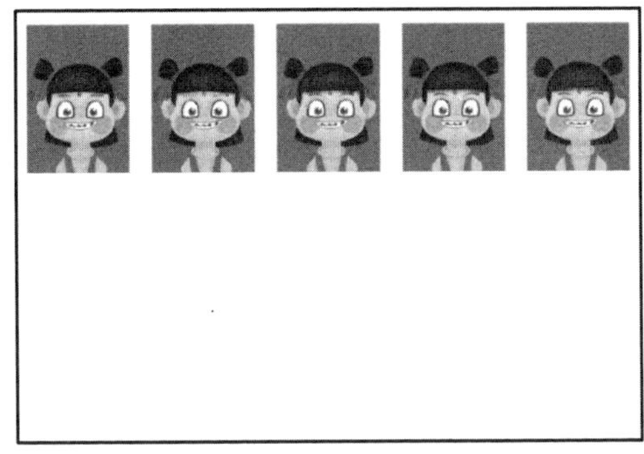

图 4-3-23 调整头像的间距

图 4-3-24 1 寸照片排版效果

案例四 调整图层与填充图层的应用——制作致敬最美逆行者海报

【案例说明】

致敬最美逆行者！不论是千里驰援疫情重灾区的医护人员，还是坚守在各地的医护人员，面对疫情和家庭，他们都毅然决然地做出了医者的选择。每天裹在密不透风的防护服里，任汗水浸透前胸后背，一如既往地“逆行”在隔离病区里，与患者近距离接触，与患者交心。

我国抗击疫情已取得积极成效，但这一切来之不易。幸得有你，山河无恙！

【相关知识】

一、调整图层与填充图层

调整图层和填充图层都会在【图层】面板上增加新图层，调整图层可将颜色和色调调整应用于它下面的所有图层，而不会永久更改像素值；填充图层使用纯色、渐变或图案的方式填充图层，不会影响它下面的图层。

调整图层和填充图层均由两部分组成，左侧为调整图层或填充图层的缩览图，右侧为图层蒙版，编辑图层蒙版可控制调整或填充的区域(图 4-4-1、图 4-4-2)。若在创建调整图层或填充图层时路径处于激活状态，则创建的是矢量蒙版而不是图层蒙版。

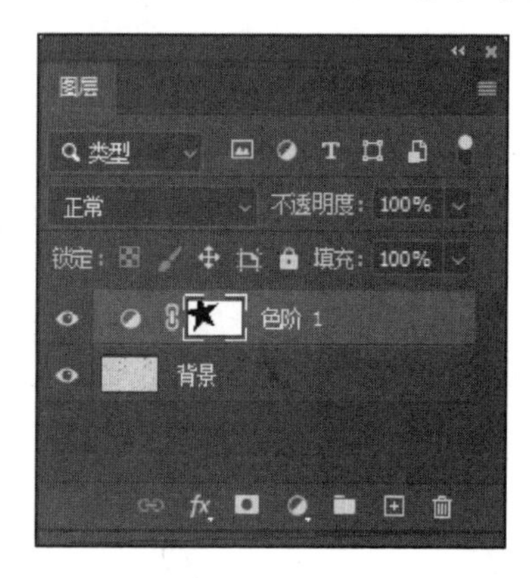

图 4-4-1　调整图层

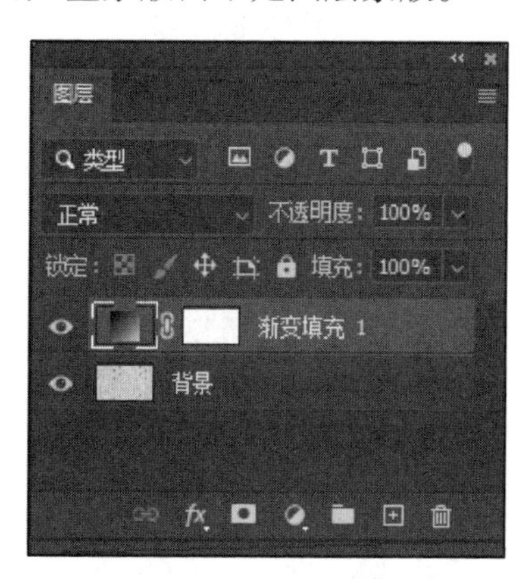

图 4-4-2　填充图层

1. 调整图层的优点

(1) 使用调整图层对图像的颜色和色调进行调整，颜色和色调调整的信息会被保存在调整图层上，因此不会改变被调整图像的原有像素信息。

(2) 使用调整图层，将会调整位于它下面的所有图层，因此，同样的调整只需在调整图层上调整一次，而不必分别调整每个图层。

(3) 调整图层具有可编辑性，可在调整图层的蒙版上使用不同的灰度色调绘画以控制调整的区域和调整效果。

(4) 使用调整图层可多次修改调整的参数，在【图层】面板中双击图层缩览图，可弹出相应命令的对话框，然后从中修改调整的参数。

2. 创建调整图层和填充图层

可以通过以下两种方法创建调整图层或填充图层。

方法一：单击【图层】面板底部的【创建新的填充或调整图层】按钮，从菜单中选择一种图层类型(图 4-4-3)。

方法二：执行【图层】→【新建调整图层】或【新建填充图层】命令，从弹出的菜单中选择一种图层类型，命名图层，设置图层选项(图 4-4-4)。

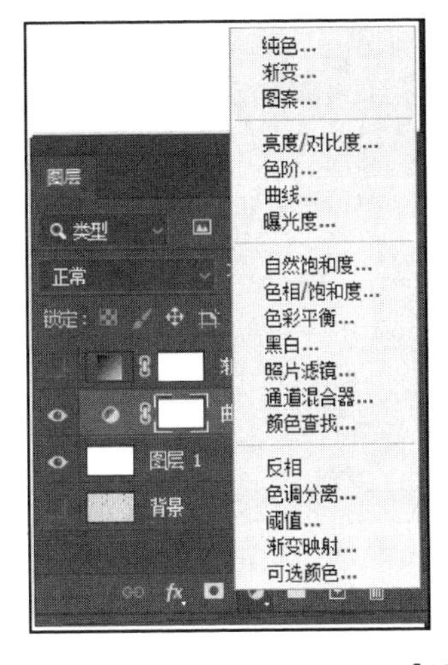

图 4-4-3 【创建新的填充或调整图层】按钮菜单

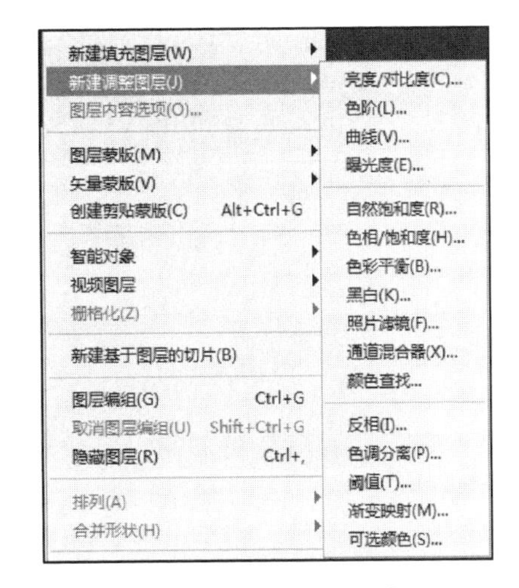

图 4-4-4 【新建调整图层】命令

3. 编辑调整图层和填充图层

在【图层】面板中双击调整图层或填充图层的缩略图，或执行【图层】→【图层内容选项】命令，打开如图 4-4-5 所示的【属性】面板并进行所需的更改。

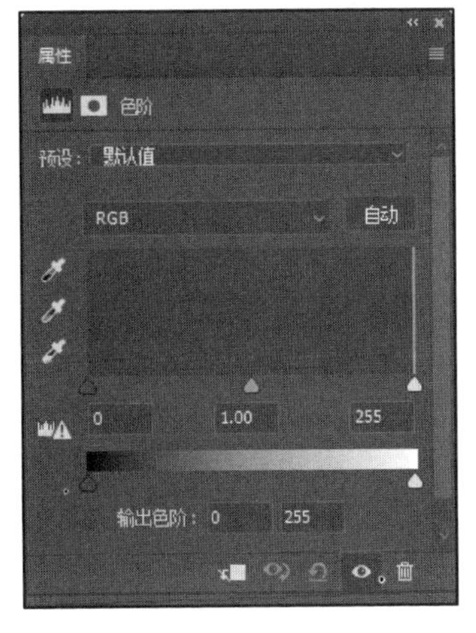

图 4-4-5 【属性】面板

4. 合并调整图层和填充图层

可以通过下列方式合并调整图层或填充图层：与其下方的图层合并、与其自身编组图层中的图层合并、与其他选定图层合并、与所有其他可见图层合并，操作方法与普通图层类似。不过，不能将调整图层或填充图层用作合并的目标图层。

将调整图层或填充图层与其下面的图层合并后，所做的调整将被栅格化并永久应用于合并后的图层内。当然，也可以栅格化填充图层但不合并它。

二、合并图层

在设计的时候很多图形都分布在多个图层上，而确定这些图形不会再修改了，就可以将它们合并在一起以便于图像管理。在合并图层时，顶部图层上的数据会覆盖底部图层上的数据。合并后的图层中，所有透明区域的交叠部分都会保持透明。

要合并图层，可以执行菜单【图层】命令。合并图层的方式有以下几种。

(1) 向下合并。执行【图层】→【向下合并】命令，或按下【Ctrl】+【E】快捷键，可以将当前选中的图层与下面的一个图层合并为一个图层(图 4-4-6)。

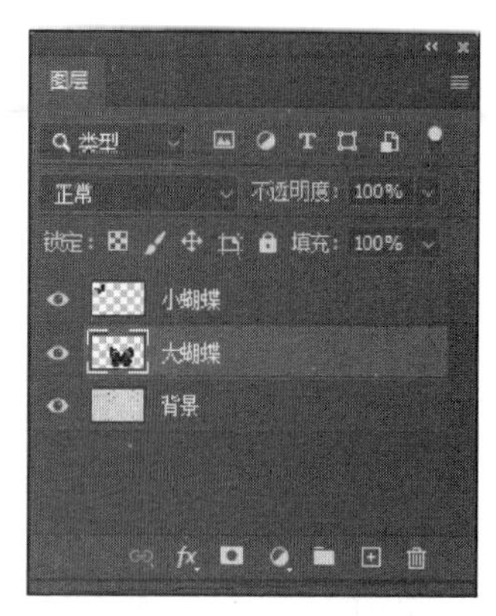

(a) 原图层关系

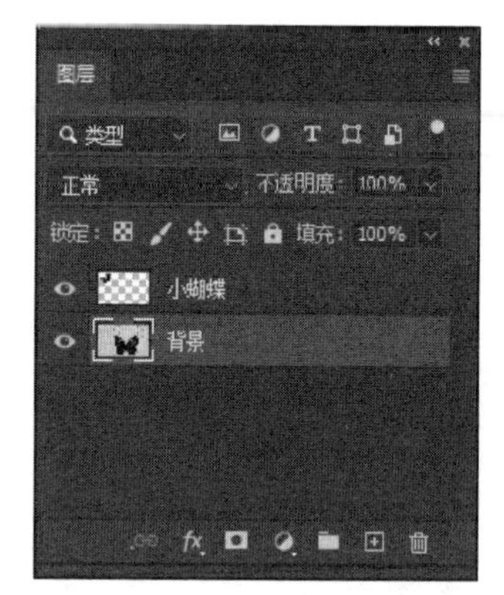

(b) 向下合并

图 4-4-6　向下合并后图层关系

(2) 合并可见图层。执行【图层】→【合并可见图层】命令，或按下【Shift】+【Ctrl】+【E】快捷键，可以将所有可见图层合并为一个图层(图 4-4-7)。

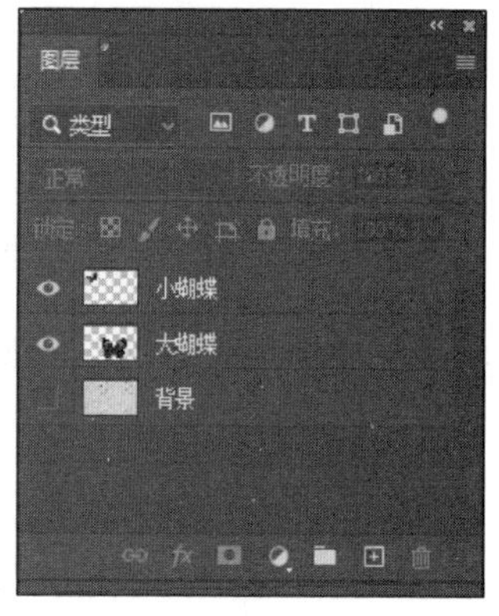

(a) 原图层关系

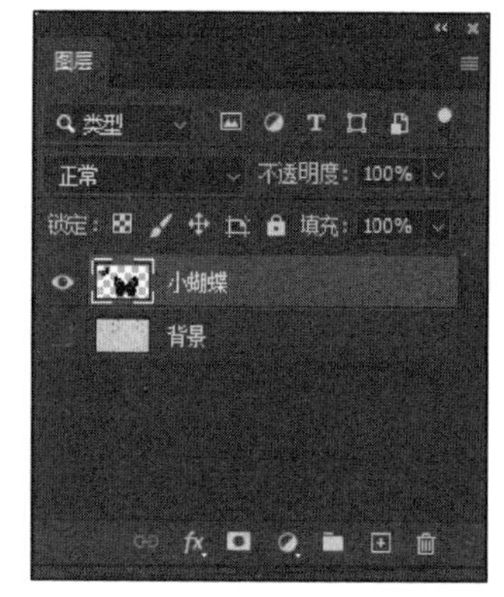

(b) 合并可见图层

图 4-4-7　将可见图层合并为一个图层

(3) 拼合图像。执行【图层】→【拼合图像】命令，可以将所有可见的图层都合并到背景上(图 4-4-8)。如果包含隐藏图层，那么系统将弹出对话框，询问是否扔掉隐藏的图层(图 4-4-9)。

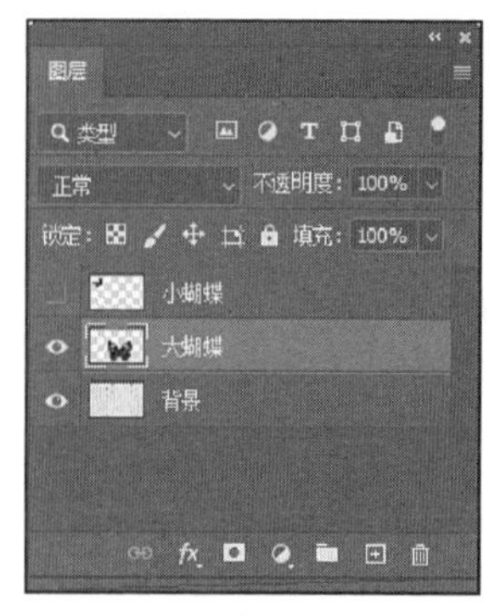

(a) 原图层关系

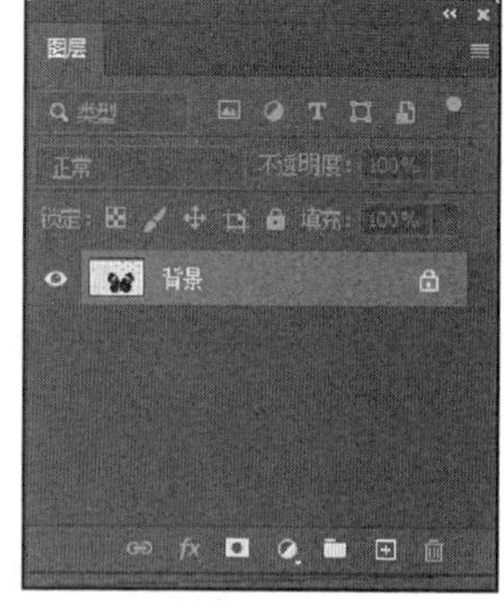

(b) 拼合图像

图 4-4-8　将可见图层拼合到背景上

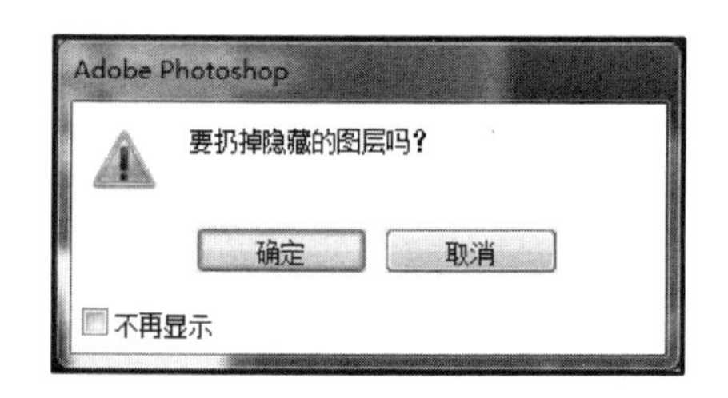

图 4-4-9　提示对话框

(4) 合并图层。若选择了多个图层,则图层菜单中的【向下合并】将变成【合并图层】命令,可以将选择的多个图层合并为一个图层。

(5) 合并组。若当前选中的是一个图层组,则图层菜单中的【向下合并】将变成【合并组】命令,会将整个图层组变成一个图层(图 4-4-10)。

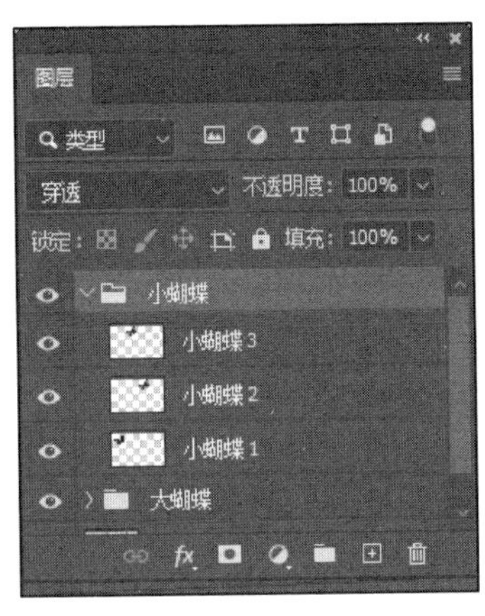

(a) 原图层关系

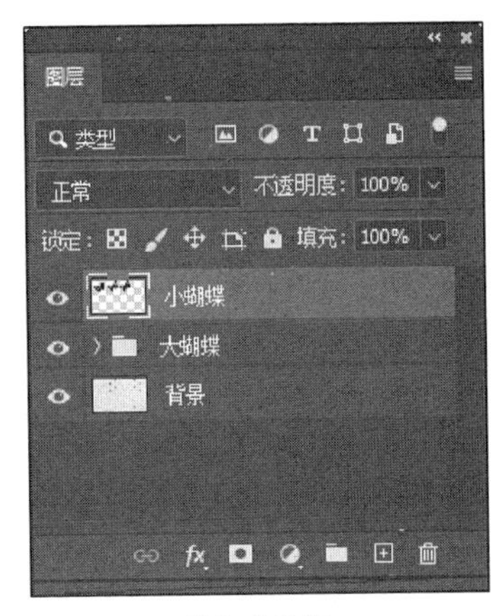

(b) 合并组

图 4-4-10　将整个图层合并成一个图层

三、盖印图层

盖印可以将多个图层的内容合并为一个目标图层,而原来的图层不变。盖印图层的方式有以下几种。

(1) 盖印选定的图层。选择一个图层,按下【Ctrl】+【Alt】+【E】快捷键,可将此图层中的图像盖印到下面图层中(图 4-4-11、图 4-4-12)。

图 4-4-11　选择图层

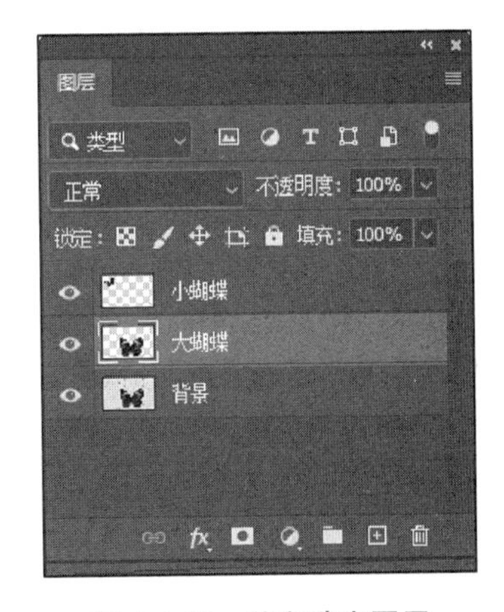

图 4-4-12　盖印选定图层

(2) 盖印多个图层。如果选择了多个图层,按下【Ctrl】+【Alt】+【E】快捷键,会创建新图层,将合并后的内容放到新图层中,并在新图层的名称中自动注明为“合并”(图 4-4-13、图 4-4-14)。

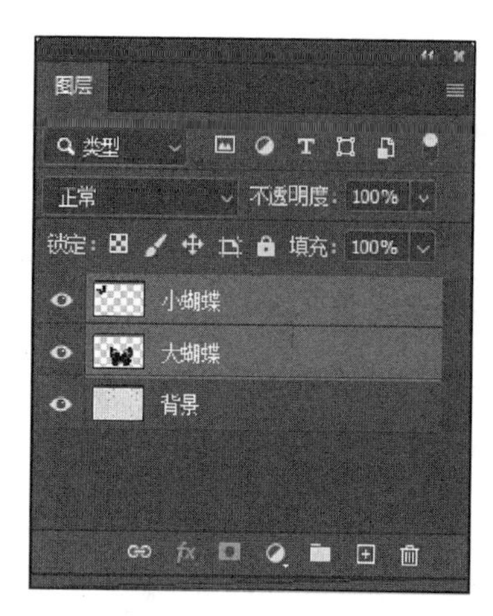

图 4-4-13　选择多个图层

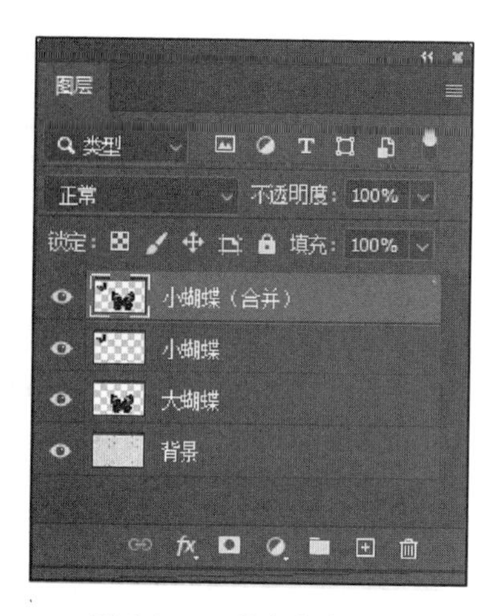

图 4-4-14　盖印多个图层

（3）盖印可见图层。按下【Shift】+【Ctrl】+【Alt】+【E】快捷键，会将所有可见图层都盖印到一个新图层中（图 4-4-15）。

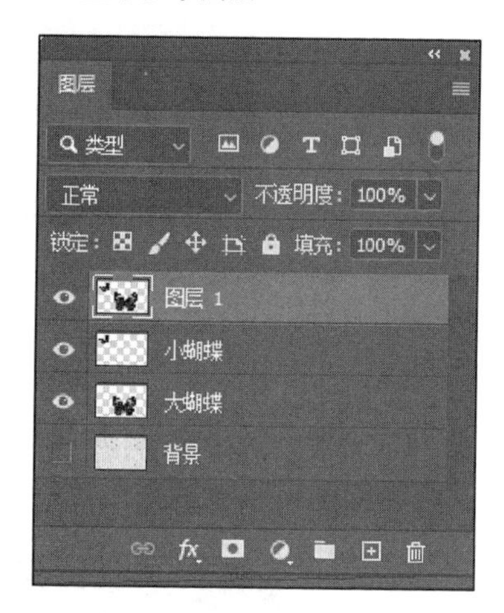

图 4-4-15　盖印可见图层

【案例实施】

（1）新建一个文件，设置尺寸为 1 100 像素×1 500 像素，分辨率为 72 像素/英寸，背景为白色。

（2）设置前景色（图 4-4-16），同时按下【Shift】+【F5】快捷键，利用前景色填充背景图层。

（3）执行【文件】→【打开】命令，打开本案例素材文件夹中的文件“医生 1.png”，选取图形复制到相应图层中，调整大小与位置，效果如图 4-4-17 所示。

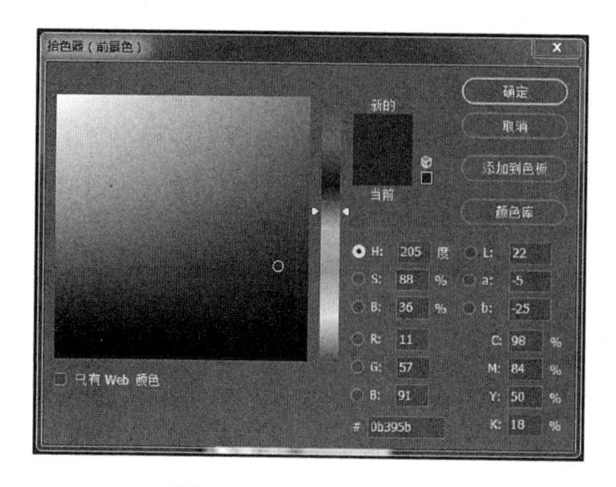

图 4-4-16　设置前景色

图 4-4-17　添加背影素材

（4）按下【Ctrl】键，单击“医生 1”图层前面的缩览图，载入选区（图 4-4-18）。

（5）选择工具箱中的【套索工具】，将属性修改为【添加到选区】，修改并完善医生的“背影”选区（图 4-4-19）。

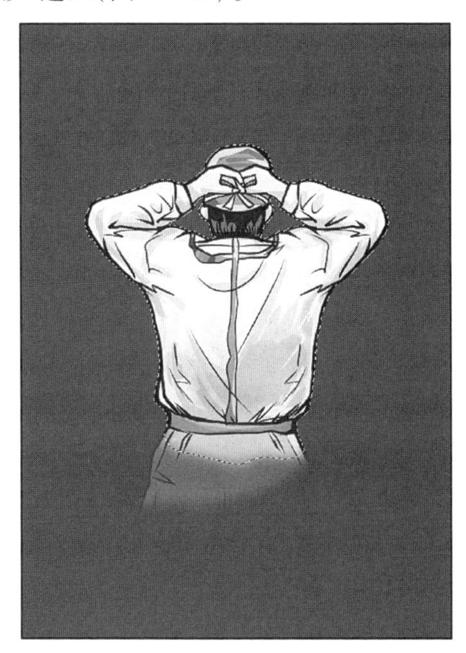

图 4-4-18　载入选区

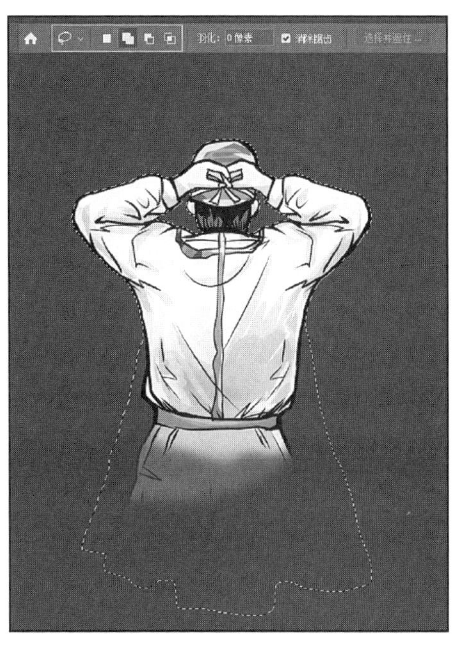

图 4-4-19　修改“背影”选区

（6）选中“医生 1”图层，单击【图层】面板底部的【创建新的填充或调整图层】按钮，从菜单中执行【纯色】命令（图 4-4-20）；使用白色进行颜色填充，效果如图 4-4-21 所示。

图 4-4-20　创建填充图层

图 4-4-21　填充图层效果

（7）选中填充图层，右击弹出快捷菜单，选择【混合选项】，弹出【图层样式】窗口；选择【外发光】选项，参数设置如图 4-4-22 所示，图层效果如图 4-4-23 所示。

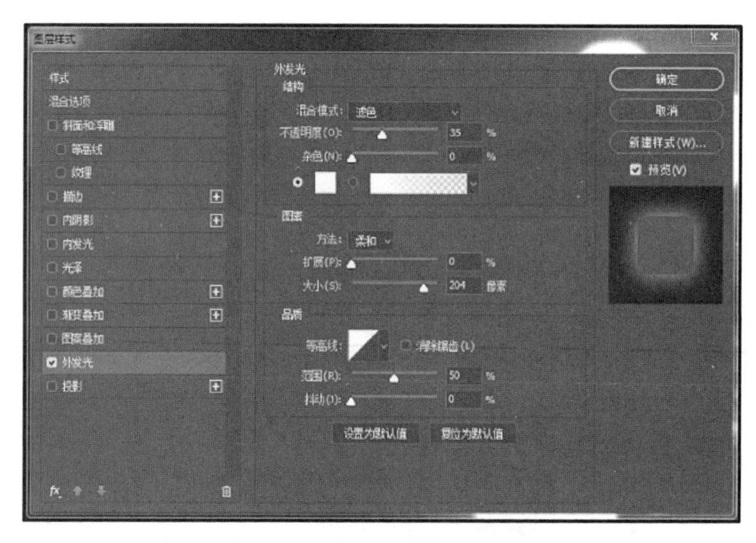

图 4-4-22 “图层样式”对话框

（8）执行【文件】→【打开】命令，打开本案例素材文件夹中的文件“医生 2.png”，选取图形复制到相应图层中，调整大小与位置，效果如图 4-4-24 所示。

图 4-4-23 添加图层样式

图 4-4-24 添加素材

（9）利用工具箱中的【铅笔工具】，调整颜色与画笔粗细，绘制口罩绳结，效果如图 4-4-25 所示。

（10）选择工具箱中的【横排文字工具】，输入文字，分别调整字体大小与位置。最终效果如图 4-4-26 所示。

图 4-4-25 口罩绳结效果

图 4-4-26 最终效果

案例五 智能对象图层的应用——制作“建党百年”宣传册模板

【案例说明】

1921 年 7 月底，在嘉兴的南湖上飘着一叶红船，红船中一群年轻人承载了一份特殊的使命，从此开启了中国历史崭新的一页——中国共产党诞生。2021 年，历经百年的峥嵘岁月，共产党恰似风华正茂，我们的国家在波澜壮阔的历史进程中不断壮大。

何其有幸，生于华夏，见证百年，愿山河无恙，中国繁荣昌盛！

【相关知识】

智能对象和普通的图层不同，它能够保留图像的源内容及其所有原始特性，使得可以对图层执行非破坏性的变换。也就是说，无论怎么缩放选择智能对象，它都不会丢失原始的信息，如图 4-5-1、图 4-5-2 所示。

图 4-5-1　普通图层放大效果

图 4-5-2　智能图层放大效果

智能对象主要有以下功能：

（1）智能对象可以保证图像原始质量，对图片无损变形，任意缩放、旋转、扭曲图片，都不会降低原图的质量。比如，将图片缩小后，再将其恢复到原有大小，使用智能对象后，缩放不会降低图片的清晰度（不能超过原图的尺寸）。

（2）智能对象可以替换内容。如果已经编辑好图片的形状、滤镜，但是突然需要更换源图，或者有其他图片也需要使用一样的效果，这时候不需要再重复操作一遍，只需要使用智能对象功能就可以完美解决。

一、创建智能对象

可以通过以下方法创建智能对象。

方法一：选择一个或多个要创建智能对象的图层，执行【图层】→【智能对象】→【转换为智能对象】命令，或单击【图层】面板的弹出菜单，执行【转换为智能对象】命令，这些图层将被打包为一个智能对象图层。在该图层右下角显示智能对象图标，如图 4-5-3、图 4-5-4 所示。

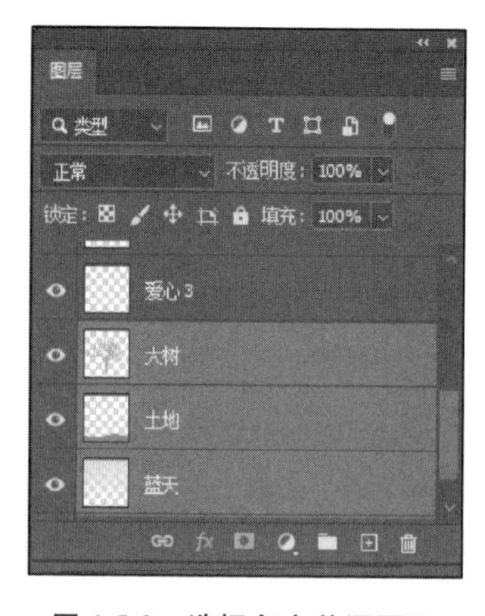

图 4-5-3　选择多个普通图层

图 4-5-4　合并为智能图层

方法二：执行【文件】→【打开为智能对象】命令，选择文件，作为新的智能对象打开，

如图 4-5-5、图 4-5-6 所示。

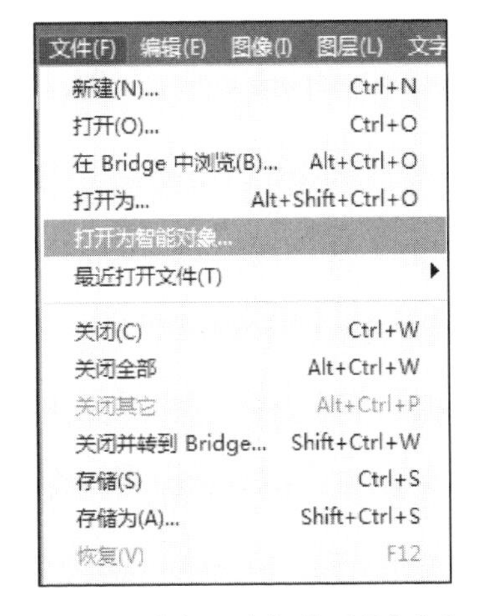

图 4-5-5 【打开为智能对象】命令

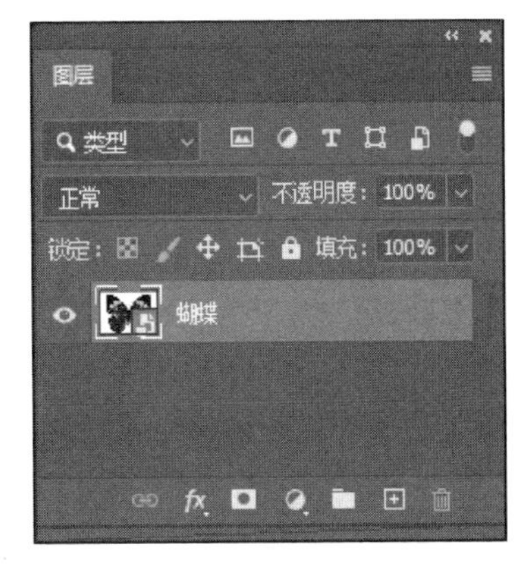

图 4-5-6 作为智能对象打开

方法三：执行【文件】→【置入嵌入对象】命令，可将外部图片导入当前文档中；在新置入的对象上右击鼠标，在快捷菜单中执行【置入】命令，能够将新置入的对象设置为智能对象，如图 4-5-7、图 4-5-8 所示。

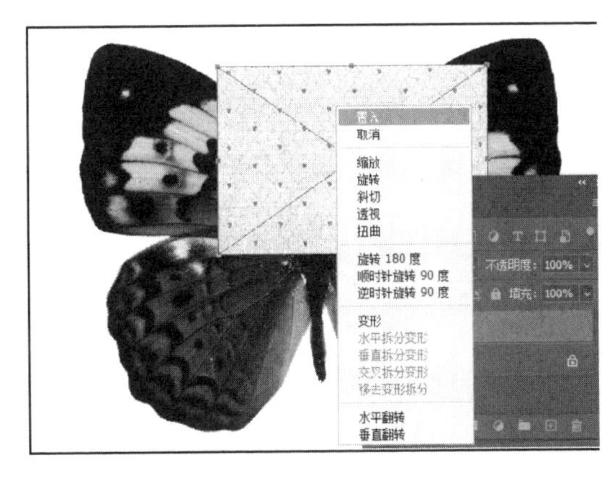

图 4-5-7 【置入】命令

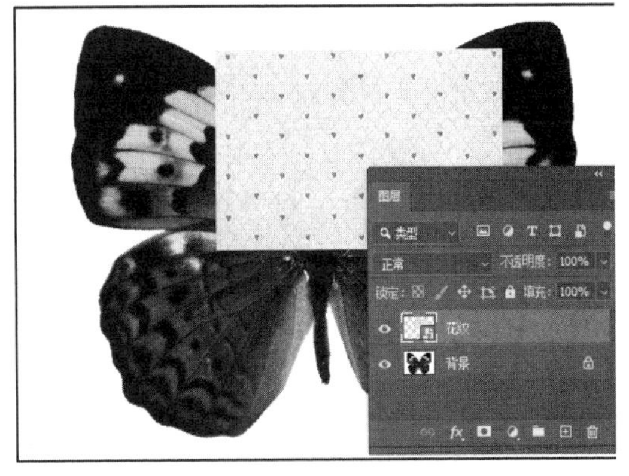

图 4-5-8 将置入对象设置为智能对象

方法四：将 PDF 或 Adobe Illustrator 图层或对象拖动到文档中。

二、复制智能对象

智能对象也是图层的一种，也可以复制。复制的方法不同，得到的副本与原智能对象的关系也不同。

（1）执行【图层】→【新建】→【通过拷贝的图层】命令，或将智能对象图层拖动到【图层】面板底部的【创建新图层】图标上，复制的副本与原智能对象之间存在关联。对原始智能对象所做的编辑会影响副本，而对副本所做的编辑同样也会影响原始智能对象。

（2）执行【图层】→【智能对象】→【通过拷贝新建智能对象】命令，复制的副本与原智能对象之间相互独立。对原始智能对象所做的编辑不会影响副本，反之亦然。

三、编辑智能对象的内容

编辑智能对象时，如果源内容文件是栅格数据或相机原始文件，将会在 Photoshop 中打开；如果源内容文件是矢量 PDF 或 EPS 数据，将会在 Adobe Illustrator 中打开。

编辑步骤如下：

（1）在图 4-5-9 的基础上，选择智能对象图层，执行【图层】→【智能对象】→【编辑内容】命令，或双击智能对象缩略图，智能对象及和它有关联的图层在新的文件中一起被打开，如图 4-5-10 所示。

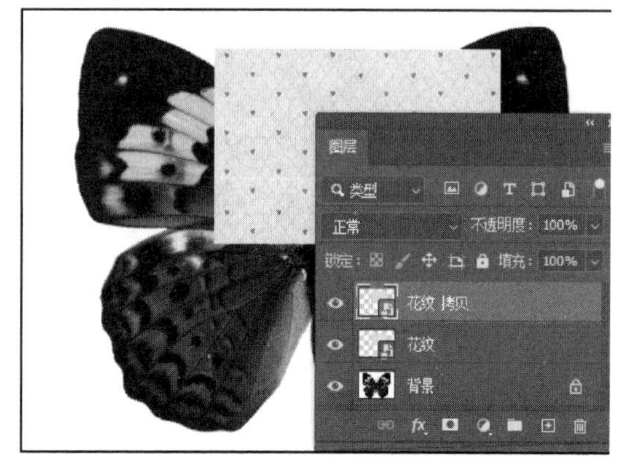

图 4-5-9　选择智能对象图层

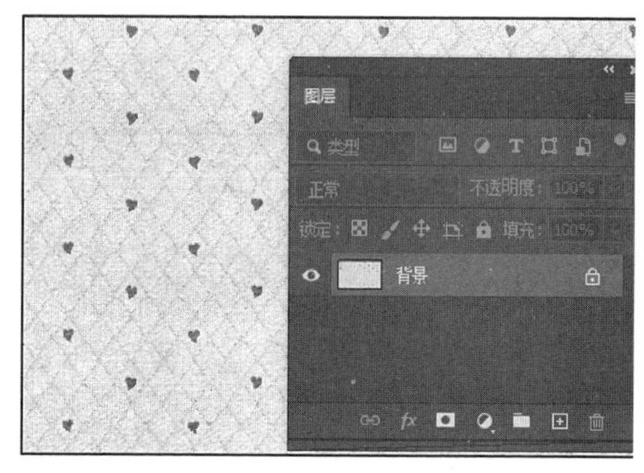

图 4-5-10　打开智能对象

（2）对源内容文件进行编辑，如图 4-5-11 所示，执行【文件】→【存储】命令。

提示　对智能对象进行编辑后，存储文件后所做的修改会影响到与之相关联的其他智能对象，如图 4-5-12 所示。

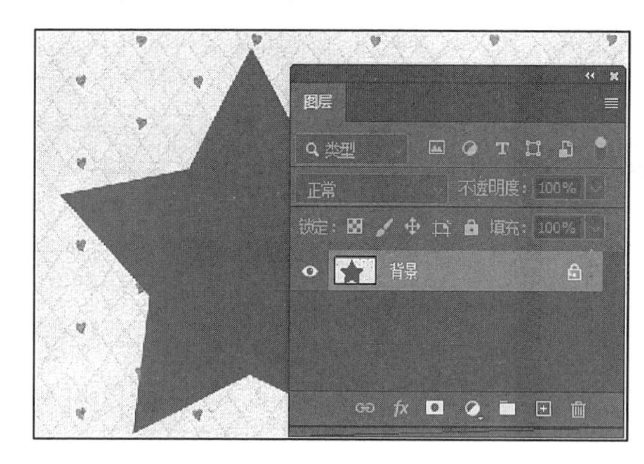

图 4-5-11　编辑源内容

图 4-5-12　编辑后的图层效果

四、替换智能对象的内容

一个智能对象或多个链接实例中的图像数据可以替换。当替换智能对象时，将保留对第一个智能对象应用的任何缩放、变形或效果。

替换步骤如下：

（1）在图 4-5-12 的基础上，选择智能对象图层，执行【图层】→【智能对象】→【替换内

容】命令。

（2）选择要使用到的文件，单击【置入】，即完成替换，如图 4-5-13 所示。

图 4-5-13　替换智能对象的内容

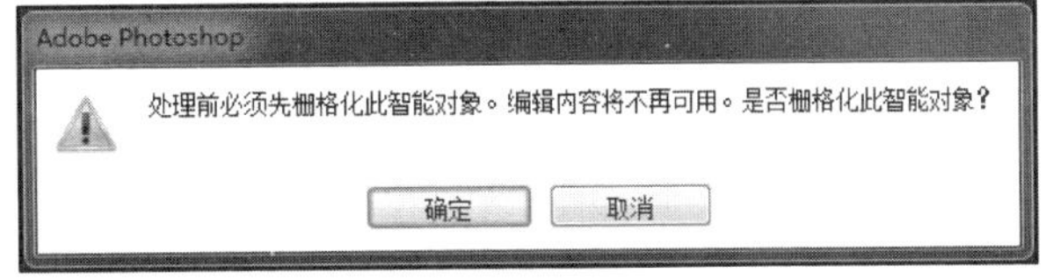

图 4-5-14　提示对话框

五、智能对象转换为普通图层

有以下两种方法将智能对象转换为普通图层。

方法一：在画布上单击智能对象，弹出如图 4-5-14 所示的对话框，提醒处理前须栅格化智能对象；单击【确定】按钮，关闭该对话框，【图层】面板上的智能对象图标消失，智能对象转换为普通图层，如图 4-5-15 所示。

方法二：执行【图层】→【栅格化】→【智能对象】命令，【图层】面板上的智能对象图标消失，智能对象被转换为普通图层。

图 4-5-15　智能对象转换为普通图层

六、导出智能对象

选择智能对象图层，执行【图层】→【智能对象】→【导出内容】命令，即能将智能对象的内容导出。

【案例实施】

（1）执行【文件】→【打开】命令，打开本案例素材文件夹中的文件“书本.jpg”。

（2）选择工具箱中的【魔棒工具】，将属性修改为【添加到选区】，选取书本的封面部分，如图 4-5-16 所示。

（3）执行【选择】→【存储选区】菜单命令，保存当前选区并命名为“封面”，如图 4-5-17 所示。按下【Ctrl】+【D】快捷键，取消当前选区。

图 4-5-16　创建选区

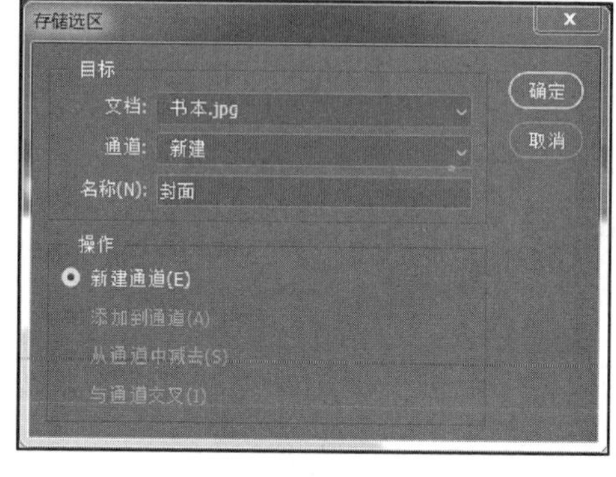

图 4-5-17　存储选区

（4）新建图层，并利用【矩形工具】绘制一个矩形，填充任意颜色，如图 4-5-18 所示。

（5）右击矩形所在图层，在弹出菜单中执行【转换为智能对象】命令，将当前图层转换为智能对象图层。

（6）按下【Ctrl】+【T】快捷键，可以对矩形进行自由变换。右击矩形，在弹出菜单中执行【扭曲】命令，如图 4-5-19 所示。

图 4-5-18　绘制矩形

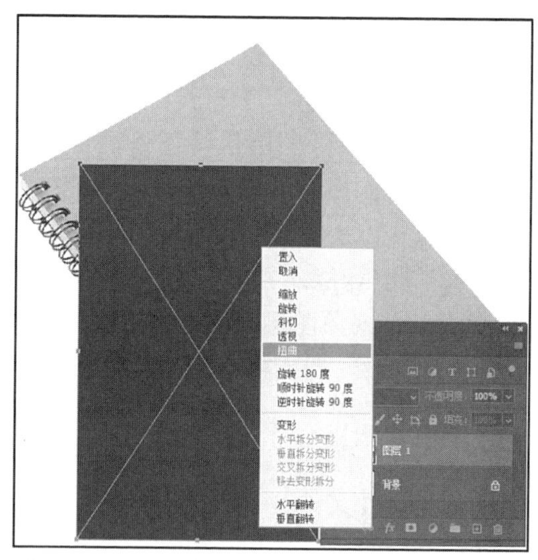

图 4-5-19　自由变换

（7）拖动矩形的四个角，分别与书本的四个角对齐，效果如图 4-5-20 所示。按【Enter】键，可以保留变换结果。

（8）双击智能对象图层右下角的图标，进入智能对象的编辑模式，如图 4-5-21 所示。当前文件是 PSB 格式。

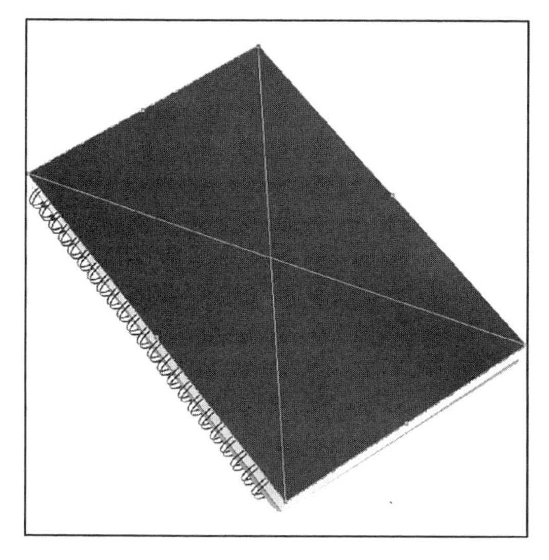

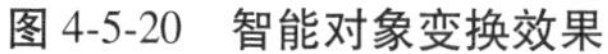
图 4-5-20 智能对象变换效果

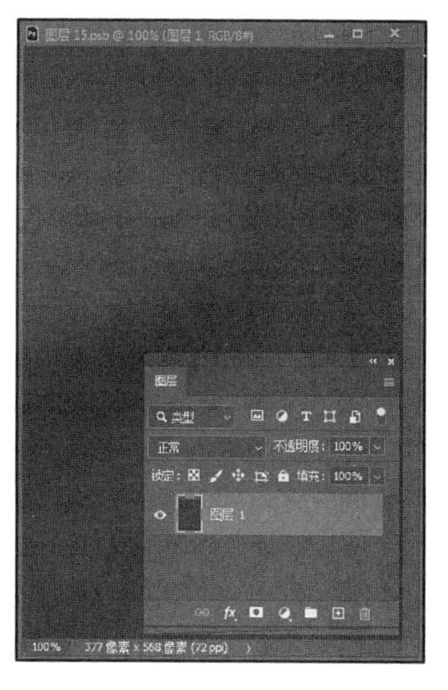

图 4-5-21 智能对象编辑模式

（9）在智能对象的编辑模式下，执行【文件】→【置入嵌入对象】命令，将本案例素材文件夹中的文件“建党百年.jpg”导入当前文档中，如图 4-5-22 所示。

（10）调整图片的大小与位置，如图 4-5-23 所示。保存当前文档，回到步骤（1）所打开的文档，智能对象的内容已被替换，如图 4-5-24 所示。

图 4-5-22 导入素材

图 4-5-23 调整图片的大小与位置

（11）右击智能对象图层，在弹出菜单中执行【栅格化图层】命令，将智能对象图层转换为普通图层。

注 必须先栅格化智能对象，否则不能对此图层进行编辑操作。

（12）执行【选择】→【载入选区】菜单命令，载入步骤（3）中保存的“封面”选区，如图 4-5-25 所示。

图 4-5-24　替换智能对象内容

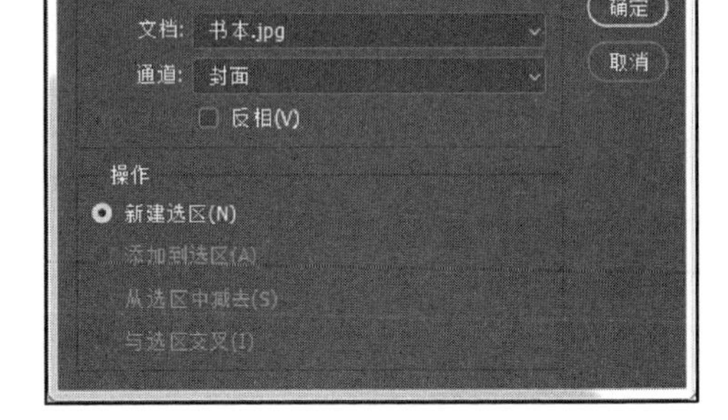

图 4-5-25　载入选区

（13）同时按下【Ctrl】+【Shift】+【I】快捷键，对当前选区进行反选，按下【Delete】键，清除内容。最终效果如图 4-5-26 所示。

图 4-5-26　建党百年宣传册模版

案例六 图层不透明度的设置——制作幻影舞者特效

【案例说明】

中国舞创立于20世纪50年代,基训借鉴并结合了芭蕾舞的训练体系,融合中国武术、传统戏曲、民间杂技的手眼身法步等技术、技巧,有着我国民族特性。从源头来说,它是古代舞蹈的一次复苏,其审美原则是几千年中华文化的流传和延续,犹如一根长线从古贯穿至今。可以说,中国舞,传承之美!让我们记录下中国舞舞者曼妙的身影!

【相关知识】

一、图层的不透明度

图层的不透明度决定它遮蔽或显示它的下一个图层的程度。若不透明度为1%,则图层显得几乎是透明的;若不透明度为100%,则图层显得完全不透明。

【图层】面板中的【不透明度】选项用来控制图层总体不透明度,100%为完全显示。透明度效果如图4-6-1、图4-6-2所示。

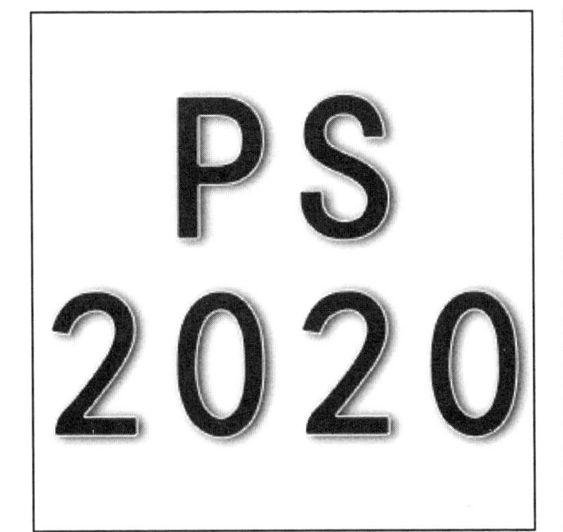

图4-6-1 图层不透明度为100%

图4-6-2 图层不透明度为60%

【图层】面板中【填充】选项用来控制图层的填充不透明度。填充不透明度影响图层中绘制的像素或图层上绘制的形状,但不影响已应用于图层效果的不透明度。如图4-6-3所示,将文字图层的【填充】不透明度设置为60%,那么图层中文字的不透明度变为60%,而投影和描边样式的不透明度保持不变,对比效果如图4-6-4所示。

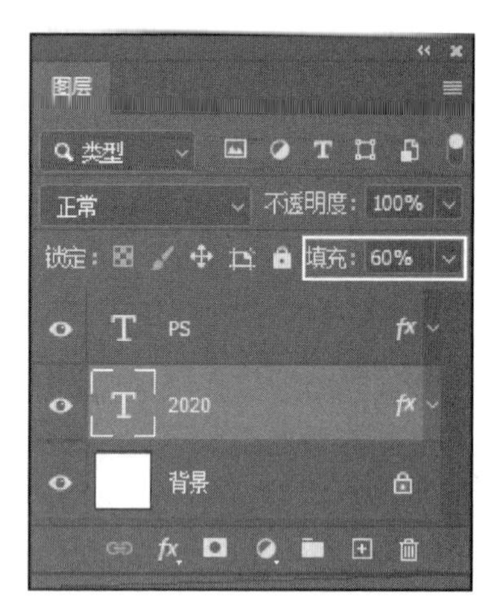

图 4-6-3　设置【填充】不透明度

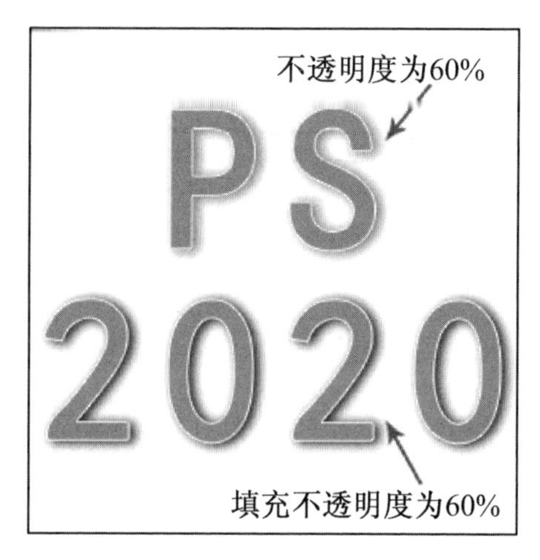

图 4-6-4　图层【不透明度】与【填充】不透明度对比

二、图层的编组

对图层进行编组，可以将图层按照类别放置在不同的图层组内，类似于使用文件夹管理文件。可以像处理普通图层一样，移动、复制、对齐、分布图层组，还可以将图层移入或移出图层组。

1. 图层编组

与新建图层的方法类似，创建图层组同样可以使用按钮方式和菜单方式。

方法一：单击【图层】面板下方的【创建新组】按钮（图 4-6-5），同时按住【Alt】键，弹出“新建组”对话框（图 4-6-6），确定后可以创建一个空的图层组；若不按住【Alt】键，则按照默认设置建立一个图层组，如图 4-6-7 所示。

图 4-6-5　【创建新组】按钮

图 4-6-6　“新建组”对话框

方法二：选择多个图层，执行【图层】→【图层编组】命令，或按下【Ctrl】+【G】快捷键，可以将所选中的图层编入一个图层组中，如图 4-6-8、图 4-6-9 所示。

图 4-6-7　建立一个图层组

图 4-6-8　选择多个图层

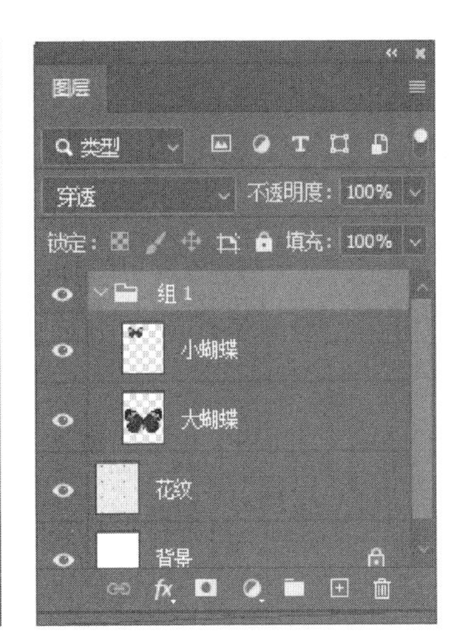

图 4-6-9　图层编组

2. 取消图层编组

方法一：选择图层组，执行【图层】→【取消图层编组】命令，或按下【Shift】+【Ctrl】+【G】快捷键，可删除组文件夹，但图层还在，只是取消编组。

方法二：选择图层组，单击【图层】面板下方的【删除】按钮，弹出如图 4-6-10 所示的对话框。选择【仅组】按钮，只删除图层组，但保留组中的图层，如图 4-6-11；若选择【组和内容】按钮，则将组和相关图层全部删除。

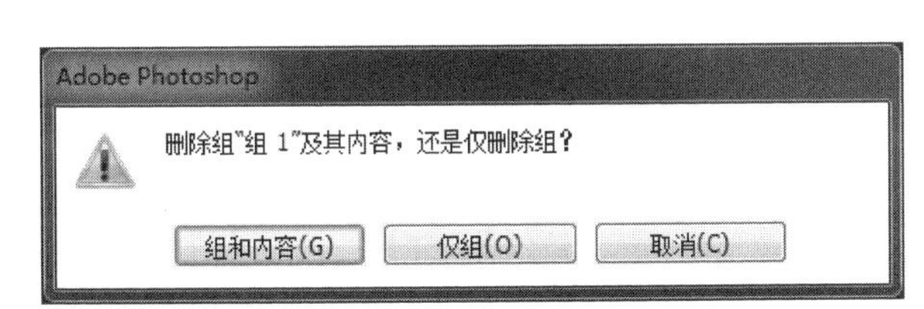

图 4-6-10　提示对话框

图 4-6-11　“仅删除组”效果

3. 删除和复制图层组中的图层

创建图层组后，单击图层组前面的图标，可以折叠/展开图层组，如图 4-6-12、图 4-6-13 所示。

图 4-6-12　展开图层组

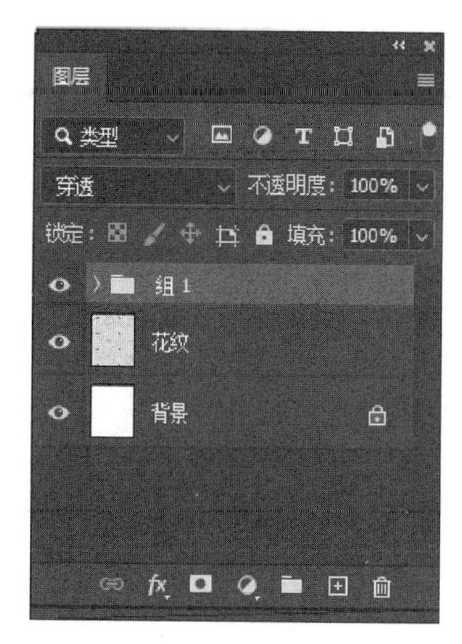

图 4-6-13　折叠图层组

在图层组内进行删除和复制图层等操作与没有图层组时是完全相同的，可以将图层拖动到图层组图标上（图 4-6-14），当出现黑线时，松开鼠标，将该图层移出图层组，如图 4-6-15所示。同样地，也可将图层移入图层组。

提示　对图层组的选择、复制、移动、删除等操作同图层一样，详细的操作方法可参考图层的基本操作。

图 4-6-14　拖动图层

图 4-6-15　移出图层组

【案例实施】

下面是“幻影舞者特效”具体的操作步骤，案例的核心就是利用图层的不透明度实现元素之间的叠加效果。

（1）执行【文件】→【打开】命令，打开本案例素材文件夹中的视频文件“中国古典舞.

mp4”,【图层】面板会在视频组显示视频图层,主画布显示第一帧,如图 4-6-16 所示。

(2) 窗体下方会出现【时间轴】面板,向右拖动播放手柄,可以浏览视频全部帧,或者单击播放按钮,播放完整视频,如图 4-6-17 所示。

图 4-6-16 打开视频素材

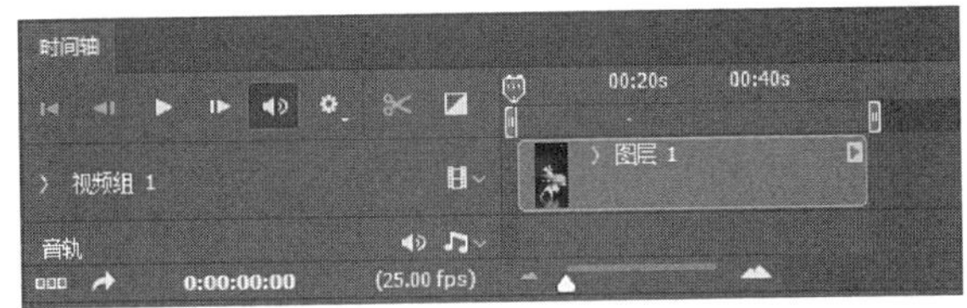

图 4-6-17 【时间轴】面板

(3) 在【图层】面板中选择视频图层(图层 1),再按下【Ctrl】+【A】快捷键,选中整个画布,效果如图 4-6-18 所示。

(4) 拖动时间轴上的控制标尺,选择如图 4-6-19 所示的静态画面。

(5) 执行【图层】→【新建】→【通过拷贝的图层】命令或按下【Ctrl】+【J】快捷键,复制静态画面并创建新图层,如图 4-6-20 所示。Photoshop 会自动将新建图层放置在视频组中,利用【图层】面板将新建图层拖离视频组并放在其顶部,调整不透明度为 60%,如图 4-6-21 所示。

(6) 同时时间轴上也会新增图层,并自动添加到视频图层的后面,需要将新增图层拖移到最开始的地方,如图 4-6-22 所示。

(7) 重复步骤(3)、(4)、(5)、(6),将不同的静态画面创建为新图层,并设置低不透明度,效果如图 4-6-23 所示。

(8) 适当调整每个图层的位置,让人物身形稍微错开一些,使之看得更加清晰,效果如图 4-6-24 所示。

图 4-6-18 打开视频素材

图 4-6-19　拖动控制标尺

图 4-6-20　创建新图层

图 4-6-21　移动视频组

（9）图层移动后，会在画面留下边缘痕迹。对需要调整边缘效果的图层添加蒙版，选择【渐变工具】，并将其设置为线性模式，利用黑到白的颜色渐变，从边缘到中心拉出渐变效果，将边缘遮蔽掉。图层效果如图 4-6-25 所示。

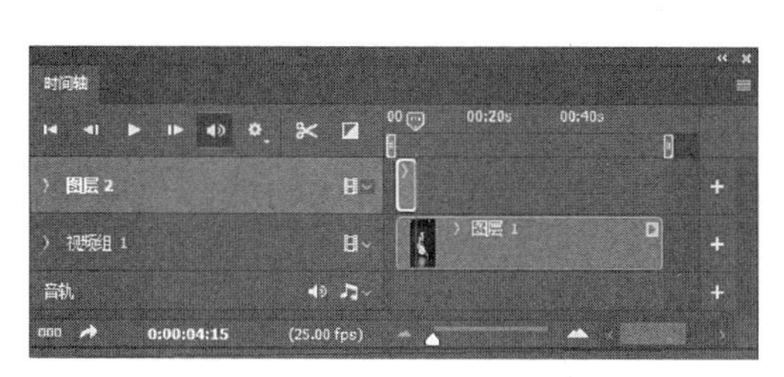

图 4-6-22　在【时间轴】上拖移新图层

图 4-6-23　创建多个静态画面图层

图 4-6-24　调整图层位置

图 4-6-25　添加图层蒙版

（10）中国古典舞的幻影舞者效果如图 4-6-26 所示。

图 4-6-26　幻影舞者特效

案例七　图层样式的制作——设计二十四节气立春创意海报

【案例说明】

立春、雨水、惊蛰、春分、清明、谷雨、立夏、小满、芒种、夏至、小暑、大暑、立秋、处暑、白露、秋分、寒露、霜降、立冬、小雪、大雪、冬至、小寒、大寒，是中国历法中二十四个特定节气，表达了人与自然之间独特的时间观念，蕴含着中华民族悠久的文化内涵和历史积淀。“二十四节气”不仅在农业生产方面起着指导作用，同时还影响着古人的衣食住行，甚至文化观念。

立春，二十四节气之首，立，是“开始”之意；春，代表着温暖、生长。干支纪元，以立春

为岁首，乃万物起始、一切更生之义也，意味着新的一个轮回已开启。

【相关知识】

使用图层样式可以快速地为图层添加特殊效果。Photoshop 为用户提供了各种各样的效果，如投影、发光、斜面、叠加和描边等。在图层上使用的这些效果将成为图层自定义样式的一部分。

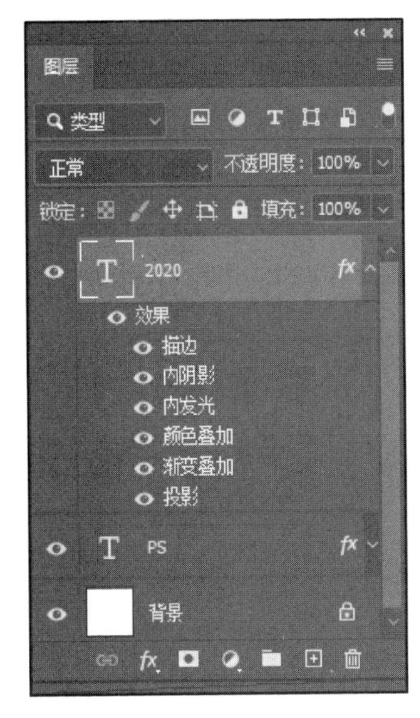

图 4-7-1 图层样式图标

如果图层有样式，【图层】面板中图层名称右侧将出现 fx 图标，如图 4-7-1 所示。在【图层】面板中可展开样式，查看组成样式的所有效果，也可编辑效果以更改样式。

一、设置图层样式

图层样式有自定义样式和预设样式。在图层上设置各种效果，该效果就成为图层的自定义样式；若存储自定义样式，该样式就成为预设样式。预设的样式会出现在【样式】面板中，在使用时只需在【样式】面板中选择所需样式即可。

1. 使用预设样式

方法一：使用【样式】面板给图层添加预设样式。

执行【窗口】→【样式】命令，打开【样式】面板，如图 4-7-2 所示。在面板中单击某个样式，可以将其应用到当前选定的图层上，如图 4-7-3 所示。

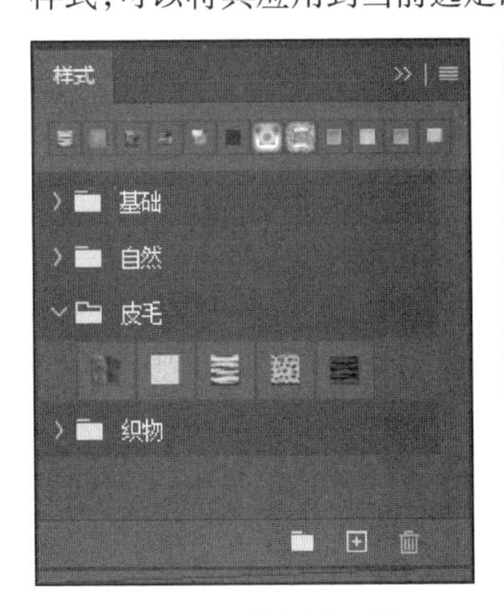

图 4-7-2 【样式】面板

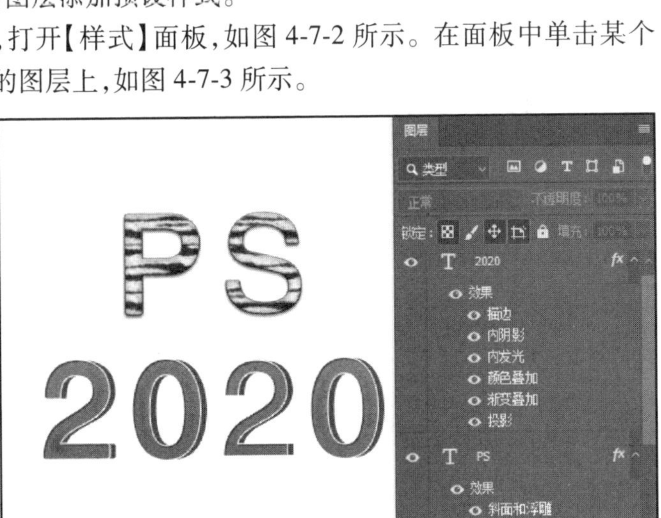

图 4-7-3 应用样式

提示 由于 Photoshop 版本不同，提供的预设样式也略有不同，可以通过单击【样式】面板的弹出菜单，导入旧版样式，如图 4-7-4 所示。

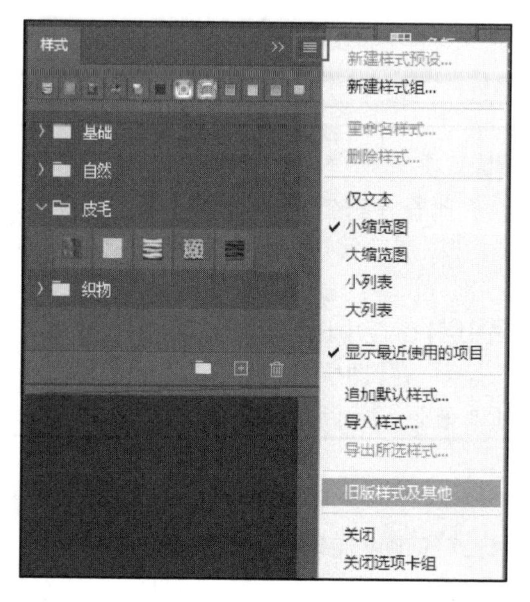

图 4-7-4　导入旧版样式

方法二：使用“图层样式”对话框给图层添加样式。

执行【图层】→【图层样式】→【混合选项】命令，弹出“图层样式”对话框。在对话框中，选择左侧最上端的【样式】选项，再在【样式】预览窗口中选择需要的样式，也可将样式应用到当前图层上，如图 4-7-5 所示。

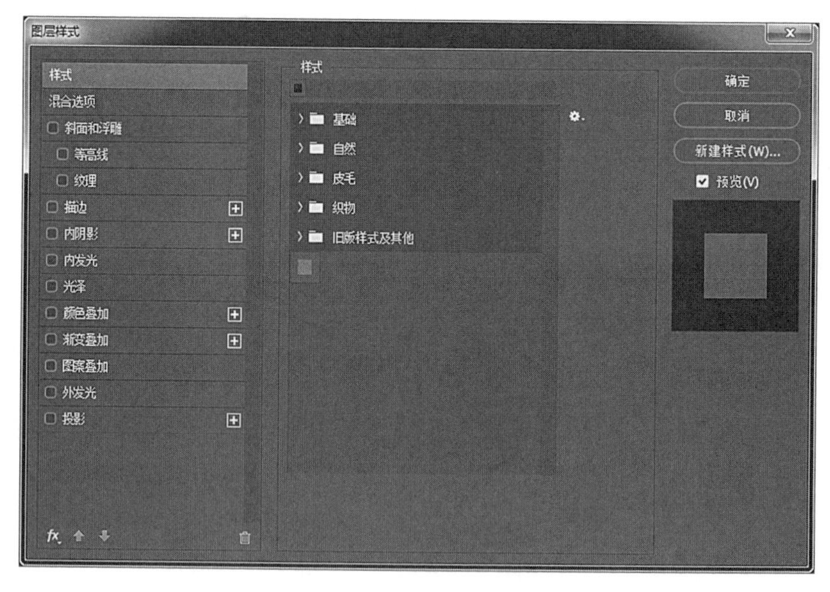

图 4-7-5　“图层样式”对话框

2. 使用自定义样式

可以通过以下方法为图层添加自定义样式。打开本案例素材文件夹中的文件“音符.psd”。

方法一：选择“音符”图层，执行【图层】→【图层样式】命令，在子菜单中选择需要的

效果，如图 4-7-6 所示。

方法二：单击【图层】面板下方的 fx 图标，在弹出的菜单中选择效果，如图 4-7-7 所示。

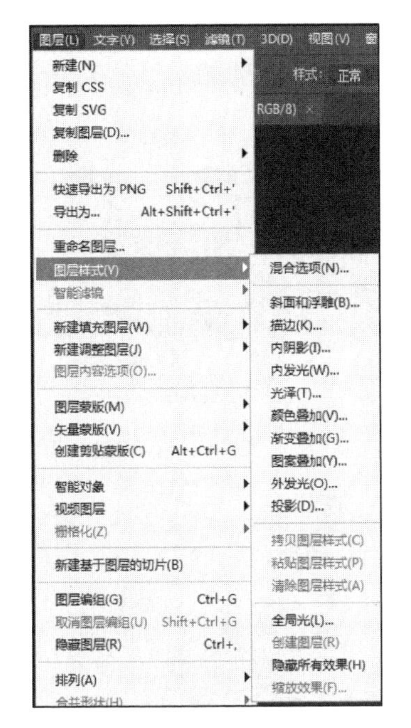

图 4-7-6 【图层样式】菜单命令

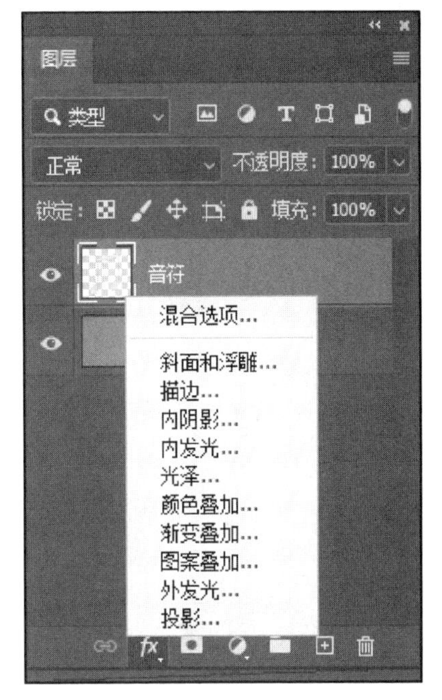

图 4-7-7 添加图层样式

方法三：双击图层的缩略图，直接打开“图层样式”对话框。

按照上述 3 种方法，都会弹出“图层样式”对话框。左侧面板中罗列了各种图层效果：“斜面和浮雕”“描边”“内阴影”“内发光”“光泽”“颜色叠加”“渐变叠加”“图案叠加”“外发光”“投影”。添加其中任一种或多种效果，都可以创建自定义样式。

效果名称前面的方框有勾，表示选中了该效果，如果要详细设定，需要选中该名称，再在右面进行相应的设置。

图层样式中选项的功能如下：

【投影】：在图层内容的后面添加阴影，效果如图 4-7-8 所示。

【内阴影】：紧靠在图层内容的边缘内添加阴影，使图层具有凹陷外观，效果如图 4-7-9 所示。

【外发光】和【内发光】：添加从图层内容的外边缘或内边缘发光的效果，效果如图 4-7-10

图 4-7-8　投影

图 4-7-9　内阴影

图 4-7-10　外发光和内发光

所示。

【斜面和浮雕】：对图层添加高光与阴影的各种组合，效果如图 4-7-11 所示。

【光泽】：创建光滑光泽的内部阴影，效果如图 4-7-12 所示。

【描边】：使用颜色、渐变或图案在当前图层上描画对象的轮廓。它对于硬边形状（如文字）特别有用，效果如图 4-7-13 所示。

图 4-7-11　**斜面和浮雕**

图 4-7-12　**光泽**

图 4-7-13　**描边**

【颜色】、【渐变叠加】和【图案叠加】：用颜色、渐变或图案填充图层内容，效果分别如图 4-7-14、图 4-7-15、图 4-7-16 所示。

图 4-7-14　**颜色叠加**

图 4-7-15　**渐变叠加**

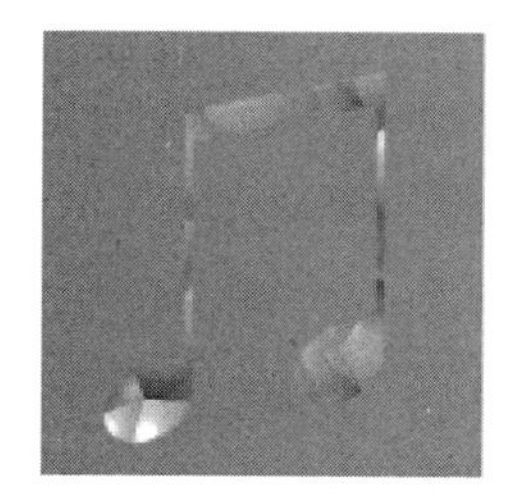

图 4-7-16　**图案叠加**

以上每一种效果模式都可以在“图层样式”对话框中对其进行详细的参数设置，利用这些灵活的应用效果模式可以创造出花样别出的特殊效果。

二、新建图层样式

如果要在多个图层中应用同一个自定义样式，可以将该自定义样式存储为预设样式，直接在【样式】面板中调用。

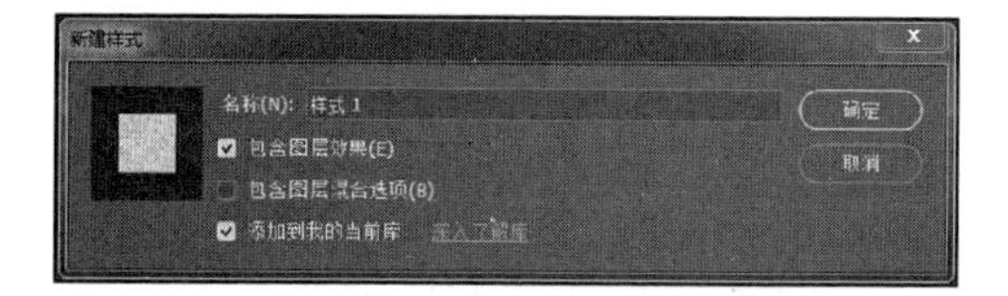

图 4-7-17　**“新建样式”对话框**

在【图层】面板中选择样式所在的图层，单击【样式】面板下方的【新建】按钮，弹出如图 4-7-17 所示的“新建样式”对话框，单击【确定】按钮，即可将自定义样式存储为新的图层样式，排列在【样式】面板上，如图 4-7-18 所示。

复制和粘贴样式是对多个图层应用相同效果的便捷方法。在图层间拷贝样式可通过菜单命令或鼠标拖移的方式来实现。

方法一：使用菜单命令复制图层样式。

（1）选择包含样式的图层，执行【图层】→【图层样式】→【拷贝图层样式】命令，或单击鼠标右键，在快捷菜单中执行【拷贝图层样式】命令。

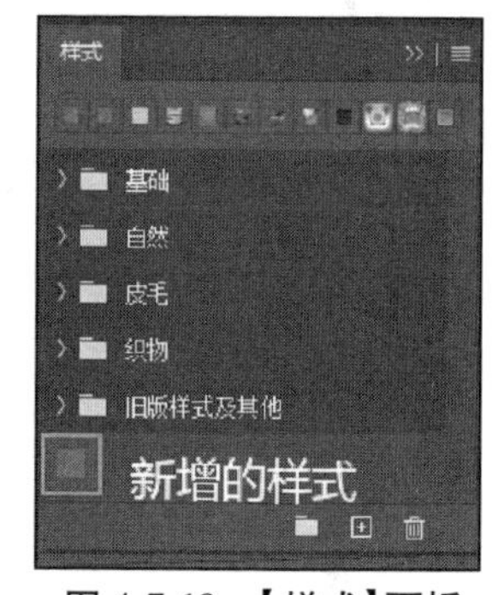

图 4-7-18　**【样式】面板**

（2）选择目标图层，执行【图层】→【图层样式】→【粘贴图层样式】命令，或单击鼠标右键，在快捷菜单中执行【粘贴图层样式】命令，目标图层上应用新粘贴的样式（图4-7-19、图4-7-20）。

方法二：使用鼠标拖移复制图层样式。

在【图层】面板中，按住【Alt】键再拖移图层效果到另一个图层上，即可在图层间复制图层样式。

三、清除图层样式

可以通过以下两种方式删除图层样式。

方法一：选择要删除样式的图层，将该图层右侧的 fx 图标拖动到删除图标上，如图4-7-21所示。

图4-7-19 选择图层

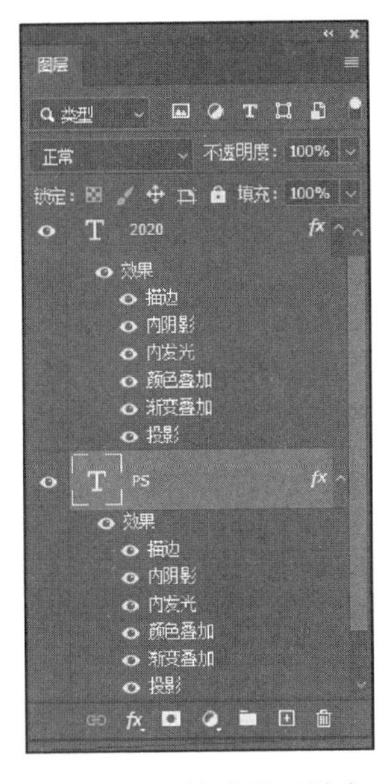

图4-7-20 粘贴图层样式

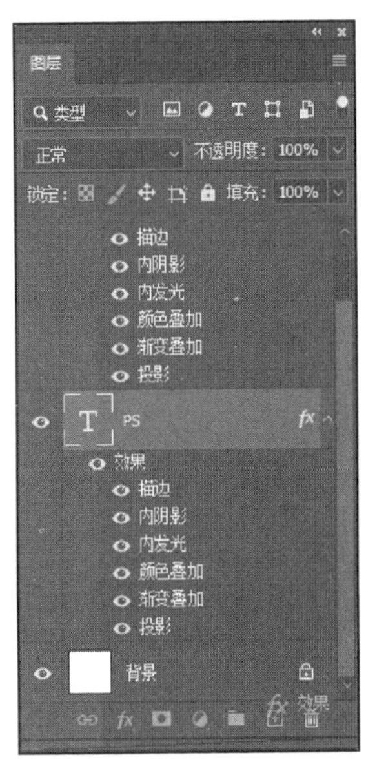

图4-7-21 拖动删除图层样式

方法二：选择图层，执行【图层】→【图层样式】→【清除图层样式】命令，或右击图层，在快捷菜单中执行【清除图层样式】命令。

【案例实施】

下面是制作"立春海报"的具体操作步骤，案例的核心就是利用图层样式实现剪纸风海报效果。

（1）新建一个文件，设置尺寸为1 200像素×1 800像素，分辨率为72像素/英寸，背景为白色。

（2）设置前景色为#e2f8d4，同时按下【Shift】+【F5】快捷键，利用前景色填充背景图层。

（3）执行【文件】→【打开】命令，打开本案例素材文件夹中的文件"鸟.png"，选取图形复制到相应图层中，并调整其大小与位置，效果如图4-7-22所示。

（4）按下【Ctrl】键，单击“鸟 1”图层前面的缩览图，载入选区，如图 4-7-23 所示。

图 4-7-22　添加素材

图 4-7-23　载入选区

（5）设置前景色为#bbc564，同时按下【Shift】+【F5】快捷键，利用前景色填充当前选区，效果如图 4-7-24 所示。

（6）同时按下【Ctrl】+【D】快捷键，取消当前选区。接下来绘制小鸟内部的剪纸形状。

（7）新建图层，调整前景色为#739848；利用【椭圆选框工具】绘制圆形选区，并填充颜色，如图 4-7-25 所示。

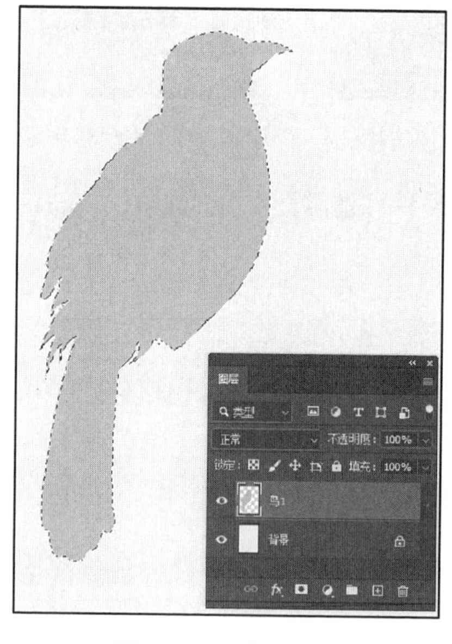

图 4-7-24　填充选区

图 4-7-25　绘制椭圆

（8）按下【Ctrl】+【T】快捷键，可以对圆形进行自由变换。右击对象，在弹出菜单中执

行【变形】命令，拖动手柄使得形状更接近小鸟头型，效果如图 4-7-26、图 4-7-27 所示。

图 4-7-26 变形操作

图 4-7-27 头部效果

(9) 重复步骤(7)、(8)，绘制小鸟身体的剪纸形状，效果如图 4-7-28 所示。

(10) 再次重复步骤(7)、(8)，绘制小鸟尾巴的剪纸形状，效果如图 4-7-29 所示。

需要注意的是，这时小鸟剪纸形状的头、身体、尾巴是分布在 3 个不同图层的，方便分别进行变形调整。

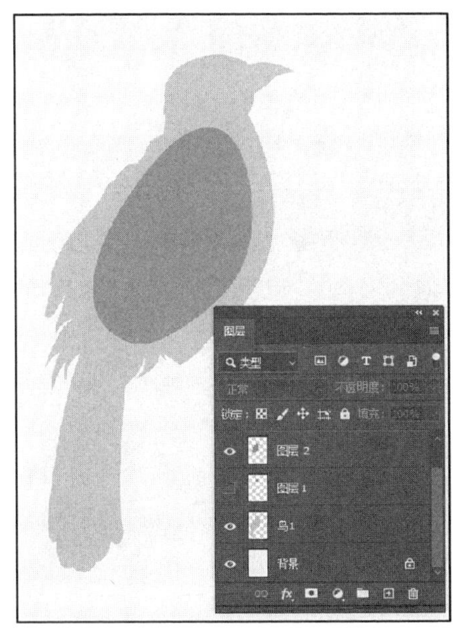

图 4-7-28 身体效果

图 4-7-29 尾巴效果

(11) 利用【Shift】键选中“图层 1”“图层 2”“图层 3”，执行【图层】→【合并图层】命令,将 3 个图层合并为一个图层,并重命名为“鸟 2”,效果如图 4-7-30 所示。

图 4-7-30　**整体效果**

(12) 双击“鸟 1”图层的缩览图,打开“图层样式”对话框,分别设置“内阴影”“阴影”选项,参数设置分别如图 4-7-31、图 4-7-32 所示。样式设置后的效果如图 4-7-33 所示。

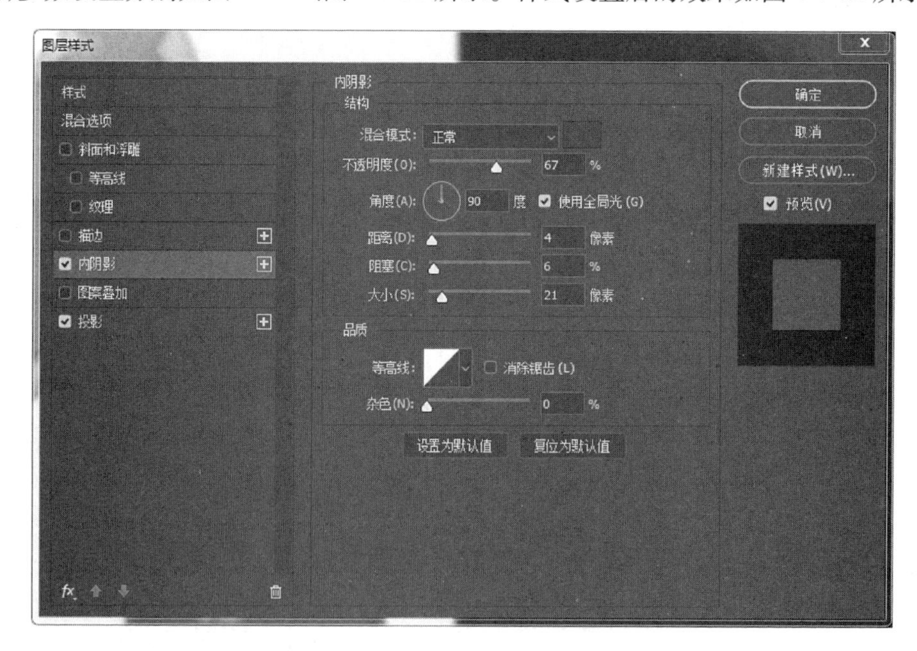

图 4-7-31　**设置内阴影样式参数**

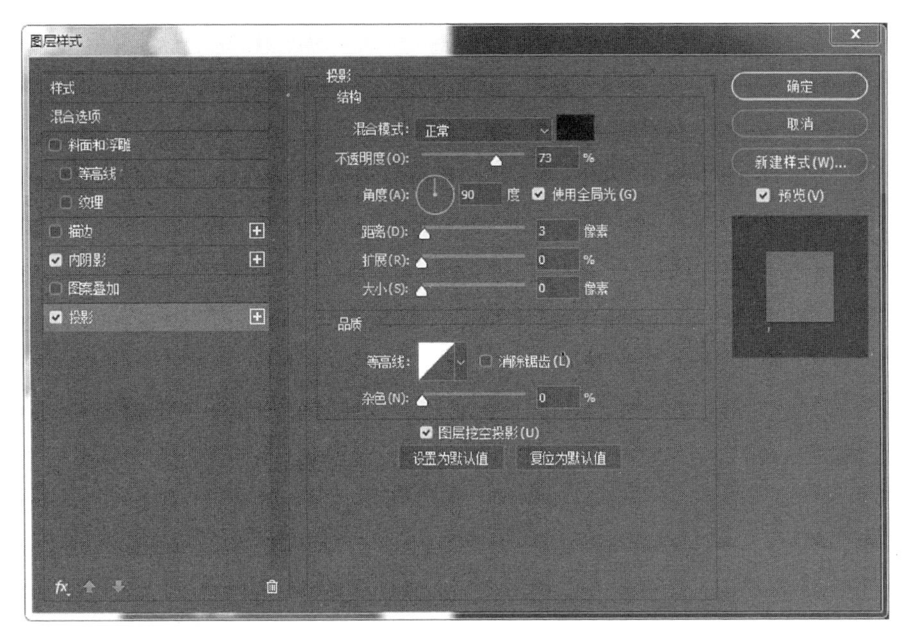

图 4-7-32 设置投影样式参数

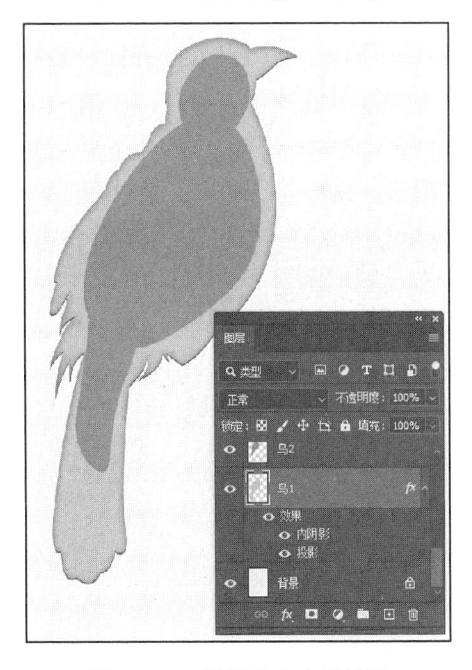

图 4-7-33 图层样式应用效果

(13) 选中“鸟 1”图层,右击弹出快捷菜单,执行【拷贝图层样式】命令,如图 4-7-34 所示。

(14) 选中“鸟 2”图层,右击弹出快捷菜单,执行【粘贴图层样式】命令;复制样式后的效果如图 4-7-35 所示。

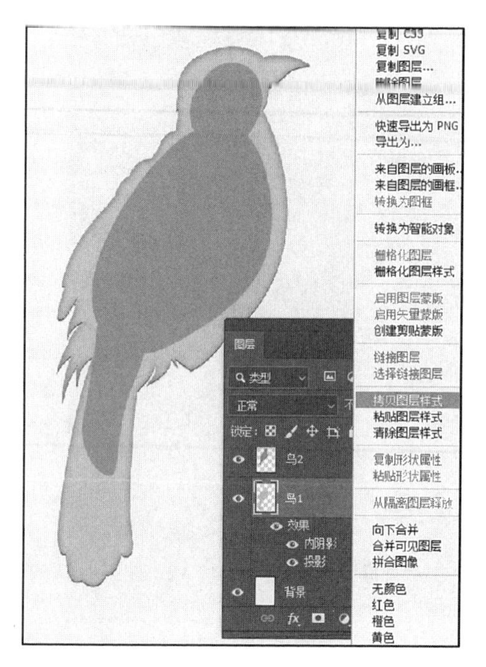

图 4-7-34　拷贝图层样式

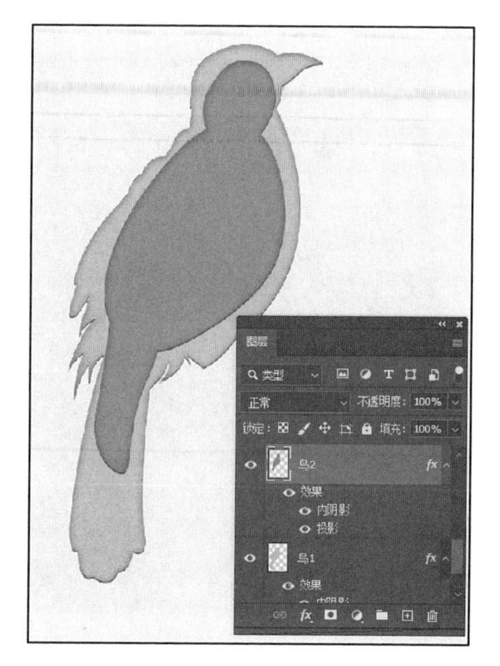

图 4-7-35　粘贴图层样式

（15）选中“鸟 2”图层，同时按下【Ctrl】+【J】快捷键，复制该图层，并将新图层命名为“鸟 3”。

（16）按下【Ctrl】键，单击“鸟 3”图层前面的缩览图，载入选区；将前景色设置为#598536，利用前景色填充当前选区；按下【Ctrl】+【D】快捷键，取消当前选区。

（17）按下【Ctrl】+【T】快捷键，对小鸟剪纸造型进行自由变换。拖动鼠标改变剪纸大小，通过【变形】命令进行形状、位置的调整，如图 4-7-36 所示。

（18）复制“鸟 3”图层，将新图层命名为“鸟 4”。使用颜色#609577 填充新图层小鸟造型，再通过自由变换、变形等操作，改变该图层剪纸的大小、形状与位置。

（19）若“鸟 4”图层的内容遮挡住“鸟 3”图层（图 4-7-37），可以将超出部分删除。按下【Ctrl】键，单击“鸟 3”图层前面的缩览图，载入“鸟 3”形状的选区，如图 4-7-38 所示；选择“鸟 4”图层，按下【Ctrl】+【Shift】+【I】快捷键，进行反选，再按下【Delete】键，就可以将遮挡部分删除，效果如图 4-7-39 所示。

（20）参考步骤（15）~（19），完成其他剪纸造型图层制作，颜色设置如图 4-7-40 所示。

（21）执行【文件】→【打开】命令，打开本案例素材文件夹中的文件“电线.png”，选取图形复制到相应图层中，调整大小与位置，效果如图 4-7-41 所示。

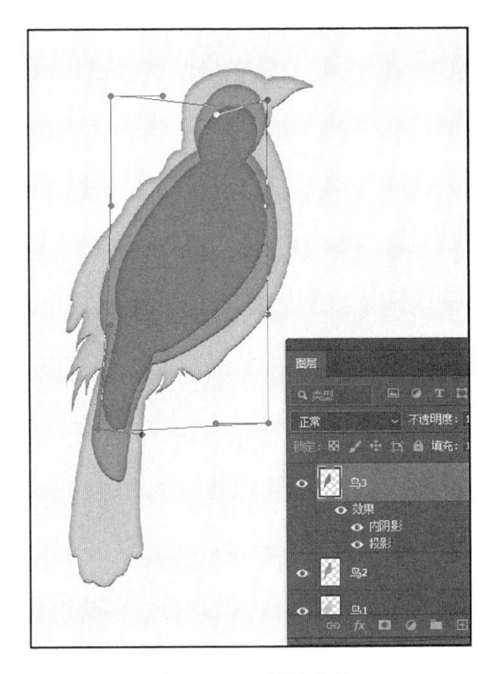

图 4-7-36 变形操作

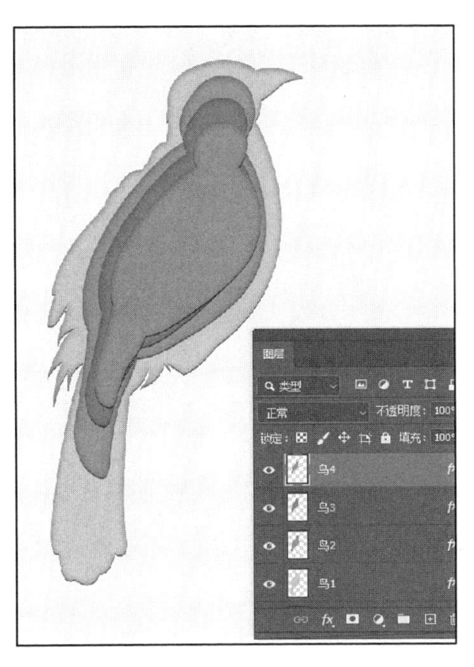

图 4-7-37 图层内容有覆盖

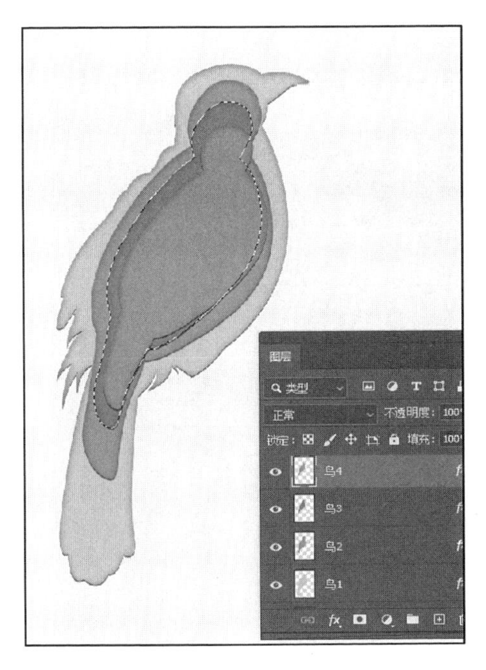

图 4-7-38 载入选区

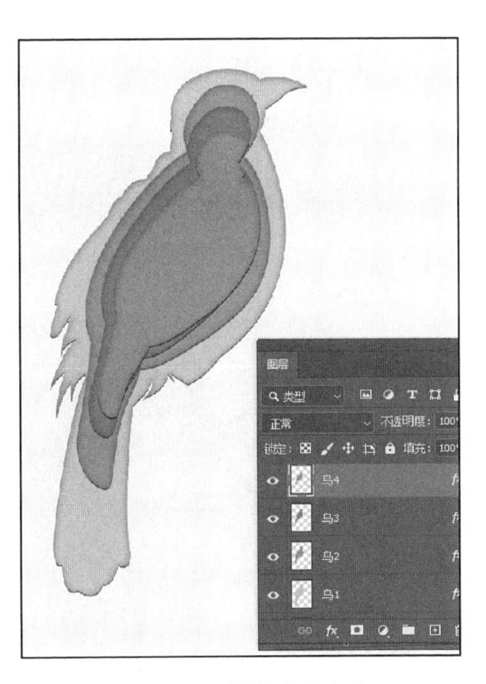

图 4-7-39 删除多余内容

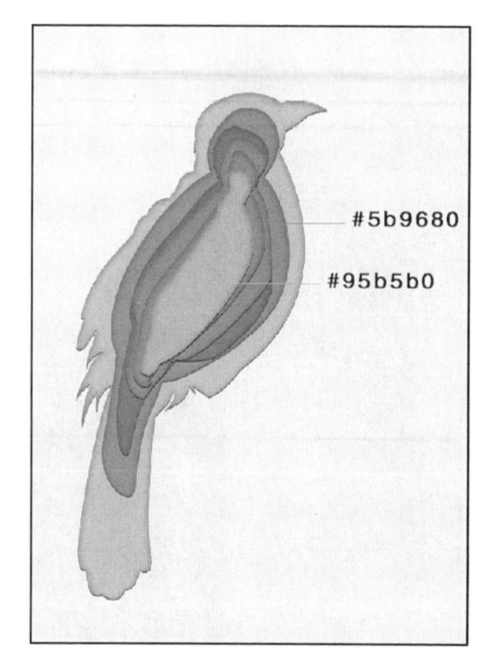

图 4-7-40 设置颜色

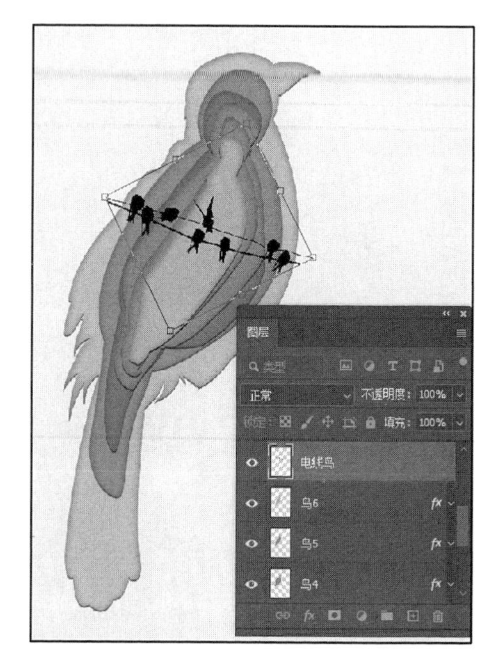

图 4-7-41 添加素材

（22）双击“电线鸟”图层的缩览图，打开“图层样式”对话框，设置【内阴影】，参数设置如图 4-7-42 所示。样式设置后的效果如图 4-7-43 所示。

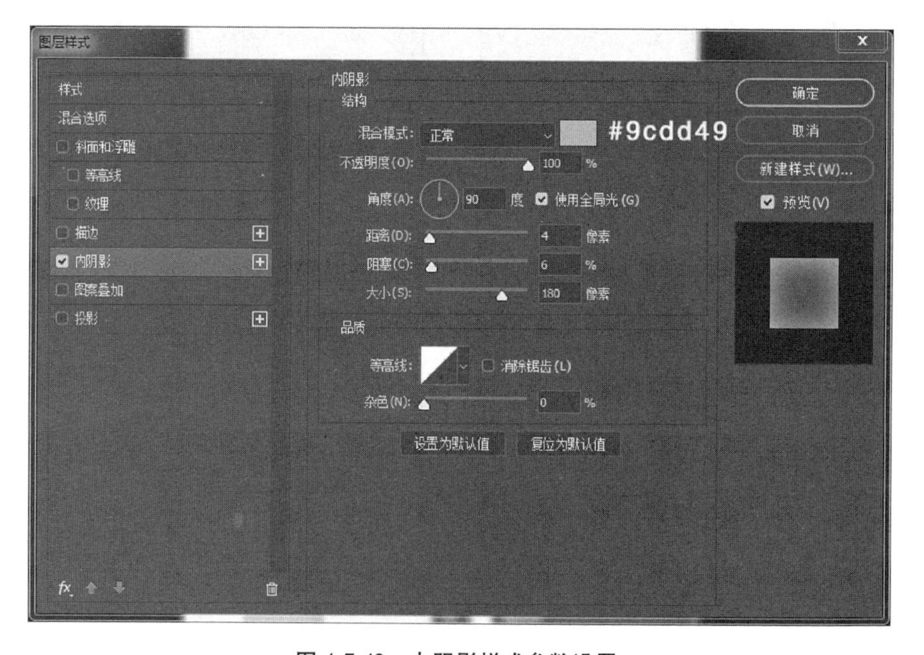

图 4-7-42 内阴影样式参数设置

（23）采用同样的方法，执行【文件】→【打开】命令，分别打开本案例素材文件夹中的文件“燕子.png”“柳叶.png”，选取图形复制到相应图层中，调整大小与位置，效果如图 4-7-44 所示。

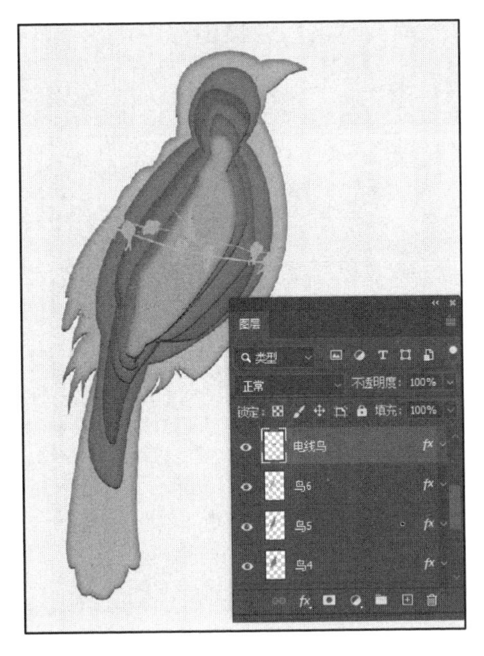

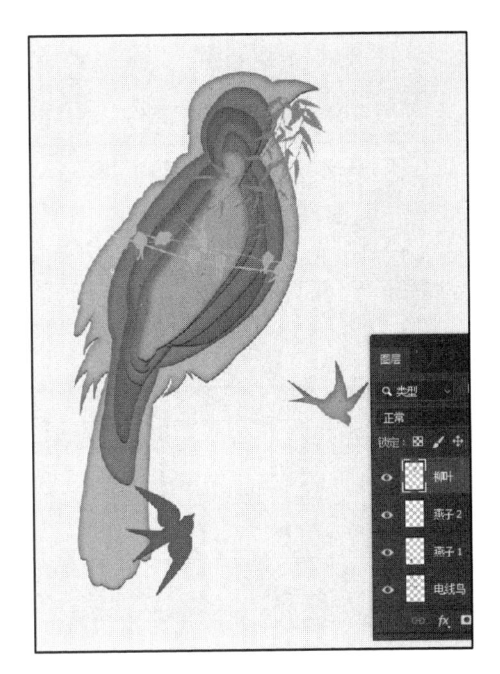

图 4-7-43 图层样式应用效果　　　　图 4-7-44 添加其他素材

（24）选择工具箱中的【直排文字工具】，输入文字，分别调整字体大小与位置。双击文字图层的缩览图，打开“图层样式”对话框，分别设置【投影】、【斜面和浮雕】选项，参数设置分别如图 4-7-45、图 4-7-46 所示。样式设置后的效果如图 4-7-47 所示。

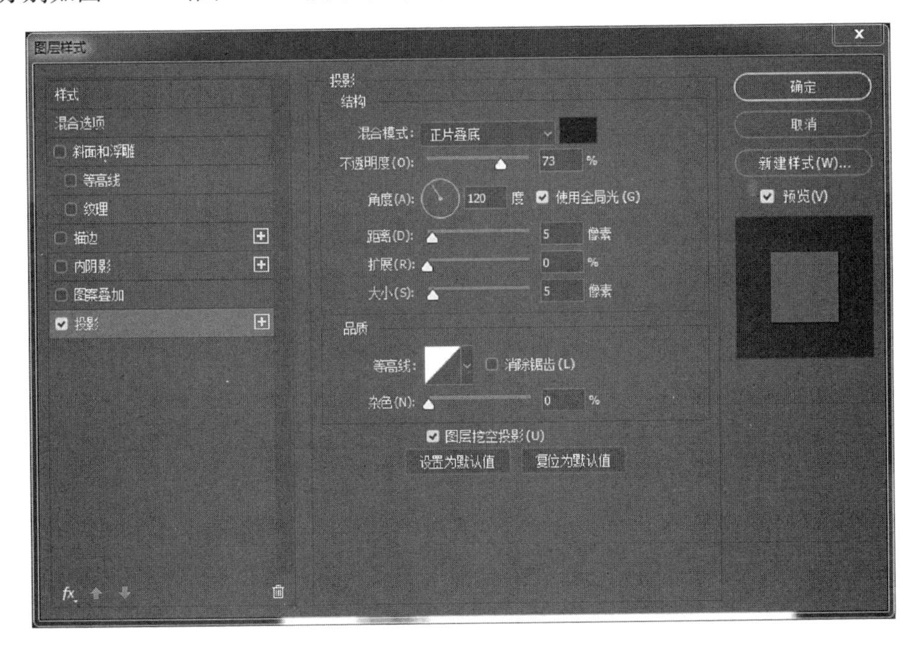

图 4-7-45 文字图层投影样式参数设置

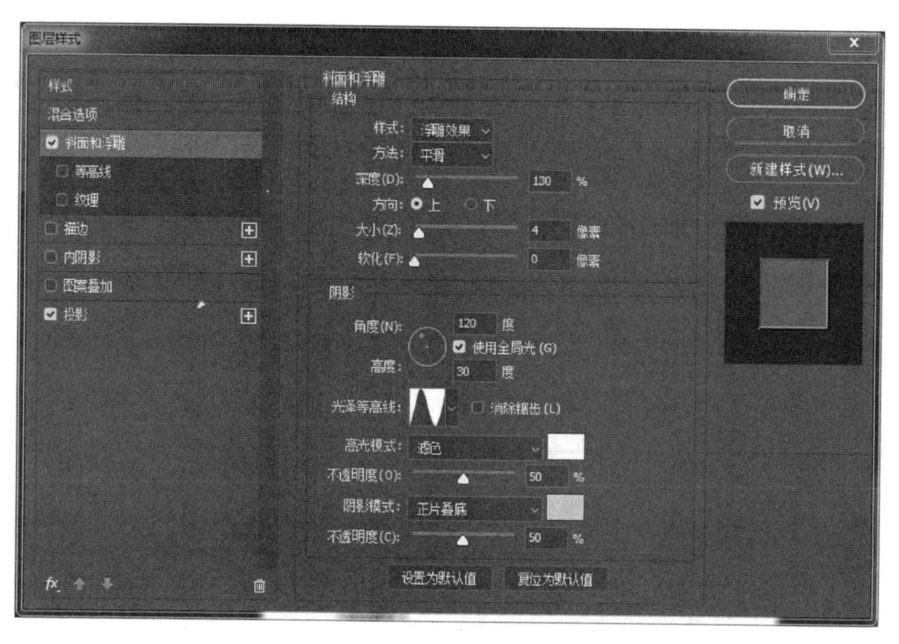

图 4-7-46　文字图层斜面与浮雕样式参数设置

（25）使用【文字工具】，添加其他文字装饰，最终效果如图 4-7-48 所示。

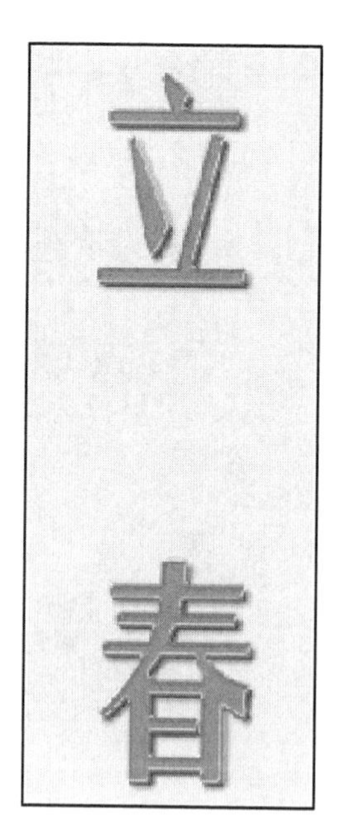

图 4-7-47　文字图层样式应用效果

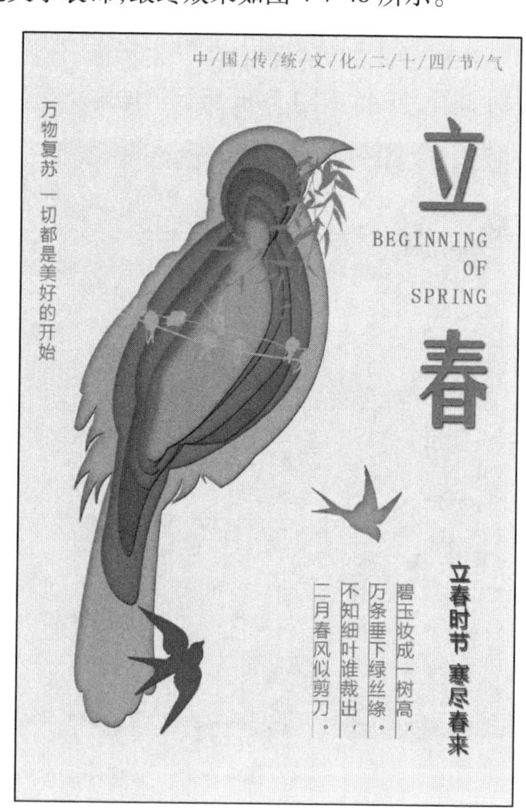

图 4-7-48　最终效果

案例八　图层混合模式的设置——制作“人与自然”宣传画

【案例说明】

人类在改造自然与征服自然的过程中,没有止境地向自然索取越来越多的自然资源,一系列的环境问题接踵而来,人类开始思考人与自然和谐相处的重要性及如何实现人与自然的和谐共处。

我们应该坚持人与自然共生共存的理念,像对待生命一样对待生态环境,对自然心存敬畏,尊重自然、顺应自然、保护自然,共同保护不可替代的地球家园,共同医治生态环境的累累伤痕,共同营造和谐宜居的人类家园,让自然生态休养生息,让人人都享有绿水青山。

【相关知识】

图层的混合模式是指叠加的图层中,位于上层的图层像素与其下层像素进行混合的方式。在两个叠加的图层上使用不同的混合模式,叠加后的最终效果也不同。因此,可使用不同的混合模式为图像创建特殊效果。

一、设置图层的混合模式

如图 4-8-1 所示,选择图层 2,单击【图层】面板左侧的【设置图层的混合模式】下拉列表框,弹出【混合模式】子菜单,从中选择相应的混合模式,如图 4-8-2 所示。

图 4-8-1　选择图层

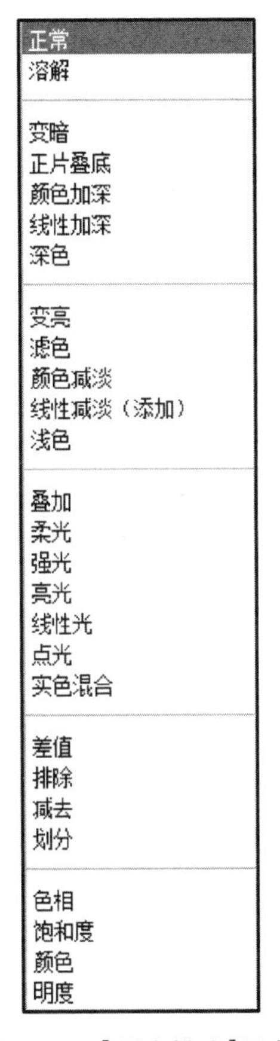

图 4-8-2　【混合模式】子菜单

二、混合模式选项详解

Photoshop 2020 提供了 27 种图层混合模式,根据各混合模式的基本功能,大致分为 6 组,如图 4-8-3 所示。

组合模式:利用图层的不透明度及图层填充值来控制下层的图像,以达到与底色溶解在一起的效果。

加深混合组：可以使图像变暗，将下方图层中的亮色被上方较暗的像素替代。

减淡混合组：与加深混合组相反，可以使图像变亮，将下方图层中的暗色被上方较亮的像素替代。

对比混合组：50%的灰色完全消失，高于 50%灰的像素会使底图变亮，低于 50%灰的像素会使底图变暗。

比较混合组：相同的区域显示为黑色，不同的区域显示为灰度层次或彩色。当图层中包含白色，白色区域会使底层图像反相，而黑色不会对底层图像产生影响。

色彩混合组：将色彩的色相、饱和度和亮度，替换给下方图层。

下面详细介绍各种模式的特点。

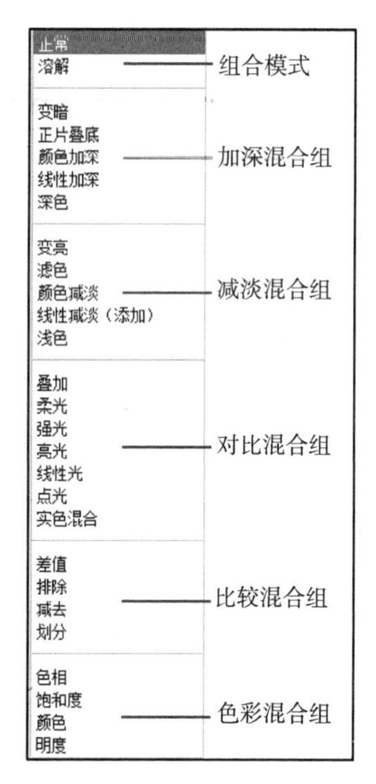

图 4-8-3　混合模式分组

1. 正常模式

这是系统默认的状态，上层图层的内容覆盖下层图层的内容，如图 4-8-4、图 4-8-5 所示。

2. 溶解模式

根据像素位置的不透明度，结果色由基色或混合色的像素随机替换。选择此模式可创建点状效果，具体效果由设置的图层不透明度决定。降低图层的不透明度时，点状效果越明显。图层的不透明度设为 100%，与正常模式没有区别，如图 4-8-6 所示。

图 4-8-4　图层正常模式

图 4-8-5　上层图层覆盖下层图层

图 4-8-6　溶解模式

3. 变暗模式

比较绘制的颜色与底色之间的亮度，较亮的像素被较暗的像素取代，而较暗的像素不变。选择此模式的结果是图像整体变暗，如图 4-8-7 所示。

4. 正片叠底

查看每个通道中的颜色信息，并将基色与混合色进行正片叠底，结果色总是较暗的颜色。任何颜色与黑色复合产生黑色，任何颜色与白色复合保持原来的颜色不变。简单地说，正片叠底模式就是突出黑色的像素。

5. 颜色加深模式

查看每个通道的颜色信息，使基色变暗，从而显示当前图层的混合色。在与黑色和白色混合时，图像不会发生变化。

图 4-8-7 变暗模式

6. 线性加深模式

查看每个通道的颜色信息，通过降低其亮度使基色变暗来反映混合色。如果混合色与基色呈白色，混合后将不会发生变化。

7. 深色模式

比较混合色和基色的所有通道值的总和并显示值较小的颜色。深色不会生成第 3 种颜色，因为它将从基色和混合色中选择最小的通道值来创建结果色。

图 4-8-8 变亮模式

8. 变亮模式

与变暗模式相反，选择基色或混合色中较亮的颜色作为结果色，较暗的像素被较亮的像素取代，而较亮的像素不变，如图 4-8-8 所示。

9. 滤色模式

其作用模式与正片叠底正好相反，是将混合色的互补色与基色进行正片叠底，结果色总是较亮的颜色。通常执行滤色模式后的颜色都较浅。用黑色过滤时颜色保持不变，用白色过滤时将产生白色，而用其他颜色过滤时都会产生漂白的效果。

10. 颜色减淡模式

查看每个通道中的颜色信息，并通过减小对比度使基色变亮以反映混合色，与黑色混合没有变化。

11. 线性减淡(添加)模式

查看每个通道的颜色信息，通过增加亮度使基色变亮以反映混合色，与黑色混合没有变化。

12. 浅色模式

比较混合色和基色的所有通道值的总和并显示值较大的颜色。利用浅色模式可以对一幅图片的局部而不是整幅图片进行变亮处理。

图 4-8-9 叠加模式

13. 叠加模式

图案或颜色在现有像素上叠加，保留基色的暗调和高光。基色不被替换，与混合色相混以反映原图的亮度或暗度，如图 4-8-9 所示。

14. 柔光模式

使颜色变暗或变亮，具体取决于混合色。若混合色(光源)比 50%灰色亮，则图像变亮，就像被减淡了一样；若混合色(光源)比 50%灰色暗，则图像变暗，就像被加深了一样。若基色是白色或黑色,则没有任何效果。

15. 强光模式

对颜色进行正片叠底或过滤,具体取决于混合色。若混合色(光源)比 50% 灰色亮,则图像变亮,就像过滤后的效果,这对于向图像添加高光非常有用;若混合色(光源)比 50% 灰色暗,则图像变暗,就像正片叠底后的效果,这对于向图像添加阴影非常有用。

16. 亮光模式

通过增加或减小对比度来加深或减淡颜色,具体取决于混合色。若混合色(光源)比 50% 灰色亮,则通过减小对比度使图像变亮;若混合色(光源)比 50% 灰色暗,则通过增加对比度使图像变暗。

17. 线性光模式

通过减小或增加亮度来加深或减淡颜色,具体取决于混合色。若混合色(光源)比 50% 灰色亮,则通过增加亮度使图像变亮;若混合色(光源)比 50% 灰色暗,则通过减小亮度使图像变暗。

18. 点光模式

根据混合色替换颜色。若混合色(光源)比 50% 灰色亮,则替换比混合色暗的像素,比混合色亮的像素不变化;若混合色(光源)比 50% 灰色暗,则替换比混合色亮的像素,比混合色暗的像素不变化。

19. 实色混合模式

将混合颜色的红色、绿色、蓝色通道值添加到基色的 RGB 值。若通道的结果总和大于或等于 255,则值为 255;若小于 255,则值为 0。因此,所有混合像素的红色、绿色、蓝色通道值要么是 0,要么是 255。这会将所有像素更改为原色:红色、绿色、蓝色、青色、黄色、洋红、白色或黑色。

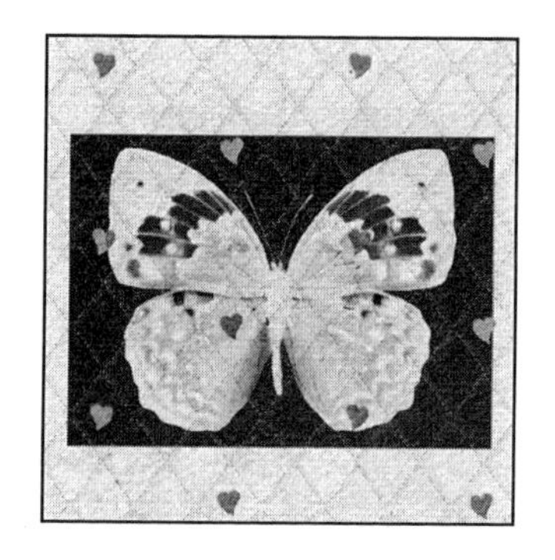

图 4-8-10 差值模式

20. 差值模式

查看每个通道中的颜色信息,并从基色中减去混合色,或从混合色中减去基色,具体取决于哪一个颜色的亮度值更大。与白色混合将反转基色值;与黑色混合则不产生变化,如图 4-8-10 所示。

21. 排除模式

与差值模式类似,但是比差值模式生成的颜色对比度小,因而颜色较柔和。与白色混合将使基色反相,与黑色混合则不产生变化。

22. 减去模式

与差值模式类似,以基色的数值减去混合色。如果混合色与基色相同,那么结果色为黑色。

图 4-8-11 色相模式

23. 划分模式

查看每个通道的颜色信息,并从基色中分割混合色。

24. 色相模式

用基色的亮度、饱和度及混合色的色相来创建最终色，如图 4-8-11 所示。

25. 饱和度模式

用基色的明亮度和色相及混合色的饱和度创建结果色。

26. 颜色模式

用基色的亮度及混合色的色相、饱和度来创建结果色。这样可以保护原图的灰阶层次，对于图像的色彩微调，给单色和彩色图像着色都非常有用。

27. 明度模式

与颜色模式相反，用基色的色相、饱和度及混合色的明亮度来创建结果色。

三、图层复合

所谓图层复合，就是将图层的位置、透明度、样式等布局信息存储起来，之后可以通过切换来比较几种布局的效果。也就是说，使用图层复合，可以在单个 Photoshop 文件中创建、管理和查看版面的多个版本。图层复合是【图层】面板状态的快照，图层复合记录以下 3 种类型的图层选项。

图层的可见性：图层显示、隐藏及不透明度设定的状态。

图层位置：在文档中的位置。

图层外观：是否将图层样式应用于图层和图层的混合模式。

1.【图层复合】面板

打开本案例素材文件夹中的文件“蝴蝶飞.psd”。执行【窗口】→【图层复合】命令，可以打开【图层复合】面板，如图 4-8-12、图 4-8-13 所示。

图 4-8-12　“蝴蝶飞”图层关系

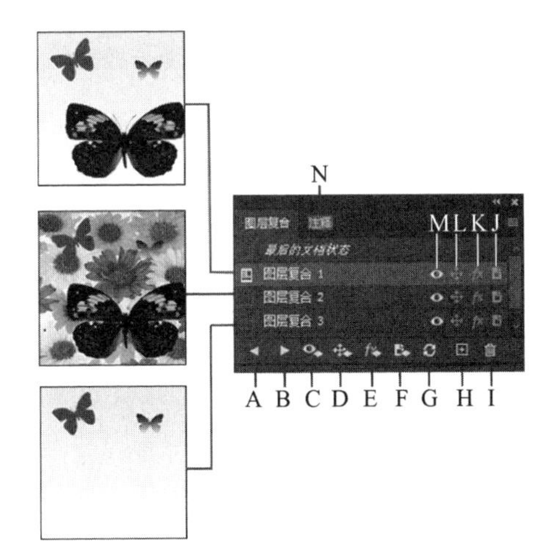

A—应用选中的上一层图层复合；
B—应用选中的下一层图层复合；
C—更新所选图层复合和图层的可见性；
D—更新所选图层复合和图层的位置；
E—更新所选图层复合和图层的外观；
F—针对所选图层复合和图层，更新智能对象的图层复合选区；G—更新图层复合；
H—创建新的图层复合；I—删除图层复合；
J—切换智能对象的图层复合选区；
K—切换图层复合外观；L—切换图层复合位置；
M—切换图层复合可见性；N—添加注释。

图 4-8-13　【图层复合】面板

2. 创建图层复合

若要记录【图层】面板中图层的当前状态（图 4-8-14），可单击【图层复合】面板底部的

【创建新的图层复合】按钮，打开“新建图层复合”对话框，如图 4-8-15 所示。设置选项后，即可创建一个图层复合，效果如图 4-8-16 所示。

3. 应用并查看图层复合

单击选定面板前的“应用图层复合”图标，即可应用该图层复合。要循环查看所有图层复合，可单击面板底部的【上一个】按钮和【下一个】按钮（当循环查看特定的复合时，要先将其选中）。要将文档恢复到在选取图层复合之前的状态，可单击面板顶部的【最后的文档状态】旁边的【应用图层复合】图标，即可恢复到最后的文档状态。

4. 更改和更新图层复合

若更改了图层复合的配置，如移动了图层的位置或者修改了图层样式等，则需要更新图层复合。

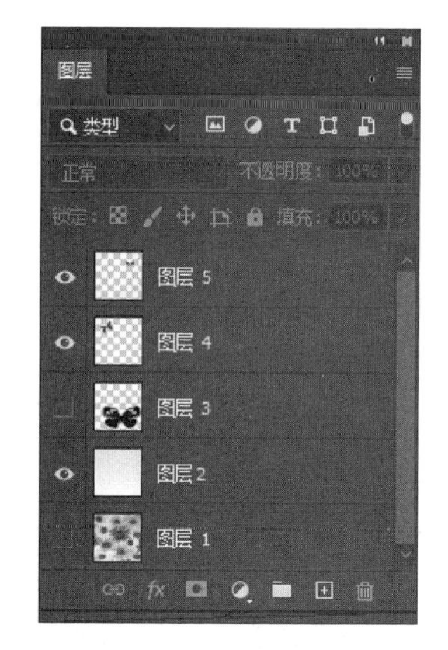

图 4-8-14　设置图层状态

图 4-8-15　“新建图层复合”对话框

图 4-8-16　创建图层复合效果

在【图层复合】面板中选择需要更新的图层复合，单击面板底部的【更新图层复合】按钮，即可将修改后的图层状态保存到图层复合中。

5. 清除图层复合警告

创建了图层复合后，某些操作会引发不再能够恢复图层复合的情况。例如，删除图层、合并图层、将图层转换为背景等。这时，图层复合名称旁边会显示一个无法完全恢复图层复合的警告图标。例如，删除【图层 2】（图 4-8-17），【图层复合】面板出现警告图标，如图 4-8-18 所示。

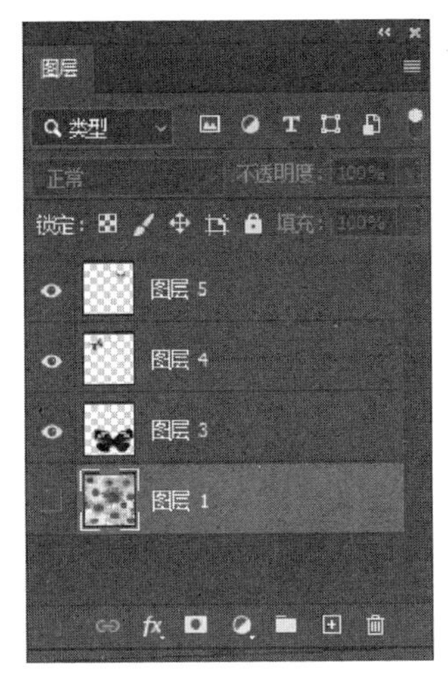

图 4-8-17 删除图层

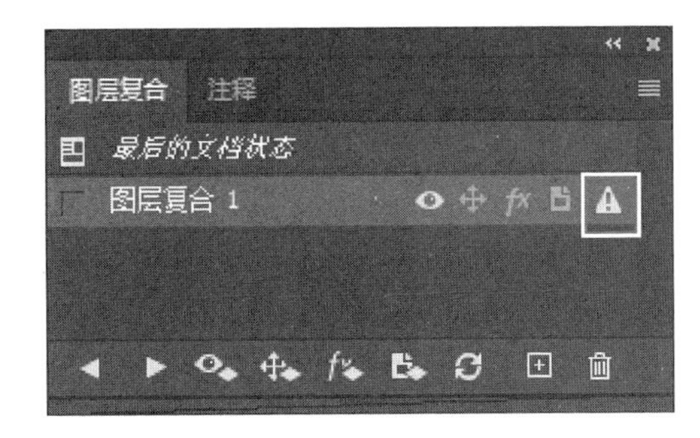

图 4-8-18 出现警告图标

对于这样的警告图标，可以执行下列操作方法之一：

方法一：忽略警告，这可能导致丢失一个或多个图层，其他已存储的参数可能会保留下来。

方法二：更新图层复合，单击面板底部的【更新图层复合】按钮，这将导致以前捕捉的参数丢失，但可使复合保持最新，同时警告图标消失。

方法三：单击警告图标，弹出如图 4-8-19 所示的对话框，提示图层复合不能完全应用到该文档中。选择【清除】，可移去警告图标，并使其余图层保持不变。

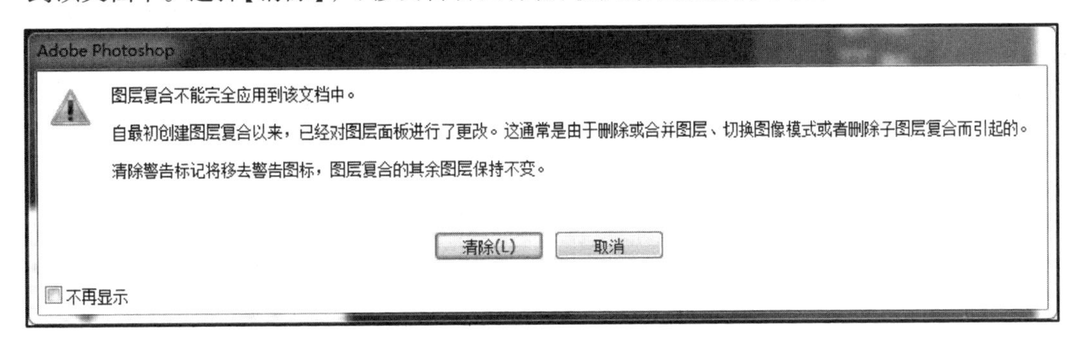

图 4-8-19 提示对话框

方法四：右键单击警告图标，在快捷菜单中执行【清除图层复合警告】或【清除所有图层复合警告】命令，即可清除警告图标。

6. 删除图层复合

选择图层复合，单击面板底部的【删除图层复合】按钮，或从面板菜单中执行【删除图层复合】命令，可以删除图层复合；也可以直接将需要删除的图层复合拖动到【删除图层复合】按钮上进行删除。

【案例实施】

下面是“人与自然”宣传画具体的制作方法，案例的核心就是利用图层混合模式使图像和谐地融合在一起。

（1）新建一个文件，设置尺寸为 750 像素×1 000 像素，分辨率为 72 像素/英寸，背景为白色。

（2）执行【文件】→【打开】命令，打开本案例素材文件夹中的文件“人物.jpeg”，抠取人物复制到相应图层中，调整大小与位置，并将图层重命名为“人 1”，效果如图 4-8-20 所示。

（3）执行【文件】→【打开】命令，打开本案例素材文件夹中的文件“树林.jpeg”，选取图形复制到相应图层中，重命名为“树林 1”；设置图层透明度，便于调整大小与位置，如图 4-8-21 所示。

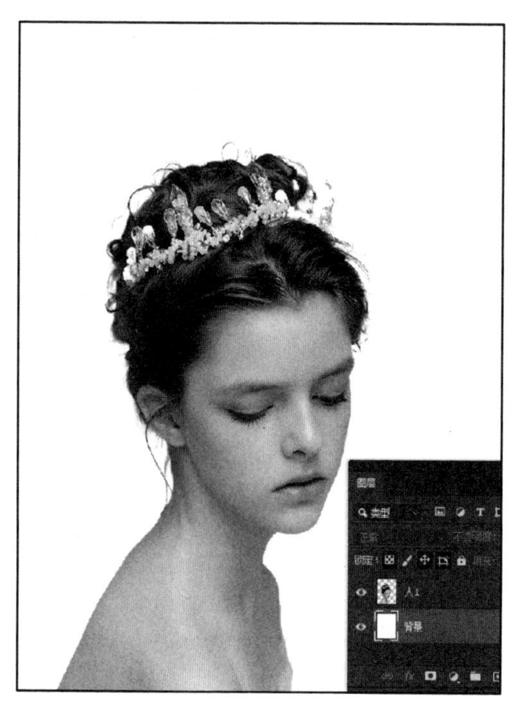

图 4-8-20　抠取主体人物

图 4-8-21　添加素材

（4）复制“树木 1”图层，命名为“树林 2”，调整图形的大小与位置，如图 4-8-22 所示。

（5）按下【Ctrl】键，单击“人 1”图层前面的缩览图，载入人物选区，如图 4-8-23 所示。

（6）选中“树林 1”图层，单击【图层】面板底部的【添加矢量蒙版】按钮，根据选区添加蒙版，效果如图 4-8-24 所示。

（7）参考步骤（5）、（6），为“树林 2”图层添加蒙版，效果如图 4-8-25 所示。

图 4-8-22　复制素材图层

图 4-8-23　载入选区

图 4-8-24　添加蒙版

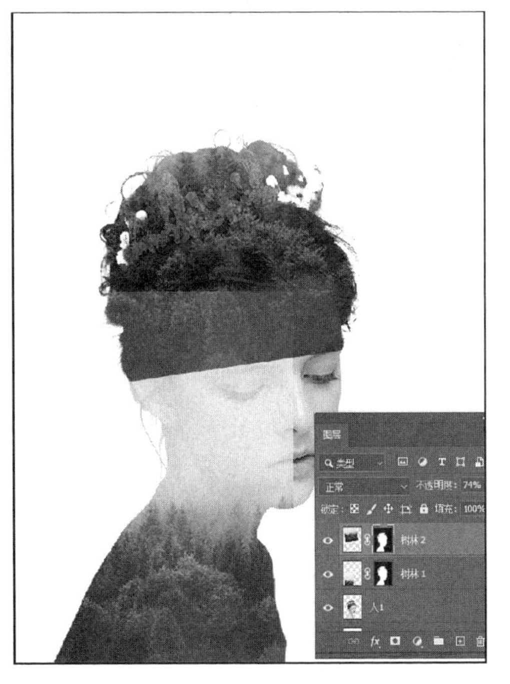

图 4-8-25　继续添加蒙版

（8）选中“树林 1”图层，将混合模式修改为【亮光】；单击选中图层蒙版缩览图，用黑色画笔将面部轮廓显示出来，效果如图 4-8-26 所示。

（9）选中“树林 2”图层，混合模式为【正常】；单击选中图层蒙版缩览图，用黑色画笔将多余部分擦除，用白色画笔使人物边缘变流畅，效果如图 4-8-27 所示。

图 4-8-26　修改混合模式

图 4-8-27　调整图层蒙版

（10）执行【文件】→【打开】命令，分别打开本案例素材文件夹中的文件“树木1.png”“树木 2.png”“云朵.png”，选取图形复制到相应图层中，并调整大小与位置，效果如图 4-8-28 所示。

图 4-8-28　添加其他素材

图 4-8-29　调整画面色彩

(11) 将背景图层的颜色修改为#b8b4b4。选中【图层】面板中最上层的图层,执行【图层】→【新建调整图层】→【照片滤镜】命令,新建图层,将【属性】面板中的【密度】修改为54,画面效果如图4-8-29所示。

(12) 利用文字工具输入文字,分别调整字体大小与位置。最终效果如图4-8-30所示。

图4-8-30 最终效果

本章练习

一、选择题

1. 在使用绘画工具修改图像时,如果要保证透明区域不受影响,应按下【图层】面板上的(　　)按钮。

A. 锁定透明像素　　B. 锁定图像像素　　C. 锁定位置　　D. 锁定全部

2. 下列关于图层填充不透明度的说法正确的是(　　)。

A. 当图层中没有图层样式时,调整【填充】和【不透明度】的效果是一样的

B. 要改变图层中样式的整体不透明度,应使用【不透明度】选项

C. 当图层中的图层样式使用了不透明度为100%的"颜色叠加"后,改变图层的不透明度数值,图层不会发生变化。

D. 当图层中的图层样式使用了不透明度为100%的"颜色叠加"后,改变图层的填充数值,图层不会发生变化。

3. 将两个图层创建了链接,则下列陈述正确的是(　　)。

A. 对一个图层添加模糊,另一个图层也会被添加

B. 对一个图层进行移动,另一个图层也会随着移动

C. 对一个图层使用样式,另一个图层也会被使用

D. 对一个图层进行删除,另一个图层也会被删除

4. 如果一个图层被锁定,那么下列说法不正确的是(　　)。

A. 此图层可以被移动　　　　　　　　B. 对此图层可以进行任何的编辑
C. 此图层不可能被编辑　　　　　　　D. 可以改变此图层的像素

5. 执行下列(　　)操作,可将一个图像中所有图层合并到一个图层中,而其他图层没有发生任何变化。

A. 向下合并图层　　B. 合并可见图层　　C. 盖印可见图层　　D. 合并图像

6. 在【图层】面板中,双击一个图层,在打开的对话框中我们可以对该图层的(　　)进行设置。

A. 图层样式　　B. 图层混合模式　　C. 图层的排列顺序　　D. 图层的合并

7. 下列对图层样式的说法不正确的是(　　)。

A. 对一个图层使用图层样式后,不能将其中的一个图层样式取消
B. 对一个图层使用图层样式后,其原图像将被破坏
C. 两个图层都作用了图层样式,若两个图层合并,则图层样式也合并
D. 图层样式与图层无关,不依赖图层而存在

8. 下列对图层之间混合模式的说法正确的是(　　)。

A. 图层混合模式,实际就是在当前图层添加了某种图层样式
B. 图层混合模式,实际就是在当前图层与当前图层之下的图层均添加了某种图层样式
C. 图层混合模式,实际就是两个图层之间的特殊的叠加效果
D. 图层混合模式,会对图层有不可恢复的损伤

9. 在路径面板中单击【从选区生成工作路径】按钮,即创建一条与选区相同形状的路径,利用【直接选择】工具对路径进行编辑,路径区域中的图像会(　　)。

A. 随着路径的编辑而发生相应的变化　　B. 没有变化
C. 位置不变,形状改变　　　　　　　　D. 形状不变,位置改变

10. 下列关于几种图层混合模式的说法不正确的是(　　)。

A. 图层混合模式的变暗模式,就是将当前图层与下一个图层进行比较,只允许下面图层中比当前图层暗的区域显示出来
B. 图层混合模式的变亮模式,就是将当前图层与下一个图层进行比较,只允许下面图层中比当前图层亮的区域显示出来
C. 图层混合模式的溶解模式,可以使当前图层的完全不透明区域和半透明区域的图像像素散化
D. 图层混合模式的颜色模式,就是将当前图层中的颜色信息(色相和饱和度)应用到下面的图像中

二、填空题

1. 背景图层是一种特殊的图层,它永远位于图层面板________,而且很多针对图层的操作在背景层都不能进行。

2. ____________主要用来控制色调和色彩的调整,它存放的是图像的色调和色彩,而不存放图像。

3. 图层的填充不透明度________对该层样式的不透明度产生影响。

第五章

矢量绘图

◆ **本章学习简介**

绘图是 Photoshop 的一项重要功能，除了使用画笔工具进行绘图外，矢量绘图也是一种常用的方式。在 Photoshop 中有两大类可以用于绘图的矢量工具：形状工具及钢笔工具。形状工具用于绘制规则的几何图形，如椭圆形、矩形、多边形等；而钢笔工具则用于绘制不规则的图形。在本章的内容中，将学习绘制各种矢量图形，并灵活应用矢量对象实现特殊效果。

◆ **本章学习目标**

- 理解矢量图形的基本概念。
- 掌握各种矢量图形工具的设置及使用方法。
- 掌握矢量图形的创建、存储、选择、调整等编辑操作技术。
- 掌握矢量图形与选区之间转换的方法。
- 掌握输出/输入路径的方法与应用。
- 综合应用矢量对象制作特殊图片效果。

◆ **本章学习重点**

- 掌握绘制矢量图形的方法。
- 掌握编辑矢量图形的方法。
- 学会互换路径和选区。

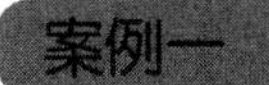

案例一 矢量图形概述——设计文字波浪形排版效果

【案例说明】

很多时候都将文字进行波浪形的排版。学习了一段时间的 Photoshop，今天小明想分享给大家一个简单的波浪形文字排版方法，通过钢笔工具绘制路径，再使用文字工具输入文字，就可以制作出波浪形的排版效果了。

【相关知识】

一、什么是矢量图形

矢量图，也称为面向对象的图像或绘图图像，在数学上定义为一系列由点连接的线。矢量文件中的图形元素称为对象。每个对象都是一个自成一体的实体，它具有颜色、形状、轮廓、大小和屏幕位置等属性。

矢量图是根据几何特性来绘制图形的。矢量可以是一个点或一条线，矢量图只能靠软件生成，文件占用内存空间较小，因为这种类型的图像文件包含独立的分离图像，可以自由无限制地重新组合。它的特点是放大后图像不会失真，和分辨率无关，适用于图形设计、文字设计和一些标志设计、版式设计等。

二、认识【路径】面板

执行【窗口】→【路径】命令，可以打开【路径】面板。如图 5-1-1 所示，面板中列出了每条存储的路径、当前工作路径和当前矢量蒙版的名称和缩略图。

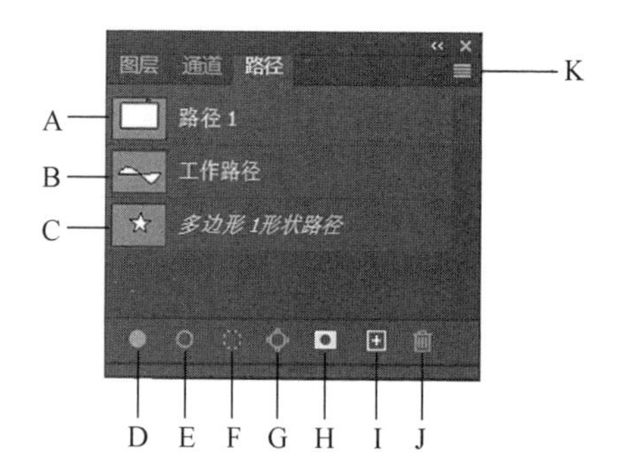

A—存储的路径；B—临时工作路径；C—矢量蒙版路径；D—用前景色填充路径；
E—用画笔描边路径；F—将路径作为选区载入；G—从选区生成工作路径；
H—添加蒙版；I—创建新路径；J—删除当前路径；K—【路径】面板弹出式菜单。

图 5-1-1 【路径】面板

三、路径编辑工具

Photoshop 2020 中提供了一组用于生成、编辑、设置路径的工具组，它们位于工具箱中，默认情况下，其图标呈现为【钢笔工具】及【路径选择工具】。使用鼠标左键分别单击此处图标保持两秒钟，将会弹出隐藏的工具组，如图 5-1-2、图 5-1-3 所示。

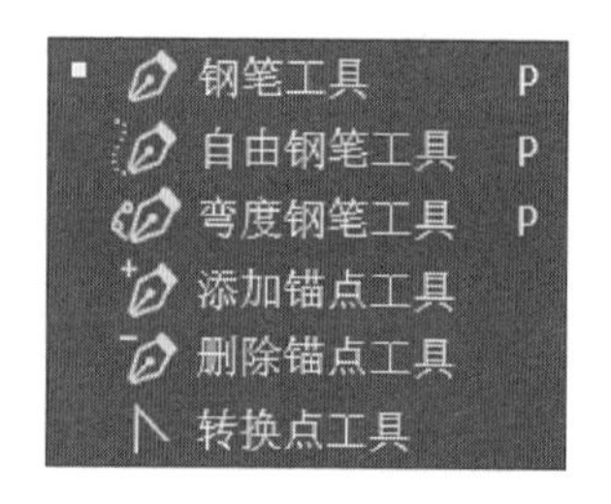

图 5-1-2 钢笔工具

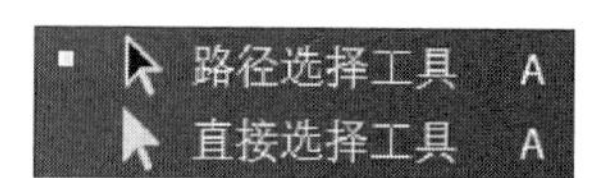

图 5-1-3 路径选择工具

工具组中选项的含义如下：

【钢笔工具】：最主要的路径创建工具，特点是精确与自动，利用【钢笔工具】可以绘制出直线段或曲线段，这两种线段可以混合连接。

【自由钢笔工具】：主要用于随意绘图，以自由拖动的方式绘制路径线段，系统会自动沿鼠标经过的路线生成路径和锚点。

【弯度钢笔工具】：可以不用调整控制柄，直接绘制曲线段。

【添加锚点工具】：在现有的路径上增加一个锚点。

【删除锚点工具】：在现有的路径上删除一个锚点。

【转换点工具】：点选锚点，在平滑曲线转折点和直接转折点之间转换。

【路径选择工具】：用于选择整个路径及移动路径。

【直接选择工具】：用于选择路径锚点和改变路径的形状。

【案例实施】

(1) 执行【文件】→【新建】命令，新建一个默认大小的文件。

(2) 使用【弯度钢笔工具】，通过单击锚点的方式，绘制一条波浪形曲线，如图 5-1-4 所示。

(3) 使用【横排文字工具】，输入文字。将鼠标指针放于波浪线的起点处，当鼠标指针变成波浪形显示时，单击鼠标，输入文字内容如图 5-1-5 所示。

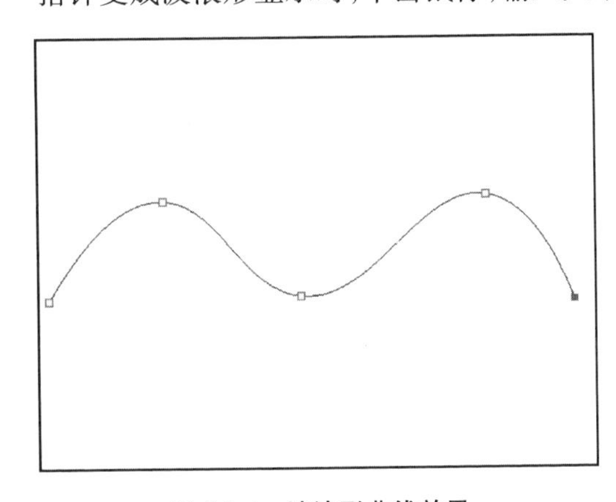

图 5-1-4　波浪形曲线效果

图 5-1-5　输入文字

(4) 选中文字，打开【字符】面板，调整字号及字符间距的数值，如图 5-1-6 所示。

(5) 可通过【字符】面板修改文字颜色。最终效果如图 5-1-7 所示。

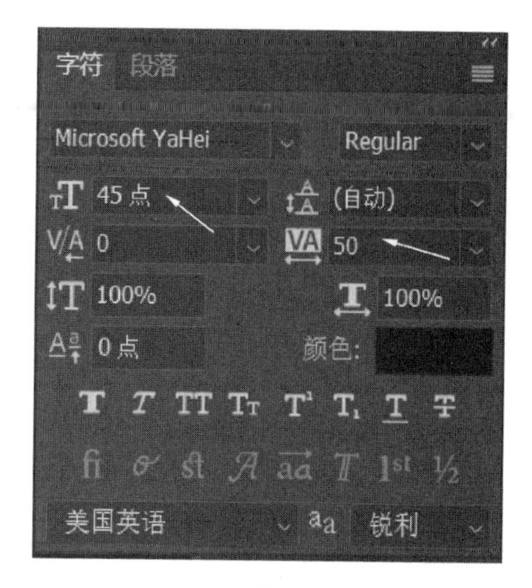

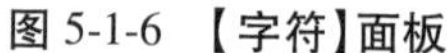
图 5-1-6 【字符】面板

图 5-1-7 最终效果

案例二 形状工具组的使用——绘制 Android 图标

【案例说明】

Android 是一个操作系统,始于 Google,由于是开源的,被智能手机运营商广泛使用,并定制为自己的系统。安装 Android 操作系统的手机有国产品牌(如小米等),也有国际品牌(如三星、索尼等)。Android 图标是一个全身绿色的机器人,颜色采用了 PMS 376C 和 RGB 中十六进制的#a4c639 来绘制,这是 Android 操作系统的品牌象征。现使用形状工具组绘制 Android 图标。

【相关知识】

在工具箱中提供了 6 种形状工具,包括【矩形工具】、【圆角矩形工具】、【椭圆工具】、【多边形工具】、【直线工具】和【自定形状工具】。可以直接使用它们绘制出方形、圆形、多边形及其他形状的各种路径。

具体操作步骤如下:

(1) 在工具箱中任选一种形状工具,并在如图 5-2-1 所示的属性栏中选择【路径】选项。

图 5-2-1 【路径】选项

(2) 拖动鼠标,即可绘制路径,如图 5-2-2 所示。若选择【形状】选项,则可绘制形状图层。形状图层包含填充图层和矢量蒙版,如图 5-2-3 所示。

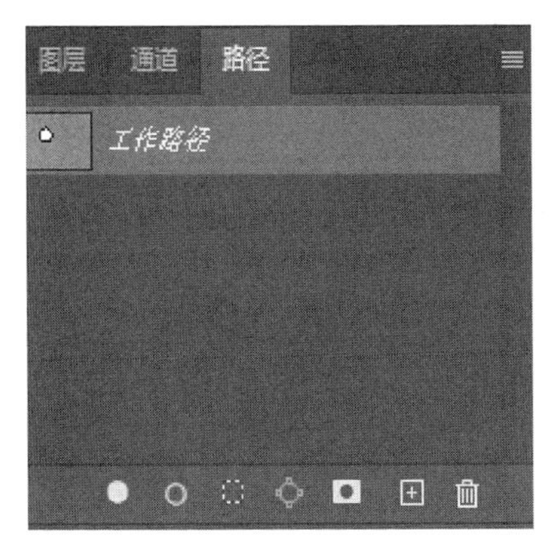

图 5-2-2　【路径】面板

图 5-2-3　形状图层

【案例实施】

（1）执行【文件】→【新建】命令，弹出“新建”对话框，设置参数如图 5-2-4 所示。如果不能出现“新建”对话框，可通过执行【编辑】→【首选项】→【常规】命令并勾选【使用旧版“新建文档”界面】进行设置，如图 5-2-5 所示。

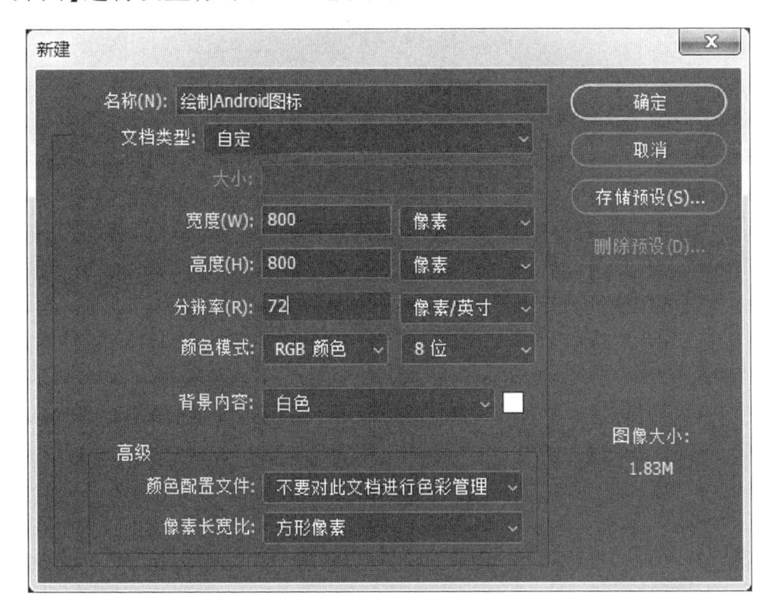

图 5-2-4　“新建”对话框

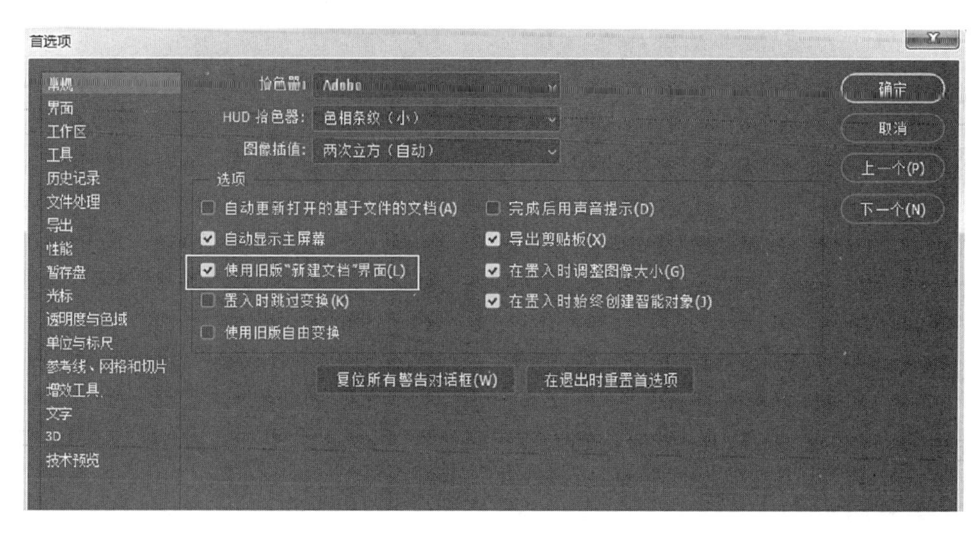

图 5-2-5　首选项参数设置

（2）按【Ctrl】+【R】快捷键，打开标尺，拖出两根参考线，如图 5-2-6 所示，将前景色设置为#a4c639。

图 5-2-6　参考线设置

（3）选择工具栏中的【椭圆工具】，在属性栏中设置为【像素】（图 5-2-7），在新图层按住【Shift】键绘制正圆，如图 5-2-8 所示。

图 5-2-7　设置属性

（4）通过【矩形选框工具】，选取需要删除的半圆，按【Delete】键，删除下半圆，效果如图 5-2-9 所示。

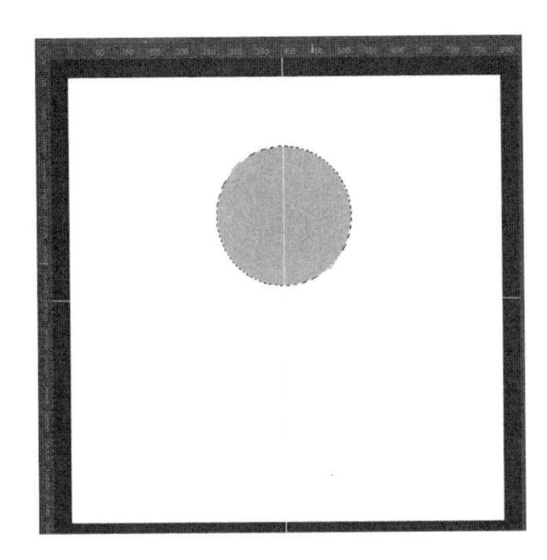

图 5-2-8　绘制正圆

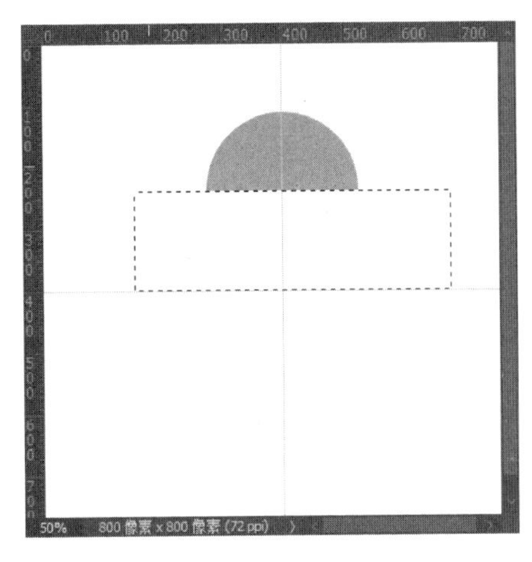

图 5-2-9　删除选区

（5）设置前景色为白色，选择【椭圆工具】，在新图层绘制白色正圆，按住【Alt】+【Shift】快捷键，拖动小圆，水平复制右侧小圆，如图 5-2-10 所示。

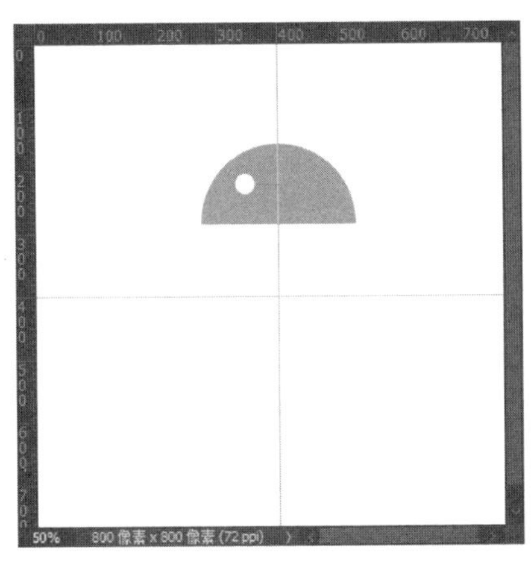

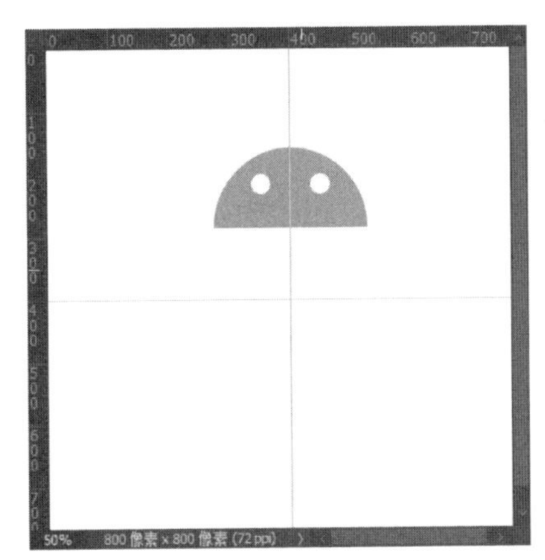

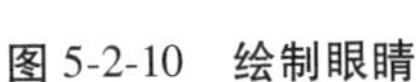

图 5-2-10　绘制眼睛

（6）选择【圆角矩形工具】，在属性栏中设置圆角半径值为 20 像素，如图 5-2-11 所示；设置好后绘制天线，按住【Ctrl】+【T】快捷键，执行自由变换，调整天线的倾斜角度，绘制效果如图 5-2-12 所示。

（7）按住【Ctrl】+【J】快捷键，复制图层，对新复制的图层执行自由变换，右击鼠标，选择【水平翻转】命令，并按住【Shift】键移动至合适位置，如图 5-2-13 所示。

图 5-2-11 参数设置

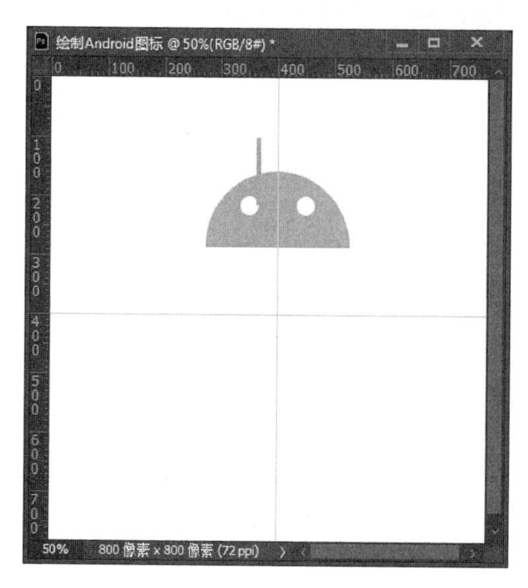

图 5-2-12 绘制天线

图 5-2-13 天线绘制效果

(8) 继续添加参考线,在新图层绘制圆角矩形(注意在属性栏中选择【像素】),用选区工具去掉部分圆角,使用【移动工具】微调身体部分的色块(可以借助上、下、左、右键),效果如图 5-2-14 所示。

(9) 使用【圆角矩形工具】,在新图层绘制左侧手臂,复制并移动至合适位置,右侧手臂也完成绘制,如图 5-2-15 所示。

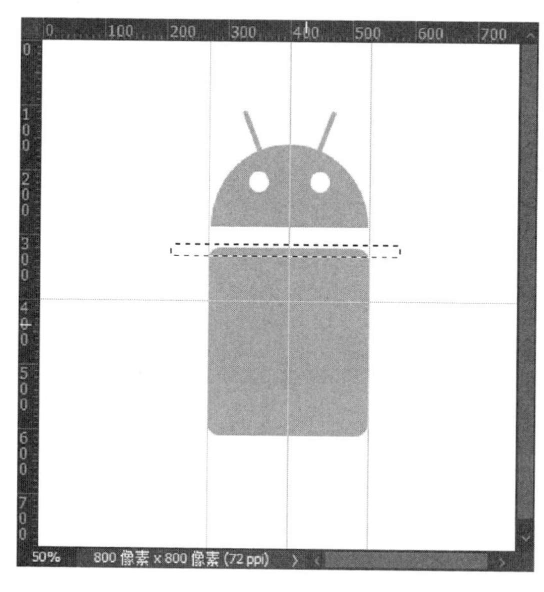

图 5-2-14 删除圆角效果

图 5-2-15 绘制手臂

（10）脚的制作方式同上，最后按【Ctrl】+【H】快捷键，关闭参考线。最终绘制的Android图标效果如图5-2-16所示。

图5-2-16 最终效果

案例三 钢笔工具组的使用——绘制李宁图标

【案例说明】

李宁是中国的运动品牌之一，其标志简洁大方。李宁品牌新标识不但传承了经典LN的视觉资产，还抽象了李宁原创的“李宁交叉”动作，又以“人”字形来诠释运动价值观，鼓励每个人透过运动表达自我、实现自我。请你用钢笔工具尝试绘制李宁新标志。

【相关知识】

一、钢笔工具

【钢笔工具】是具有最高精度的绘图工具，它可以绘制直线和平滑的曲线。【钢笔工具】属性栏如图5-3-1所示。

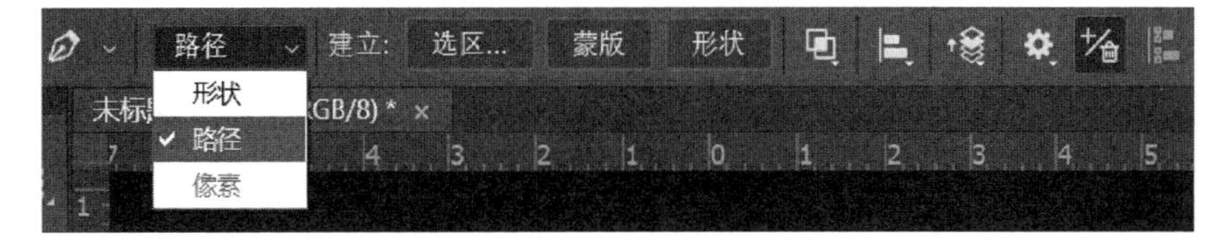

图5-3-1 【钢笔工具】属性栏

1. 属性栏中选项的含义

(1) 选择工具模式。

下拉列表项【形状】:通过此选项可以创建形状图层。形状图层包含使用前景色或者所选样式填充的填充图层,以及定义形状轮廓的矢量蒙版,填充图层与蒙版之间为链接状态,如图 5-3-2 所示。形状轮廓是路径,它出现在【路径】面板中,如图 5-3-3 所示。

图 5-3-2 创建形状图层

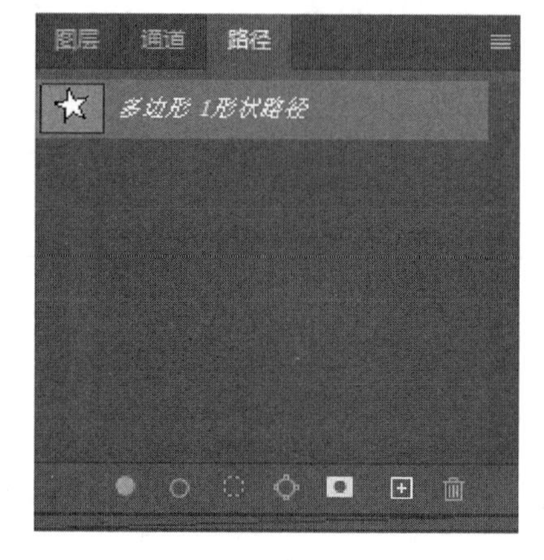

图 5-3-3 形状轮廓

下拉列表项【路径】通过此图标可以创建工作路径。工作路径是出现在【路径】面板中的临时路径,用于定义形状的轮廓,如图 5-3-4 所示。

下拉列表项【像素】通过此图标可以直接在当前图层上绘制栅格化的图形,与绘图工具组的功能非常类似。在此模式中,创建的是栅格图像,而不是矢量图形,如图 5-3-5 所示。此模式下,可以像处理任何栅格图像一样来处理绘制的形状,但只能用于形状工具组,不能用于【钢笔工具】。

图 5-3-4 【路径】选项

图 5-3-5 创建图像

(2)【路径操作】按钮(图 5-3-6)。

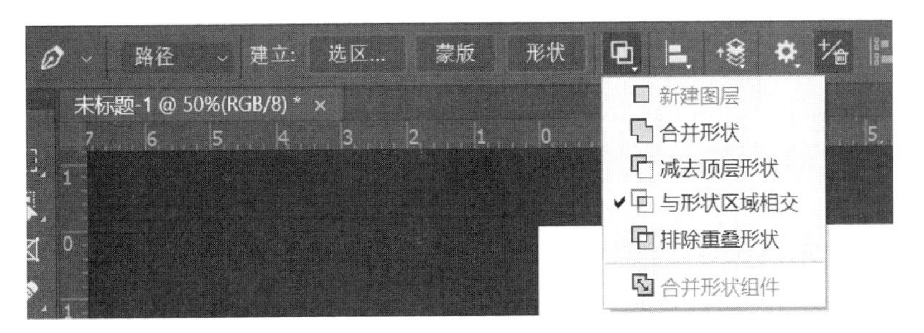

图 5-3-6　展开【路径操作】按钮

【合并形状】:可以将新绘制的区域添加到现有形状或路径中。例如,已有如图 5-3-7 所示的路径,新绘制路径后的效果如图 5-3-8 所示。

【减去顶层形状】:可以将重叠区域从现有开头或路径中移去,如图 5-3-9 所示。

【与形状区域相交】:可以将区域限制为新区域与现有形状或路径的交叉区域,如图 5-3-10 所示。

【排除重叠形状】:可以从新区域和现有区域的合并区域中排除重叠区域,如图 5-3-11 所示。

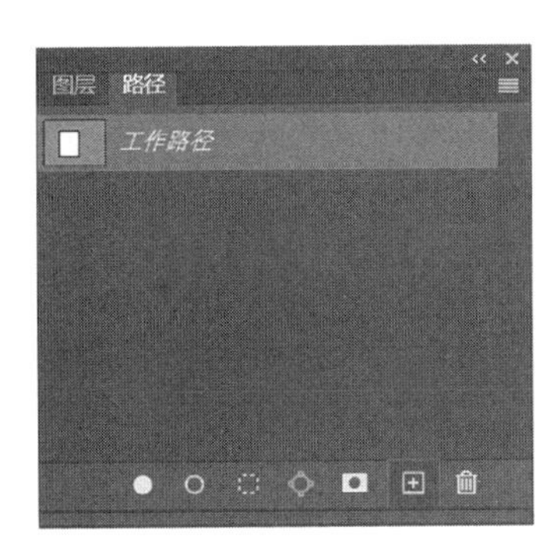

图 5-3-7　单条路径

图 5-3-8　合并形状

图 5-3-9　减去顶层形状

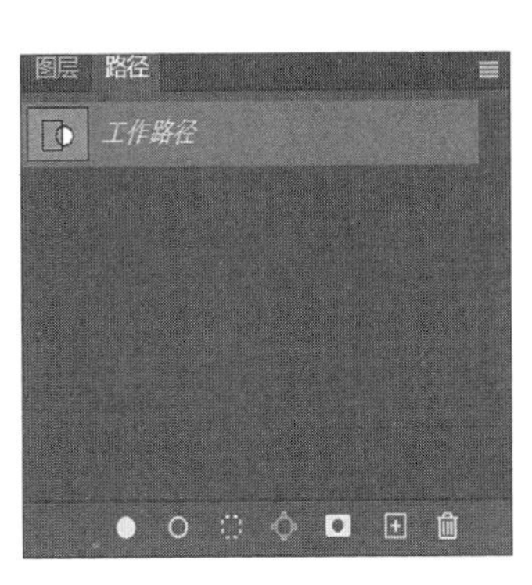

图 5-3-10　与形状区域相交

图 5-3-11　排除重叠形状

（3）【路径对齐方式】按钮（图 5-3-12）。

利用【路径选择工具】选中需要操作的路径，再选择对齐方式中的【水平居中对齐】命令，效果如图 5-3-13 所示。

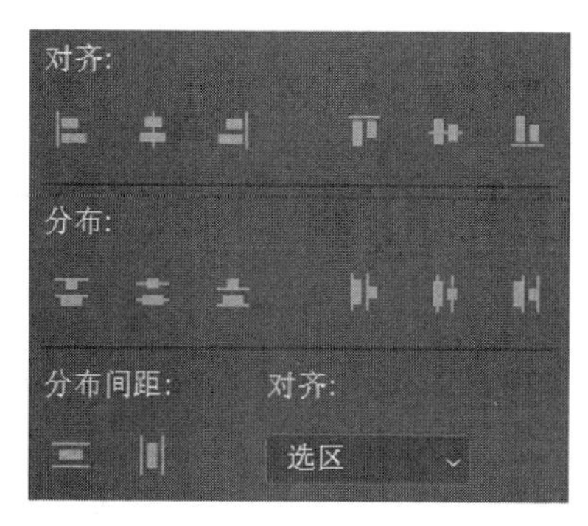

图 5-3-12　展开【路径对齐方式】按钮

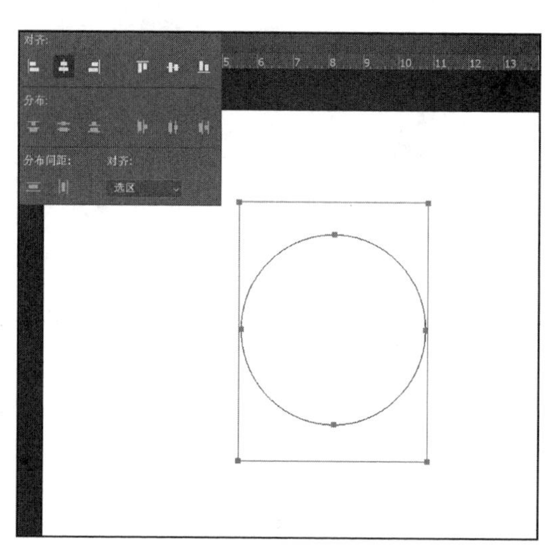

图 5-3-13　对齐效果

路径对齐的效果与“图层的对齐”原理相同，其他对齐效果可参考图层章节。

（4）【路径排列方式】按钮（图 5-3-14）。

利用【路径选择工具】选中需要操作的路径，可以改变当前路径叠放顺序。

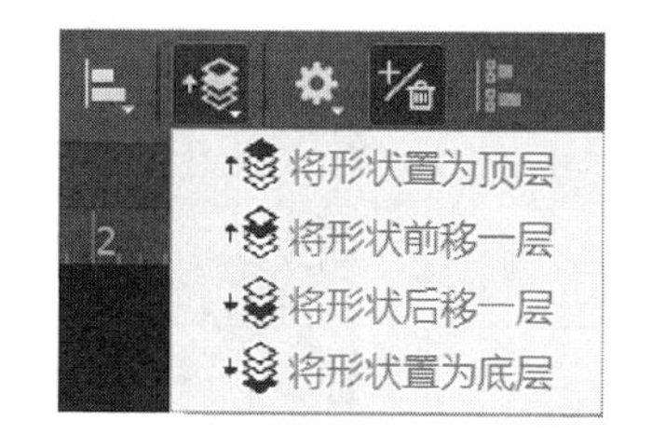

图 5-3-14　展开【路径排列方式】按钮

2. 绘制直线

使用【钢笔工具】可以绘制的最简单路径是直线，方法是：通过单击【钢笔工具】创建两个锚点，继续单击可创建由角点连接的直线段组成的路径。

具体操作步骤如下：

（1）将【钢笔工具】定位到直线起点并单击，定义第一个锚点，如图 5-3-15 所示。这里不需要拖动鼠标。

（2）移动【钢笔工具】的位置，再次单击鼠标，从而绘制出路径的第二点，两点之间将自动以直线连接，如图 5-3-16 所示。若按住【Shift】键并单击，可以将直线的角度限制为 45°的倍数。

（3）同理，绘制出其他锚点。最后添加的锚点总是显示为实心方形，表示已选中状态。当添加新的锚点时，以前定义的锚点会变成空心并被取消选择，如图 5-3-17 所示。

图 5-3-15 定义第一个锚点

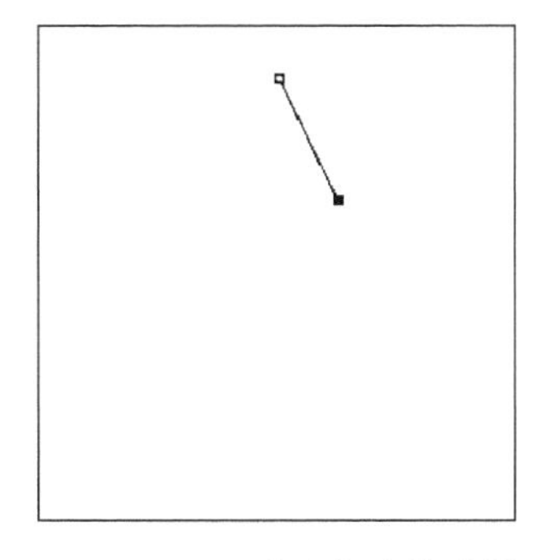

图 5-3-16 两点之间直线连接

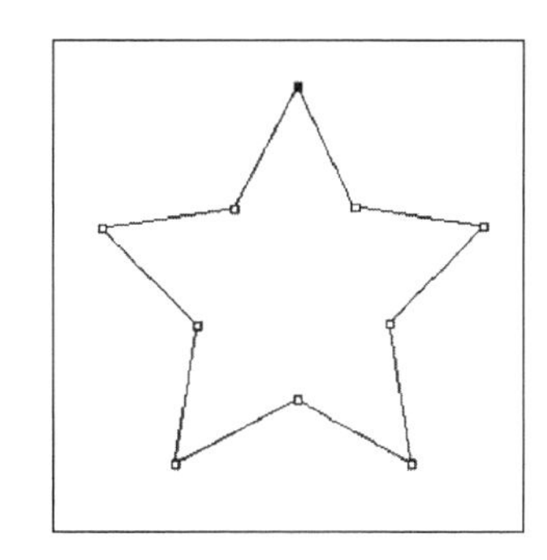

图 5-3-17 闭合路径

3. 绘制曲线

选择【钢笔工具】,在单击鼠标时不松开鼠标,而是拖动鼠标,可以拖动出一条方向线。每条方向线的斜率决定了曲线的弯度,每条方向线的长度决定了曲线的高度或者深度。

连续弯曲的路径呈一条连续的波浪形状,是通过平滑点来连接的;非连续弯曲的路径是通过角点连接的,如图 5-3-18 所示。

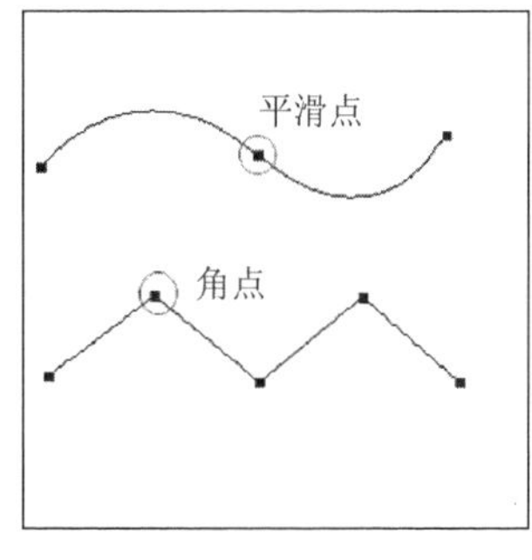

图 5-3-18 连续弯曲与非连续弯曲

具体操作步骤如下:

(1) 将【钢笔工具】定位到曲线的起始点,按住鼠标进行拖拉,释放鼠标左键,即可形成第一个曲线锚点。

(2) 将鼠标移动到下一个位置,按下并拖动鼠标,即可创建平滑的曲线。根据鼠标拖动方向的不同,创建的曲线形状也有所区别:若要创建"C"形曲线,需向前一条方向线的相反方向拖动,如图 5-3-19 所示。若要创建"S"形曲线,需向与前一条方向线相同的方向拖动,如图 5-3-20 所示。

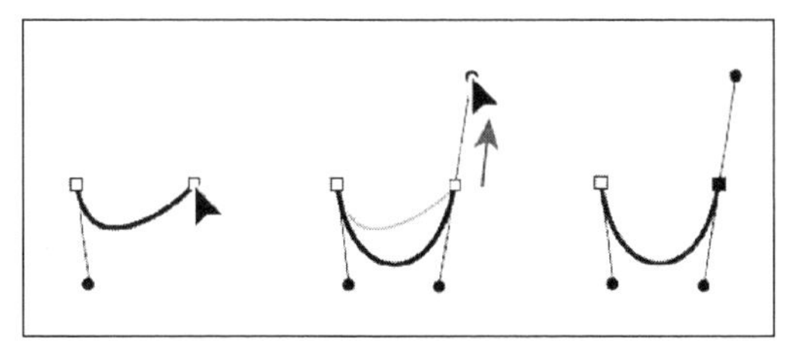

图 5-3-19 创建"C"形曲线

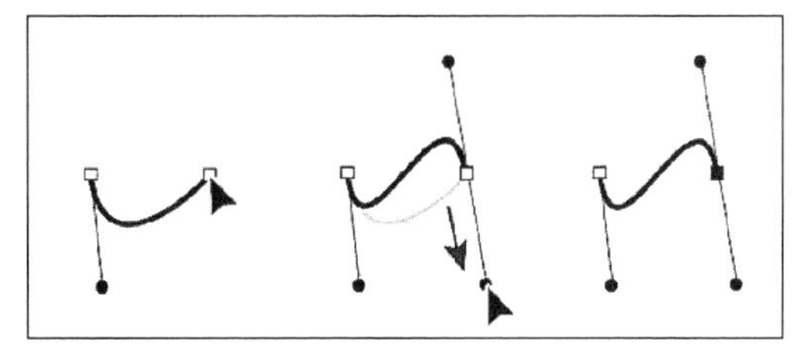

图 5-3-20 创建"S"形曲线

(3) 继续在不同的位置单击并拖动鼠标,可以创建一系列平滑的曲线。

(4) 如果要闭合路径,可将【钢笔工具】定位在第一个锚点上,这时钢笔的右下角会出现一个小圆圈,单击鼠标左键,即可封闭路径。如果要保持路径开放,按住【Ctrl】键单击路径以外的任意位置。

二、自由钢笔工具

【自由钢笔工具】可用于随意绘图,就像用铅笔在纸上绘图一样。绘图时,将自动在光标经过处生成路径和锚点，无须确定锚点的位置，完成路径后还可以进一步对其进行调整。

【自由钢笔工具】属性栏如图 5-3-21 所示，其选项内容与【钢笔工具】属性栏基本相同。

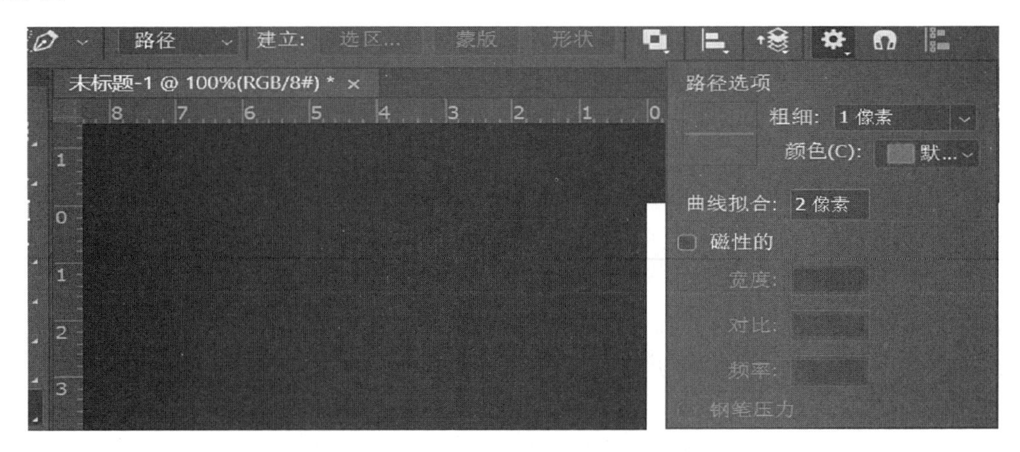

图 5-3-21 【自由钢笔工具】属性栏

曲线拟合：数字范围为 0.5～10 像素，代表曲线上锚点的数量。数字越大，代表路径上锚点越多，路径也就越符合路径的边缘。

宽度：数字范围为 1～256 像素，用来定义磁性钢笔工具检索的距离范围。数字越大，寻找的范围越大，也就越有可能导致边缘的准确度降低。

对比：数字范围为 1%～100%，用来定义磁性钢笔工具对边缘的敏感程度。若输入的数字较高，则磁性钢笔工具只能检索到和背景对比度较大的物体的边缘；反之，可以检索到低对比度的边缘。

频率：数字范围为 0～100，用来控制磁性钢笔工具生成固定点的多少。频率越高，越能快速地固定路径边缘。

三、弯度钢笔工具

【弯度钢笔工具】使用点来绘制或更改路径或形状，其属性栏如图 5-3-22 所示。随意地绘制三个点，这三个点就会形成一条连接的曲线(图 5-3-23)。在绘制曲线时使用【弯度钢笔工具】很方便，不用再去按住鼠标进行拖动，可以直接对锚点的方向和弯曲程度进行调整。

使用【弯度钢笔工具】时，当鼠标放置于曲线上单击鼠标可以添加锚点，也可以单击锚点后随意拖动锚点的位置，进而调整曲线的弯曲程度，比之前的调整方向线更加方便。

图 5-3-22 【弯度钢笔工具】属性栏

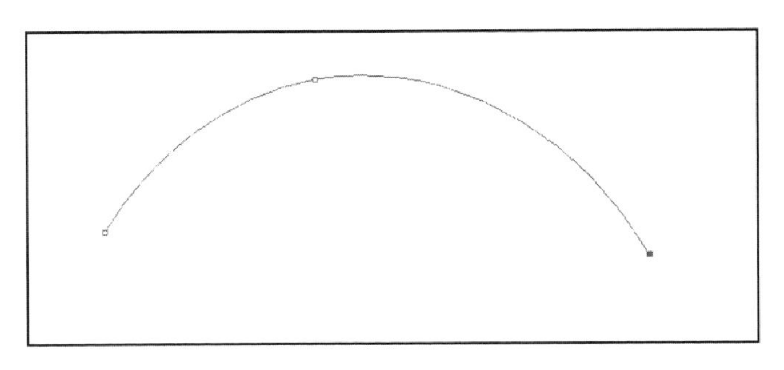

图 5-3-23　创建弯度曲线

【案例实施】

(1) 打开本案例素材文件夹中的样图。

(2) 新建图层,填充白色。

(3) 将图层透明度调整为 50%。

(4) 选用【钢笔工具】,沿着样图绘制,直线区域单击【钢笔工具】添加端点即可;曲线部分添加端点时按住鼠标左键不放,拖动鼠标调整方向线的方向和长度,也可选择【弯度钢笔工具】添加锚点,绘制效果如图 5-3-24 所示。

技巧　锚点不要添加太多,在端点和拐点处添加锚点。

(5) 绘制下一个端点时使用【转换点工具】或单击【Alt】键转换成直角状态,添加下一个锚点;单击后不松开鼠标,按住鼠标左键调整方向线的位置和切角,直至所有轮廓制作完成,效果如图 5-3-25 所示。

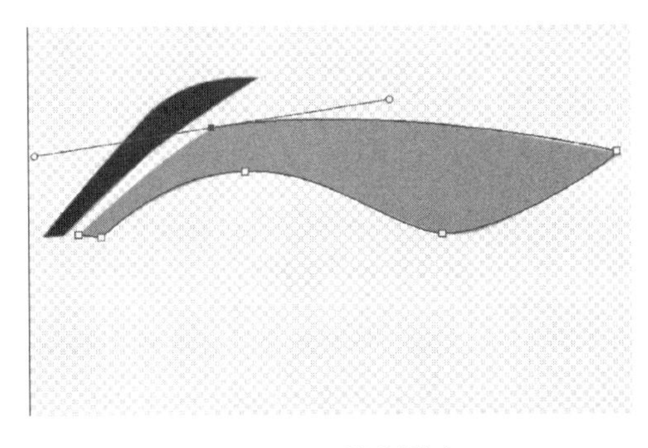

图 5-3-24　绘制线条

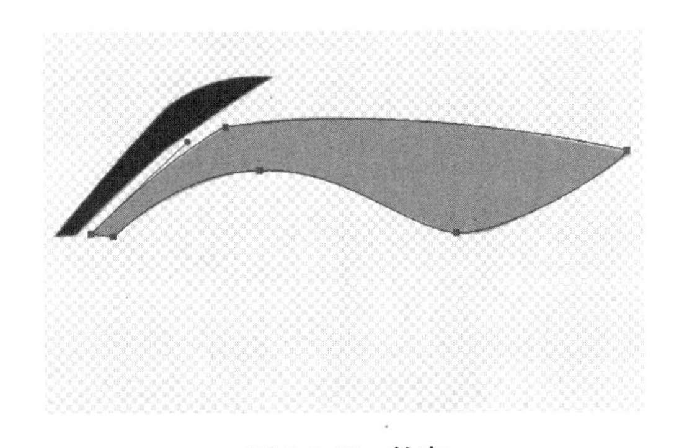

图 5-3-25　轮廓

(6) 单击【路径】面板中的【将路径作为选区载入】按钮,如图 5-3-26 所示,执行【选择】→【反选】命令,选区如图 5-3-27 所示。

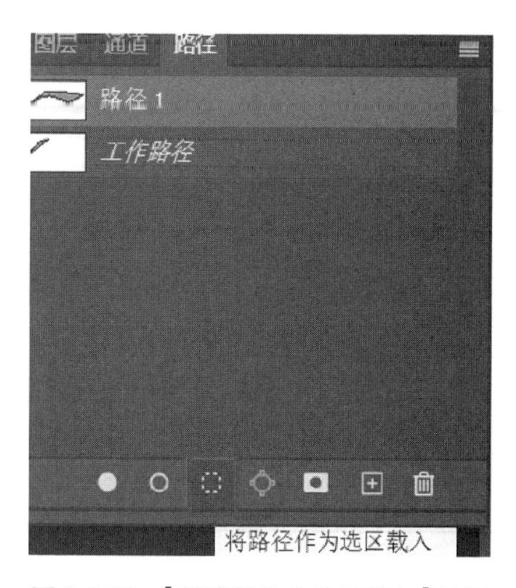

图 5-3-26 【将路径作为选区载入】按钮

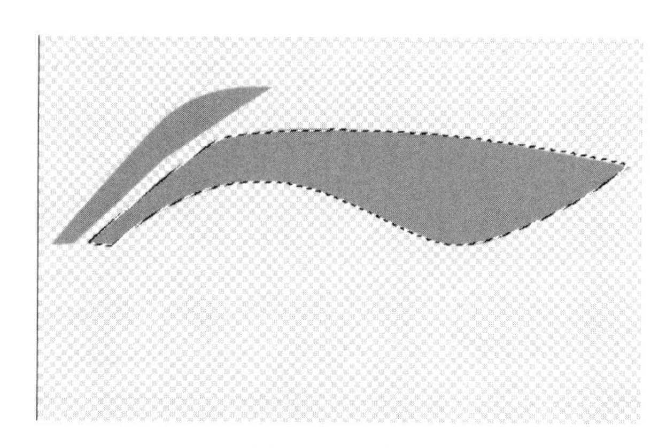

图 5-3-27 选区

(7) 将前景色设置为样张的颜色(可以用吸管进行吸色),执行【Ctrl】+【Delete】快捷键,填充前景色为选区填充颜色,取消选区,效果如图 5-3-28 所示。

(8) 左半部分标志绘制方式如上,最后将图层透明度改回 100%。最终绘制效果如图 5-3-29 所示。

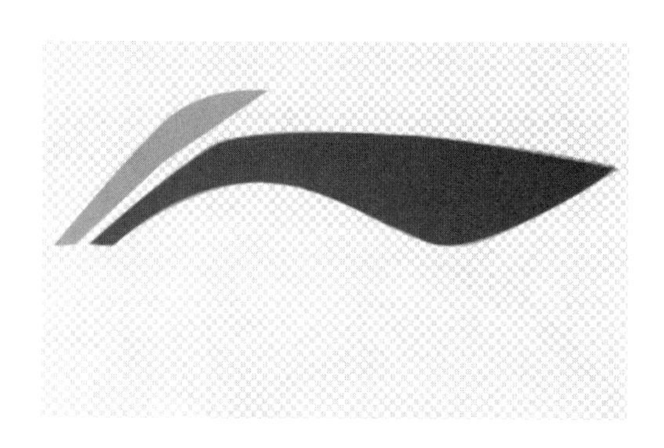

图 5-3-28 填充颜色

图 5-3-29 最终效果

案例四 矢量图形/路径的设置——绘制可爱企鹅

【案例说明】

学习 Photoshop 已经有一段时间了,怎样才能绘制出光滑圆润的线条与图形呢?请你试着绘制出可爱的企鹅图形效果。

【相关知识】

一、存储工作路径

当使用【钢笔工具】或【形状工具】创建工作路径时,新的路径以工作路径的形式出现

在【路径】面板中，如图 5-4-1 所示。该工作路径是临时的，必须存储它以免丢失其内容。如果没有存储便取消选择了工作路径，当再次绘图时，新的路径将取代现有路径。

可以通过以下方法存储路径：

方法一：在【路径】面板中选择路径，并拖动到面板底部的【创建新路径】图标上，可以存储路径。

方法二：执行【路径】面板中的【存储路径】命令，然后在"存储路径"对话框中输入新的路径名即可。

方法三：在【路径】面板中双击路径，在"存储路径"对话框中输入新的路径名即可。

存储后的路径如图 5-4-2 所示。

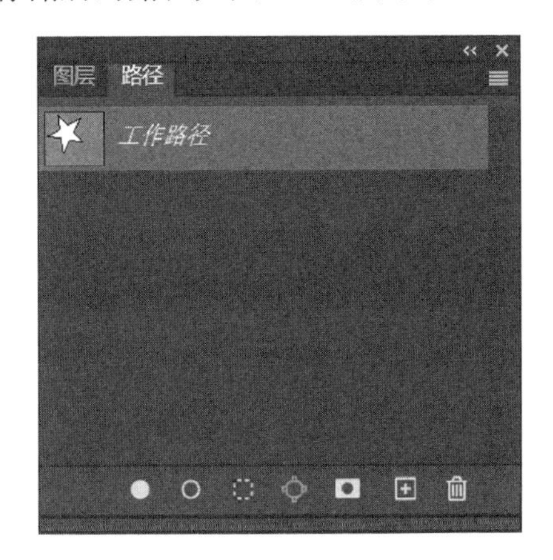

图 5-4-1　工作路径

图 5-4-2　存储后的路径

二、重命名存储的路径

双击【路径】面板中的路径名，输入新的名称，即可重命名路径。

三、复制和删除路径

可以通过以下方法复制路径：

方法一：使用【路径选择工具】：选择路径后，按住【Alt】键拖动鼠标可以复制路径。此时，【路径】面板中并没有创建新路径，而是将原路径与新路径放在一个路径文件中，如图 5-4-3 所示。

方法二：在【路径】面板中选择路径，并拖动到面板底部的【创建新路径】图标上。此时，【路径】面板中会新建一个路径文件，如图 5-4-4 所示。此方法适用于已存储的路径，而不是临时路径。

方法三：使用【路径选择工具】选择路径后，执行【编辑】→【拷贝】命令，或按住【Ctrl】+【C】快捷键，复制路径；再执行【编辑】→【粘贴】命令，或按住【Ctrl】+【V】快捷键，粘贴路径。此方法适用于两个文件之间复制路径。

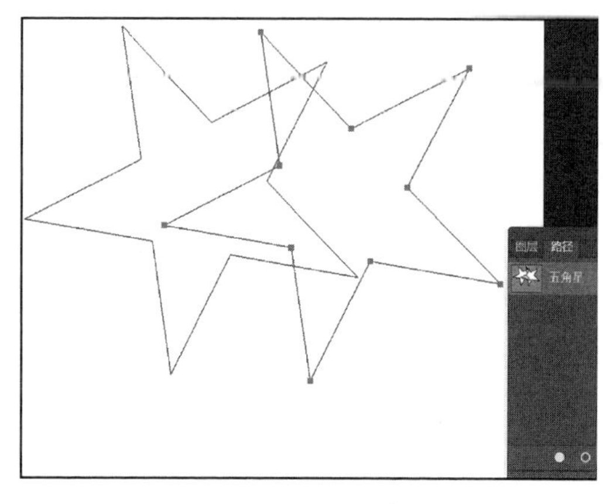

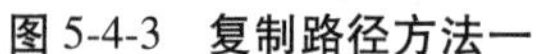
图 5-4-3　复制路径方法一

图 5-4-4　复制路径方法二

可以通过以下方法删除路径：

方法一：使用【路径选择工具】选择路径后，执行【编辑】→【清除】命令，或按下【Delete】键，删除当前选中的路径。

方法二：在【路径】面板中选择路径，并拖动到面板底部的【删除当前路径】图标上，即可删除当前选中的路径。

四、隐藏和显示路径

如果要在文档中查看路径，必须在【路径】面板中选择此路径，如图 5-4-5 所示。如果要隐藏路径，可在面板的空白处单击，取消选择路径，此时可以隐藏画面中的路径，如图 5-4-6 所示。

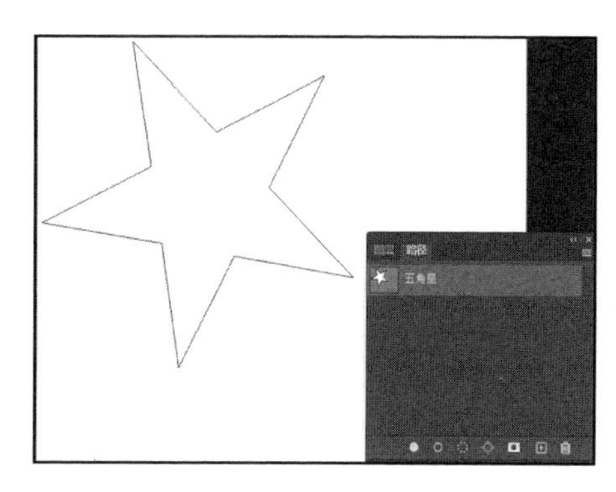
图 5-4-5　显示路径

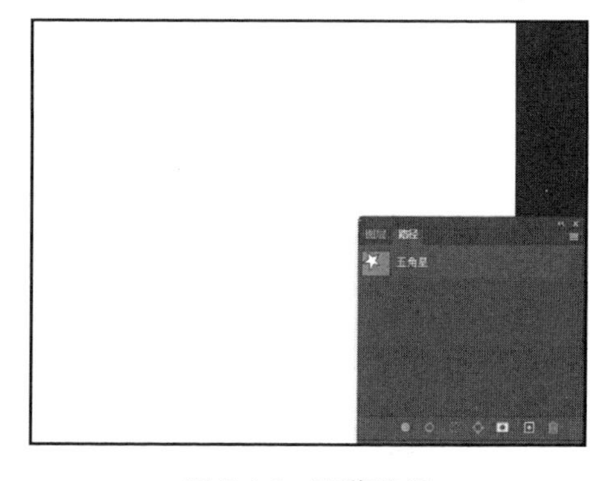
图 5-4-6　隐藏路径

【案例实施】

（1）打开本案例素材文件夹中的企鹅图片。

（2）在背景层上新建图层，用白色填充该图层，并将不透明度设置为 71%，如图 5-4-7 所示，使之能够隐约显示背景层的内容。

图 5-4-7 设置不透明度

（3）选择【钢笔工具】，将鼠标定位到起点位置，按住鼠标左键进行拖拉，释放鼠标左键，即可形成曲线，效果如图 5-4-8 所示。

图 5-4-8 选择【钢笔工具】

（4）沿着企鹅的轮廓开始绘制，直到回到起点位置。这时，【路径】面板出现新的工作路径，如图 5-4-9 所示。

（5）双击该路径，将路径重新命名为“外形”，如图 5-4-10 所示。

图 5-4-9 【路径】面板

图 5-4-10 重命名路径

(6) 单击【路径】面板下方的【创建新路径】按钮,新建路径并命名为“肚皮”,如图 5-4-11 所示。

(7) 利用【钢笔工具】再次绘制路径,直至“肚皮”部分绘制完成。

(8) 设置参考线,找到“眼睛”部分的正中心,选择【椭圆工具】,绘制路径(按下鼠标后按【Ctrl】+【Shift】+【Alt】快捷键,可绘制正圆),效果如图 5-4-12 所示。

图 5-4-11 创建新路径

图 5-4-12 设置参考线

(9) 继续选择【钢笔工具】,绘制“鼻子”,如图 5-4-13 所示。

(10) 将绘制的路径转换成选区,并将各部位新建不同图层,填充相应颜色。最终效果如图 5-4-14 所示。

图 5-4-13　绘制鼻子

图 5-4-14　最终效果

案例五　矢量图形的选择与调整——制作艺术字体

【案例说明】

在使用 Photoshop 制作海报的时候经常会用到艺术字体，艺术字体的创作要靠灵感，小明也想尝试制作艺术字体。下面使用【字体】命令结合【路径选择工具】和【直接选择工具】，尝试完成艺术字体的制作。

【相关知识】

一、选择和调整图形

使用路径选择工具组，可以对路径进行选择、移动或调整形状。选择路径组件或路径段，将显示选中部分的所有锚点，包括全部的方向线和方向点。路径选择工具组包括【路径选择工具】和【直接选择工具】。

1. 路径选择工具

使用【路径选择工具】，可以选择一个或几个路径，并显示选中部分的所有锚点，包括全部的方向线和方向点，还可以对选择的路径进行移动、复制、组合、排列、分布和变换等操作。

（1）选择【路径选择工具】，单击路径组件中的任何位置，路径上的所有锚点全部显示为黑色，表示该路径已被选中，如图 5-5-1 所示。如果路径由几个子路径构成，则只有单击点的路径被选中，如图 5-5-2 所示。

（2）拖动鼠标，即可将选中路径移动到新位置。

如果要添加其他的内容，可以按住【Shift】键再单击其他路径或路径段，如图 5-5-3 所示。

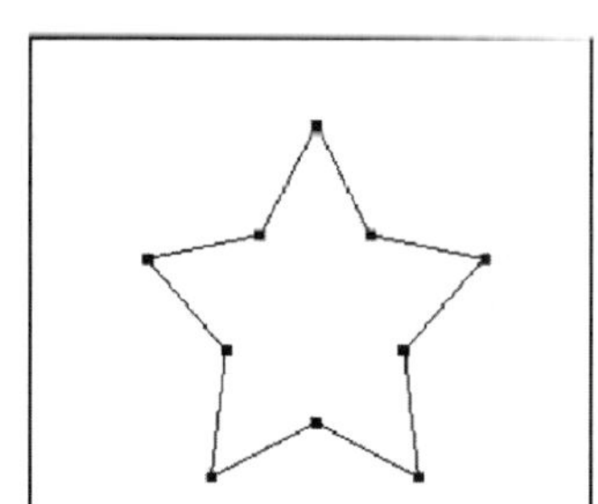
图 5-5-1 路径选中状态

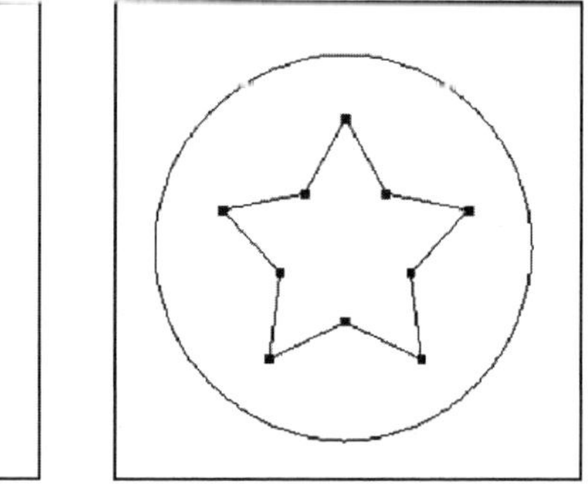
图 5-5-2 只有单击点的路径被选中

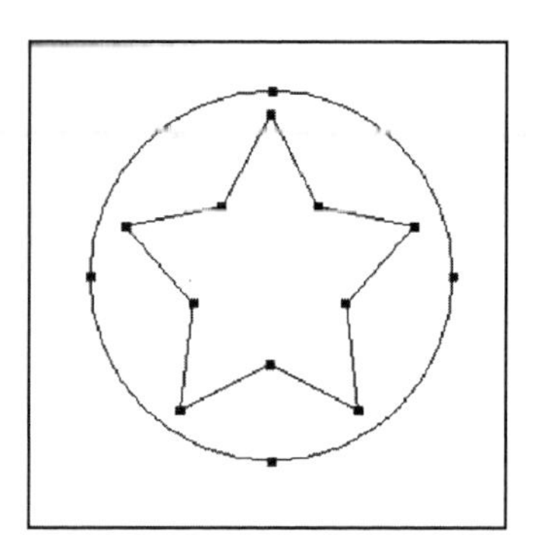
图 5-5-3 选中所有路径

2. 直接选择工具

使用【直接选择工具】,可以选择一个或多个锚点,移动所选的路径段或改变所选路径段的形状。

(1) 选择【直接选择工具】,单击路径段上某个锚点,可选中单个锚点,如图 5-5-4 所示;或是拖动鼠标进行选框选取,选择多个锚点,如图 5-5-5 所示。

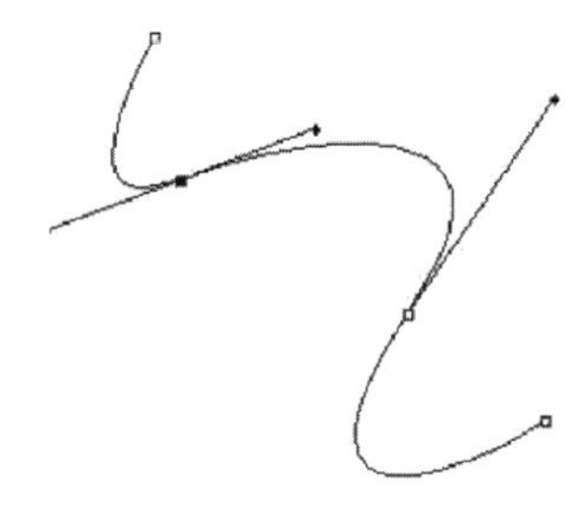
图 5-5-4 选中单个锚点

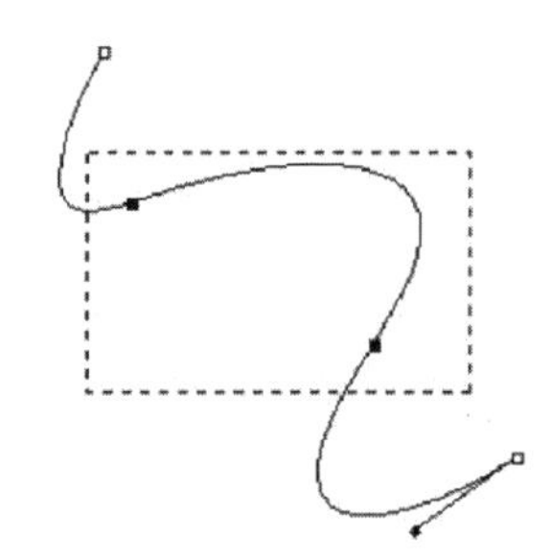
图 5-5-5 选择多个锚点

(2) 如果选中的是直线段,直接拖动鼠标即可移动所选直线段,如图 5-5-6 所示;如果选中的是曲线段,可单击所要调整的锚点,并拖动鼠标对其形状进行调整,如图 5-5-7 所示。

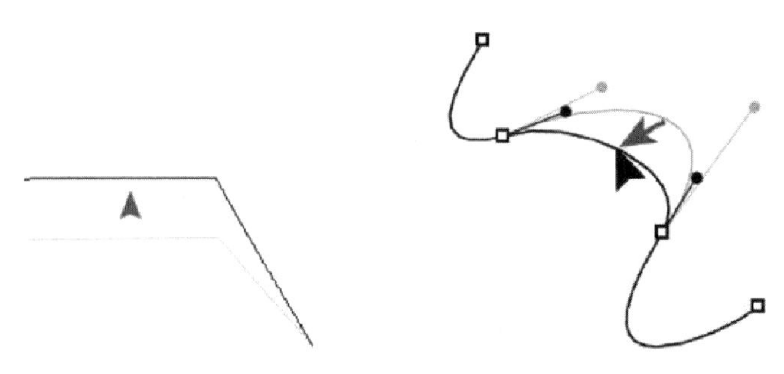
图 5-5-6 选择直线段　　图 5-5-7 选择曲线段

二、锚点编辑工具

1. 添加或删除锚点

添加锚点可以增强对路径的控制,也可以扩展开放路径,但最好不要添加多余的锚点。可以通过删除不必要的锚点来降低路径的复杂性。

(1) 使用【添加锚点工具】，在路径上单击，可以添加一个锚点，如图 5-5-8 所示。

(2) 使用【删除锚点工具】，单击锚点，可以删除该锚点，如图 5-5-9 所示。

图 5-5-8　添加锚点

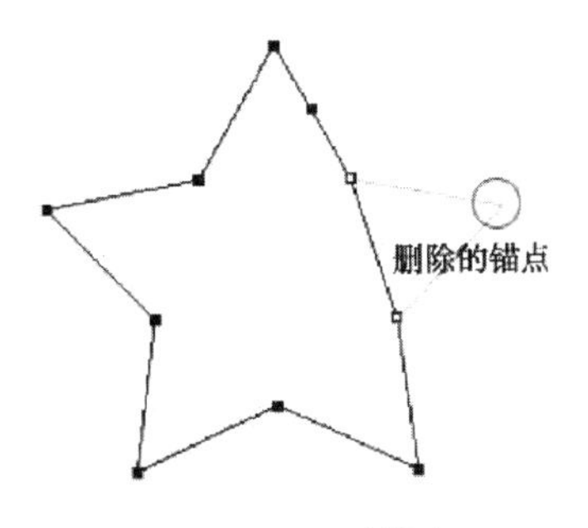

图 5-5-9　删除锚点

若在【钢笔工具】属性栏中勾选【自动添加/删除】复选框，则使用【钢笔工具】在路径上单击时，也可以添加一个锚点；在锚点上单击，可以删除锚点。

2. 转换锚点

创建路径后，可以使用【转换点工具】，将平滑点转换为角点，或者将角点转换为平滑点。

(1) 将角点转换为平滑点：选择【转换点工具】，单击角点并向外拖动鼠标，出现方向线，即转换为平滑点，如图 5-5-10、图 5-5-11 所示。

(2) 将平滑点转换为角点：选择【转换点工具】，单击平滑点，但不拖动鼠标，即可将平滑点转换为没有方向线的角点；如果单击该平滑点的某个方向点并拖动鼠标，即可将平滑点转换为具有方向线的角点，如图 5-5-12 所示。

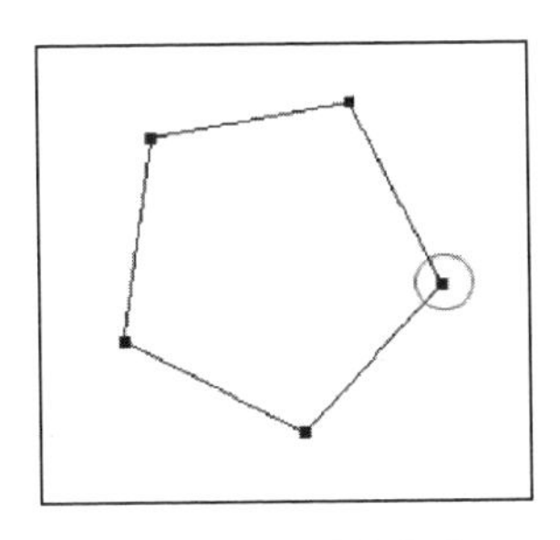

图 5-5-10　选中角点

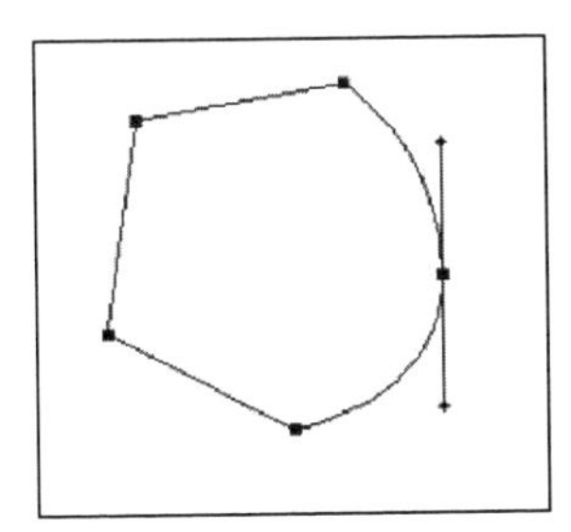

图 5-5-11　角点转换为平滑点

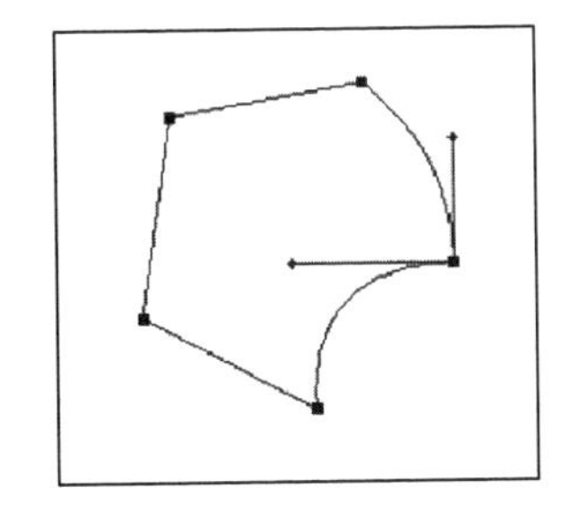

图 5-5-12　平滑点转换为角点

【案例实施】

(1) 执行【文件】→【新建】命令，新建一个默认 Photoshop 大小的画布。

(2) 选择【横排文字工具】，输入“中国加油”，设置合适的大小和字体，如图 5-5-13 所示。

图 5-5-13 输入文字

（3）右键单击字体图层，选择【转换为形状】命令，如图 5-5-14 所示。为保证字体在变换和调整过程中不受损坏，需让字体图层变成矢量图层，转换后文字周围会有很多蓝色锚点，如图 5-5-15 所示。

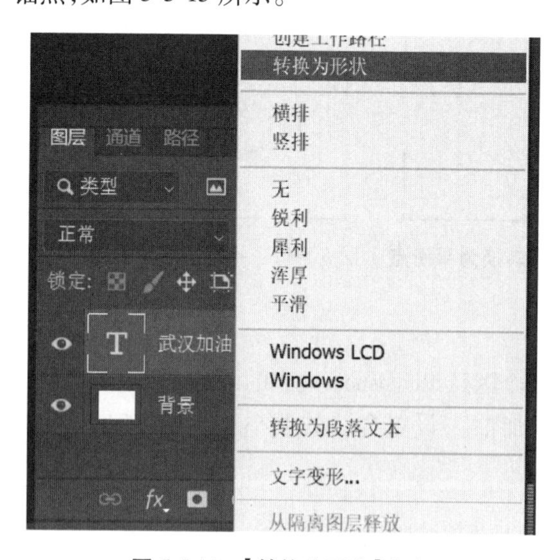

图 5-5-14 【转换为形状】命令

图 5-5-15 锚点效果

（4）切换到【路径选择工具】，对每个文字可单独选择并进行移动和自由变换操作，排版后的效果如图 5-5-16 所示。

（5）切换到【直接选择工具】，选中单个文字，文字周围会出现白色锚点，通过拖动锚点对文字的部分区域进行变形，效果如图 5-5-17 所示。

（6）对文字逐个进行调整，最终文字效果如图 5-5-18 所示。

图 5-5-16　调整文字

图 5-5-17　调整文字

图 5-5-18　最终效果

案例六　矢量图形的编辑与应用——制作环保宣传册封面

【案例说明】

现代社会科技进步了，但是人类生存环境越来越糟糕，爱护环境，人人有责。为了宣传环保理念，星火志愿者服务队最近策划了系列环保活动，用我们的技术来帮助他们设计一份环保宣传册封面吧。

【相关知识】

一、变换路径

执行【编辑】→【变换路径】命令，或按住【Ctrl】+【T】快捷键，可以对当前路径进行缩放、旋转、斜切、扭曲等操作。如图 5-6-1、图 5-6-2 所示即为变换前路径和变换后路径。

图 5-6-1　变换前路径

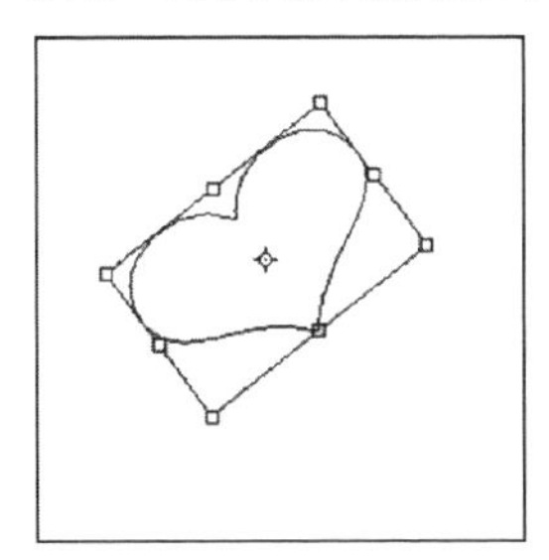

图 5-6-2　变换后路径

二、填充路径

使用【钢笔工具】创建的路径只有在经过描边或填充处理后，才会成为图形。对路径区域进行填充，填充颜色将出现在当前选择的图层中，如图 5-6-3 所示。可以通过以下方法实现填充路径：

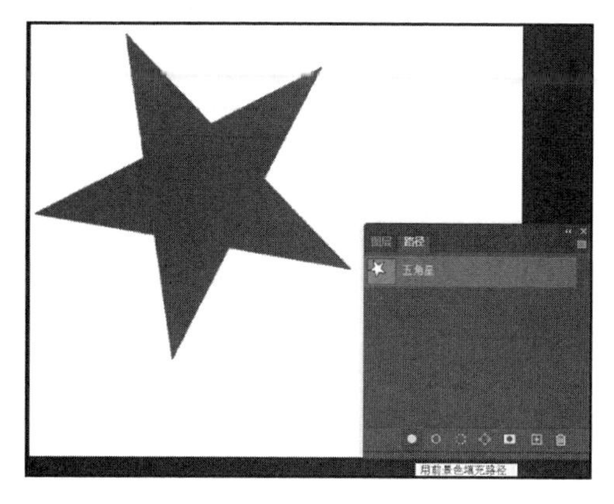

图 5-6-3　路径填充后的效果

方法一：在【路径】面板中选择相关路径，单击面板底部的【用前景色填充路径】按钮，可以使用前景色填充当前路径。

方法二：在【路径】面板中选择相关路径，按住【Alt】键单击面板底部的【用前景色填充路径】按钮，或者执行【路径】面板菜单中的【填充路径】命令，打开"填充路径"对话框，如图 5-6-4 所示，进行参数设置，完成路径的填充。

"填充路径"对话框中选项组的功能如下：

（1）在【内容】选项下拉列表中可以选择填充的内容，包括【前景色】、【背景色】、【其他颜色】、【黑色】、【50%灰色】、【白色】、【图案】。若选择【图案】，则【自定图案】选项为可用状态，可以选择一种图案来填充路径，如图 5-6-5 所示。

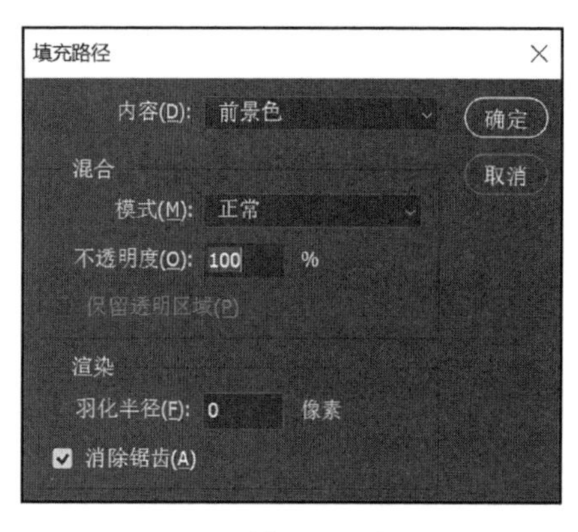

图 5-6-4　"填充路径"对话框

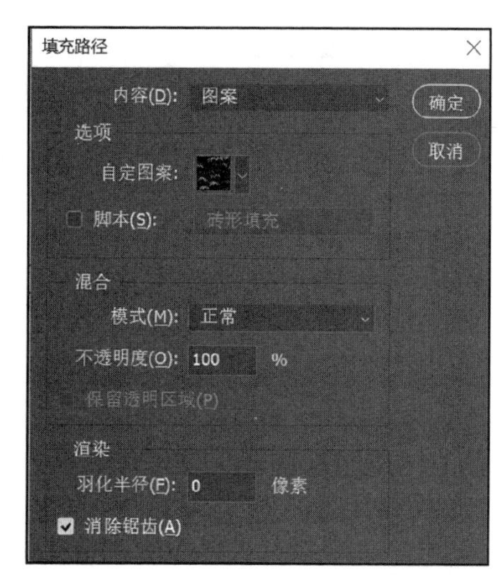

图 5-6-5　使用自定义图案填充路径

（2）在【混合】选项组中可以设置填充的混合模式和不透明度。

（3）在【渲染】选项组中可以设置填充的羽化半径和消除锯齿。

三、描边路径

【描边路径】命令可用于绘制路径的边框。沿任何路径均可创建绘画描边。对路径进行描边时，颜色值会出现在当前图层上，如图 5-6-6 所示。

图 5-6-6　路径描边后的效果

可以通过以下方法实现描边路径：

方法一：在【路径】面板中选择相关路径，单击面板底部的【用画笔描边路径】按钮，可以使用【画笔工具】描边当前路径。

方法二：在【路径】面板中选择相关路径，按住【Alt】键单击面板底部的【用画笔描边路径】按钮，或者执行【路径】面板菜单中的【描边路径】命令，即完成路径的描边。

【案例实施】

（1）执行【文件】→【新建】命令，新建一个 21 厘米×14.8 厘米大小的文件，如图 5-6-7 所示。

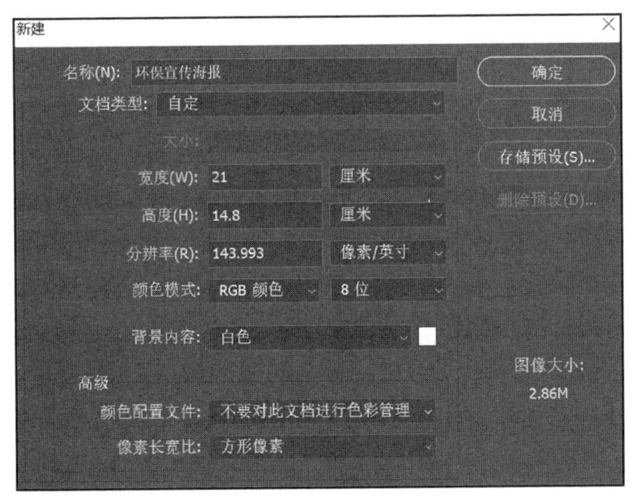

图 5-6-7　“新建”对话框

（2）按下【Ctrl】+【R】快捷键，打开标尺，新建参考线，如图 5-6-8 所示。

（3）使用【钢笔工具】，绘制工作路径，如图 5-6-9 所示，通过【直接选择工具】调整锚点至合适的形状。选择路径面板中的【用前景色填充路径】按钮，填充相应色块。

（4）新建工作路径，使用相同的方法绘制其他色块（用【钢笔工具】绘制曲线时可通过按住【Alt】键切换到【转换点工具】）。

图 5-6-8　新建参考线

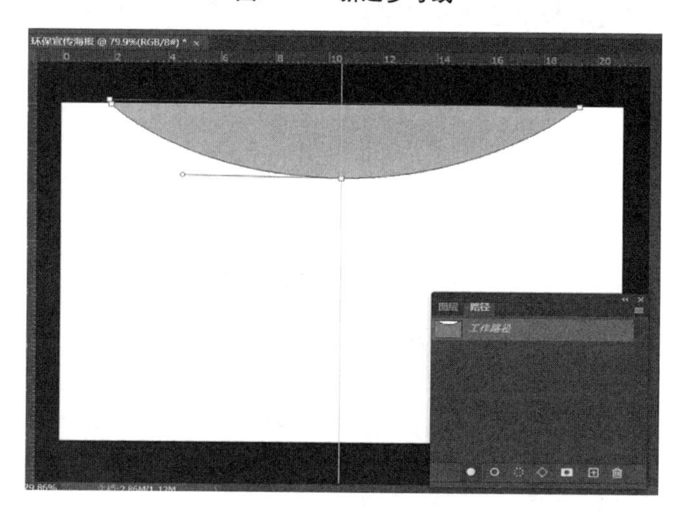

图 5-6-9　绘制工作路径

（5）将不同色块的路径和图层单独保存，再调整顺序和透明度，绘制效果如图 5-6-10 所示。

（6）用同样方式绘制下方色块并填充相应颜色，效果如图 5-6-11 所示。

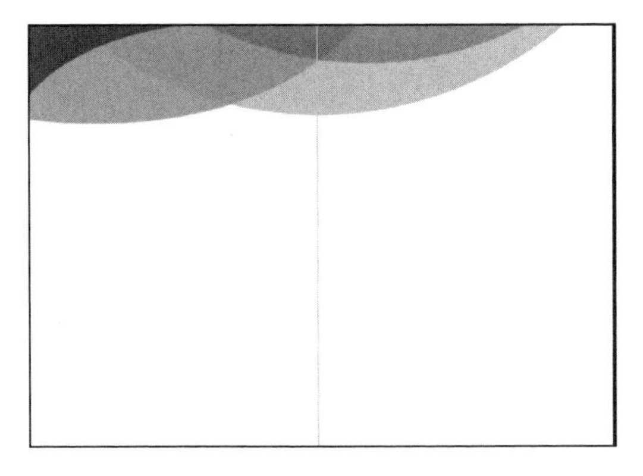

图 5-6-10 上半部分制作效果

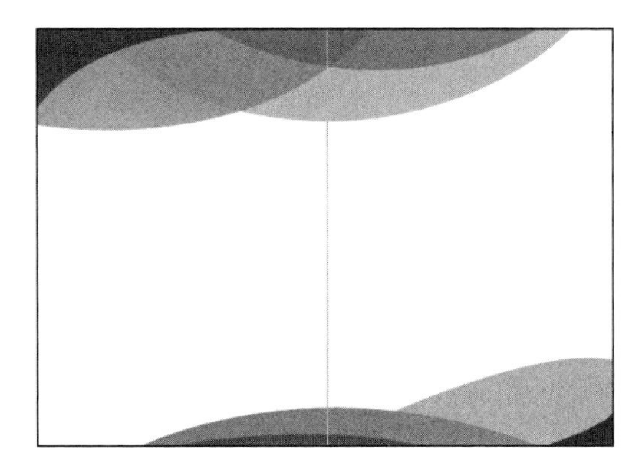

图 5-6-11 制作下方色块

(7) 调整好色块后通过【合并图层】命令(图 5-6-12)将色块图层合并。

图 5-6-12 【合并图层】命令

(8) 打开本案例素材文件夹中的地球素材文件,通过【对象选择工具】选取地球,并将选区复制到“环保宣传册”文件中,调整其大小、位置及透明度,效果如图 5-6-13 所示。

图 5-6-13　添加地球素材

(9) 按住【Ctrl】键选取地球,在【路径】面板中选择【从选区生成工作路径】,将地球外轮廓路径调小。

(10) 选择【画笔工具】,设置画笔参数,如图 5-6-14 所示,将前景色设置为黄绿色。

(11) 新建透明图层,单击【路径】面板中的【用画笔描边路径】按钮,为地球添加光晕效果,并将光晕层置于地球的下方。

(12) 在素材中选取小树苗,并复制到环保宣传册文件中的透明图层(为了编辑方便,建议每个对象放置在不同的透明图层),对其进行大小、位置的变换,效果如图 5-6-15 所示。

(13) 选择【横排文字工具】,添加相应文字。最终效果如图 5-6-16 所示。

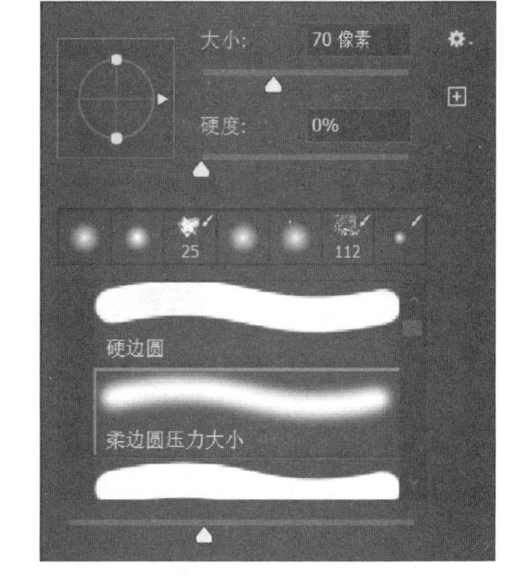

图 5-6-14　设置画笔参数

图 5-6-15　添加素材

图 5-6-16　最终效果

案例七　矢量图形与选区的转换——定制个性贴纸

【案例说明】

实用性邮票曾经承载了人与人之间的通信，是人们寄递邮件时的邮资凭证。随着信息技术的普及，传统信件往来越来越少，邮票也渐渐淡出了人们的视线，但是邮票仍然有纪念价值。小明非常想尝试用当地的风景照制作一张邮票，一起来试试吧。

【相关知识】

一、转换路径与选区

1. 将路径转换为选区

路径提供平滑的轮廓，可以将它们转换为精确的选区。任何闭合路径都可以转换为选区，如图 5-7-1、图 5-7-2 所示。若当前路径是开放的，则转换的选区将是路径的起点和终点连接后形成的封闭区域，如图 5-7-3、图 5-7-4 所示。

图 5-7-1　封闭的路径

图 5-7-2　转换后的选区一

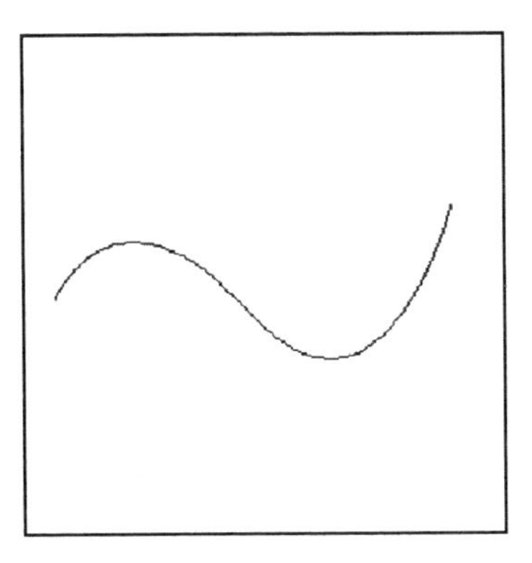

图 5-7-3　开放的路径

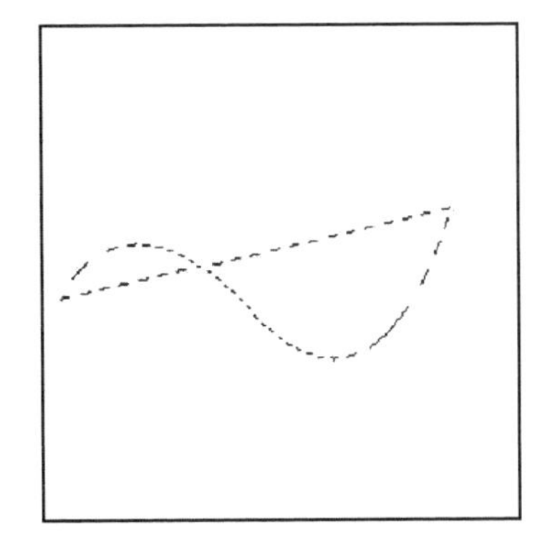

图 5-7-4　转换后的选区二

可以通过以下方法将路径转换成选区：

方法一：在【路径】面板中选择相关路径，单击面板底部的【将路径作为选区载入】按钮，可以将路径转换为选区。

方法二：按住【Ctrl】键单击【路径】面板中的路径缩略图，也可以载入选区。

方法三：在【路径】面板中选择相关路径，按住【Alt】键单击面板底部的【将路径作为选区载入】按钮，或者执行【路径】面板菜单中的【建立选区】命令，打开"建立选区"对话框（图 5-7-5），进行参数设置，完成选区的转换。

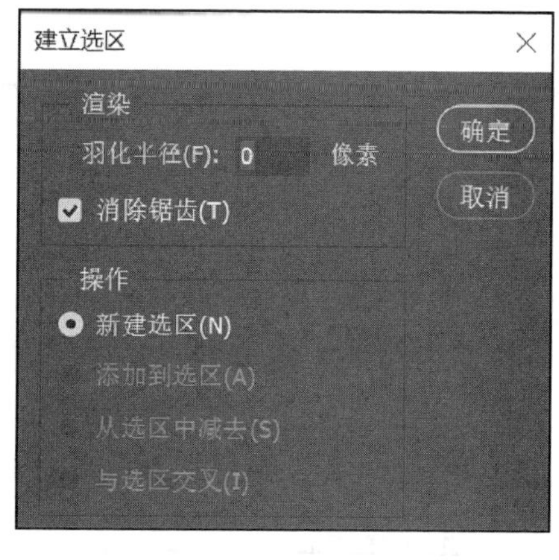

图 5-7-5 "建立选区"对话框

2. 将选区转换为路径

使用选择工具创建的任何选区都可以定义为路径。利用【建立工作路径】命令，可以消除选区上应用的所有羽化效果。

可以通过以下方法将选区转换成路径：

方法一：创建选区后，单击面板底部的【从选区生成工作路径】按钮，可以将选区转换为路径。

方法二：创建选区后，执行【路径】面板菜单中的【建立工作路径】命令，打开"建立工作路径"对话框，如图 5-7-6 所示，设置容差值后即完成路径的转换。

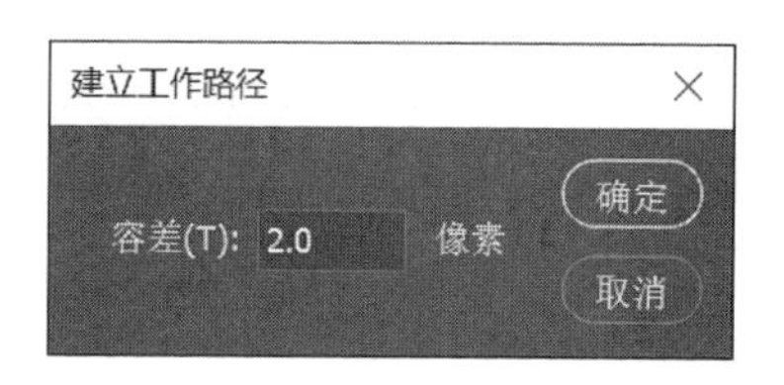

图 5-7-6 "建立工作路径"对话框

容差：范围为 0.5～10 像素，容差值越高，用于绘制路径的锚点越少，路径也越平滑。当容差值分别为 1 和 8 时，选区转换为路径的情况如图 5-7-7、图 5-7-8 所示。

图 5-7-7 容差为 1 的转换效果

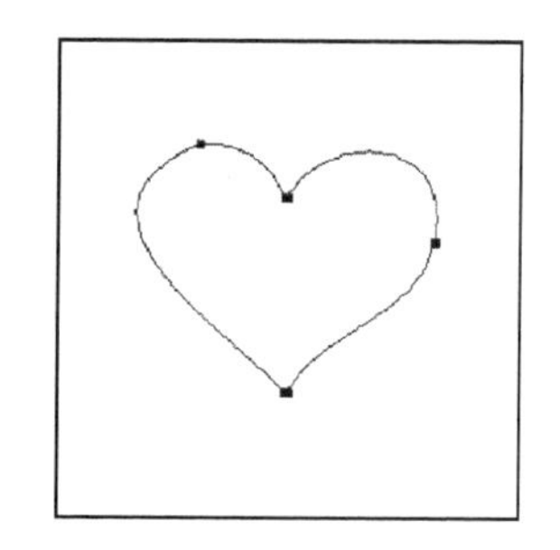

图 5-7-8 容差为 8 的转换效果

二、输出剪贴路径

剪贴路径可以将图像与背景分离，并在打印图像或将图像置入其他应用程序中时使背景变为透明。

输出剪贴路径的步骤如下：

(1) 选择合适的工具绘制图像路径，产生临时路径，如图 5-7-9 所示。

(2) 将此工作路径拖放到【路径】面板中的【创建新路径】图标上，存储临时路径。

(3) 执行【路径】面板菜单中的【剪贴路径】命令，打开“剪贴路径”对话框，如图 5-7-10 所示。

图 5-7-9 临时路径

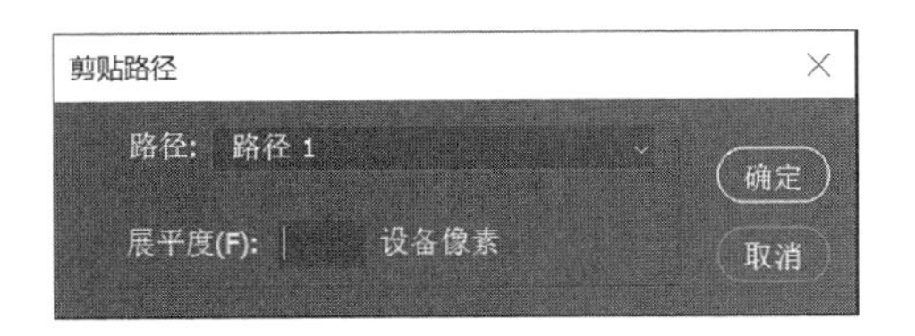

图 5-7-10 “剪贴路径”对话框

“剪贴路径”对话框中选项的功能如下：

【路径】：在此选项的下拉列表中可以选择要存储的路径。

【展平度】：范围为 0.2～100，展平度值越低，用于绘制曲线的直线数量就越多，曲线也越精确。

(4) 选项设置完成后，存储文件。

【案例实施】

(1) 执行【文件】→【打开】命令，打开本案例素材文件夹中的风景素材。

(2) 执行【图像】→【画布大小】命令，弹出“画布大小”对话框，如图 5-7-11 所示。勾选【相对】复选框，并将宽度、高度均设为 0.5 厘米。

(3) 在背景层之上新建“图层 1”。

(4) 选择背景层，按【Ctrl】+【A】快捷键，选择整个图像文件。

(5) 单击【路径】面板下方的【从选区生成工作路径】按钮，效果如图 5-7-12 所示。

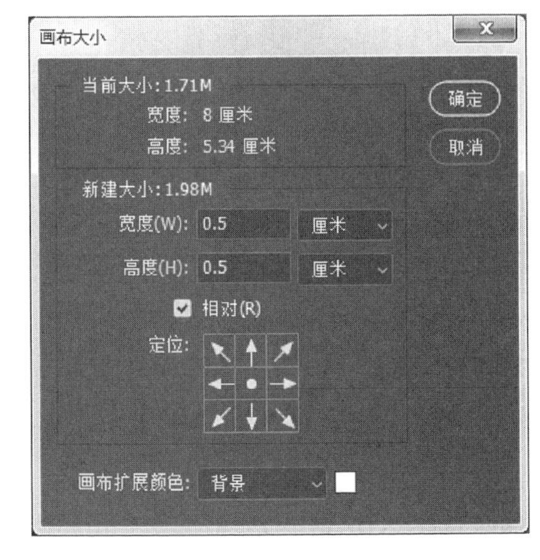

图 5-7-11 修改画布大小

图 5-7-12 从选区生成路径

(6) 选择工具箱中的【画笔工具】，并执行【窗口】→【画笔】命令或按【F5】键，打开【画笔】面板，设置画笔参数，如图 5-7-13 所示。

（7）将前景色设置为黑色，并选中“图层 1”。

（8）在【路径】面板中，选择路径，单击鼠标右键，在弹出的快捷菜单中执行【描边路径】命令（图 5-7-14），在弹出的对话框中选择【画笔】，效果如图 5-7-15 所示。

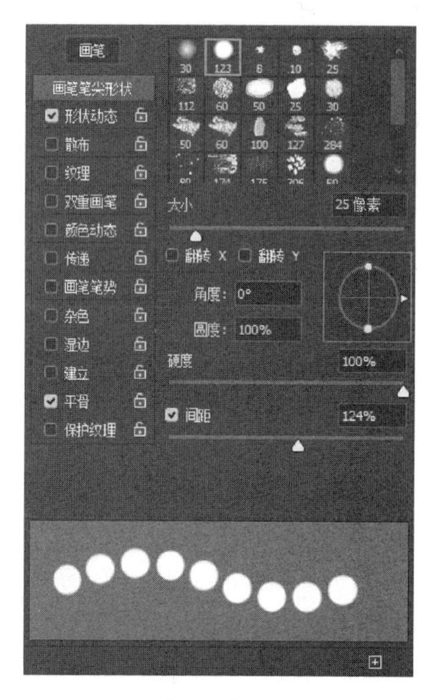

图 5-7-13 【画笔】面板参数设置

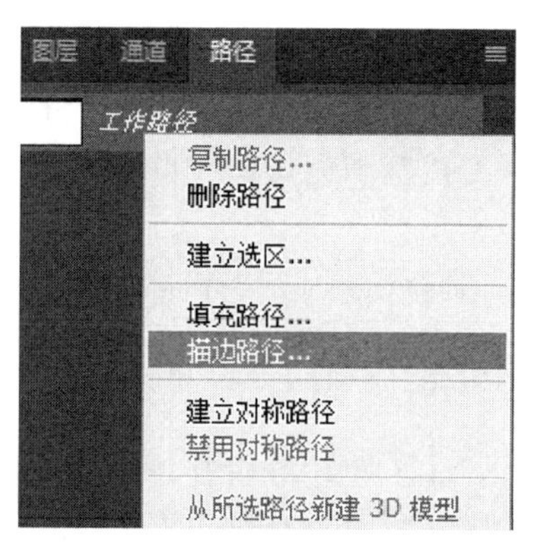

图 5-7-14 【描边路径】命令

图 5-7-15 描边路径后的效果

值得注意的是，边缘上的黑点是加在“图层 1”上，而不是背景层上，如图 5-7-16 所示。

（9）双击背景层解锁，将之转化为“图层 0”。

（10）选择“图层 1”，执行【选择】→【载入选区】命令，在弹出的对话框中单击【确定】按钮。随之在【图层】面板中隐藏“图层 1”，效果如图 5-7-17 所示。

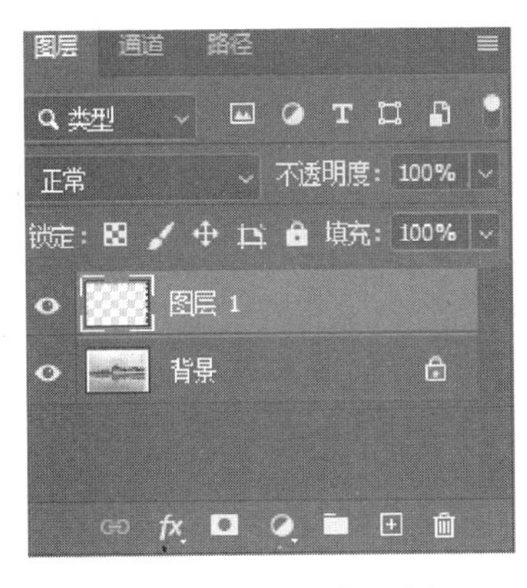

图 5-7-16 图层效果分析

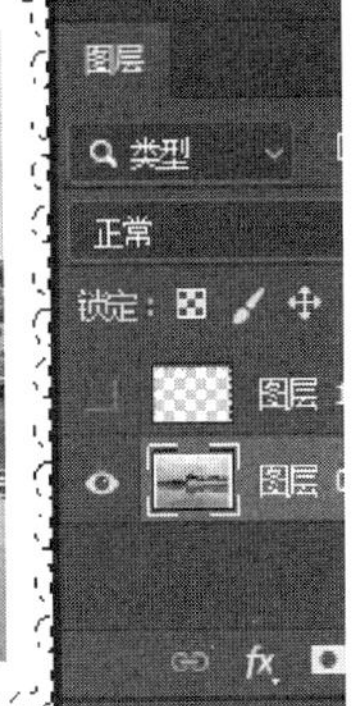

图 5-7-17 创建选区

（11）选择“图层 0”，按【Delete】键，删除选区部分，效果如图 5-7-18 所示。

（12）可以对“图层 0”添加图层样式，使之呈现立体阴影效果。最终效果如图 5-7-19 所示。

图 5-7-18 删除选区部分

图 5-7-19 最终效果

本章练习

一、选择题

1. 路径是一种灵活创建(　　)的工具。

A. 图层　　B. 选区　　C. 图形文件　　D. 通道

2. 使用【路径】面板可以把闭合的路径作为(　　)载入。

A. 图形　　B. 图层　　C. 选区　　D. 通道

3. 在创建路径的过程中，要改变曲线中平滑点两端的方向线的角度，应配合(　　)进行操作。

A.【Ctrl】键　　B.【Shift】键　　C.【Alt】键　　D.【Ctrl】+【T】快捷键

4. “剪贴路径”对话框中的【展平度】是用来(　　)。

A. 定义曲线由多少个节点组成　　B. 定义曲线由多少个直线片段组成

C. 定义曲线由多少个端点组成　　D. 定义曲线边缘由多少个像素组成

5. 若将曲线点转换为直线点，应(　　)。

A. 使用【选择工具】单击曲线点　　B. 使用【钢笔工具】单击曲线点

C. 使用【转换工具】单击曲线点　　D. 使用【铅笔工具】单击曲线点

6.【路径】面板的路径名称在(　　)用斜体字表示。

A. 路径是工作路径的时候　　B. 路径被存储以后

C. 路径断开，未连接的情况下　　D. 路径是剪贴路径的时候

7. 若将当前使用的【钢笔工具】切换为【选择工具】，须按住(　　)。

A.【Shift】键　　B.【Alt】/【Option】键

C.【Ctrl】键　　D.【Caps Lock】键

二、填空题

1. 路径是一种绘制________的工具，同时路径还是一种灵活创建________的工具。

2.【路径】面板中以蓝色条显示的路径为________。

3. 矢量图形创建工具包括钢笔工具和________，路径编辑工具包括添加锚点工具、________和________，路径选择工具包括路径组件选择工具和________。

三、操作题

1. 沿着如图所示的路径排列文字。

(操作题第 1 题图)

2. 绘制有光泽的网页 banner。

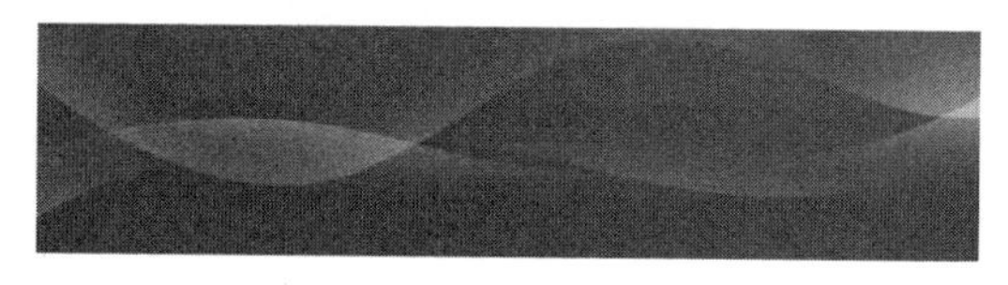

(操作题第 2 题图)

第六章

文　字

◆ **本章学习简介**

文字是传达信息的一种手段，在作品设计中文字更是必不可少的，它不仅能丰富图像内容，还能起到美化图像、强化主题的作用。Photoshop 2020 中有着非常强大的文字创建与编辑功能，不仅有多种文字工具可供使用，更有多个参数设置面板，可以用来修改文字的效果。本章主要讲解多种类型的文字的创建及文字属性的编辑方法。

◆ **本章学习目标**

- 掌握文本的创建技巧。
- 灵活地掌握和运用 Photoshop 2020 的文字编辑技巧。
- 能够掌握合理运用文本。

◆ **本章学习重点**

- 掌握文字工具的使用方法。
- 熟练使用字符面板与段落面板进行文字属性的更改。
- 熟练掌握几种文字的应用。

案例一　点文本的创建

【案例说明】

“点文本”是最常用的文本形式。在点文本输入状态下输入的文字会一直沿着横向或纵向进行排列，如果输入过多甚至超出画面显示区域，此时需要按【Enter】键才能换行。点文本常用于较短文字的输入，如文章标题、海报上少量的宣传文字、艺术字等。

本例将在“点文本.jpg”图像中，创建点文本，从而掌握点文本的创建和编辑方法。

【相关知识】

一、认识文字工具

在 Photoshop 2020 的工具箱中右击【横排文字工具】按钮，打开文字工具组，其中包括 4 种工具，即【横排文字工具】、【直排文字工具】、【直排文字蒙版工具】和【横排文字蒙版工具】，如图 6-1-1 所示。【横排文字工具】和【直排文字工具】主要用来创建实体文字，如点文字、段落文字、路径文字、区域文字，而【横排文字蒙版工具】和【直排文字蒙版工具】则是用来创建文字形状的选区，如图 6-1-2 和图 6-1-3 所示。

图 6-1-1 文字工具组

图 6-1-2 【横排文字工具】使用示例

图 6-1-3 【横排文字蒙版工具】使用示例

【横排文字工具】和【直排文字工具】的使用方法相同,区别在于输入文字的排列方式不同。【横排文字工具】输入的文字是横向排列的,是一种常见的文字排列方式,如图 6-1-2 所示;而【直排文字工具】输入的文字是纵向排列的,如图 6-1-4 所示。

图 6-1-4　【直排文字工具】使用示例

在输入文字前,需要对文字的字体、大小、颜色等属性进行设置。这些设置都可以在文字工具的选项栏中进行。可以先在选项栏中设置好合适的参数,再进行文字的输入;也可以在文字制作完成以后,选中文字对象,然后在选项栏中更改参数。单击工具箱中的【横排文字工具】按钮,其属性栏如图 6-1-5 所示。该属性栏中选项的含义如下:

图 6-1-5　【横排文字工具】属性栏

更改字体方向 :单击该按钮,横向排列的文字将变为直排,直排文字将变为横排。

设置字体 方正姚体 :在选项栏中单击【设置字体】下拉箭头,并在下拉列表中选择合适的字体。如图 6-1-6 所示为不同字体的效果。

(a) 方正姚体

(b) 华文隶书

图 6-1-6　不同的字体效果

设置字体样式 Regular :字体样式只对部分英文字体有效。当选择具有该属性的某些字体后,其后方的下拉列表框将被激活,可在其中选择字体样式,包含【Regular】(规则)、【Italic】(斜体)、【Bold】(粗体)和【Bold Italic】(粗斜体)。

设置字号大小 28 点 :单击【字号】右侧的下拉按钮,在打开的下拉列表框中可选择所需要的字体大小,也可直接输入字体大小的值,值越大,文字显示就越大。

设置消除锯齿的方法 平滑 :输入文字后,可以在该下拉列表框中为文字指定一种消除锯齿的方法,包括【无】、【锐利】、【犀利】、【浑厚】和【平滑】这几种。选择【无】时,不会消除锯齿,文字边缘会呈现出不平滑的效果;选择【锐利】时,文字的边缘最为锐利;选择【犀利】时,文字的边缘比较锐利;选择【浑厚】时,文字的边缘会变粗一些;选择【平滑】时,文字的边缘会非常平滑。如图 6-1-7 所示为不同方式的对比效果。

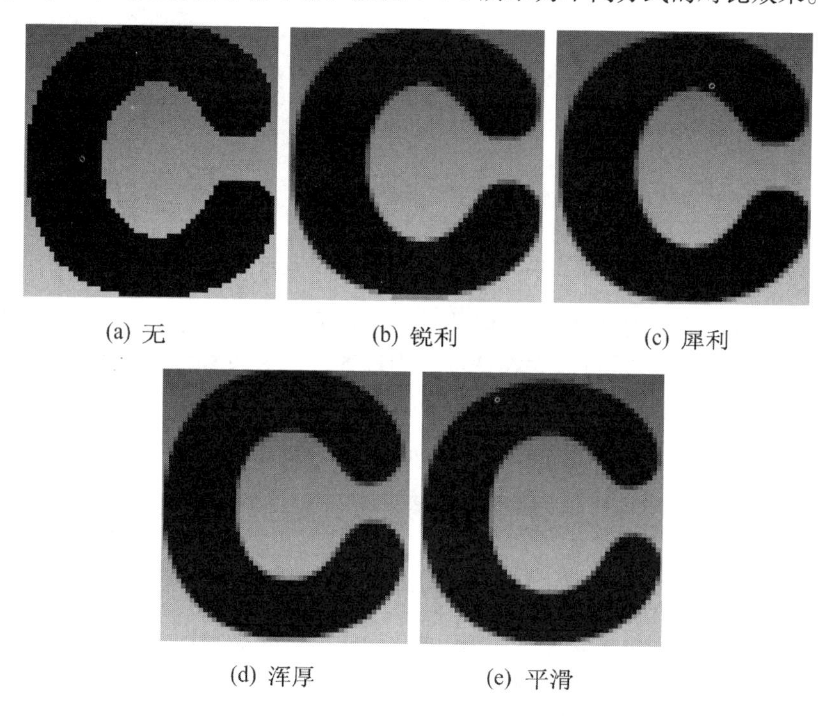

(a) 无　(b) 锐利　(c) 犀利　(d) 浑厚　(e) 平滑

图 6-1-7　各种消除锯齿的不同效果

设置文本对齐方式 :用于快速设置文字的对齐方式,从左至右依次为【左对齐文本】、【居中对齐文本】和【右对齐文本】。

设置文本颜色 :用于设置文字的颜色。单击该色块,即可打开“拾色器”对话框,在其中可以直接设置需要的颜色。在选择用于网格的文字颜色时,勾选【只有 Web 颜色】复选框,即可将颜色面板更改为【Web 颜色】面板。

创建文字变形 :用于设置文字的变形样式,从而使文字更多样化。单击该按钮,即可打开“变形文字”对话框,在其中的【样式】下拉列表框中可以选择需要的变形文字样式,其中包括【扇形】、【下弧】、【上弧】、【拱形】等 15 种样式。通过调整各项参数,可以得到所需的文字变形效果。

切换字符和段落面板 ：单击该按钮，可快速打开【字符】面板和【段落】面板，从而方便在两者之间进行切换。

取消当前编辑 ：当文本在输入状态或编辑状态下显示该按钮，单击该按钮，可取消当前的编辑操作。

提交当前编辑 ：当文本在输入状态或编辑状态下显示该按钮，单击该按钮（或者按【Ctrl】+【Enter】快捷键），即可确定并完成当前文字的输入或者编辑操作。

从文本创建 3D ：单击该按钮，可将文本对象转换为带有立体感的 3D 对象。

二、认识【字符】面板

在设置文字时，除了在文字工具选项栏中对文字进行相关设置外，还可以在【字符】面板中对文字的字体、大小、间距、颜色等各项参数进行设置。执行【窗口】→【字符】命令，打开【字符】面板，或者在工具选项栏中单击【切换字符和段落面板】按钮 ，即可快速打开【字符】面板，如图 6-1-8 所示。该面板中选项的含义如下：

字符
Bell MT
Italic
36 点
30 点
0
25
0%
100%
100%
0 点
颜色：
美国英语
平滑
设置行距
字距调整
字距微调
比例间距
垂直缩放
水平缩放
基线偏移
文字样式
Open Type 功能

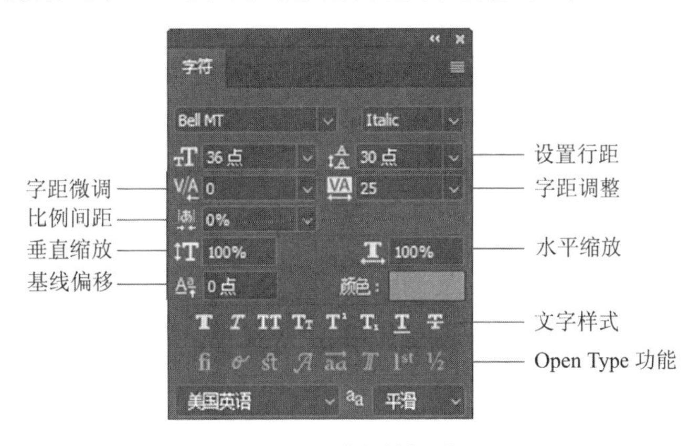

图 6-1-8　【字符】面板

设置行距：用于设置输入的多行文字的行与行之间的距离。数值越大，行距越大；反之，数值越小，行距越小，如图 6-1-9 所示。

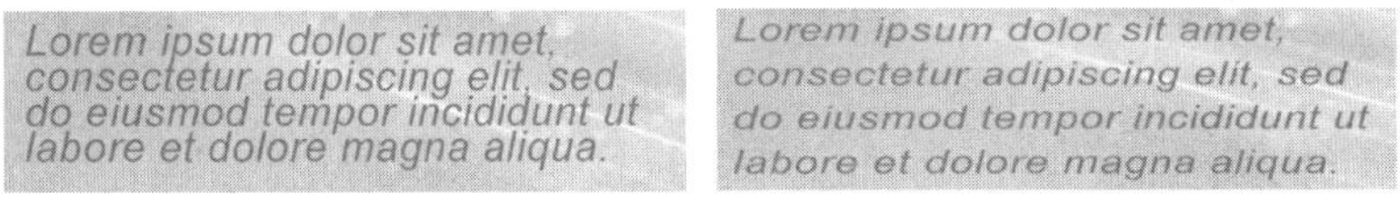

Lorem ipsum dolor sit amet, consectetur adipiscing elit, sed do eiusmod tempor incididunt ut labore et dolore magna aliqua.
Lorem ipsum dolor sit amet, consectetur adipiscing elit, sed do eiusmod tempor incididunt ut labore et dolore magna aliqua.

(a) 行距 30 点　　(b) 行距 48 点

图 6-1-9　不同行距效果对比

字距调整：用于设置所选字符之间的距离。输入正值时，字距会扩大；输入负值时，字距会缩小，如图 6-1-10 所示。

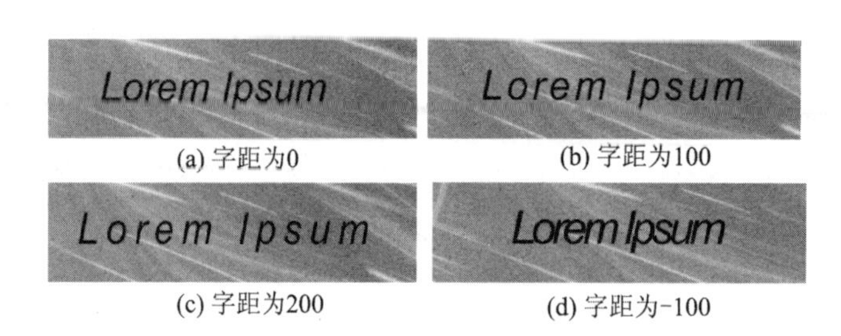

(a) 字距为0　(b) 字距为100

(c) 字距为200　(d) 字距为-100

图 6-1-10　不同字距效果对比

字距微调:对两个字符之间的字距进行微调。设置时,先把光标定位到需要进行字距微调的两个字符之间,然后输入微调值。输入正值时,字距会扩大;输入负值时,字距会缩小,如图 6-1-11 所示。

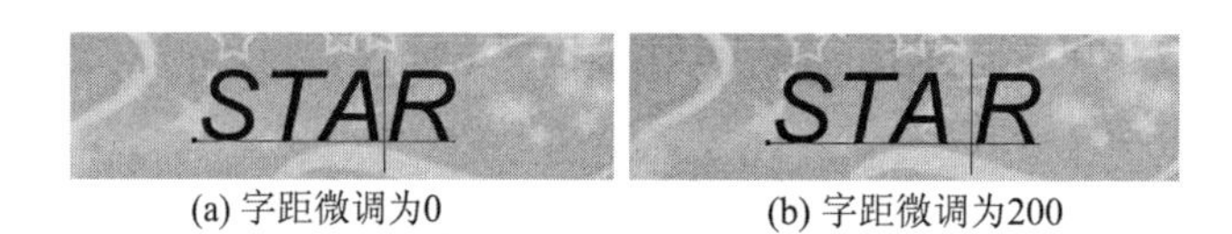

(a) 字距微调为0　(b) 字距微调为200

图 6-1-11　不同字距微调效果对比

比例间距:按指定的百分比来减少字符周围的空间,如图 6-1-12 所示。

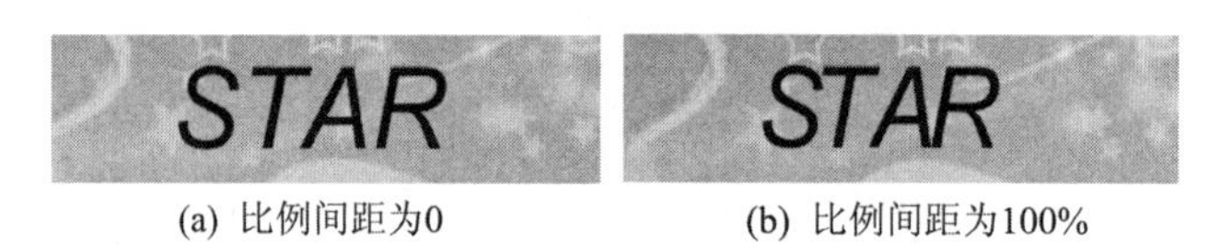

(a) 比例间距为0　(b) 比例间距为100%

图 6-1-12　不同比例间距效果对比

水平缩放:用于设置文字的水平缩放比例,调整文字的宽度,如图 6-1-13 所示。

(a) 水平缩放为100%　(b) 水平缩放为200%

图 6-1-13　不同水平缩放比例效果对比

垂直缩放:用于设置文字的垂直缩放比例,调整文字的高度,如图 6-1-14 所示。

(a) 垂直缩放为100%　(b) 垂直缩放为200%

图 6-1-14　不同垂直缩放比例效果对比

基线偏移:用于设置文字与文字基线之间的向上或者向下偏移的幅度。选中要偏移的文字,输入正值时,文字会上移;输入负值时,文字会下移,如图 6-1-15 所示。

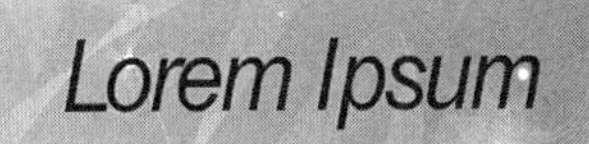

(a) 基线偏移为0

(b) 基线偏移为30

图 6-1-15 不同基线偏移对比

文字样式:用于设置文字的特殊效果,包括仿粗体 、仿斜体 、全部大写字母 、小型大写字母 、上标 、下标 、下划线 、删除线 ,如图 6-1-16 所示。

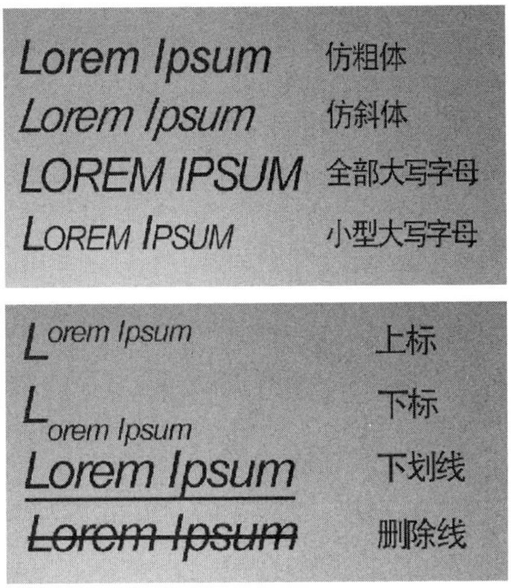

图 6-1-16 各种文字样式

Open Type 功能:包括【标准连字】、【上下文替代字】、【自由连字】、【花饰字】、【文体替代字】、【标题替代字】、【序数字】、【分数字】。

【案例实施】

(1) 创建点文本。

打开本案例素材文件夹中的文件“点文本.jpg”,单击工具箱中的【横排文字工具】按钮 ,在其选项栏中设置字体、字号、颜色等文字属性分别为华文隶书、72 点、RGB(240,222,18)(图 6-1-17)。然后在画面中单击(单击处为文字的起点),随即会显示占位符,可以按下键盘上的【Backspace】或【Delete】键,将占位符删除,然后重新输入文字。接着输入文字,文字会沿横向进行排列,如图 6-1-18 所示。选择工具栏中的【移动工具】 ,在文字输入状态下将光标移动至文字的附近,当光标变为 形状后按住鼠标左键拖动,即可移动文字位置。

图 6-1-17　设置文字属性

图 6-1-18　输入文字

（2）输入多行点文本。

在需要进行换行时，按下键盘上的【Enter】键进行换行，然后开始输入第 2 行文字，如图 6-1-19 所示。文字输入完成后单击选项栏中的按钮 ✓（或按【Ctrl】+【Enter】快捷键），即完成文字的输入，如图 6-1-19 所示。

图 6-1-19 输入多行点文本

（3）编辑字体属性。

① 此时在【图层】面板中出现了一个新的文字图层。如果要修改整个文字图层的字体、字号等属性，可以在【图层】面板中单击选中该文字图层，然后在选项栏或【字符】面板、【段落】面板中更改文字属性。

② 如果要修改部分字符的属性，可以在文本上按住鼠标左键拖动，选择要修改属性的字符（图 6-1-20），然后在选项栏或【字符】面板中修改相应的属性（如字号、颜色等）。完成属性修改后，可以看到只有选中的文字发生了变化，如图 6-1-21 所示。

图 6-1-20 选择字符

图 6-1-21 完成属性修改

案例二 段落文本的创建

【案例说明】

“段落文本”是一种用来制作大段文本的常用方式。“段落文本”可以将文字限定在一个矩形范围内，在这个矩形区域中文字会自动换行，而且文字区域的大小还可以方便地进行调整。配合对齐方式的设置,可以制作出整齐排列的效果。

本例将在“段落文本.jpg”图像中,创建段落文本,从而掌握段落文本的创建和编辑方法。

【相关知识】

在【字符】面板中单击“段落”标签或者执行【窗口】→【段落】命令,即可快速切换到【段落】面板。在其中可以设置文字的对齐方式和缩进方式等,不同的段落格式具有不同的段落效果,如图6-2-1所示。该面板中选项的含义如下:

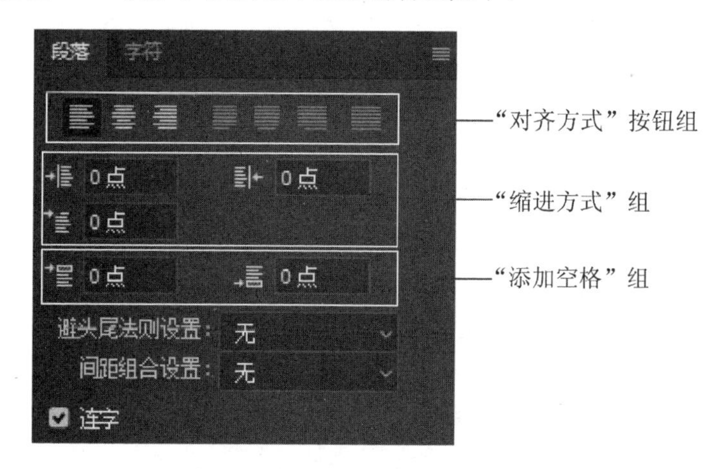

图6-2-1 【段落】面板

“对齐方式”按钮组:用于设置段落文本的对齐方式。选中段落文本所在的图层,单击该按钮组的某一按钮,即可设置相应的段落对齐效果。按钮组从左到右依次为【左对齐文本】、【居中对齐文本】、【右对齐文本】、【最后一行左对齐】、【最后一行居中对齐】、【最后一行右对齐】及【全部对齐】。

“缩进方式”组:用于设置段落文本的缩进量。该组从左到右依次为【左缩进】、【右缩进】、【首行缩进】。

“添加空格”组:【段前添加空格】,设置光标所在段落与前一个段落之间的间隔距离;【段后添加空格】,设置光标所在段落与后一个段落之间的间隔距离。

【避头尾法则设置】:用来设定不允许出现在行首或者行尾的字符,只对段落文本或区域文本起作用。单击右侧的下拉按钮,选择【JIS严格】或者【JIS宽松】,即可使位于行首的标点符号位置发生改变。

【间距组合设置】:为日语字符、罗马字符、标点、特殊字符、行开头、行结尾和数字的间距指定文本编排方式。选择【间距组合1】选项,可以对标点使用半角间距;选择【间距组合2】选项,可以对行中除最后一个字符外的大多数字符使用全角间距;选择【间距组合3】选项,可以对行中的大多数字符和最后一个字符使用全角间距;选择【间距组合4】选项,可以对所有字符使用全角间距。

【连字】:勾选该复选框,输入英文单词时,即可将英文单词自动换行,并在单词之间用连字符连接。

【案例实施】

(1) 输入段落文本。

打开本案例素材文件夹中的文件“段落文本.jpg”,单击工具箱中的【横排文字工具】按钮 T ,在其选项栏中分别设置字体、字号、对齐方式、文字颜色为 Brush Script MT、24点、左对齐文本、RGB(240,222,18);然后在画布中按住鼠标左键拖动,绘制出一个矩形的文本框,如图 6-2-2 所示。在其中输入文字,文字会自动排列在文本框中,如图 6-2-3 所示。

图 6-2-2 矩形文本框

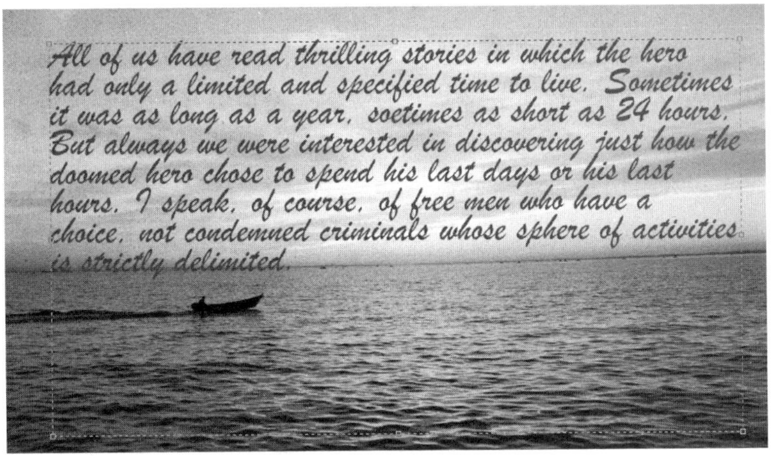

图 6-2-3 输入文字

（2）调整文本框。

如果要调整文本框的大小，可以按住鼠标左键拖动文本框边缘处。随着文本框大小的改变，文字也会重新排列。当文本框较小而不能显示全部文字时，其右下角的控制点会变为形状，如图 6-2-4 所示。

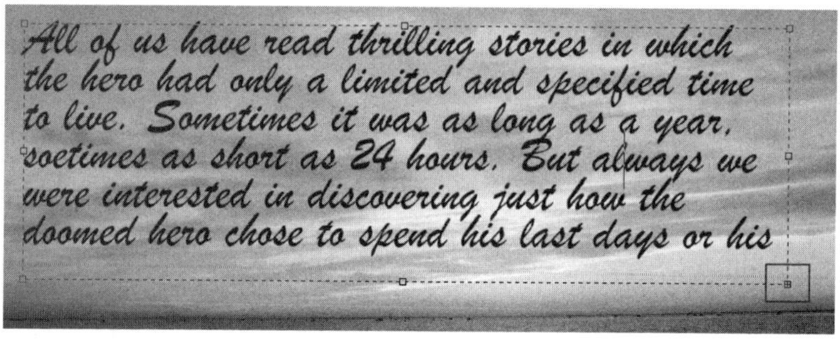

图 6-2-4　调整文本框大小

文本框还可以进行旋转。将光标放在文本框一角处，当其变为弯曲的双向箭头时，按住鼠标左键拖动，即可旋转文本框，文本框中的文字也会随之旋转。

（3）点文本和段落文本的转换。

点文本和段落文本是可以相互转换的，如果当前选择的是段落文本，单击选中文字图层，执行【文字】→【转换为点文本】命令，可以将段落文本转换为点文本；如果当前选择的是点文本，执行【文字】→【转换为段落文本】命令，可以将点文本转换为段落文本。

【案例说明】

“路径文字”比较特殊，它是使用【横排文字工具】或【直排文字工具】创建出的依附于“路径”上的一种文字类型。依附于路径上的文字会按照路径的形态进行排列。其不仅仅局限于水平方向，也可以是波浪线形等其他形状，路径可以是开放的，也可以是封闭的。所有的路径都可以在上面添加路径文字。

本案例将在“路径文字.jpg”图像中，创建路径文字，从而掌握路径文字的创建和编辑方法。

【相关知识】

一、创建路径文字

使用【钢笔工具】在图像中绘制一条路径，使用【横排文字工具】，将鼠标光标放在路径上，当光标变成形状时，单击设置文字插入点，输入的文字即可沿着路径排列，如图 6-3-1 所示。提交文字后，在【路径】面板的空白处单击，可将路径隐藏，如图 6-3-2 所示。

图 6-3-1 沿路径输入文字

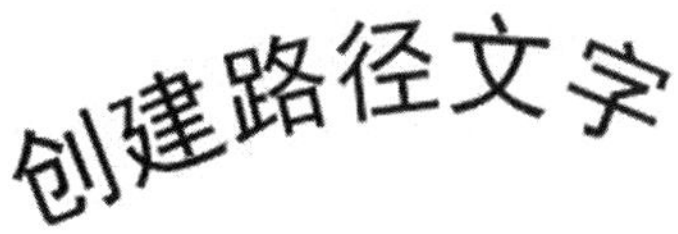

创建路径文字

图 6-3-2 隐藏路径

二、路径的编辑方法

创建路径文字后，用户还可以直接修改路径的形状来影响路径的排列。使用【直接选择工具】单击路径，可以显示锚点、移动锚点或者调整路径的形状，如图 6-3-3 所示。文字会沿修改后的路径重新排列，如图 6-3-4 所示。

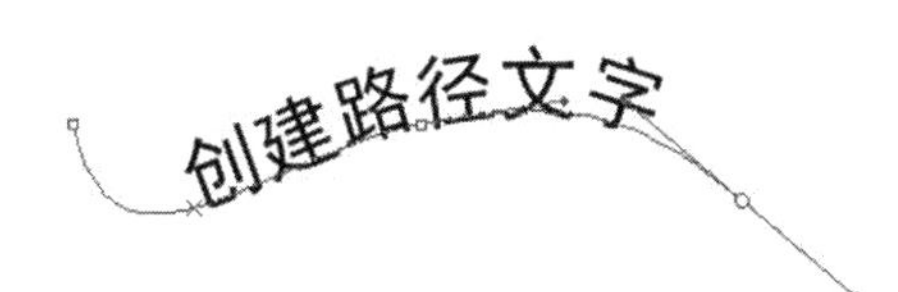

图 6-3-3 使用【直接选择工具】调整路径

图 6-3-4 修改路径

【案例实施】

(1) 绘制路径。

为了制作路径文字，需要先绘制路径。打开本案例素材文件夹中的文件“路径文字.jpg”，使用【钢笔工具】绘制相应的路径，如图 6-3-5 所示。然后将【横排文字工具】 T 移动到路径上并单击，此时路径上出现了文字的输入点，如图 6-3-6 所示。

图 6-3-5 绘制路径

图 6-3-6 文字输入点

（2）输入文字。

单击工具箱中的【横排文字工具】按钮 T，在其选项栏中设置字体、字号、对齐方式、文字颜色分别为华文隶书、30 点、左对齐文本、RGB(0,0,0)，并按路径输入相应的文字，如图 6-3-7 所示。单击其他图层，即可隐藏路径，最终效果如图 6-3-8 所示。如果路径改变，文字的排列方式也随之改变，如图 6-3-9 所示。

图 6-3-7 沿路径输入文字

图 6-3-8 最终效果

图 6-3-9 路径改变

案例四 区域文本的创建

【案例说明】

区域文本是使用文字工具在闭合路径中创建出的位于闭合路径内的文字。使用区域文本,可以在任何不规则的封闭路径内创建文字段落,在实际排版中让文字段落更巧妙地和图像中的内容结合起来,非常实用。

【相关知识】

区域文本的创建

首先绘制一条闭合路径，然后单击工具箱中的【横排文字工具】按钮 T，在其选项栏中设置合适的字体、字号及文本颜色；将光标移动至路径内，当它变为 (I) 形状，单击即可插入光标；输入文字后，可以看到文字只在路径内排列；文字输入完成后，单击选项栏中的【提交当前编辑】按钮 ✓，即完成区域文本的制作。单击其他图层，即可隐藏路径。

【案例实施】

（1）绘制闭合路径。

为了制作区域文本，需要先绘制闭合路径。打开本案例素材文件夹中的文件“区域文本.jpg”，使用【钢笔工具】，绘制相应的闭合路径，如图 6-4-1 所示。然后将【横排文字工具】 T 移动到区域内，当鼠标变为 (I) 形状时，单击输入文字，如图 6-4-2 所示。

图 6-4-1　绘制闭合路径

图 6-4-2　输入点

（2）输入文字。

单击工具箱中的【横排文字工具】 T，在其选项栏中设置字体、字号、对齐方式、文字颜色分别为 Bell MT、36 点、居中对齐文本、RGB（133，140，75），并在区域内输入相应的文字。可以看到文字在区域内排列，如图 6-4-3 所示。文字输入完成以后，单击选项栏中的【提交当前编辑】按钮 ✓，即完成区域文本的制作。单击其他图层，即可隐藏路径。最终效果如图 6-4-4 所示。

图 6-4-3 文字属性及输入文字效果

图 6-4-4 最终效果

(3) 变形文字。

变形文字可以对文字的水平形状和垂直形状做相应调整，从而使文字呈现多样化的效果。在输入文字后，单击选项栏上的【创建文字变形】按钮，打开“变形文字”对话框；在【样式】下拉列表中选择多种文字变形样式，如图 6-4-5 所示；再结合水平和垂直方向上的控制及弯曲度的调整设计出变形文字。

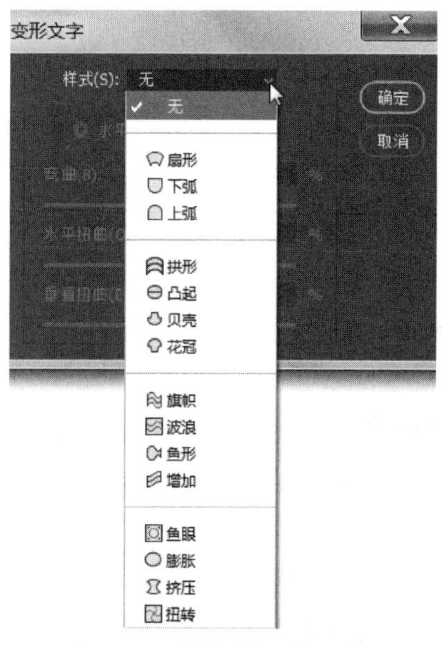

图 6-4-5 【样式】下拉列表

案例五 文字图层的栅格化——制作切开文字效果

【案例说明】

文字图层作为一种矢量对象，不能进行很多特殊操作。如果想制作一些特殊效果，就需要将它转换为图层或形状。下面对文字的各种转换方法分别进行介绍。

栅格化文字图层就是将文字图层转换为普通图层，这样就可以对文字图层进行应用滤镜或者涂抹绘画等多种操作。但是文字图层在栅格化后，Photoshop 2020 将基于矢量的文字轮廓转换为像素图像，从而丢失其文字属性，将不能更改文字的字体、字号和粗细等参数。

本例将在“数码背景.jpg”图像中，制作出切开文字效果，从而掌握栅格化文字图层的方法。

【相关知识】

在【图层】面板中选择文字图层，然后在图层名称上右击，在弹出的快捷菜单中执行【栅格化文字】命令(图 6-5-1)，就可以将文字图层转换为普通图层，如图 6-5-2 所示。

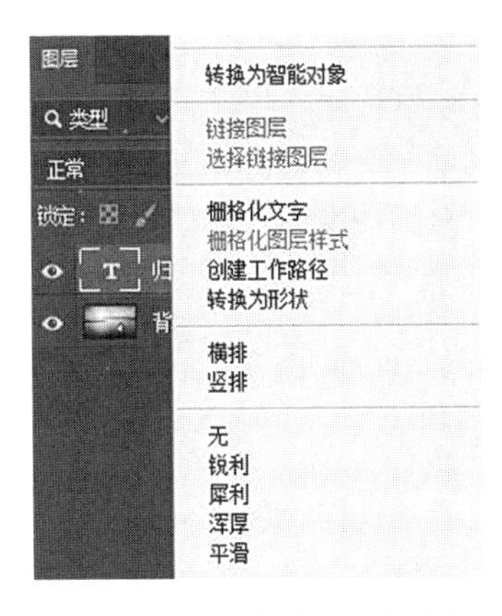

图 6-5-1 “栅格化文字”命令

图 6-5-2 文字图层转化为普通图层

【案例实施】

（1）设置【横排文字工具】栏属性。

打开本案例素材文件夹下的文件“数码背景.jpg”，在工具箱中选择【横排文字工具】T；在工具属性栏中设置字体、字号、消除锯齿、字体颜色分别为 Bernard MT Condensed、300 点、浑厚、黑色；在图像中需要输入文本的起始处单击鼠标左键，此时将出现光标闪烁点，输入“FASHION”文本，如图 6-5-3 所示。

图 6-5-3 文字属性及输入文字效果

（2）设置投影参数。

执行【图层】→【图层样式】→【斜面和浮雕】命令，打开“图层样式”对话框，此时【斜面和浮雕】复选框为选中状态，保持参数不变；勾选【投影】复选框，设置不透明度、角度、距离、大小分别为 75%、120 度、15 像素、10 像素，如图 6-5-4 所示。

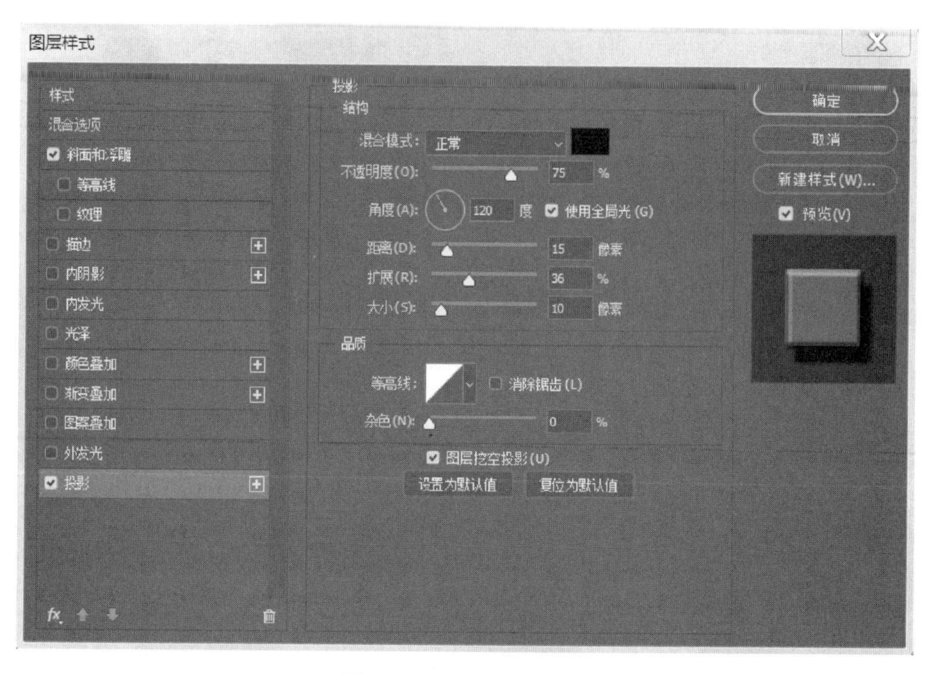

图 6-5-4　设置投影参数

（3）设置渐变叠加参数。

勾选【渐变叠加】复选框，设置混合模式、不透明度、渐变、样式、角度、缩放分别为变亮、100%、黑白渐变、线性、90 度、150%，单击【确定】按钮，如图 6-5-5 所示。

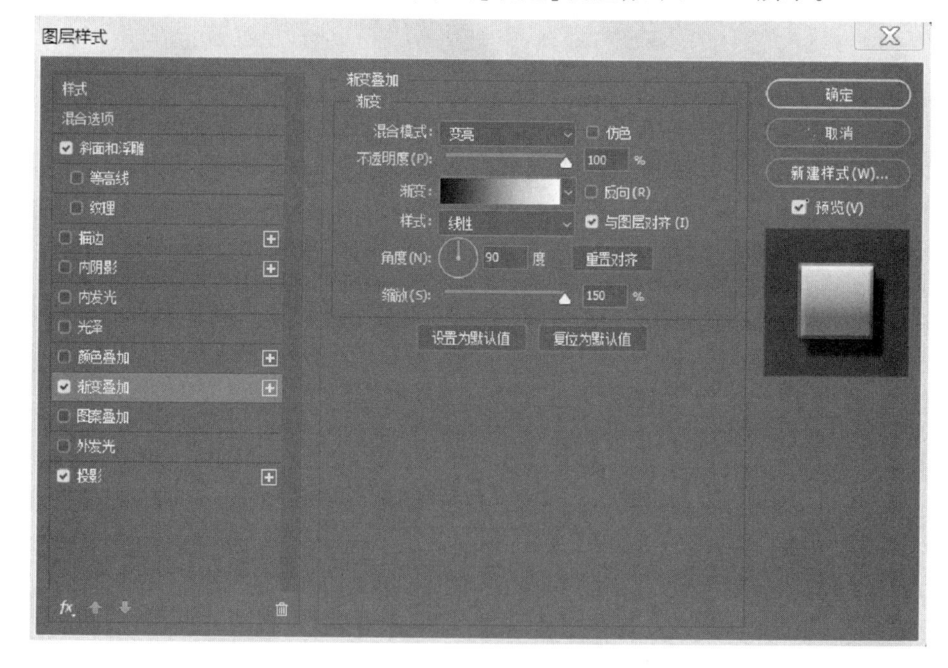

图 6-5-5　设置渐变叠加参数

（4）栅格化文字。

按【Ctrl】+【J】快捷键，复制文字图层，再在【图层】面板中单击鼠标右键，在弹出的快

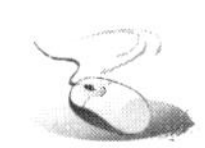

捷菜单中执行【栅格化文字】命令。此时选择的文字图层已经变为普通图层，如图 6-5-6 所示。

图 6-5-6　栅格化文字

（5）绘制投影。

新建“图层 1”，并将其移动到栅格化图层的下方，再在工具箱中选择【画笔工具】，在文字的下方进行拖动，绘制投影，如图 6-5-7 所示。

图 6-5-7　绘制投影

（6）模糊投影。

执行【滤镜】→【模糊】→【高斯模糊】命令，打开“高斯模糊”对话框，设置半径为 18

像素，单击【确定】按钮，如图 6-5-8 所示。

图 6-5-8　设置模糊投影

（7）绘制文字底部选区。

选择栅格化后的图层，在工具箱中选择【多边形套索工具】，在文字的底部绘制出选区，如图 6-5-9 所示。

图 6-5-9　绘制文字底部选区

（8）制作文字底部切开效果。

在工具箱中选择【移动工具】，单击选区并将其向下移动，制作文字底部切开效果，如

图 6-5-10 所示。

图 6-5-10　制作文字底部切开效果

（9）制作文字中间切开效果。

使用相同的方法，在文字的中间使用【多边形套索工具】绘制选区，并制作文字中间切开效果。保存图像并查看完成后的效果，如图 6-5-11 所示。

图 6-5-11　最终效果

案例六 文字路径的创建

【案例说明】

想要获取文字对象的路径,可以选中文字图层并右击,在弹出的快捷菜单中执行【创建工作路径】命令,即可得到文字的路径。得到了文字的路径后,可以对路径进行描边、填充或创建矢量蒙版等操作。

本案例将在"将文字转换为路径.jpg"图像中,对文字制作描边路径,从而掌握文字转换为路径的方法。

【相关知识】

创建文字路径的方法

在工具箱中选择【横排文字工具】T,输入文字、右击文字图层,在弹出的快捷菜单中执行【创建工作路径】命令,即可将文字转换为路径,如图 6-6-1 所示。单击右侧的【路径】面板,即可看到这条路径,如图 6-6-2 所示。

图 6-6-1 【创建工作路径】命令

图 6-6-2 文字路径

【案例实施】

(1) 设置横排文字工具栏属性。

打开本案例素材文件夹中的文件"将文字转换为路径.jpg",在工具箱中选择【横排文字工具】T;在工具属性栏中设置字体、字号、消除锯齿、字体颜色分别为 Jokerman、200 点、平滑、白色;在图像中需要输入文本的起始处单击鼠标左键,此时将出现光标闪烁点,

输入“sunshine”文本，如图 6-6-3 所示。

图 6-6-3 文字属性及输入文字效果

（2）创建工作路径。

选择文字图层并右击，在弹出的快捷菜单中执行【创建工作路径】命令，将文字转换为路径。新建“图层”，按【Ctrl】+【T】快捷键，调整路径的位置，如图 6-6-4 所示。

图 6-6-4 调整路径位置

（3）用画笔描边路径。

按下【Enter】键，即完成变换。选择【画笔工具】，在工具属性栏中设置画笔的类型、大小分别为硬边圆、5 像素；设置前景色为 RGB(240,222,18)，如图 6-6-5 所示；在【路径】面板中单击【用画笔描边路径】按钮 ，对路径进行描边，如图 6-6-6 所示。在【路径】面板中的空白区域单击，以隐藏路径。最终效果如图 6-6-7 所示。

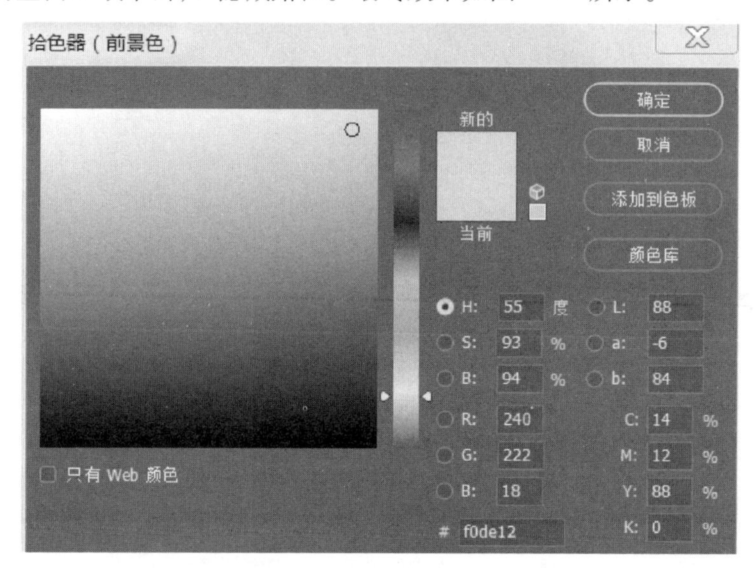

图 6-6-5　设置前景色参数

图 6-6-6　描边路径

图 6-6-7 最终效果

本章练习

一、单选题

1. 点文本可以通过( )命令转化为段落文本。

A. 转换为段落文本　　B. 文字

C. 链接图层　　D. 所有图层

2. 当要对文字图层执行滤镜效果时,首先应当( )。

A. 执行【图层】→【栅格化】→【文字】命令

B. 直接在【滤镜】菜单下选择一个滤镜命令

C. 确认文字图层和其他图层没有链接

D. 选择这些文字,然后在【滤镜】菜单下选择一个滤镜命令

二、多选题

1. 对于文字图层,下列文字信息中可以进行修改和编辑的是( )。

A. 文字颜色

B. 文字内容,如加字或减字

C. 文字大小

D. 将文字图层转换为像素图层后可以改变文字的排列方式

2. 段落文字框可以进行的操作是( )。

A. 缩放　　B. 旋转　　C. 裁切　　D. 倾斜

三、操作题

制作宠物画像,如下图所示。

FLUFFY LOVELY
ETERNITY
COZ
MYCUTEPET
AGILE
GRACE
CUTE
Enthusiasm
Delicacy

（操作题图）

第七章

图像合成的重要“神器”——蒙版

◆ **本章学习简介**

本章主要讲解蒙版的使用方法，包括快速蒙版、图层蒙版、剪贴蒙版和矢量蒙版的应用，通过实际应用案例进一步讲解蒙版工具的操作方法。通过案例学习及任务实施，可以快速地掌握蒙版的使用技巧，制作出独特的图像效果，同时能够合理地利用蒙版进行图像设计与创作。

◆ **本章学习目标**

- 理解蒙版的概念。
- 掌握快速蒙版、图层蒙版、剪贴蒙版和矢量蒙版的操作方法。
- 能运用蒙版进行图像设计与创作。

◆ **本章学习重点**

- 熟练掌握快速蒙版、图层蒙版、剪贴蒙版和矢量蒙版的操作方法。

案例一　快速蒙版的应用——打造特殊风格的荷花效果

【案例说明】

在平面设计中，经常需要在不破坏原图的情况下，利用快速蒙版对图片进行处理，实现多种不同风格的效果。本案例主要通过为图像添加快速蒙版，并为快速蒙版区域设置波纹滤镜，制作荷花边缘的波纹效果，如图 7-1-1 所示。

图 7-1-1　荷花边缘波纹效果

【相关知识】

一、蒙版的基本概念

蒙版可以用来将图层或图层的某些部分隐藏，以保护这些部分不被编辑。利用蒙版可以将花费很多时间创建的选区存储起来以便以后的创作。另外，也可以将蒙版用于其他复杂的编辑工作，如对图像执行颜色变换或滤镜效果。

在【通道】面板中，蒙版通道的前景色和背景色以灰度显示，通常黑色是被保护的部分，白色是不被保护的部分，而灰度部分则根据其灰度值作为透明蒙版使用。图像部分被保护，可以产生各种变化，如图 7-1-2 所示。

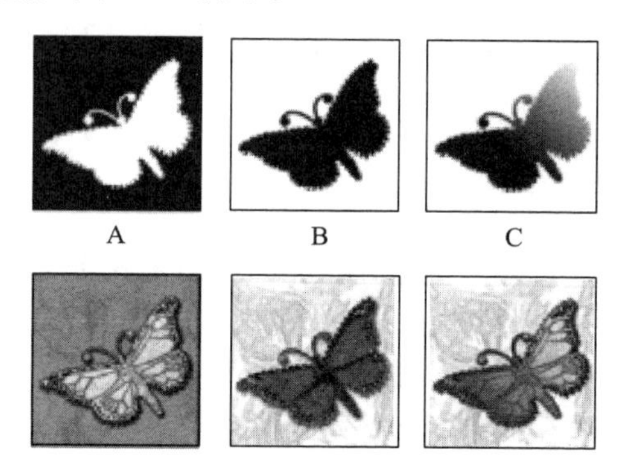

A—用于保护背景并编辑“蝴蝶”的不透明蒙版；
B—用于保护“蝴蝶”并为背景着色的不透明蒙版；
C—用于为背景和部分“蝴蝶”着色的半透明蒙版。

图 7-1-2 蒙版示例

蒙版存储在 Alpha 通道中。蒙版和通道都是灰度图像，因此可以使用绘画工具组和滤镜进行编辑。在蒙版上用黑色绘制的区域将会受到保护，而蒙版上用白色绘制的区域是可编辑区域。

二、快速蒙板

1. 创建快速蒙板

在快速蒙版模式下，可以将选区转换为蒙版。此时，会创建一个临时的蒙版，同时在【通道】面板中创建一个临时的 Alpha 通道，以后可以使用几乎所有工具和滤镜来编辑修改蒙版。修改好蒙版后，回到标准模式下，即可将蒙版转换为选区。

默认状态下，快速蒙版呈红色，与掏空了选区的红色胶片相似，遮盖在非选区图像的上边。因为蒙版是半透明的，所以可以通过蒙版观察到它下面的图像。创建快速蒙版的具体操作步骤如下：

（1）在图像中创建一个选区。

（2）用鼠标双击工具箱中的【以快速蒙版模式编辑】按钮，出现“快速蒙版选项”对话框，如图 7-1-3 所示。此时的图像如图 7-1-4 所示。利用该对话框进行设置后，单击【确定】按钮，即可退出该对话框并建立快速蒙版。如果不进行设置，采用如图 7-1-3 所示的默认状态，可用鼠标单击工具箱内的【以快速蒙版模式编辑】按钮，即可建立快速蒙版。

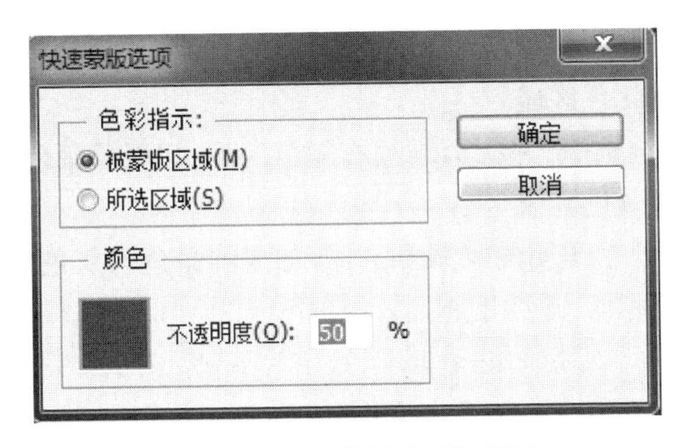

图 7-1-3　“快速蒙版选项”对话框

图 7-1-4　快速蒙版效果

“快速蒙版选项”对话框中选项的含义如下：

【被蒙版区域】:选中该单选按钮后,蒙版区域(即非选区)有颜色,非蒙版区域(即选区)没有颜色。

【所选区域】:选中该单选按钮后,选区(非蒙版区域)有颜色,非选区(即蒙版区域)没有颜色,它与【被蒙版区域】单选按钮的作用正好相反。

“颜色”组选项：可在【不透明度】文本框内输入通道的不透明度数值,单击色块,出现“拾色器”对话框,用来设置蒙版的颜色,它的默认值是不透明度为50%的红色。

例如,选中【所选区域】单选按钮,颜色改为蓝色,不透明度为80%,则单击【确定】按钮后,图像效果如图7-1-5所示。

建立快速蒙版后的【通道】面板如图7-1-6所示。可以看出【通道】面板中增加了一个【快速蒙版】通道。

图 7-1-5　改变快速蒙版图像效果

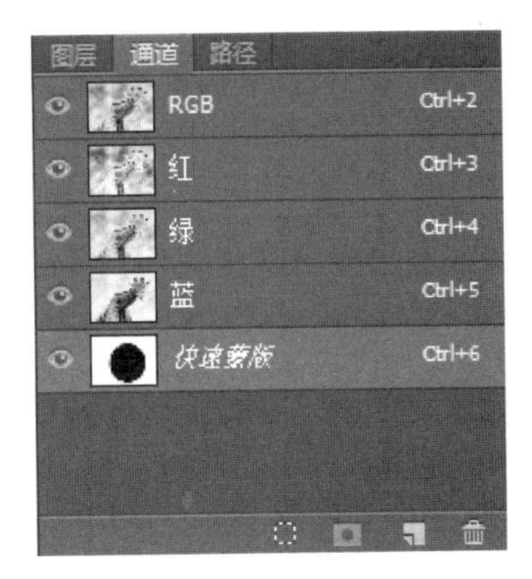

图 7-1-6　快速蒙版通道

2. 编辑快速蒙版

选中【通道】面板中的【快速蒙版】通道,然后可使用各种工具和滤镜对快速蒙版进行编辑修改。改变快速蒙版的大小与形状,也就调整了选区的大小与形状。在用【画笔工具】和【橡皮擦工具】修改快速蒙版时,须遵循以下规则：

(1) 针对图7-1-4所示状态,有颜色区域越大,蒙版越小,选区越小;针对图7-1-5所示状态,有颜色区域越大,蒙版越大,选区越大。

(2) 如果前景色为白色,并在有颜色区域绘图,那么会减少有颜色区域;如果前景色为黑色,并在无颜色区域绘图,那么会增加有颜色区域。

(3) 如果前景色为白色,并在无颜色区域擦除,那么会增加有颜色区域;如果前景色为黑色,并在有颜色区域擦除,那么会减少有颜色区域。

(4) 如果前景色为灰色,在绘图时会创建半透明的蒙版和选区;如果前景色为灰色,在擦图时会创建半透明的蒙版和选区。灰色越淡,透明度越高。

对如图 7-1-4 所示蒙版进行加工(采用【波纹】扭曲滤镜处理,数量为 700%,在【大小】下拉列表中选择【中】选项)后的图像,如图 7-1-7 所示。

对如图 7-1-5 所示蒙版进行加工(采用【波纹】扭曲滤镜处理,数量为 700% ,在【大小】下拉列表框中选择【中】选项)后的图像,如图 7-1-8 所示。

图 7-1-7　蒙版加工效果

图 7-1-8　蒙版加工效果

【案例实施】

(1) 按【Ctrl】+【O】快捷键,打开本案例素材文件夹中的文件,将图层命名为“荷花”,如图 7-1-9 所示。

图 7-1-9　“荷花”图层

(2) 用【椭圆工具】选取盛开的荷花区域,如图 7-1-10 所示。

(3) 双击工具栏下方的【以快速蒙版模式编辑】按钮 ,进入“快速蒙版选项”对话

框(图 7-1-11),在“色彩指示”下选中【所选区域】,颜色默认为红色,设置不透明度为 50%。

图 7-1-10　选择盛开荷花区域

图 7-1-11　“快速蒙版选项”对话框

此时荷花图层进入快速蒙版编辑模式,椭圆选区被蒙上透明度为 50% 的红色,如图 7-1-12 所示。

图 7-1-12　进入快速蒙版编辑模式

(4) 执行【滤镜】→【扭曲】→【波纹】命令,如图 7-1-13 所示;对波纹选项进行参数调整,将波纹数量变大,如图 7-1-14 所示。此时进入快速蒙版编辑模式的荷花区域便出现波纹效果,如图 7-1-15 所示。

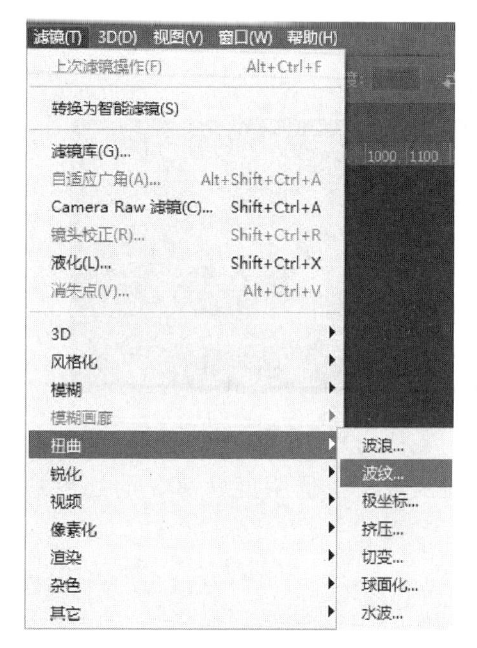

图 7-1-13　选择波纹效果滤镜

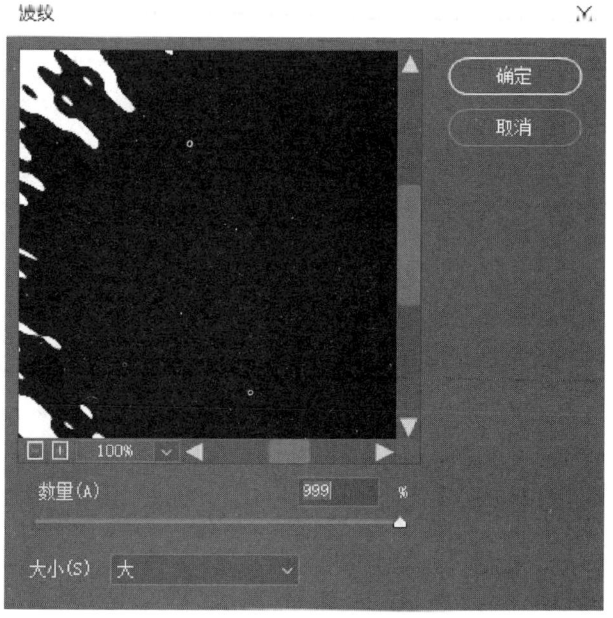

图 7-1-14　调整波纹参数

图 7-1-15　添加波纹滤镜效果

（5）单击工具箱下方的【以标准按钮模式编辑】按钮 ，退出快速蒙版编辑模式，红色区域部分生成选区，如图 7-1-16 所示。按【Ctrl】+【Shift】+【I】快捷键，进行反选；按【Delete】键，删除多余区域，如图 7-1-17 所示。

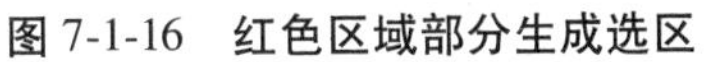

图 7-1-16　红色区域部分生成选区

图 7-1-17　反选并删除多余区域

(6) 在【图层】面板中可根据具体需要添加背景图层，并调整荷花图片，生成不同的效果，如图 7-1-18 所示。

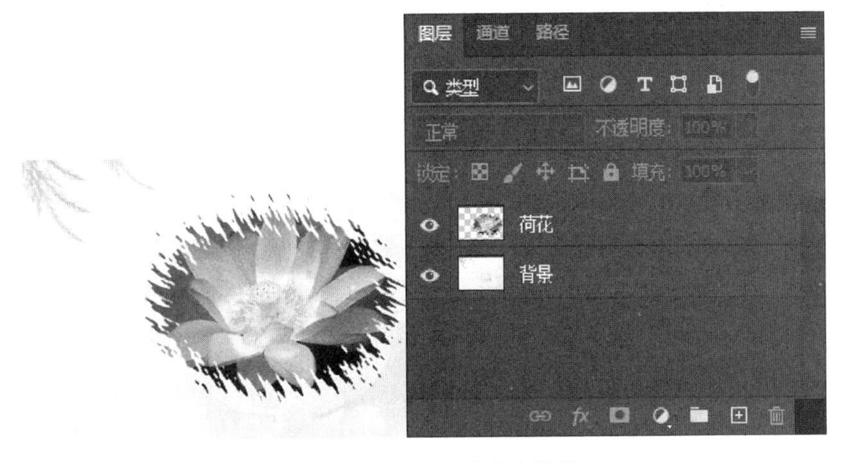

图 7-1-18　荷花边缘波纹效果

案例二　图层蒙版的应用——制作伸出电视屏幕的长颈鹿

【案例说明】

本案例利用图层蒙版，为电视背景墙更换电视画面，并结合画笔打造出长颈鹿头部伸出电视屏幕的立体效果，如图 7-2-1 所示。

图 7-2-1　伸出电视屏幕的长颈鹿效果

【相关知识】

一、图层蒙板

利用图层蒙版合成图像不会对图像本身造成损害，一切操作在蒙版上进行。图层蒙版是 Photoshop 重要的功能之一，也是实际中频繁使用的图像合成和图像处理工具，学好图层蒙版可以让我们更加灵活地处理图像。

二、添加图层蒙板

通过图层蒙版，可以控制图层中的不同区域如何被隐藏或显示。通过更改图层蒙版，可以将许多特殊效果应用到图层中，而不会影响原图像上的像素。图层上的蒙版相当于一个 8 bit 灰阶的 Alpha 通道。在蒙版中，黑色表示全部被蒙住，图层中的图像不显示；白色表示图像全部显示；不同程度的灰色蒙版表示图像以不同程度的透明度显示。

选中一个图层，单击【图层】面板下方的【添加图层蒙版】按钮，可以在原图层后面加入一个白色的图层蒙版，此时图像完全显示，如图 7-2-2 所示。

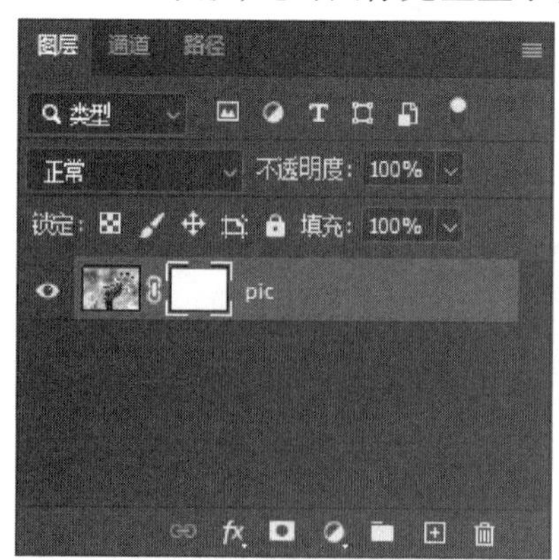

图 7-2-2　创建白色蒙版，图像完全显示

如果单击按钮的同时按住【Alt】键，就可以建立一个黑色的蒙版，如图 7-2-3 所示。

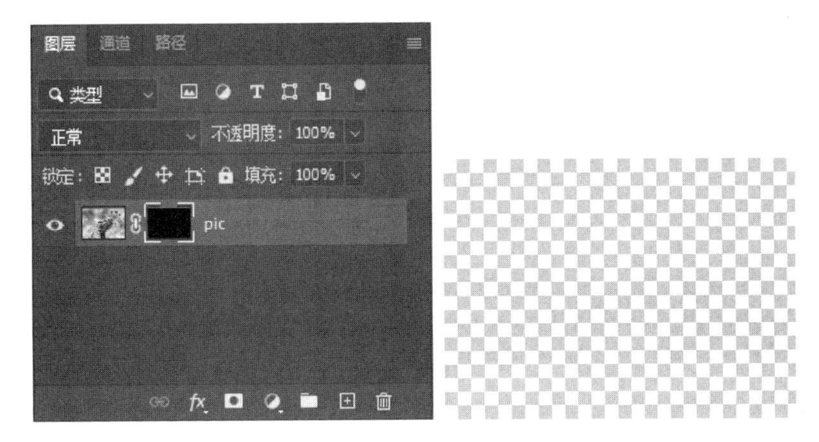

图 7-2-3　创建黑色蒙版，图像完全隐藏

单击图层蒙版缩略图，在蒙版中使用【黑白渐变工具】可得到黑白灰过渡的图像效果，如图 7-2-4 所示。

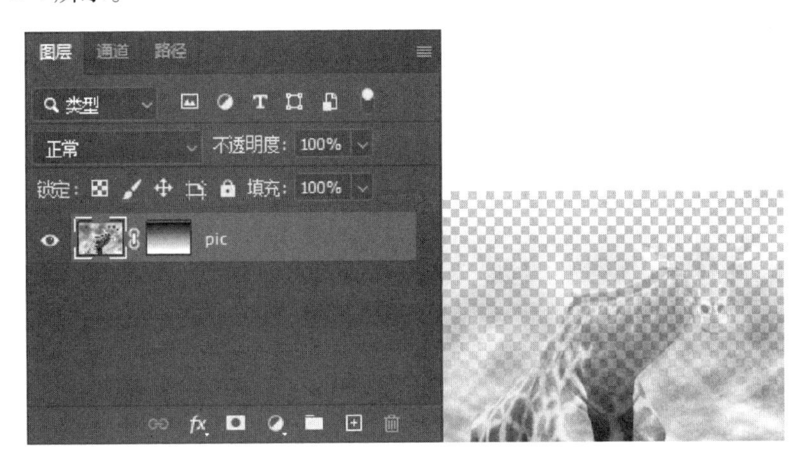

图 7-2-4　图像的过渡效果

需要注意的是，背景图层不能创建蒙版。

当创建一个图层蒙版时，它是自动和图层中的图像链接在一起的。在【图层】面板中图层和蒙版之间有链接符号出现，此时若移动图像，则图层中的图像和蒙版将同时移动。用鼠标指针单击链接符号，符号就会消失，如图 7-2-5 所示，此时就可以分别针对图层和蒙版进行移动了。

三、编辑图层蒙板

在图层蒙版缩略图上单击鼠标右键，选择【蒙版选项】，弹出“图层蒙版显示选项”对话框（图 7-2-6）。此对话框用来设定蒙版的表示方法，默认是 50%不透明度的红色表示。如果要选择其他颜色，可单击【颜色】下面的小色块，在弹出的拾色器中选择颜色。此处的设定只和显示有关，对图像没有任何影响。

图 7-2-5 断开图层蒙版链接

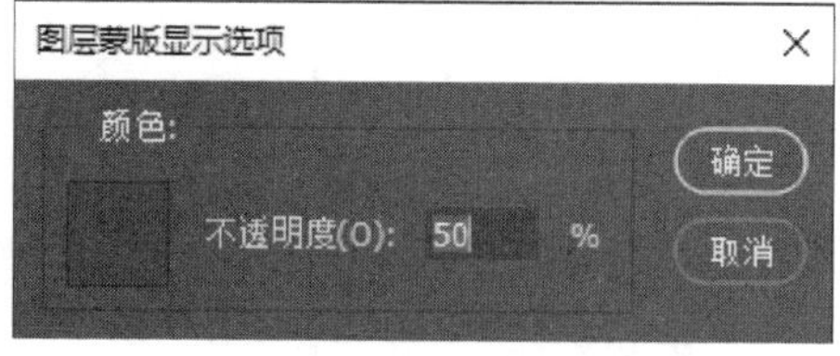

图 7-2-6 “图层蒙版显示选项”对话框

四、删除图层蒙板

如果对所做的蒙版不满意，有两种方法可将其删除。

方法一：执行【图层】→【图层蒙版】→【删除】命令，此时，蒙版直接被删除。

方法二：在【图层】面板中直接拖动蒙版图标到【删除图层】按钮 上，这时弹出如图 7-2-7 所示的对话框，提示移去蒙版之前是否将蒙版应用到图层。

将图层面板的蒙版暂时关闭，可在菜单中执行【图层】→【图层蒙版】→【停用】命令，此时，蒙版被临时关闭，蒙版图标上有一个红色的“×”标志，如图 7-2-8 所示。如果想重新显示蒙版，可以在菜单中执行【图层】→【图层蒙版】→【启用】命令，此时蒙版被重新启用。

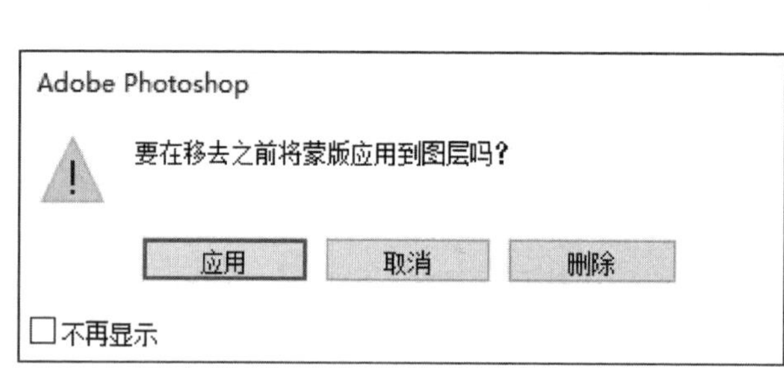

图 7-2-7 提示对话框

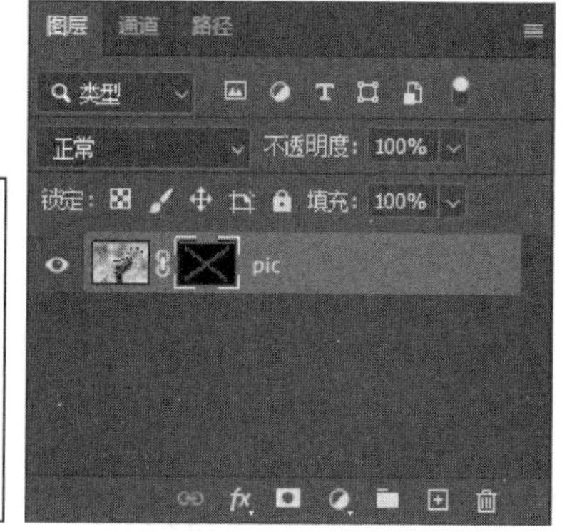

图 7-2-8 关闭蒙版状态

提示 在【图层】面板中，若有蒙版的图层外框为高亮显示，表示当前选中的是图层，此时所有的编辑操作对图层有效；若蒙版的外框为高亮显示，表示当前选中的是蒙版，则所有的编辑操作对蒙版有效。

【案例实施】

(1) 打开本案例素材文件夹中的电视背景墙和长颈鹿图片,将长颈鹿图层放置在下方,如图 7-2-9 所示。

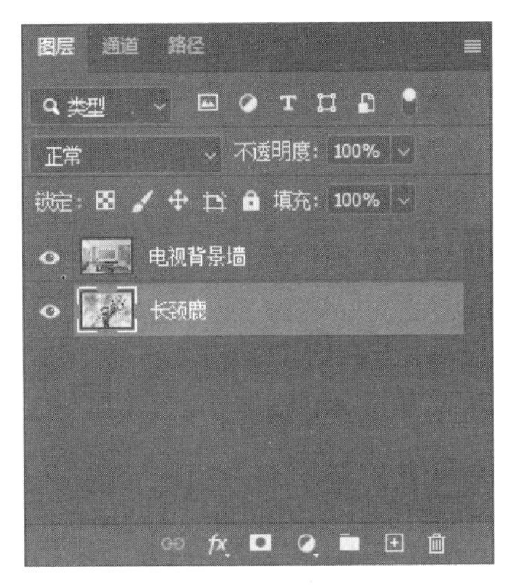

图 7-2-9 图层放置图示

(2) 选中“电视背景墙”图层,用【矩形选框工具】选中电视屏幕区域,如图 7-2-10 所示。

图 7-2-10 选中电视屏幕区域

(3) 执行【图层】→【图层蒙版】→【隐藏选区】命令(图 7-2-11),将电视背景选区隐藏,露出下方的“长颈鹿”图层(图 7-2-12)。

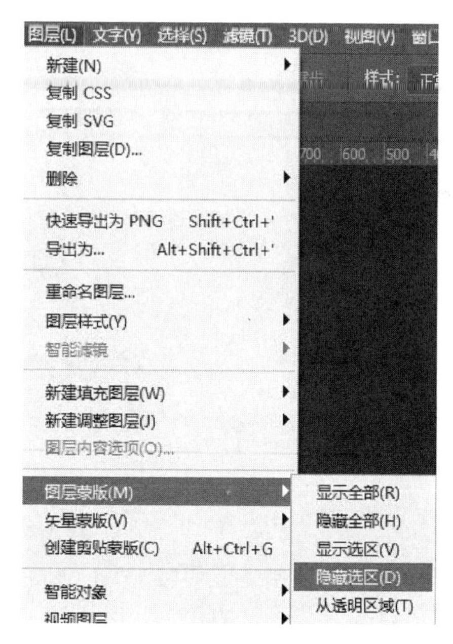

图 7-2-11　选择【隐藏选区】命令

图 7-2-12　隐藏选区后露出下方“长颈鹿”图层

(4) 调整“长颈鹿”图层至合适大小和位置,效果如图 7-2-13 所示。

接下来制作长颈鹿头部伸出电视屏幕效果。

图 7-2-13　调整“长颈鹿”图层

（5）将电视背景墙透明度调整到 70%（调整不透明度是为了方便看长颈鹿的整体效果），并调整长颈鹿图层位置，如图 7-2-14 所示。

图 7-2-14　设置透明度以调整长颈鹿位置

（6）单击“电视背景墙”图层蒙版缩略图 ，如图 7-2-15 所示。

（7）利用前景色为黑色的画笔在蒙版上长颈鹿头部的地方涂抹，隐藏该区域的电视背景墙，将长颈鹿的头部显现出来。长颈鹿头部多余的区域可以用白色画笔涂抹。涂抹过程中可将“电视背景墙”图层的不透明度改回 100%，调整画笔的大小，反复涂抹多次，可达到较为满意的效果，此时图层蒙版如图 7-2-16 所示。最终效果如图 7-2-1 所示。

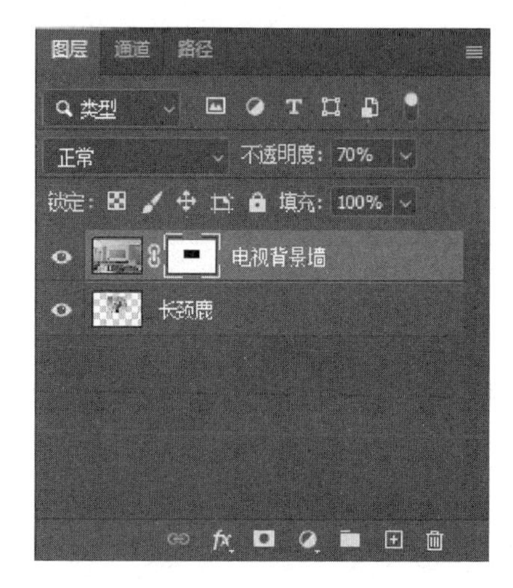

图 7-2-15　单击图层蒙版缩略图

图 7-2-16　在蒙版上使用画笔涂抹效果

案例三　剪贴蒙版的应用——制作“少年强，则中国强”文字效果

【案例说明】

本案例利用剪贴蒙版为文字添加特殊图像效果，从而使海报中的文字标题更具有视觉冲击力，最终效果如图 7-3-1 所示。

图 7-3-1　“少年强，则中国强”标题文字效果

【相关知识】

一、剪贴蒙版的概念

剪贴蒙版是底部或基底图层的透明像素蒙盖其上方的图层的内容，这些图层是剪贴蒙版的一部分。基底图层的内容将在剪贴蒙版中裁剪（显示）它上方的图层的内容。

二、创建与释放剪贴蒙版

要创建剪贴蒙版必须要有两个以上图层，以如图 7-3-2 所示的两个图层为例：选中花朵图层，执行【图层】→【创建剪贴蒙版】命令，图片产生了如图 7-3-3 所示的效果。

图 7-3-2　创建剪贴蒙版

图 7-3-3　剪贴蒙版效果

可见，相邻的两个图层创建剪贴蒙版后，上面图层所显示的形状或虚实就要受下面图层的控制。画面内容保留上面图层的，形状受下面图层的控制。

【案例实施】

（1）打开本案例素材文件夹中的背景图层，命名为“背景”。

（2）使用【文本输入工具】，输入文字“少年强，则中国强”，设置字体为汉仪菱心体简，字号为 24，并调整文字位置，如图 7-3-4 所示。

图 7-3-4　输入文字

（3）使用【图层样式】，为文字添加描边和投影效果，调整参数如图 7-3-5 和图 7-3-6 所示，调整效果如图 7-3-7 所示。

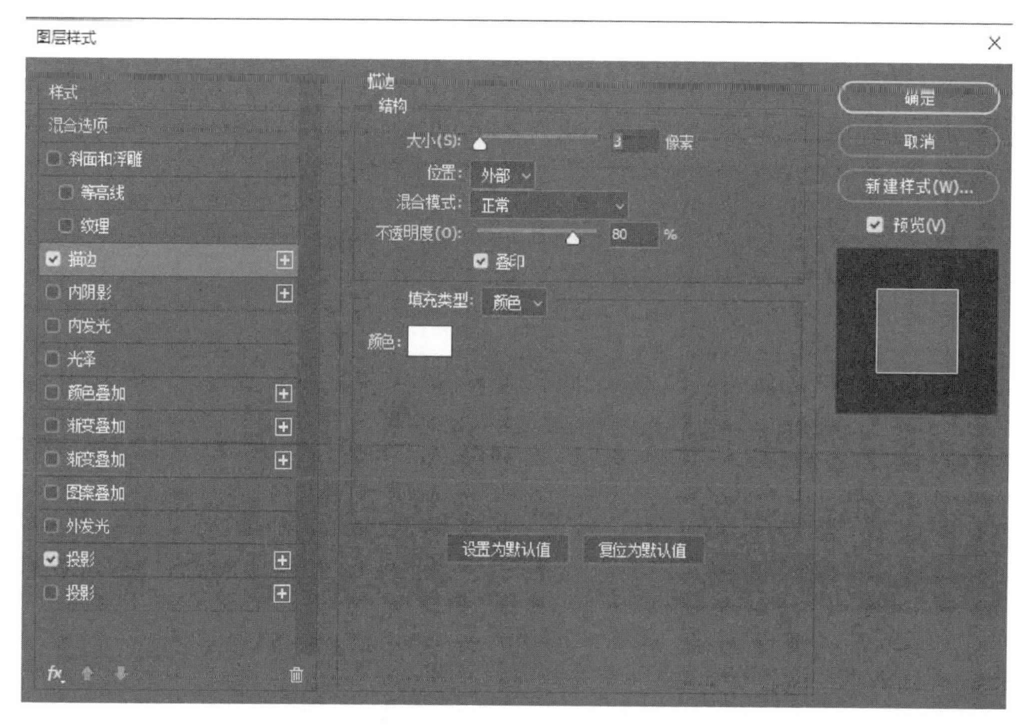

图 7-3-5　描边参数设置

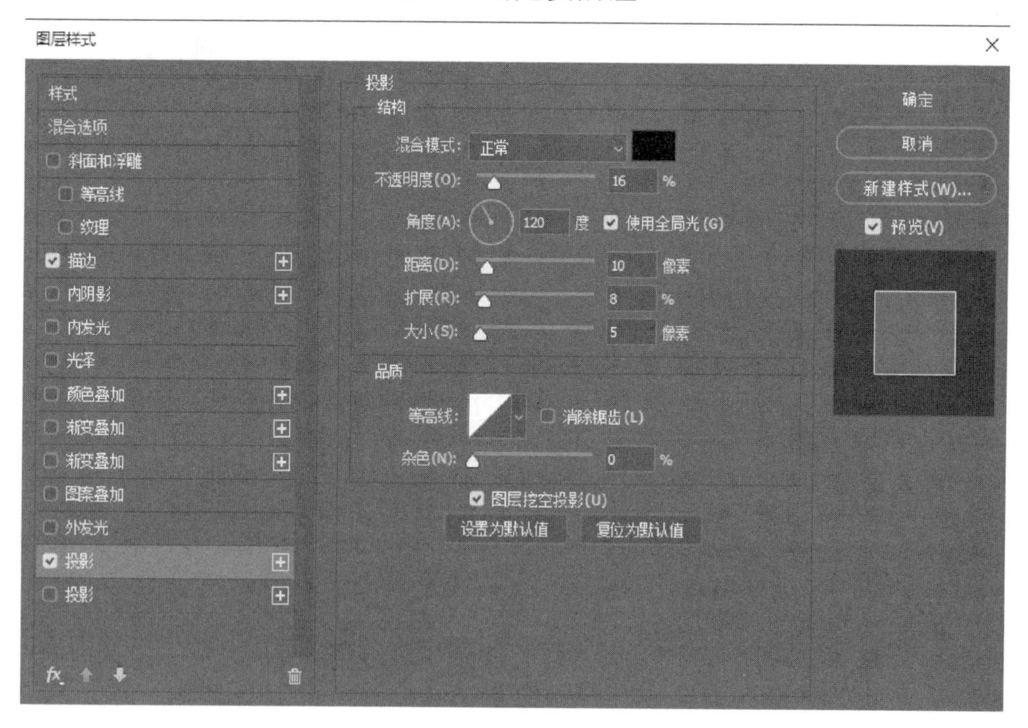

图 7-3-6　投影参数设置

图 7-3-7 文字效果

（4）将色彩背景图像放置在文字图层上方，单击鼠标右键，选择【创建剪贴蒙版】，即可添加剪贴蒙版，如图 7-3-8 所示。此时为文字添加背景效果如图 7-3-1 所示，也可调整色彩背景图层位置及大小，直至实现理想效果。

图 7-3-8 选择【创建剪贴蒙版】命令

案例四 矢量蒙版的应用——制作蒲公英的放大镜效果

【案例说明】

本案例主要通过为图层添加矢量蒙版，并对矢量蒙版进行编辑，结合图层样式制作出蒲公英的放大镜效果，如图 7-4-1 所示。

图 7-4-1 蒲公英放大镜效果

【相关知识】

矢量蒙版与分辨率无关，由钢笔工具或形状工具创建在【图层】面板中，图层蒙版和矢量蒙版都显示为图层缩览图右边的附加缩略图。

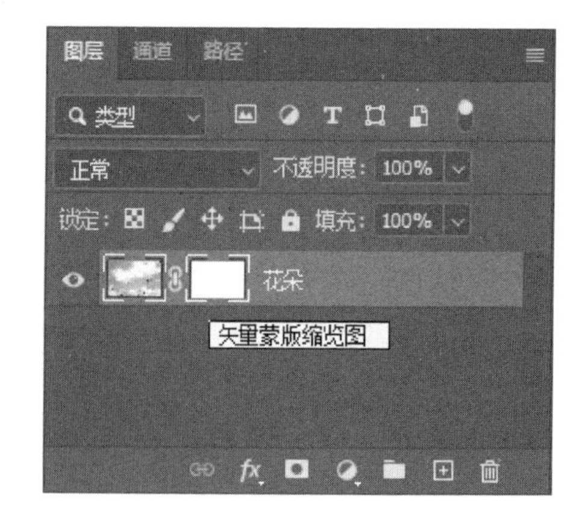

图 7-4-2 添加矢量蒙版

一、添加矢量蒙板

如图 7-4-2 所示，按住【Ctrl】键，同时单击【添加图层蒙版】按钮，即在蒙版上产生矢量蒙版。然后，以形状工具绘制路径。

二、隐藏矢量蒙板

选择需要添加矢量蒙版的图层（除背景层外），执行【图层】→【矢量蒙版】→【显示全部】命令，可添加显示全部内容的矢量蒙版；执行【图层】→【矢量蒙版】→【隐藏全部】命令，则添加隐藏全部内容的矢量蒙版。

三、删除矢量蒙板

利用矢量蒙版可在图层上创建锐边形状，若需要添加边缘清晰分明的图像，可以使用

矢量蒙版。创建矢量蒙版图层之后，还可以应用一个或多个图层样式。

具体操作步骤如下：

(1) 先选中一个需要添加矢量蒙版的图层，使用【形状工具】或【钢笔工具】绘制工作路径。

(2) 执行【图层】→【矢量蒙版】→【当前路径】命令，创建矢量蒙版。

(3) 执行【图层】→【矢量蒙版】→【删除】命令，删除矢量蒙版。

(4) 若想将矢量蒙版转换为图层蒙版，可以选择要转换的矢量蒙版所在图层，然后执行【图层】→【栅格化】→【矢量蒙版】命令，即可完成转换，如图 7-4-3 所示。需要注意的是，一旦删格化了矢量蒙版，就不能将它改回矢量对象了。

四、矢量蒙板的应用

矢量蒙板的优点是可以随时通过编辑矢量图形来改变矢量蒙版的形状，对当前图层创建矢量蒙板后，在图片(图 7-4-4)中绘制任意形状的路径，即可产生相应的效果，如图 7-4-5 所示。

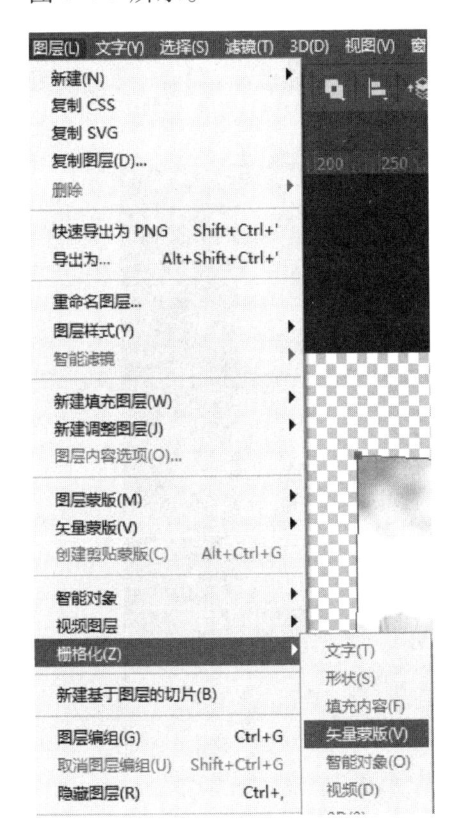

图 7-4-3　选择【矢量蒙版】命令

图 7-4-4　花朵图片

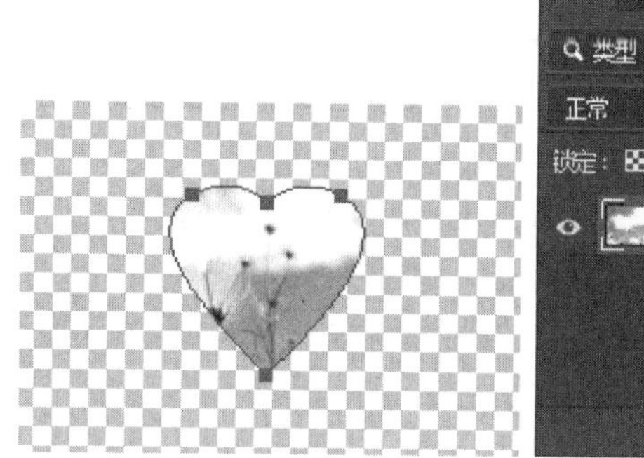

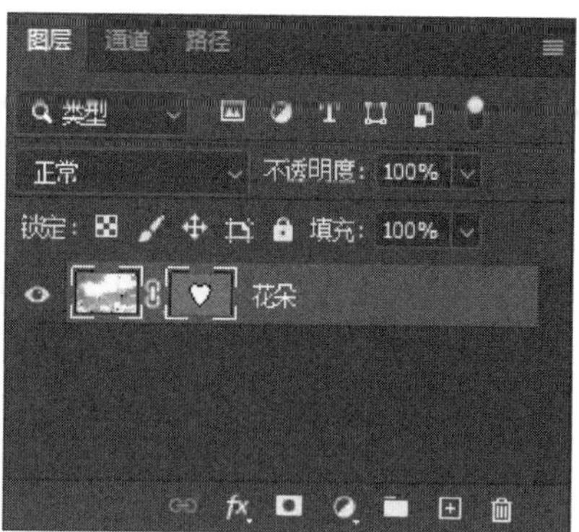

图 7-4-5　为花朵添加矢量蒙版效果

【案例实施】

（1）打开本案例素材文件夹中的图片“蒲公英”，并复制一层，命名为“蒲公英放大”，如图 7-4-6 所示。

（2）选择“蒲公英放大”图层，执行【图层】→【矢量蒙版】→【显示全部】命令，为该图层创建矢量蒙版，如图 7-4-7 和图 7-4-8 所示。

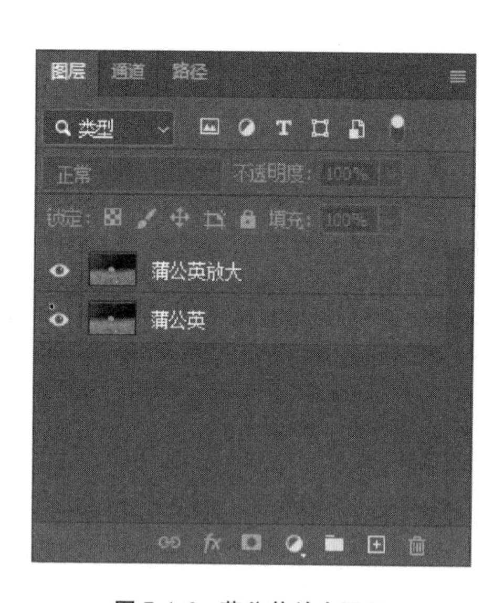

图 7-4-6　蒲公英放大图层

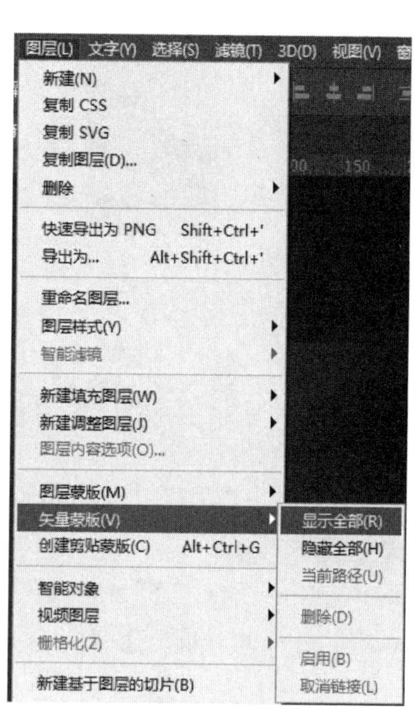

图 7-4-7　选择【显示全部】命令

（3）单击矢量蒙版缩略图，选择【自定形状工具】中的圆形，绘制模式为【路径】，在画面左侧绘制正圆路径，分别如图 7-4-9、图 7-4-10、图 7-4-11 所示。

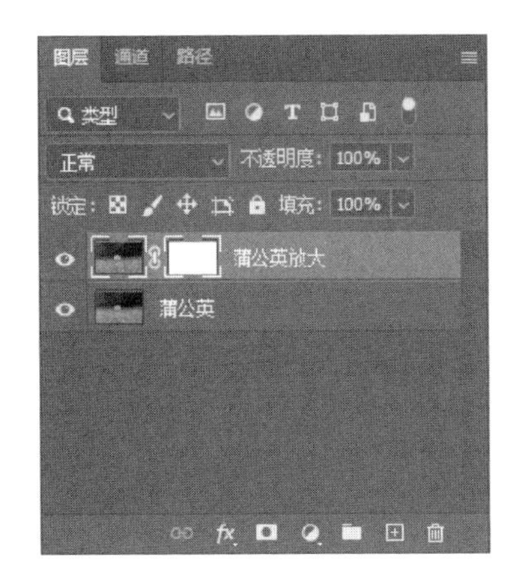

图 7-4-8　添加矢量蒙版

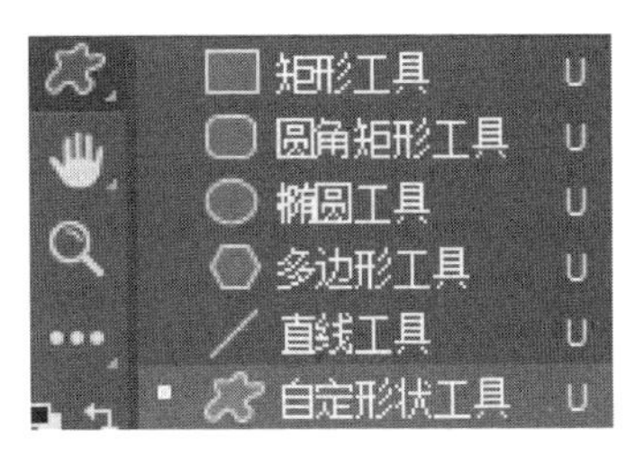

图 7-4-9　【自定形状工具】选项

图 7-4-10　选择绘制方式和形状

图 7-4-11　在矢量蒙版中绘制圆形路径

（4）此时隐藏"蒲公英"图层,便可看到"蒲公英放大"图层中除圆形外其他区域被隐藏,分别如图 7-4-12、图 7-4-13 所示。

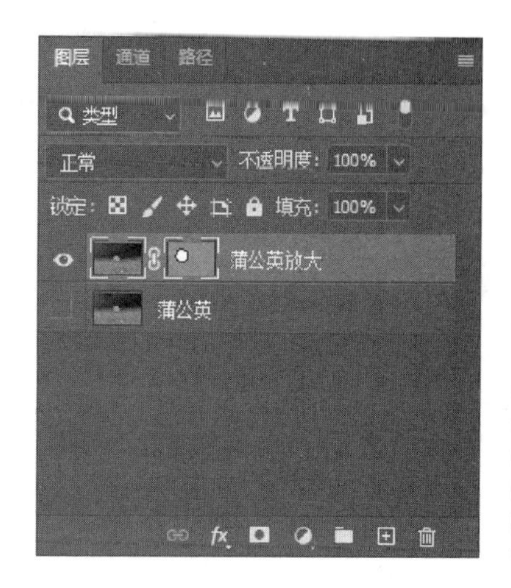

图 7-4-12　隐藏“蒲公英”图层

图 7-4-13　添加矢量蒙版的“蒲公英放大”图层

（5）显示“蒲公英”图层，选中“蒲公英放大”图层，单击解除图层与矢量蒙版中间的锁链，再单击“蒲公英放大”图层缩略图（注意不要选中矢量蒙版），按【Ctrl】+【T】快捷键调出缩放框，对蒲公英进行位置调整和缩放直至合适效果，分别如图 7-4-14、图 7-4-15、图 7-4-16 所示。

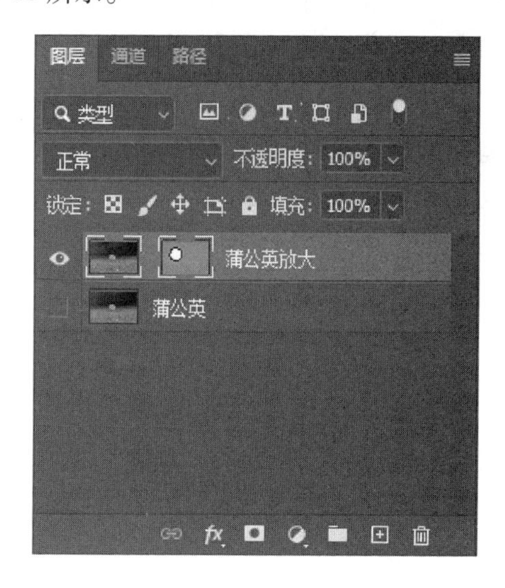

图 7-4-14　解除图层与矢量蒙版链接

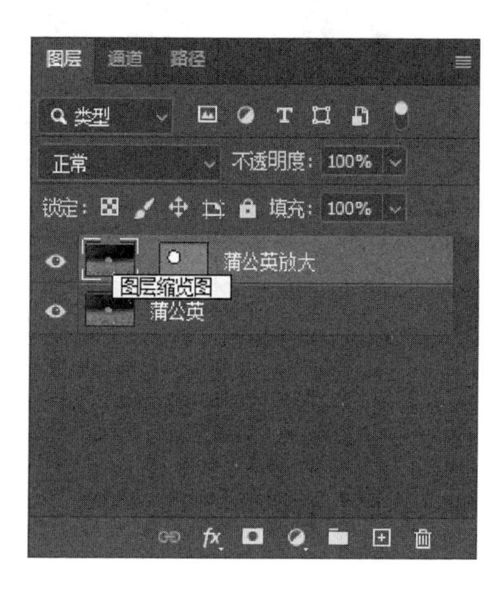

图 7-4-15　单击“蒲公英放大”图层缩略图

（6）单击图层与矢量蒙版中间的锁链重新链接，再单击矢量蒙版缩略图，添加外发光图层样式即可完成，分别如图 7-4-17、图 7-4-18。最终效果如图 7-4-1 所示。

图 7-4-16　调整“蒲公英放大”图层的大小和位置

图 7-4-17　重新链接图层与矢量蒙版并添加图层样式

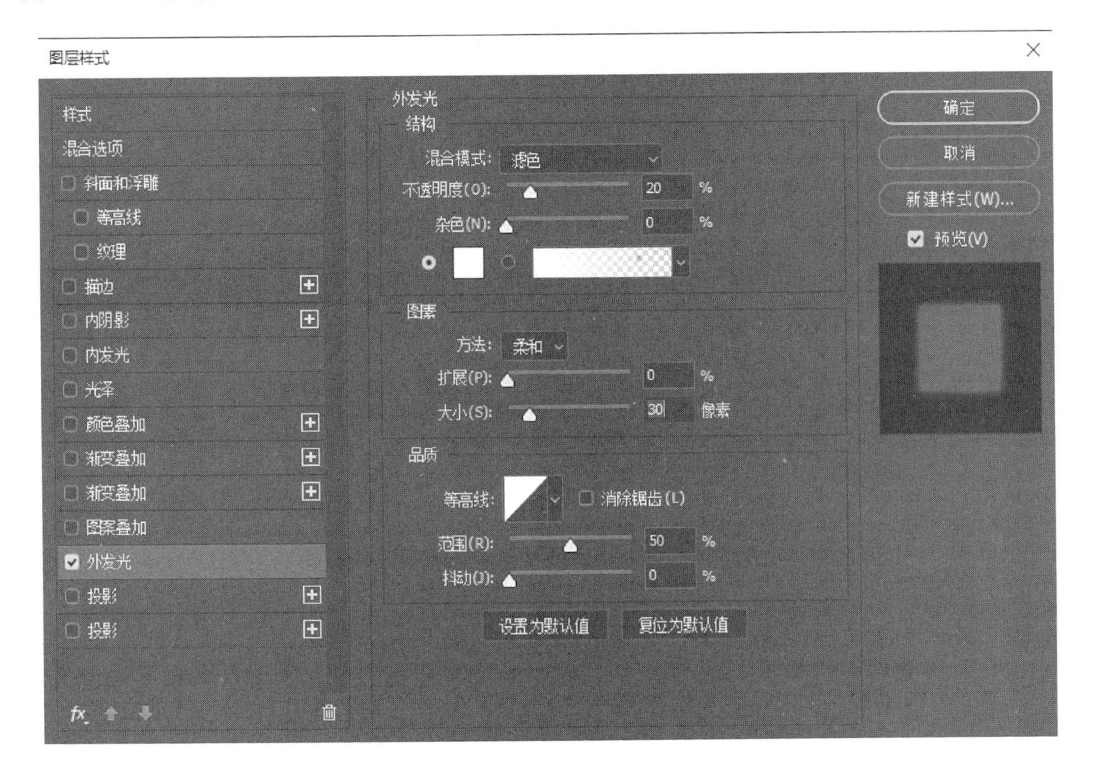

图 7-4-18　外发光图层样式参数设置

本章练习

一、单选题

1. 若要进入快速蒙板状态，应该（　　）。

A. 建立一个选区　　　　B. 选择一个 Alpha 通道

C. 单击工具箱中的【快速蒙板】图标　　　　D. 在【编辑】菜单中选择【快速蒙板】

2. 为图层添加矢量蒙版时，需要按住(　　)键并单击【添加图层蒙版】按钮。

A.【Shift】　　B.【Alt】　　C.【Ctrl】　　D.【F2】

二、多选题

下列关于蒙版的描述正确的是(　　)。

A. 快速蒙版的作用主要是进行选区的修饰

B. 图层蒙版和图层矢量蒙版是不同类型的蒙版，它们之间是无法转换的

C. 图层蒙版可转化为浮动的选择区域

D. 当创建蒙版时，在通道调板中可看到临时的和蒙版相对应的 Alpha 通道

三、操作题

1. 用快速蒙版和晶格化滤镜，对图(a)进行处理，效果如图(b)所示。

(a) 猫咪

(b) 晶格化猫咪效果

(操作题第 1 题图)

2. 使用图层蒙版，对图(a)和图(b)进行处理，效果如图(c)所示。

(a) 火箭

(b) 手机屏幕

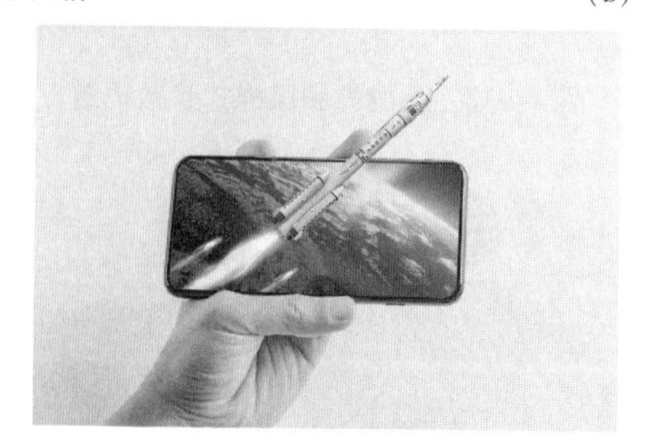

(c) 飞出手机屏幕的火箭效果

(操作题第 2 题图)

第八章

图像色调与色彩调整

◆ 本章学习简介

图像的色调与色彩调整在图像处理过程中起着重要作用。本章介绍了图像的色相、亮度、对比度和饱和度的调整或校正，可以使原本色彩和色调上不尽满意的图像达到满意的效果。灵活运用本章知识，可以处理更加美丽且个性的图片。

◆ 本章学习目标

- 理解色阶的使用方法和技巧。
- 掌握亮度/对比度、自动色调、自动对比度的使用方法。
- 掌握曲线命令的使用方法。
- 熟练使用色彩平衡、色相/饱和度、替换颜色、通道混合器、渐变映射、照片滤镜等命令校正图像颜色。
- 了解自动颜色、可选颜色、黑白、匹配颜色、阴影/高光、曝光度等命令的使用方法。
- 熟练使用去色、反相等命令增强图像颜色。
- 了解色调均化、阈值、色调分离等命令的使用方法。

◆ 本章学习重点

- 熟练掌握色阶的使用方法。
- 熟练掌握曲线命令的使用方法。
- 熟练掌握亮度/对比度、自动色调、自动对比度、色相/饱和度的使用方法。
- 熟练掌握替换颜色的方法。
- 熟练掌握滤镜的使用方法。

案例一 图像色调调整——修复偏色照片

【案例说明】

使用【自动色阶】命令，可大致调整图像的色调，然后使用【色阶】和【曲线】命令做进一步调整，可使昏暗的照片变得清晰。

【相关知识】

一、色彩调整

色彩调整是运用 Photoshop 对图片进行处理的非常重要的环节之一。

Adobe Photoshop 2020 提供了非常多的色彩调整命令，通过执行这些命令，可以有针对性地对图像色彩进行调整。因此，必须掌握每个命令的基本概念，从而更好地使用它们。

执行【图像】→【调整】命令，在调整级联菜单中有关于【亮度/对比度】、【色阶】、【曲线】、【色相/饱和度】、【色彩平衡】等一系列色彩调整操作命令，如图 8-1-1 所示。

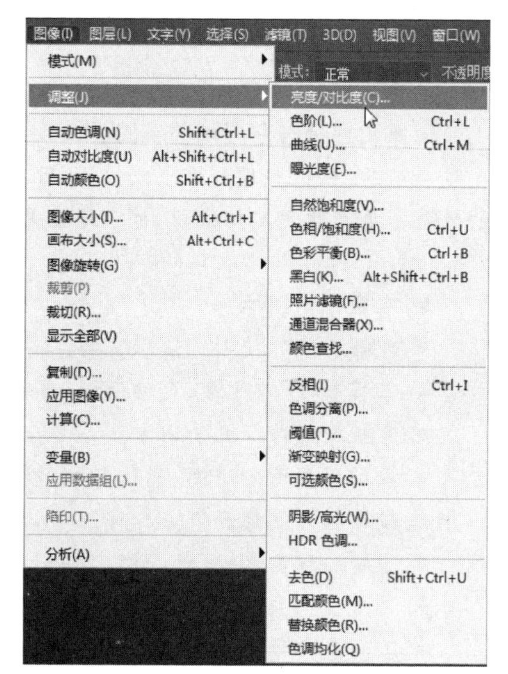

图 8-1-1 色彩调整命令

【色阶】：该命令用来调节图像中的亮度值范围，同时也可以对图像的饱和度、对比度、明亮度等色彩值进行调整。

【曲线】：该命令功能与色阶类似，它可以更加精确地调节图像的颜色变化范围。

【色彩平衡】：对整体图像做色彩平衡调整。可以在图像中阴影区、中间调区和高光区添加新的过滤色彩，混合各处色彩以增加色彩的均衡效果。

【亮度/对比度】：利用该命令可以直接对图像的明亮度和对比度简单地进行调节。

【色相/饱和度】：该命令可以改变图像的色相、饱和度和亮度值。

【去色】：该命令使图像变成单色图像而不改变图像的色彩模式，使图像中的色相/饱和度调节为零，图像变为灰度图像。

【替换颜色】：通过有效地选取图像范围，使用色调/饱和度对选取部分的色调、色饱和度进行调整，从而达到替换的效果。

【可选颜色】：可分别对各原色调整 CMYK 色比例，主要是在印刷时均以 CMYK 模式输出，通过调整四色以调整图像的颜色。

【通道混合器】：该命令对图像的通道进行编辑，以此改变图像的颜色并转换图像的颜色范围，对选择每种颜色通道的百分比进行设置，可以处理出高品质的灰度图像、棕褐色调图像或其他色调图像。

【反相】：可以反转图像中的颜色，使图像变成负片。

【色调均化】：色调均化命令适用于较暗的图像。使用该命令，可以对图像中像素的亮度值进行重新分布，使得这些像素能更加均匀地呈现所有范围的亮度级。

【阈值】：阈值调整将图像转换为高对比度的黑白图像。

【色调分离】：可以减少图像层次而产生特殊的层次分离效果。

二、颜色模型和颜色模式

颜色模型是指用于表示颜色的某种方法，在计算机中可看成表示颜色的数学算法（如RGB、CMYK 或 HSB）。

色彩空间可以看成有特殊含义的颜色模型，它根据不同环境和设备制定特定的颜色范围（即色域范围）。颜色模型确定各值之间的关系，色彩空间将这些值的绝对含义定义为颜色。每台设备根据自己的色彩空间生成其色域内的颜色。我们可以通过色彩管理减少移动图像时所产生的因每台设备按照自己的色彩空间解释的 RGB 值或 CMYK 值所导致的颜色变化差异。

颜色模式是基于颜色模型的，它确定一幅数字图像用什么样的方式在计算机中显示或打印输出。值得注意的是，我们要慎选颜色模式，避免多次模式转换而造成某些颜色值的丢失。

颜色模式有如下几种：RGB 颜色、CMYK 颜色、Lab 颜色、灰度、位图、双色调、索引颜色、多通道等。

【RGB 颜色】：该模式使用 RGB 模型，适用于计算机屏幕上显示的图像。每个像素都有一个强度值，当颜色通道为 8 位时，每个 RGB（红色、绿色、蓝色）分量的强度值为 0（黑色）到 255（白色）。

【CMYK 颜色】：该模式亦称为印刷色彩模式，适用于报纸、期刊、杂志、宣传画、海报等。CMYK 每个字母分别对应于青色 Cyan、洋红色 Magenta、黄色 Yellow、黑色 Black。

【Lab 颜色】：该模式描述的是颜色的显示方式。CIE L*a*b* 颜色模型（Lab）对应的是人对颜色的感觉，和设备无关。故色彩管理系统以 Lab 为色标，将颜色在不同的色彩空间之间转换。

【灰度】：该模式使用单一的色调描述图像，由不同的灰度级构成。例如，一幅 8 位的图像，可达到 256 级灰度，每一个像素都有一个亮度值[0（黑色）~255（白色）]。

【位图】：该模式下，图像中的像素由黑色或者白色表示。

【双色调】：该模式通过 1~4 种自定油墨创建单色调、双色调（2 种颜色）、三色调（3 种颜色）和四色调（4 种颜色）的灰度图像。使用该种模式可以利用较少的颜色表示尽可能多的颜色层次，以此减少印刷成本。

【索引颜色】：该模式最多可以表示 256 种颜色的 8 位图像。Photoshop 构建一个颜色查找表（CLUT），对将要转化为该模式图像的颜色进行索引后直接表示或选取最接近者表示。

【多通道】：该模式的每个通道包含 256 个灰阶，用于特殊打印或输出。

三、自动色调

执行【图像】→【自动色调】命令，或按【Ctrl】+【Shift】+【L】快捷键，可以自动将每个通道中最亮和最暗的像素定义为白色和黑色，并按比例重新分配中间像素值来自动调整图像的色调。

四、色阶

【色阶】命令主要用于更改图像的层次作用效果，它对图像的主通道及各个单色通道的阶调层次分布进行调节。

执行【图像】→【调整】→【色阶】命令，或按【Ctrl】+【L】快捷键，可打开“色阶”对话框，如图 8-1-2 所示。

色阶对于图像的高光及暗调层次的调节较为有效。色阶是根据图像中每个亮度值（0~255）处的像素多少进行分布的。

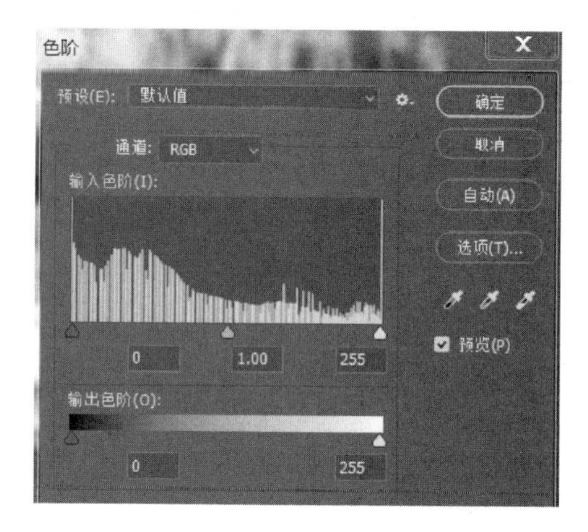

图 8-1-2 “色阶”对话框

五、曲线

对图像色调进行调整，除了采用【色阶】命令调整外，还可以使用【曲线】命令进行调整。使用【色阶】命令可进行白场、黑场、灰度的调节，适合粗调，适用于高光、暗调。使用【曲线】命令，可进行细致的调整，不但可以对整个色调范围内的点进行调节，还可实现图像层次颜色深浅的调节及纠正色偏，等等。

执行【图像】→【调整】→【曲线】命令，或按【Ctrl】+【M】快捷键，可打开“曲线”对话框，如图 8-1-3 所示。

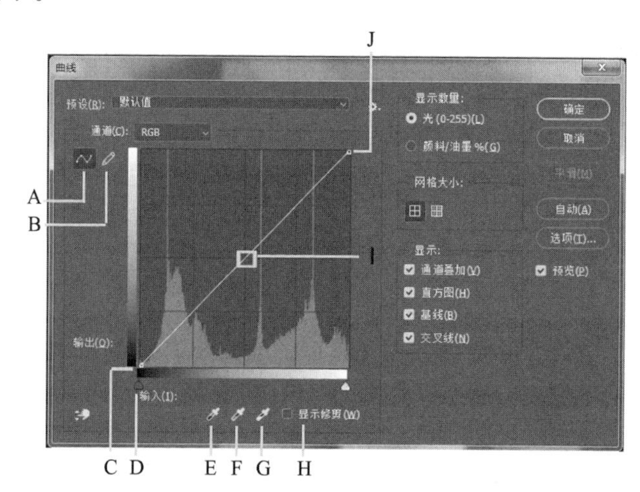

A—编辑点以修改曲线；B—通过绘制来修改曲线；C—设置白场；D—黑场和白场滑块；E—黑场吸管；F—灰场吸管；G—白场吸管；H—显示修剪；I—设置灰场；J—设置黑场。

图 8-1-3 “曲线”对话框

水平轴表示输入色阶，水平灰度条对应原始图像色调；垂直轴表示输出色阶，垂直灰度条对应调整后图像的色调。初始状态下输入与输出色调值相同，故此时曲线呈现为一条直线状态。按住【Alt】键在网格内单击，可在大小网格之间切换。RGB 模式图像默认的是左黑右白，即图像从暗部区到亮部区；CMYK 模式图像的情况与 RGB 模式图像相反。

六、亮度/对比度

利用【亮度/对比度】命令，可调节图像的亮度与对比度。通过它，可以简单调节图像的色调范围。执行【图像】→【调整】→【亮度/对比度】命令，打开“亮度/对比度”对话框，

如图 8-1-4 所示。

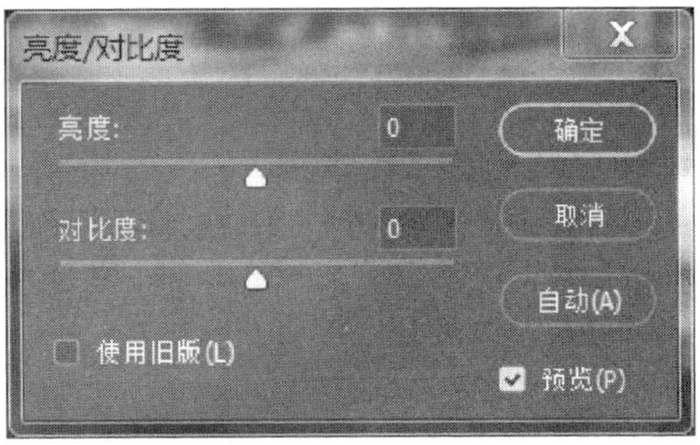

七、自动对比度

执行【图像】→【自动对比度】命令，或按【Ctrl】+【Alt】+【Shift】+【L】快捷键，可以自动调整图像整体的对比度。

图 8-1-4　“亮度/对比度”对话框

【案例实施】

（1）自动色调调整。打开本案例素材文件夹中的素材文件（图 8-1-5），执行【图像】→【自动色调】命令，或按【Ctrl】+【Shift】+【L】快捷键，调整图像色调，如图 8-1-6 所示，但调整效果不太明显。

图 8-1-5　素材

图 8-1-6　使用【自动色调】命令调整后效果

（2）色阶调整。执行【图像】→【色阶】命令或按【Ctrl】+【L】快捷键，设置参数如图 8-1-7 所示，单击【确定】按钮，效果如图 8-1-8 所示。图像稍微有层次了，还需继续调整。

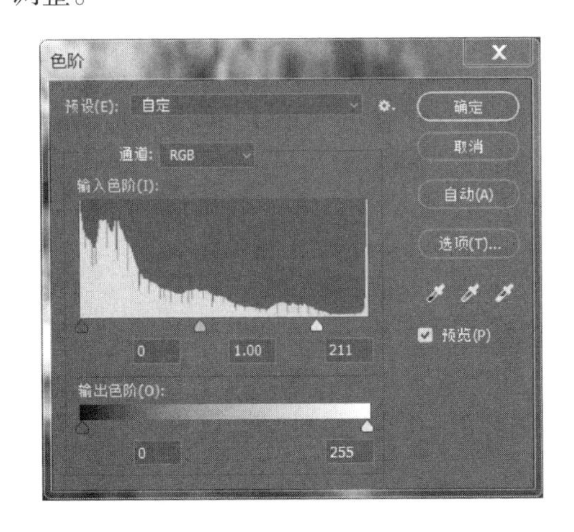

图 8-1-7　色阶参数设置

图 8-1-8　使用【色阶】命令调整后效果

（3）曲线调整。执行【图像】→【调整】→【曲线】命令或按【Ctrl】+【M】快捷键，调整曲线形状，增加图像的明暗对比度，如图 8-1-9 所示，完成图像的修复，得到如图 8-1-10 所示的效果。

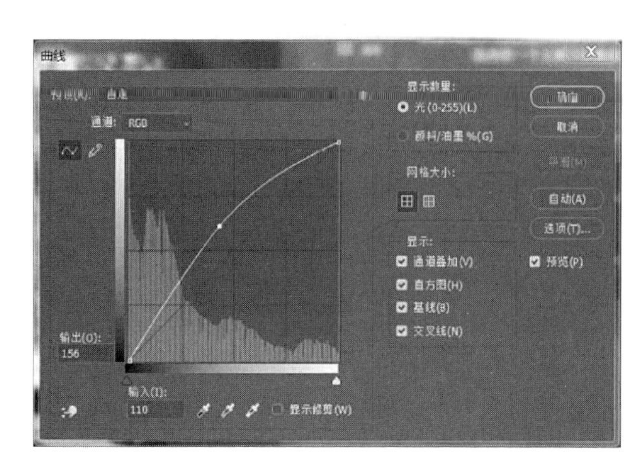

图 8-1-9　曲线参数调整

图 8-1-10　使用【曲线】命令调整后效果

（4）保存文件。执行【文件】→【另存为】命令，保存文件为“风景.psd”。

案例二　图像色彩调整——衣服变颜色

【案例说明】

拍照和对图片进行处理是每个淘宝卖家必修的功课。他们经常会碰到这样的烦恼：花昂贵的代价请来模特，拍完照片之后，产品又出新颜色了。难道还要花大价钱请模特重新拍摄吗？答案是否定的。本任务就是为了解决此类服装或其他产品换颜色的问题。

【相关知识】

一、色相/饱和度

使用【色相/饱和度】命令，可以对图像中所有颜色同时调节，也可以有针对性地对图像中特定颜色范围的色相、饱和度、亮度进行调节。

提示　该命令尤其适用于 CMYK 图像，方便其打印输出。

执行【图像】→【调整】→【色相/饱和度】命令，或按【Ctrl】+【U】快捷键，打开“色相/饱和度”对话框，如图 8-2-1 所示。当然，还可以通过添加色相/饱和度调整层进行设置。

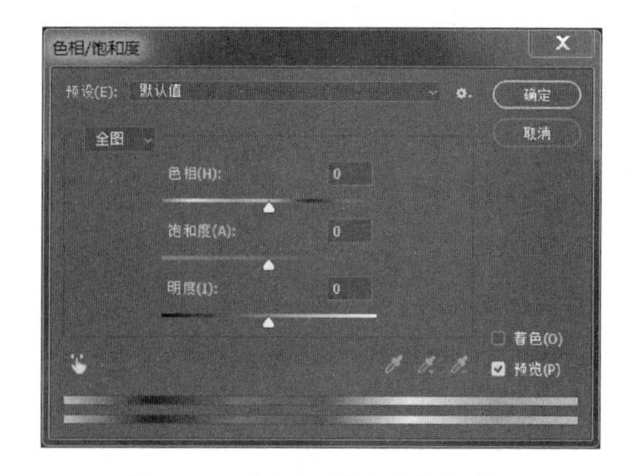

图 8-2-1　“色相/饱和度”对话框

在预设中可以选用已有的效果，如进一步增加饱和度、旧样式、红色提升、深褐、强饱和度、黄色提升等。色相/饱和度中间部分可以对全图或者特定颜色范围进行色相、

饱和度、明度的设置。通过色相调节，可使图像整体基调发生变化，其数值范围为-180~+180。

二、自然饱和度

有的照片由于拍摄条件的限制，导致照片比较暗淡，颜色不够鲜艳，所以需要增加这些颜色饱和度。为了使增加的饱和度显得自然些，我们可以使用 Photoshop 中的自然饱和度功能，为照片添加饱和度，同时增加图片观赏性。

Photoshop 中自然饱和度和饱和度的区别如下：

(1) 用处不同：自然饱和度是图像整体的明亮程度；饱和度是图像颜色的鲜艳程度。

(2) 调整的对象不同：自然饱和度会自动保护已经饱和的颜色而只调图中饱和度低的部分；饱和度的调整对象是全图的所有像素。

(3) 使用难度不同：自然饱和度可以理解成更智能的调节，适合初学者使用，易上手；饱和度更适合专业人士使用。

三、黑白

该操作可将彩色图像调整为黑白图像。使用黑白进行图片色彩调整时所进行的操作没有使用阈值进行操作更能得到高对比度的照片。

四、颜色调节层蒙版

对于局部调整颜色，除了建立选区外，可以使用颜色调节层蒙版实现。颜色调节层蒙版同普通的图层蒙版类似，只不过在生成颜色调节层的同时便自动在相应的调节层创建了蒙版。颜色调节层蒙版可以理解为能够屏蔽部分区域图像而不进行颜色调节操作。

将颜色调节层蒙版填充为黑色，蒙版下的图层图像会被完全遮挡。将颜色调节层蒙版填充为白色，则蒙版下的图层图像将完全显示。所以，可以利用画笔工具根据需求在蒙版上进行涂抹，白色画刷涂抹的白色区域为显示图层图像部分，黑色画刷涂抹的黑色区域为遮挡图层图像部分。

【案例实施】

本案例可先将需要换颜色的区域用选区选出来，再操作。

(1) 执行【文件】→【打开】命令，打开本案例素材文件夹中的文件“裙子.jpg”，如图 8-2-2 所示。使用【色相/饱和度】、【自然饱和度】、【黑白】等命令，可调节该裙子颜色，最终得到的效果图如图 8-2-3 所示。

图 8-2-2 裙子

图 8-2-3　效果图

（2）打开【调整】面板，给“背景 拷贝”图层添加“色相/饱和度”调整图层（图 8-2-4）。

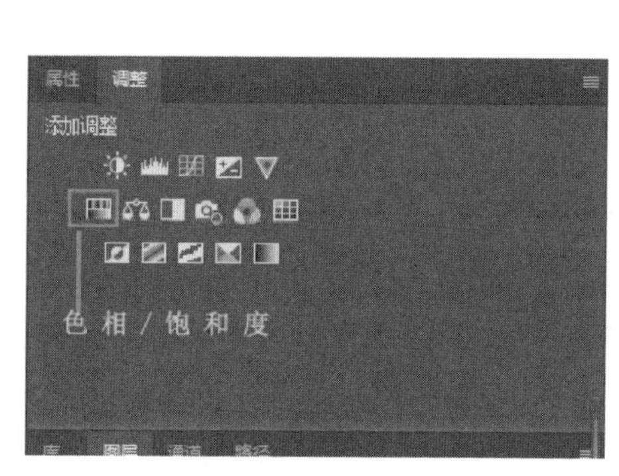

（a）【调整】面板

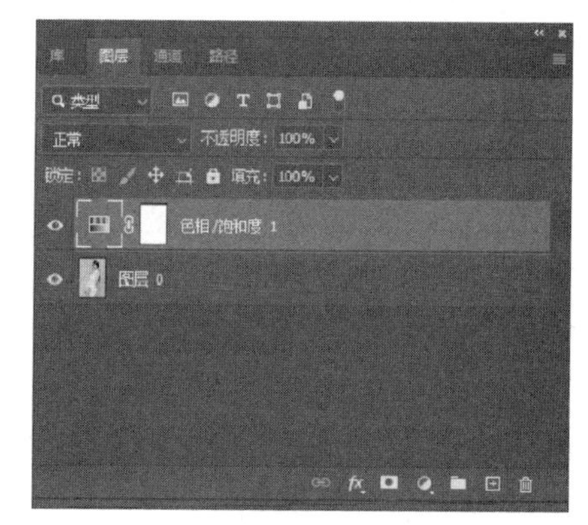

（b）添加“色相/饱和度”调整图层

图 8-2-4　打开【调整】面板，建立“色相/饱和度”调整图层

（3）调整色相/饱和度数值，如图 8-2-5 所示，得到的效果图如图 8-2-6 所示。不仅裙子颜色发生了变化，整个画面都发生了改变。但我们只需要对裙子部分进行修改，其余部分保持原状。

图 8-2-5　调整色相/饱和度数值

图 8-2-6　调整色相/饱和度效果

(4) 用【快速选区工具】,建立裙子选区,如图 8-2-7 所示。因为蒙版的效用只对蒙版中白色区域部分有效,所以需要将裙子选区以外的部分填充黑色。执行【选择】→【反选】命令,得到裙子以外的选区;将颜色面板前景色设为黑色,按【Alt】+【Delete】快捷键,对蒙版选区进行填充,如图 8-2-8 所示;得到粉色裙子效果,如图 8-2-9 所示。按【Ctrl】+【D】快捷键,可取消选区,保存文件为"粉色裙子.jpg"。

图 8-2-7　建立裙子选区

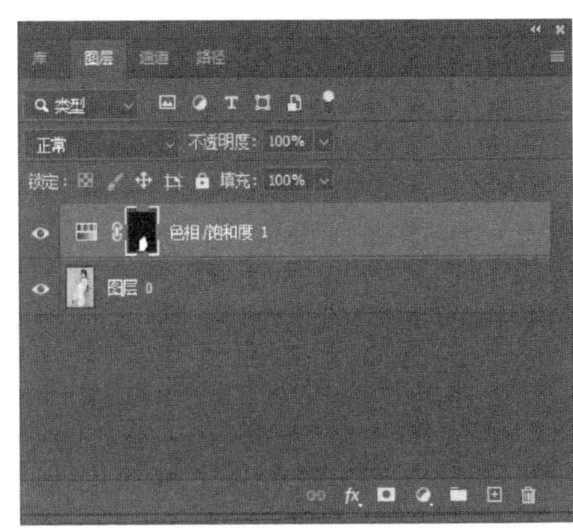

图 8-2-8　对蒙版选区填充黑色

图 8-2-9　粉色裙子效果

(5) 把"色相/饱和度"调整图层设为不可见,用同样的方法,建立"自然饱和度"调整图层,设置参数如图 8-2-10 所示,得到的效果如图 8-2-11 所示。裙子颜色偏暗,再建立一个曲线调整图层,设置如图 8-2-12 所示;适当拉亮裙子颜色,效果如图 8-2-13 所示;保存文件为"白色裙子.jpg"。

图 8-2-10　自然饱和度设置参数

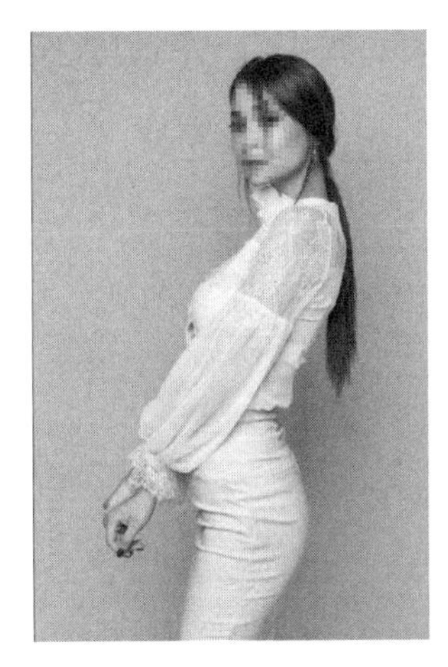

图 8-2-11　自然饱和度设置效果

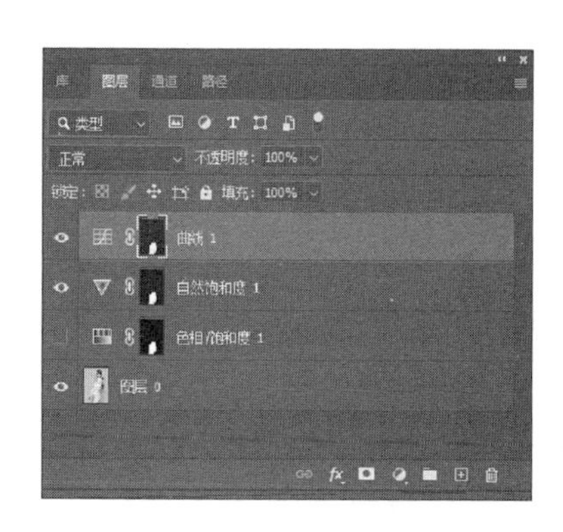

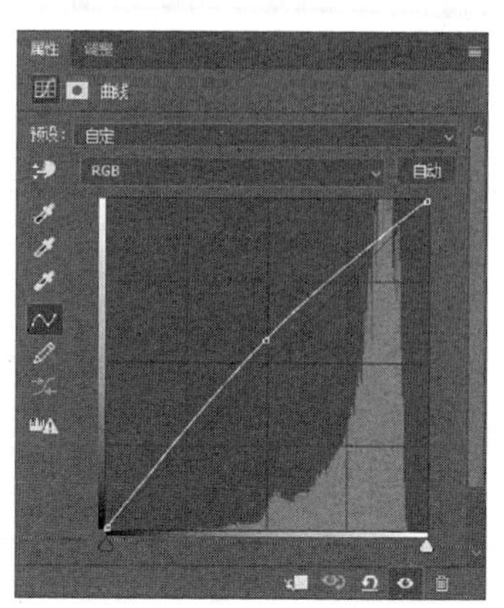

图 8-2-12　**曲线调整**

图 8-2-13　**白色裙子效果**

（6）将“自然饱和度 1”图层和“曲线 1”图层设为不可见，用同样的方法建立“黑白 1”调整图层，如图 8-2-14 所示。“黑白 1”图层设置参数如图 8-2-15 所示，得到的效果如图 8-2-16 所示。这时候的裙子，彩色部分已经去除，但颜色还偏亮。可以建立“曲线 2”调整图层，如图 8-2-17所示，设置参数如图 8-2-18 所示；减少高光，增加暗调，效果如图 8-2-19 所示；保存文件为“黑色裙子.jpg”。

图 8-2-14　**建立黑白调整图层**

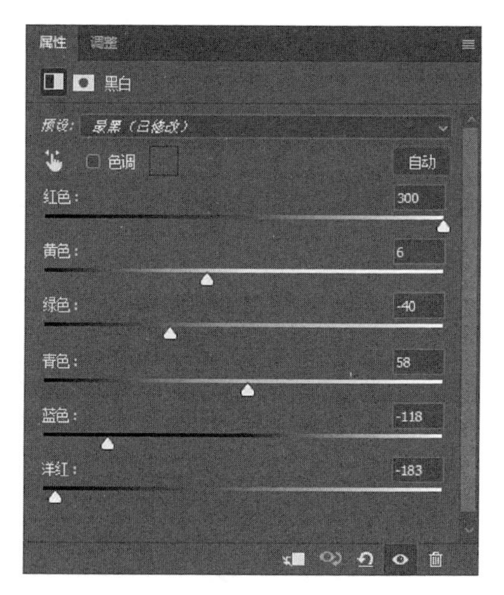

图 8-2-15　**黑白图层设置参数**

图 8-2-16 黑白调整效果

图 8-2-17 曲线调整图层

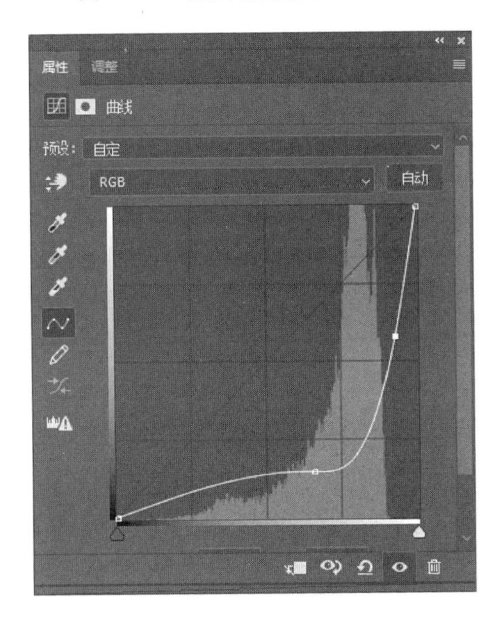

图 8-2-18 曲线设置参数

图 8-2-19 黑色裙子

到这一步，4 种颜色的裙子都已经制作好。接下来，需要将 4 种颜色的裙子拼接在一张图片里面。

（7）在 Photoshop 中打开“白色裙子.jpg”，图层如图 8-2-20 所示。双击图层，打开“新建图层”对话框，如图 8-2-21 所示，单击【确定】按钮，给背景图层解锁。

（8）在工具箱中，选择【裁剪工具】，向右拖动，放大背景，如图 8-2-22 所示。

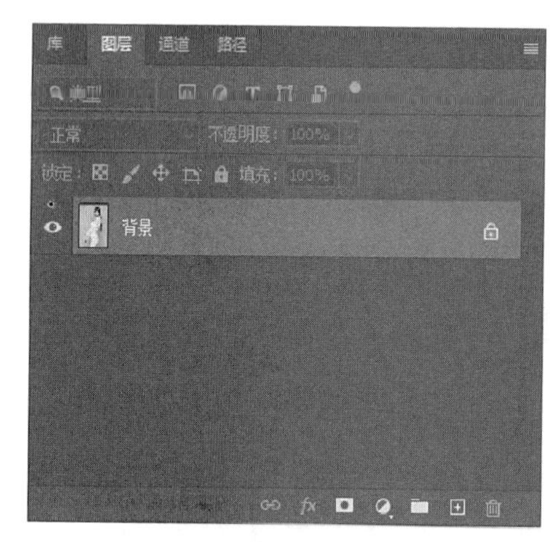

图 8-2-20　图层

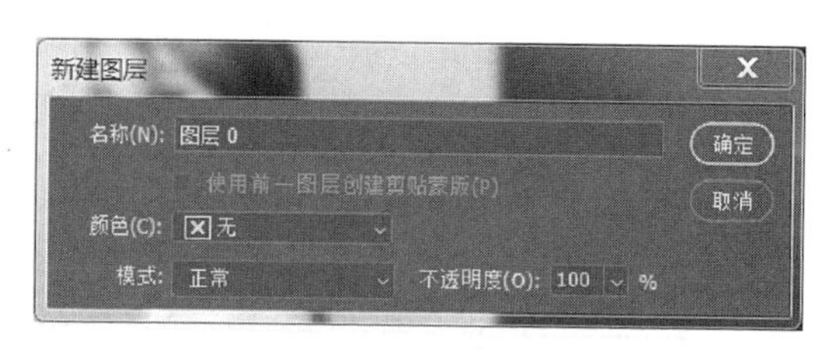

图 8-2-21　“新建图层”对话框

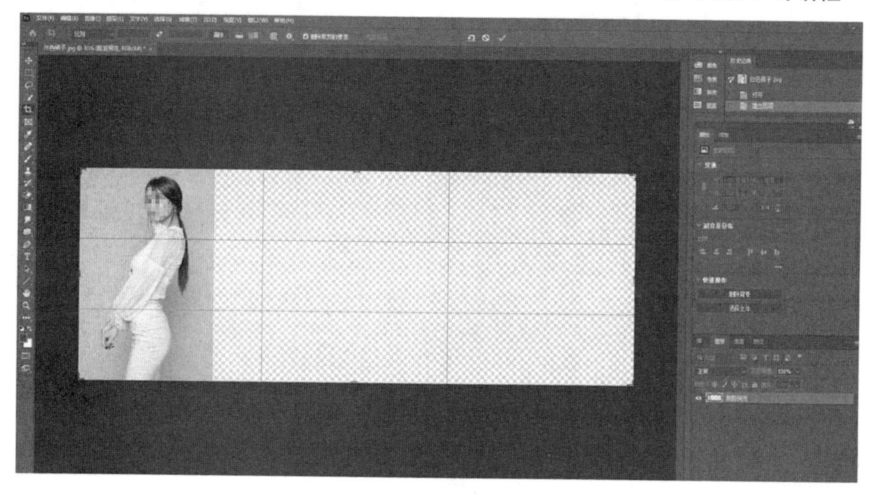

图 8-2-22　放大背景

（9）将另外 3 种颜色的裙子拖入该场景，得到如图 8-2-23 所示的效果。

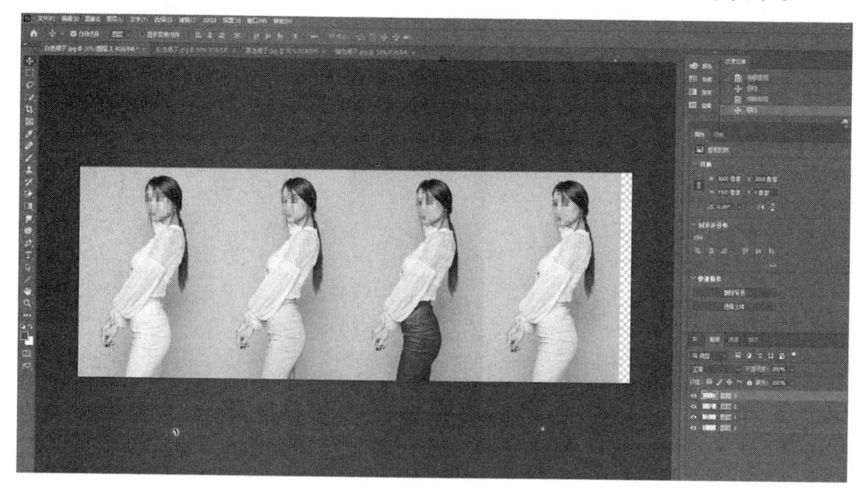

图 8-2-23　拖入其余 3 种颜色裙子图层

(10) 同时选中 4 个图层,执行【编辑】→【自动混合图层】命令,弹出“自动混合图层”对话框,如图 8-2-24 所示。单击【全景图】单选按钮,再单击【确定】按钮,4 个图层之间的衔接处自动连成一幅完整的图形,如图 8-2-25 所示。最终效果如图 8-2-3 所示。

图 8-2-24 “自动混合图层”对话框

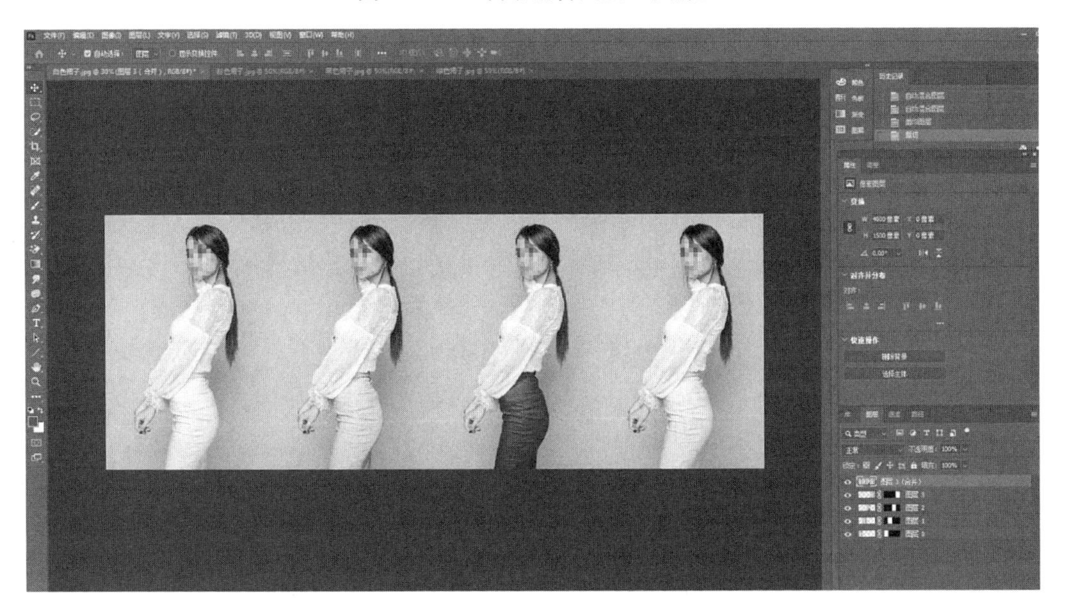

图 8-2-25 拖入其余 3 种颜色裙子图层

(11) 保存图片为“改变裙子颜色.psd”。

案例三 图像色彩调整——匹配黄土地与自然风光颜色

【案例说明】

小王是一名影楼的后期处理人员，经常做的工作是对图片进行一些炫目的特殊效果处理。比如，将一张图片的色盘调进另一张图片里，可以用作统一色调、纠正色彩甚至使日间风景变成黄昏日落等，为照片增添独特的色调等。那么你如何来指导小王完成这样的任务呢？

【相关知识】

一、匹配颜色

通过匹配颜色操作，可以使一幅图片中的颜色与另一幅图片的颜色相匹配，或一张图像中选区的颜色与另一张图像中的选区的颜色或者与自身其他选区的颜色相匹配。

匹配过程中还可以对亮度和颜色范围进行调整，并中和匹配后生硬的地方。

执行【图像】→【调整】→【匹配颜色】命令，打开“匹配颜色”对话框，如图 8-3-1 所示。其中选项含义如下：

（1）【图像选项】：用于调整目标图像的明亮度、饱和度，以及应用于目标图像的调整量。

（2）【中和】：勾选此复选框，匹配颜色时自动移去目标图层中的色痕。

（3）【图像统计】：用于设置匹配颜色的图像来源和所在的图层。

（4）【源】：可以选择用于匹配颜色的源图像文件，还可以在【图层】中选择指定用于匹配颜色图像所在的图层。

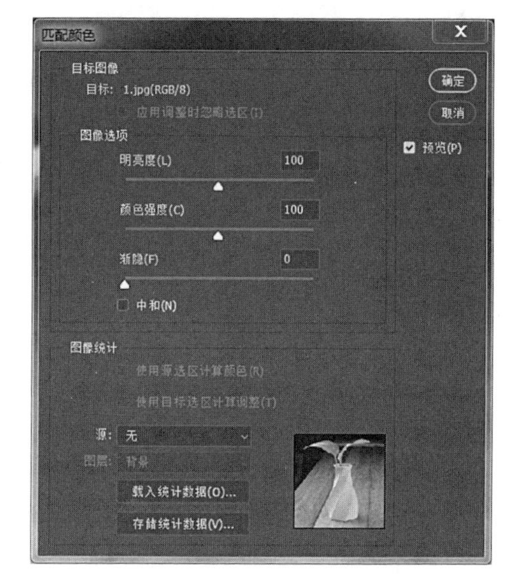

图 8-3-1 “匹配颜色”对话框

二、自动颜色

利用【自动颜色】命令，可以快捷地调整图像的颜色。

执行【图像】→【自动颜色】命令，或按【Ctrl】+【Shift】+【B】快捷键，可自动调整颜色。由于该命令没有设立对话框，所以灵活度较低，要想将图片调整出满意的效果，还需配合【色阶】、【曲线】等命令。

【案例实施】

（1）在 Photoshop 中同时打开本案例素材文件夹中的图片“素材一.png”和“素材

二.png”,分别如图 8-3-2、图 8-3-3 所示。

图 8-3-2 素材一

图 8-3-3 素材二

提示 必须在 Photoshop 中同时打开多幅图像,才能够在多幅图像中进行颜色匹配。

(2) 使“素材一”处于编辑状态,即单击该图片所在图层。

(3) 执行【图像】→【调整】→【匹配颜色】命令,打开“匹配颜色”对话框,设置参数,如图 8-3-4 所示。“匹配颜色”对话框主要由两个部分构成。一部分是指目标图像,此处为“素材一”,可以对其进行明亮度、颜色强度、渐隐等操作;另一部分是指目标图像,把“素材二”作为源图像,可将其匹配到目标图片中,效果如图 8-3-5 所示。

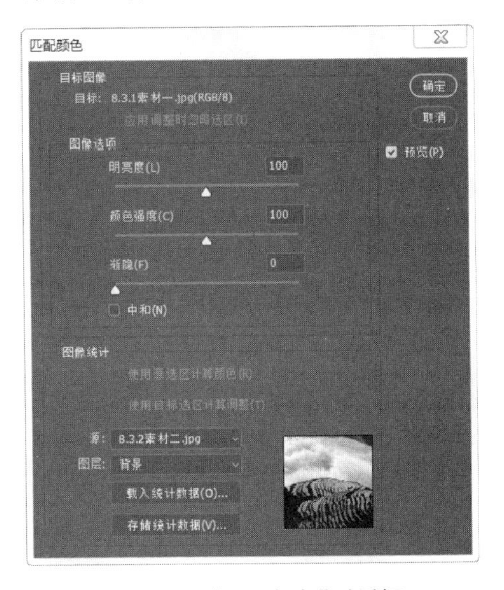

图 8-3-4 “匹配颜色”对话框

图 8-3-5 匹配效果

(4) 可以通过勾选【中和】复选框,对两张图片色调进行中和,设置及效果分别如图 8-3-6、图 8-3-7 所示。

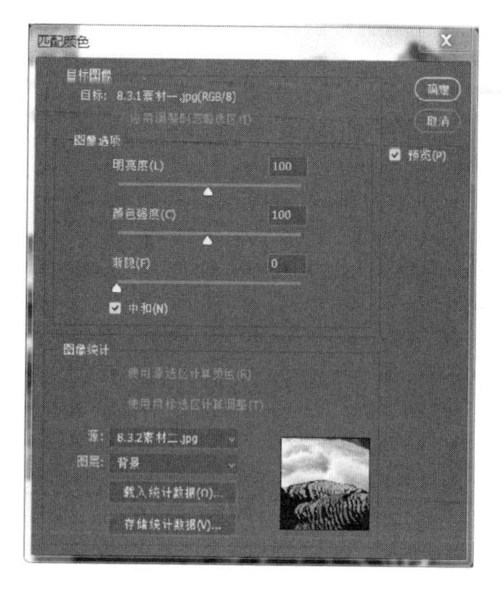

图 8-3-6 “匹配颜色”对话框

图 8-3-7 匹配效果

（5）将文件以“匹配效果一.psd”和“匹配效果二.psd”文件名保存。

案例四 图像色彩调整——为黑白照片上色

【案例说明】

给黑白照片上色是图片处理中常用的技能，巧妙利用图像调整命令、绘画工具、图层蒙版等工具即可完成黑白照片的上色。

【相关知识】

一、色彩平衡

使用【色彩平衡】命令，可控制图像的颜色分布，使图像整体的色彩平衡。在调整图像的颜色时，根据颜色的补色原理，若要减少某个颜色，就增加这种颜色的补色。

执行【图像】→【调整】→【色彩平衡】命令，或按【Ctrl】+【B】快捷键，将弹出“色彩平衡”对话框，如图 8-4-1 所示。

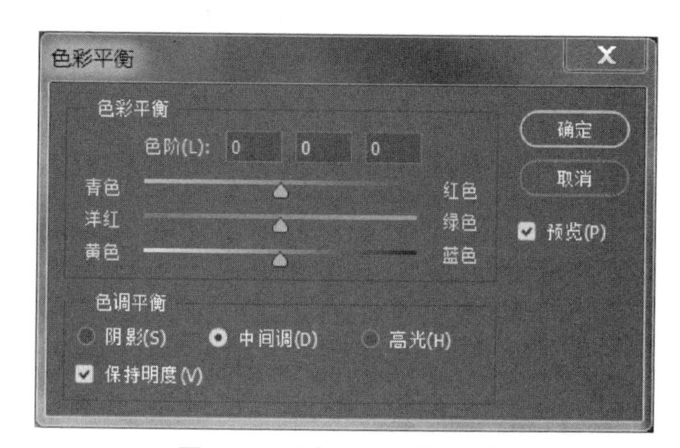

图 8-4-1 “色彩平衡”对话框

选中【色彩平衡】选项区中的【阴影】、【中间调】、【高光】单选按钮，可以确定要调整的色调范围；勾选【保持明度】复选框，可以保持图像的明暗度不随颜色的变化而改变。

二、替换颜色

使用【替换颜色】命令，可以替换图像中某个特定范围内的颜色。

执行【图像】→【调整】→【替换颜色】命令，可打开“替换颜色”对话框，如图 8-4-2 所示。其中选项含义如下：

三个吸管用于对需要替换的颜色取样，分别为【吸管工具】、【添加到取样】、【从取样中减去】。

替换设置区：用于调整或替换采样出来的颜色的色相、饱和度和明暗度。

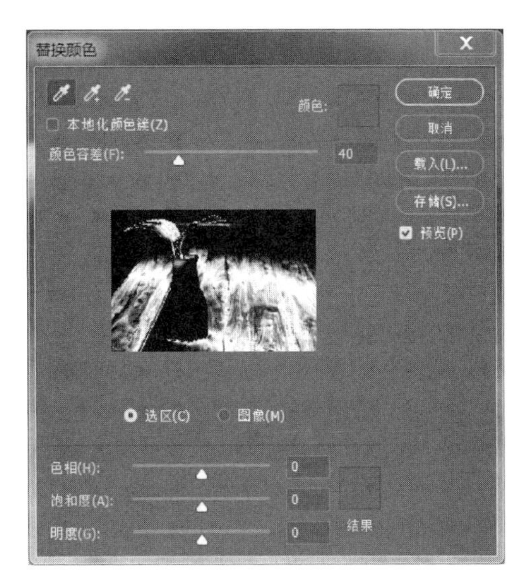

图 8-4-2 “替换颜色”对话框

三、可选颜色

利用【可选颜色】命令，可选择某种颜色范围进行有针对性的修改，在不影响其他颜色的情况下修改图像中某种颜色的量。

执行【图像】→【调整】→【可选颜色】命令，可打开“可选颜色”对话框，如图 8-4-3 所示。其中选项含义如下：

【颜色】：可以选择要调整的颜色。

4 种颜色：用来调整可选颜色的成分。

方法【相对】：表示按照总量百分比更改现有的青色、洋红、黄色和黑色的量。

方法【绝对】：表示按绝对值调整颜色。

四、通道混合器

使用【通道混合器】命令，可使用图像中现有（源）颜色通道来修改目标（输出）颜色通道，如为皮肤上色、制作创意桌面等。

执行【图像】→【调整】→【通道混合器】命令，可打开“通道混合器”对话框，如图 8-4-4 所示。

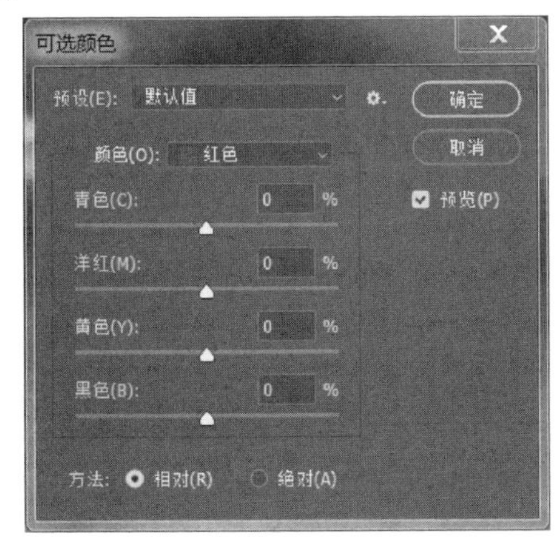

图 8-4-3 “可选颜色”对话框

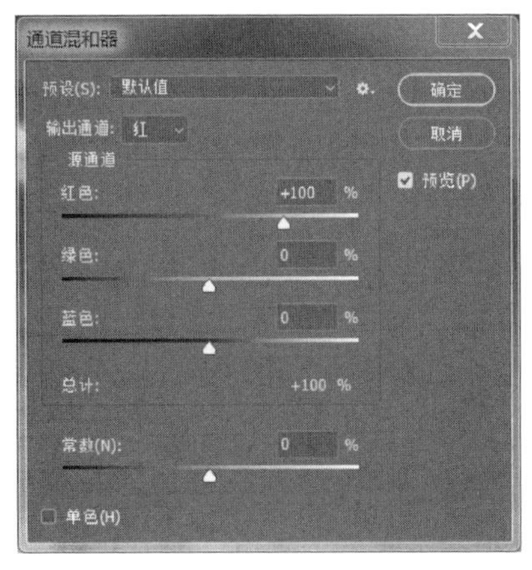

图 8-4-4 “通道混合器”对话框

五、渐变映射

使用【渐变映射】命令，可以通过选择渐变色彩类型来对图像的色彩进行调整，以获得渐变效果的图像。

执行【图像】→【调整】→【渐变映射】命令，可打开"渐变映射"对话框，如图 8-4-5 所示。其中选项含义如下：

图 8-4-5 "渐变映射"对话框

【灰度映射所用的渐变】：可以在下拉列表中选择要使用的渐变颜色，也可单击颜色框，自定义所需的渐变颜色。

【仿色】：可以使渐变项过渡纹理均匀。

【反向】：可以实现反向渐变。

六、照片滤镜

使用【照片滤镜】命令，可以模仿在相机镜头前面加彩色滤镜，以便调整通过镜头传输的光的色彩平衡和色温。【照片滤镜】命令允许用户使用预设或自定义的颜色对图像进行色相调整。

执行【图像】→【调整】→【照片滤镜】命令，可打开"照片滤镜"对话框，如图 8-4-6 所示。其中选项含义如下：

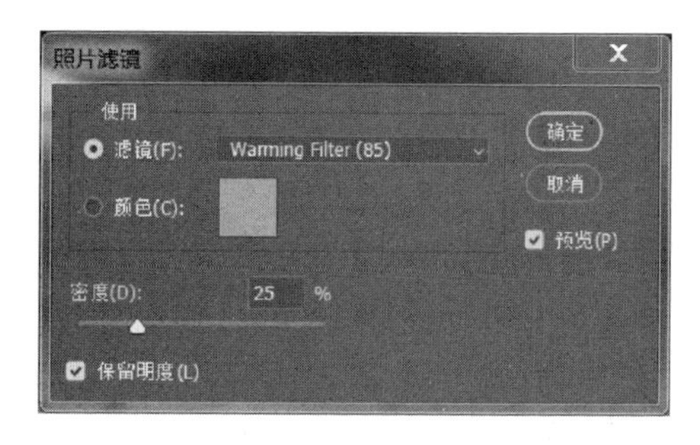

图 8-4-6 "照片滤镜"对话框

【滤镜】：可以选择一种系统预设的滤镜颜色来对图像进行色相调整。

【颜色】：可以用自定义颜色来对图像进行色相调整。

【密度】：用于调整应用到图像的颜色数量，值越大，颜色调整幅度越大。

七、阴影/高光

使用【阴影/高光】命令，可以校正由强逆光而形成剪影的照片，或校正由于太接近相机闪光灯而有些发白的焦点，也可以使暗调区域变亮。默认值设置用于修复具有逆光问题的图像。

八、曝光度

使用【曝光度】命令，可以调整 HDR（一种接近现实世界视觉效果的高动态范围图像）的色调，也可用于 8 位和 16 位图像。

执行【图像】→【调整】→【曝光度】命令，可打开"曝光度"对话框，如图 8-4-7 所示。其中选项含义如下：

图 8-4-7 "曝光度"对话框

【曝光度】：用于调整色调的高光范围，对阴影影响很少。

【位移】：使阴影和中间调变暗或变亮，对高光影响很少。

【灰度系数校正】：使用简单的乘方函数调整图像的灰度系数。

吸管工具：分别使用3种吸管工具在图像中最暗、最亮、中间亮度的位置单击鼠标，可使图像整体变暗或变亮。

【案例实施】

(1) 为人物背景上色。

① 打开本案例素材文件夹中的素材(图8-4-8)，复制“背景”层将名称改为“基础蒙版”，单击【图层】底部的【添加图层蒙版】按钮，为“基础蒙版”图层添加图层蒙版。

② 按【Ctrl】+【J】快捷键，复制图层，将名称改为“人物背景”(图8-4-9)。

图8-4-8　原图

图8-4-9　“人物背景”图层

③ 执行【图像】→【调整】→【色彩平衡】命令，弹出“色彩平衡”对话框，设置色阶为-30，-48，+20，如图8-4-10所示，单击【确定】按钮。

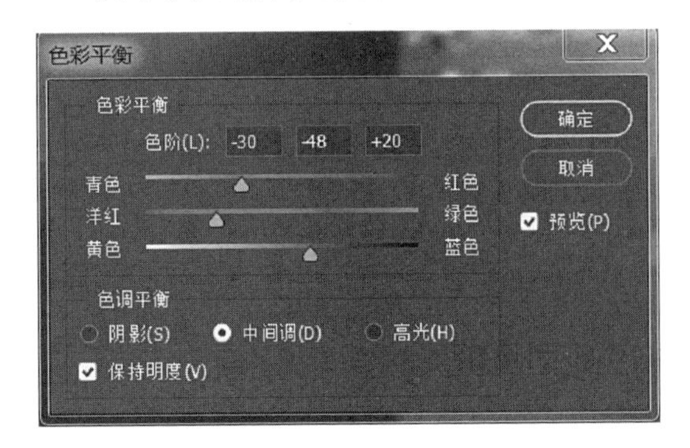

图8-4-10　设置色阶参数

（2）给人物头发上色。

① 选择“基础蒙版”图层，按下【Ctrl】+【J】快捷键，复制图层，将名称改为“头发”。

② 选择“头发”图层，将其移动到“人物背景”图层之上（图 8-4-11）。

③ 按【Ctrl】+【B】快捷键，打开“色彩平衡”对话框，设置色阶为+48，+3，+6，单击【确定】按钮。

④ 选择“头发”图层的“图层蒙版缩览图”，按【D】键，恢复默认前景色、背景色，按下【Alt】+【Delete】快捷键，将蒙版填充为黑色，蒙蔽当前颜色。

⑤ 选择【画笔工具】，设置画笔大小为 100 像素，硬度为 0%，不透明度为 100%，涂抹头发。处理细节时将图像局部放大再进行涂抹。

图 8-4-11 “头发”图层

（3）给人物皮肤上色。

① 选择“基础蒙版”图层，按下【Ctrl】+【J】快捷键，复制图层，将名称改为“皮肤”。

② 选择“皮肤”图层，将其移动到“人物背景”图层之上。

③ 按【Ctrl】+【B】快捷键，打开“色彩平衡”对话框，设置色阶为+38，-13，-56，单击【确定】按钮。

④ 选择“皮肤”图层的“图层蒙版缩览图”，按【Ctrl】+【Delete】快捷键，将蒙版填充为黑色。

⑤ 选择【画笔工具】，设置画笔大小为 100 像素，硬度为 0%，不透明度为 100%，涂抹脸部、颈部、手等皮肤。

（4）给眼睛增加神采。

① 选择“基础蒙版”图层，按下【Ctrl】+【J】快捷键，复制图层，将名称改为“眼睛”。

② 选择“眼睛”图层，将其移动到最上层。

③ 执行【滤镜】→【锐化】→【USM 锐化】命令，调整参数，如图 8-4-12 所示，单击【确定】按钮。

④ 选择“眼睛”图层的“图层蒙版缩览图”，按【Ctrl】+【Delete】快捷键，将蒙版填充为黑色。

⑤ 选择【画笔工具】，设置画笔大小为 28 像素，硬度为 0%，不透明度为 100%，涂抹眼睛区域。

图 8-4-12 设置滤镜

（5）给嘴唇添加口红。

① 选中“背景”图层，用【磁性套索工具】选中嘴唇区域，存储选区为“嘴唇”。

② 新建“嘴唇”图层，调整到最上层，载入【嘴唇】选区；设置前景色为红色（255，0，0），按【Alt】+【Delete】快捷键，填充红色；按【Ctrl】+【D】快捷键，取消选区，如图 8-4-13 所示。

③ 将“嘴唇”图层模式设为【柔光】，如图 8-4-14 所示。

图 8-4-13　“嘴唇”图层

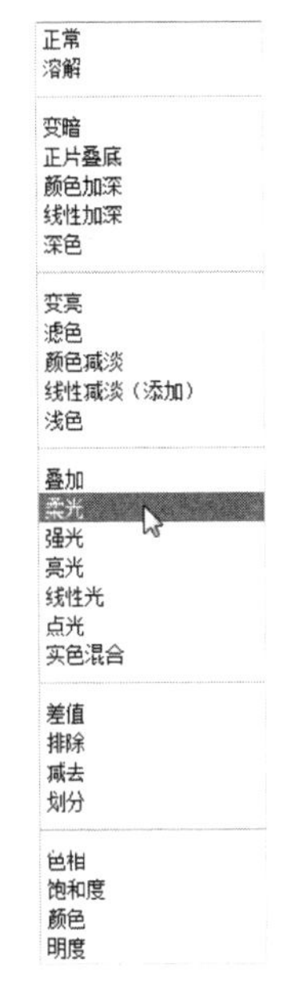

图 8-4-14　设置图层模式

图 8-4-15　最终效果

（6）选择“嘴唇”图层，按【Ctrl】+【Shift】+【Alt】+【E】快捷键，盖印所有可见图层为“完成效果”。最终效果如图 8-4-15 所示。

（7）保存文件为“黑白照片上色.psd”。

案例五 图像色彩调整——昨日重现

【案例说明】

某大学是一所百年老校，近期要举办校庆活动，但有些老照片已经很难找到，为了弥补遗憾，请你用拍摄的照片帮它制作昨日重现的黑白老照片效果。

【相关知识】

一、去色

执行【图像】→【调整】→【去色】命令，或按【Ctrl】+【Shift】+【U】快捷键，可以去除图像中选定区域或整个图像的颜色，将其转换为灰度图像。

【去色】命令和将图像转换为【灰度】模式都可以制作黑白图像，但【去色】命令不更改图像模式。

二、反相

执行【图像】→【调整】→【反相】命令，或按【Ctrl】+【I】快捷键，可以将图像的色彩进行补色，呈现反相显示，这是唯一一个不丢失颜色信息的命令，常用于制作胶片效果。

三、色调均化

执行【图像】→【调整】→【色调均化】命令，可以将图像中最亮的像素转换为白色，最暗的像素转换为黑色，其余像素也进行相应的调整，也就是系统会自动分析图像的像素分布范围，均匀地调整整个图像的亮度。

四、阈值

执行【图像】→【调整】→【阈值】命令，可以将灰度或彩色图像转换为高对比度的黑白图像。该命令允许将某个色阶制定为阈值，所有比该阈值亮的像素会转换为白色，比该阈值暗的像素会转换为黑色。【阈值】命令常用于制作黑白版面效果。

五、色调分离

执行【图像】→【调整】→【色调分离】命令，可以调整图像中色调的亮度，减少并分离图像的色调。

【案例实施】

要达到昨日重现效果，可通过执行如下命令，将彩色图像调整为黑白：①【图像】→【调整】→【黑白】；②【图像】→【调整】→【阈值】；③【图像】→【调整】→【去色】。

（1）打开本案例素材文件夹中的文件“原始图片.jpg”，如图 8-5-1 所示。

（2）执行【图像】→【调整】→【黑白】命令，或者使用【Alt】+【Shift】+【Ctrl】+【B】快捷键，打开“黑白”对话框，如图 8-5-2 所示，单击【确定】按钮，便设置为黑白图像。当然，还可以通过添加黑白调整层，在其对应的调整面板中进行相关设置。

图 8-5-1　原始图片

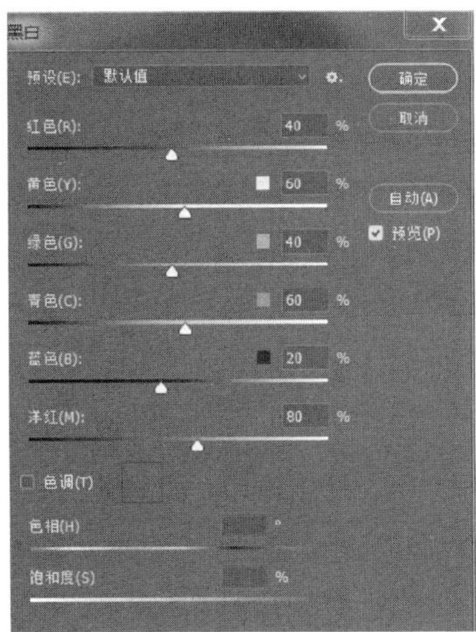

图 8-5-2　“黑白”对话框

（3）进行黑白操作后，如若觉得整体色调偏暗，人脸不够清晰，可执行【图像】→【调整】→【曲线】命令，打开“曲线”对话框，如图 8-5-3 所示，在其中调整相关参数。最终效果如图 8-5-4 所示。

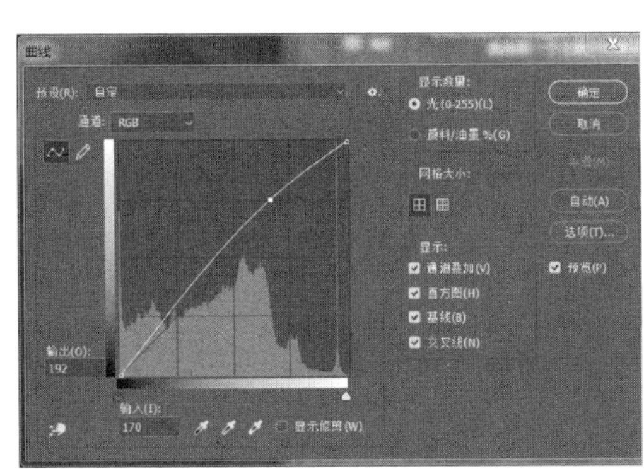

图 8-5-3　“曲线”对话框

图 8-5-4　最终效果

（4）保存文件。

实现彩色照片变黑白的操作还有【阈值】和【去色】命令，可通过拓展练习学习这两种方法的使用，并总结其中的不同。

本章练习

一、单选题

1. 下列(　　)命令可以使图像变成单色图像，令图像中的色相/饱和度调节为零，图像变为灰度图像。

A. 色相/饱和度　　B. 去色　　C. 亮度/对比度　　D. 色调均化

2. 在(　　)模式下,图像中的像素用黑色或者白色表示。

A. CMYK 颜色　　B. Lab 颜色　　C. 多通道　　D. 位图

3. 将图像转换为高对比度的黑白图像的图像调整命令是(　　)。

A. 阈值　　B. 去色　　C. 反相　　D. 色调分离

二、多选题

1. 当要对图像进行反相操作时,除了通过单击【反相】命令进行外,还可以通过按键盘上的(　　)键来实现。

A.【Ctrl】　　B.【Esc】　　C.【U】　　D.【I】

2. 拾色器中使用(　　)颜色模型来选取颜色。

A. HSB、RGB　　B. Lab、CMYK　　C. HSB、CHYK　　D. RGB、Lba

3. 下列对色阶的表述正确的是(　　)。

A. 该命令对于图像的高光及暗调层次的调节较为有效。

B. 输入色阶对应调整后的图像,输出色阶对应原始图像。

C. 通过对"高光输入滑块"的滑动操作可以调节控制图像的浅色部分,即黑场操作。

D. 通过对"阴影输入滑块"的滑动操作可以调节控制图像的浅色部分,即黑场操作。

4. 下列(　　)命令不能调整图像色彩。

A. 亮度/对比度　　B. 变化　　C. 色彩平衡　　D. 色相/饱和度

5. "色相/饱和度"属于图像(　　)调整。

A. 色调　　B. 色彩　　C. 偏色　　D. 以上都不是

三、填空题

1. 使用________命令,可进行白场、黑场、灰度的调节,适合粗调,适用于高光、暗调。使用________命令,可进行细致的调整,不但可以对整个色调范围内的点进行调节,还可实现图像层次颜色深浅的调节及纠正色偏,等等。

2. 通过色彩平衡设置面板,可见色调平衡将图像分成3个色调:________、________、________。

四、简答题

1. 调整图像的色调有哪几个命令?简述其功能特点。

2. 简述【替换颜色】命令的使用方法。

3. 举出3种能对图像进行色彩校正的命令,并简述其使用方法。

五、操作题

1. 如图所示,改变葡萄的颜色,由绿色调整为紫色。原图见本案例素材文件夹中的素材文件。

(a) 原图　　(b) 最终效果

（操作题第 1 题图）

2. 如图所示匹配图片颜色。打开本案例素材文件夹中的素材文件，将夕阳西下的感觉匹配到另一幅图中，营造相近的氛围。

（a）原图一

（b）原图二

（c）最终效果

（操作题第 2 题图）

第九章

滤　镜

◆ **本章学习简介**

滤镜是最能体现 Photoshop 特点的一项功能，利用滤镜可以对图像实现模糊、像素化、锐化等特殊处理效果，并且可以模仿木纹、牛皮纸或石质纹理的效果。本章需要重点掌握滤镜的基础知识、特殊功能滤镜的使用方法，以及滤镜的综合运用。

◆ **本章学习目标**

- 理解滤镜的概念。
- 掌握各类滤镜的使用方法。
- 能熟练运用各种滤镜进行浮雕效果、木纹效果、卷发效果、照片修正等实例操作。

◆ **本章学习重点**

- 能熟练运用各种滤镜进行浮雕效果、木纹效果、卷发效果、照片修正等操作。

案例一　浮雕效果的制作

【案例说明】

打开本案例素材文件夹中的图片“原图 9-1-1.jpg”，将图片制作成浮雕效果，前后效果对比如图 9-1-1 所示。本案例可使用【滤镜】菜单中的【浮雕效果】命令，设置“浮雕效果”对话框的各项参数，就可以制作出各种浮雕效果的图像。

(a) 原图

(b) 浮雕效果

图 9-1-1　操作前后效果对比

【相关知识】

一、【滤镜】菜单

滤镜是最能体现 Photoshop 特点的一项功能,利用滤镜可以对图像进行模糊、像素化、锐化等特殊处理,并且可以模仿玻璃、水纹、布纹或石质纹理。

Photoshop 2020 的【滤镜】菜单中设置了如下选项:【转换为智能滤镜】、【滤镜库】、【自适应广角】、【Camera Raw 滤镜】、【镜头校正】、【液化】、【消失点】、【3D】、【风格化】、【模糊】、【模糊画廊】、【扭曲】、【锐化】、【视频】、【像素化】、【渲染】、【杂色】、【其它】,如图 9-1-2 所示。

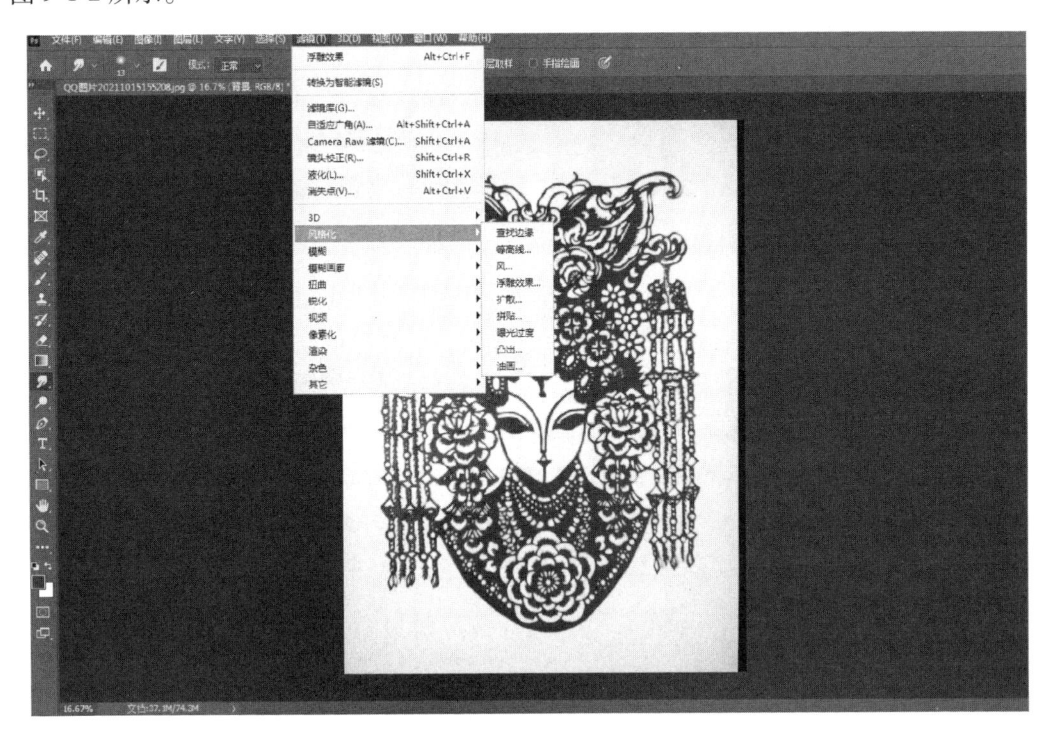

图 9-1-2 【滤镜】菜单

【滤镜】菜单中显示为灰色的选项是不可以使用的选项,一般情况下是由图像的模式造成的。

Photoshop 2020 允许使用其他厂商提供的滤镜,由第三方开发商提供的滤镜称为外挂滤镜。已安装的外挂滤镜,会显示在【滤镜】菜单的底部。

二、滤镜对话框

使用滤镜命令处理图像时,通常会打开“滤镜库”或相应的滤镜对话框,在对话框中可以设置滤镜的参数,并预览滤镜的效果。操作过程一般有以下几步:

(1) 选择需要加入滤镜效果的图层,如图 9-1-3 所示。

(2) 在【滤镜】菜单中选择需要使用的滤镜命令。如该滤镜有对话框参数的设置,一种方法是使用滑块,另一种方法是直接输入数据得到较精确的设置,如图 9-1-4 所示。

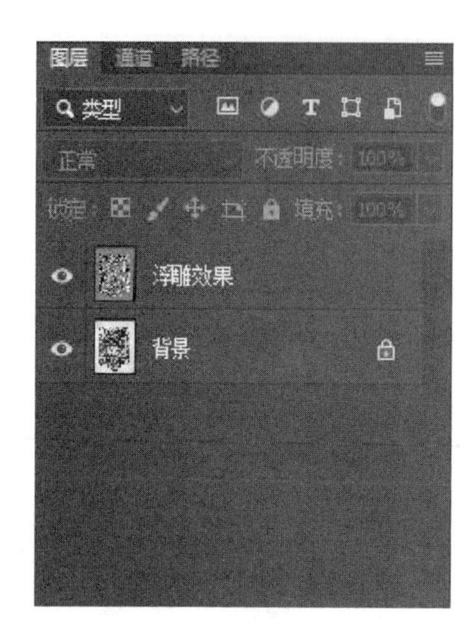

图 9-1-3 【图层】面板

图 9-1-4 “浮雕效果”对话框

（3）预览图像效果，如图 9-1-5 所示。大多数滤镜对话框中都设置了预览图像效果的功能，在预览框中可以直接看到图像处理后的效果。一般默认预览图像大小为 100%，也可以根据实际情况，利用预览图像下面的“+”“-”符号，对预览图像的大小进行调节。当需要在图像的预览框中预览图像的其他位置时，可以将鼠标放在图像要预览处并单击。

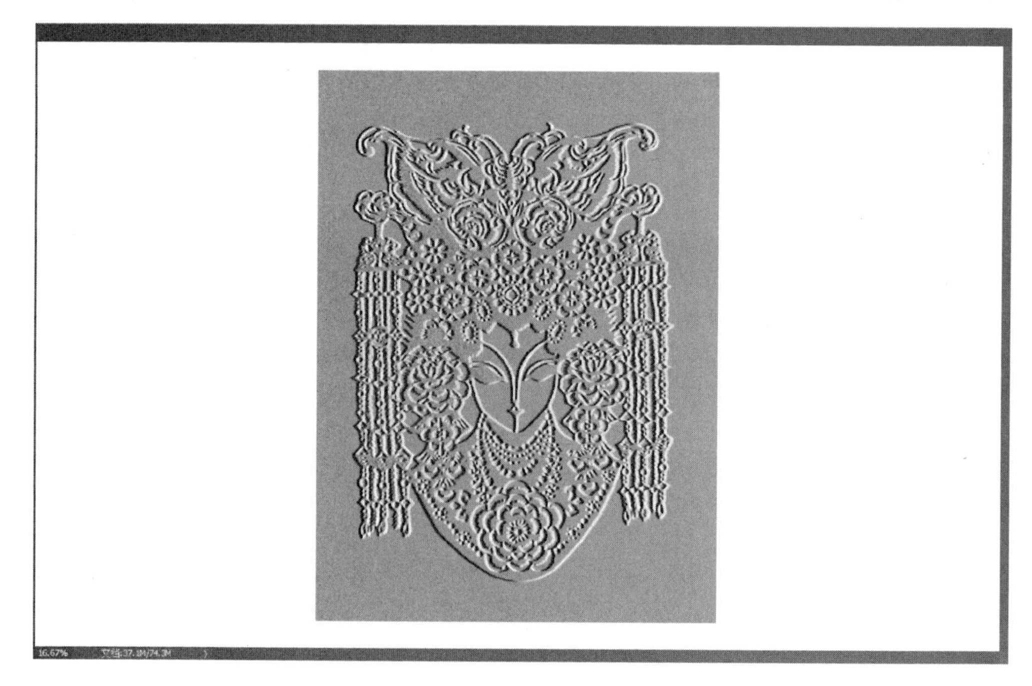

图 9-1-5 浮雕效果预览

三、滤镜的使用规则

Photoshop 2020 提供了多个滤镜，这些滤镜各有特点，同时又具有以下相同的特点，用户必须遵守使用规则，才能准确有效地使用滤镜处理图像。

（1）滤镜只作用于当前图层或选区。若没有选定区域，则对整个图像做处理。如果只选中某一图层或某一通道，则只对当前的图层或通道起作用。

（2）要使用滤镜处理图层中的图像，则图层必须是可见的。

（3）滤镜的处理效果是以像素为单位进行计算的，因此，滤镜的处理效果与图像的分辨率有关。相同的参数处理不同分辨率的图像，效果也不同。

（4）在 Photoshop 中，只有【云彩】滤镜可以应用在没有像素的透明区域，其他滤镜必须应用在包含像素的区域。

（5）RGB 模式的图像可以使用全部的滤镜，部分滤镜不能用于 CMYK 模式的图像，索引模式和位图模式的图像不能使用滤镜。如果 CMYK 模式、索引模式和位图模式的图像需要应用一些特殊的滤镜，可以先将它们转换为 RGB 模式，再进行处理。

（6）当执行完一个滤镜命令后，【滤镜】菜单的第一行便会出现该滤镜的名称，单击它可以快速应用上一次使用的这种滤镜，也可使用【Ctrl】+【F】快捷键进行操作，但此时不会出现对话框对参数进行调整；如果想要打开上次应用的对话框，可按下【Ctrl】+【Alt】+【F】快捷键。

（7）当执行完一个滤镜命令后可以执行【编辑】→【渐隐】命令，打开"渐隐"对话框。在对话框中可以调整滤镜效果的不透明度和混合模式，将滤镜效果与原图像混合。

（8）可以将所有滤镜应用于 8 位图像。对于 8 位/通道的图像，可以通过"滤镜库"累积应用大多数滤镜。只有部分滤镜可以用于 16 位图像和 32 位图像，例如，高反差保留、最大值、最小值及位移滤镜等。

（9）在执行滤镜过程中，如果想要终止操作，可以按下【Esc】键。

四、滤镜的使用技巧

使用滤镜有一些技巧，掌握这些操作，能够更快捷高效地使用滤镜。

（1）如果要在应用滤镜时不破坏原图像，并且希望以后能够更改滤镜设置，可以执行【滤镜】→【转换为智能滤镜】命令，将要应用的图像内容创建为智能对象，然后再使用滤镜处理。

（2）在对局部图像进行滤镜处理时，可以先为选区设定羽化值，然后再使用滤镜处理区域，使之与原图像衔接自然。

（3）在处理像素量较大的图片时，执行滤镜效果会占用较大的内存，并可能有明显的等待时间。此时可以考虑先在一小部分图像上试验滤镜和设置，在找到合适的设置后，再将滤镜应用于整个图像。同时应做好 Photoshop 程序的系统优化，如多分配程序可占用的系统资源；并做好图层优化，减少不必要的图层，尽量采用 RGB 色彩模式。

（4）可以尝试更改设置以提高占用大量内存的滤镜的速度，对于【滤镜库】中【染色玻璃】滤镜，可增大单元格大小；对于【木刻】滤镜，可增大【边缘简化度】或减小【边缘逼真度】，或两者同时更改。

（5）优先选择【滤镜库】来加载滤镜，它不但能提供很好的特效预览，还能方便地移动滤镜执行顺序,从而尝试出更多的效果。

五、使用智能滤镜

使用【转换为智能滤镜】命令,可将普通图层转换为智能对象,在该状态下,添加的路径不会破坏图像的原始状态,添加的滤镜可以像添加的图层样式一样存储在“图层”调板中,并且可以重新将其调出以修改参数。执行【转换为智能滤镜】命令并添加滤镜后的图像和【图层】面板状态如图 9-1-6 所示。

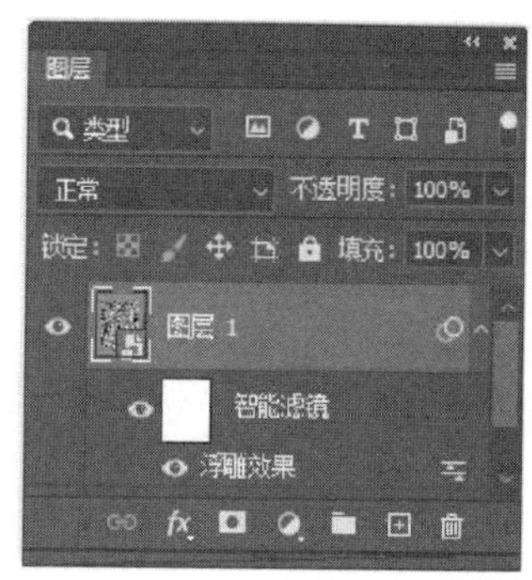

图 9-1-6 转换为智能滤镜

(1) 修改智能滤镜效果。在滤镜效果名称上双击鼠标,打开对应的滤镜对话框,重新设定参数。

(2) 显示或隐藏智能滤镜。单击智能滤镜图层前的眼睛图标,可隐藏或显示添加的所有滤镜效果;单击单个滤镜前的眼睛图标,可隐藏或显示单个滤镜。

(3) 删除智能滤镜。拖动智能滤镜图层或单个滤镜效果至【删除图层】按钮处,将删除添加的所有滤镜或选择的滤镜效果。

(4) 编辑滤镜混合选项。在【图层】面板中双击滤镜名称右侧的 图标,可打开“混合选项”对话框,对滤镜的不透明度和混合模式进行设置。

六、使用滤镜库

【滤镜库】是编辑和预览滤镜的一种工作模式。在“滤镜库”对话框中,可以同时预览应用多个滤镜的效果,并且可以打开或关闭滤镜效果、复位滤镜的选项,以及更改应用滤镜的顺序。

执行【滤镜】→【滤镜库】命令,打开“滤镜库”对话框,如图 9-1-7 所示。

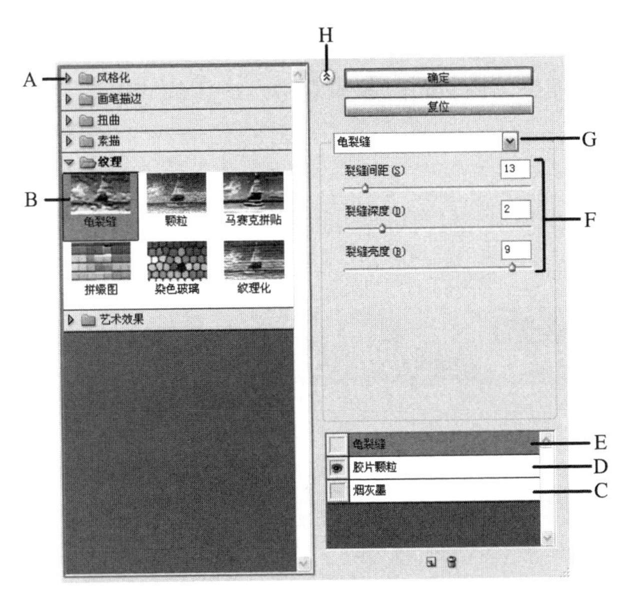

A—滤镜类别；B—所选滤镜的缩览图；C—隐藏的滤镜效果；
D—已累积应用但尚未选中的滤镜效果；E—已选中但尚未应用的滤镜效果；
F—所选滤镜的选项；G—滤镜弹出式菜单；H—显示/隐藏滤镜缩览图。

图 9-1-7 “滤镜库”对话框

使用【滤镜库】应用滤镜的具体步骤如下：

（1）执行下列操作之一。

① 将滤镜应用于整个图层，必须确保该图层是现用图层或选中的图层。

② 将滤镜应用于图层的一个区域，应选择该区域。

（2）执行【滤镜】→【滤镜库】命令。

（3）单击一个滤镜名称。单击滤镜类别旁边的倒三角形以查看完整的滤镜列表。添加滤镜后，该滤镜将出现在“滤镜库”对话框右下角的已应用滤镜列表中。

（4）为选定的滤镜输入值或选择选项。

（5）执行下列任一操作。

① 累积应用滤镜。单击【新建效果图层】按钮，并选取要应用的另一个滤镜。重复此过程以添加其他滤镜。

② 重新排列应用的滤镜。将滤镜拖动到“滤镜库”对话框右下角的已应用滤镜列表中的新位置。

③ 删除应用的滤镜。在已应用滤镜列表中选择滤镜，然后单击【删除效果图层】按钮 。

（6）在【滤镜库】预览区可以预览滤镜处理效果。如果对结果满意，单击【确定】按钮。

滤镜效果是按照它们的选择顺序应用的。在应用滤镜之后，可通过在已应用的滤镜列表中将滤镜名称拖动到另一个位置来重新排列它们。重新排列滤镜效果可显著改变图像的外观。单击滤镜旁边的“眼睛”图标,可在预览图像中隐藏效果。此外,还可以通过选择滤镜并单击【删除效果图层】按钮 来删除已应用的滤镜。

【案例实施】

(1) 在 Photoshop 2020 中,打开本案例素材文件夹中的文件“原图 9-1-1.jpg”,如图 9-1-8 所示。

图 9-1-8 打开图片

(2) 复制背景层,将新图层命名为“浮雕效果”,如图 9-1-9 所示。

(3) 对“浮雕效果”图层,执行【滤镜】→【风格化】→【浮雕效果】命令,打开“浮雕效果”对话框,设置各项参数,如图 9-1-10 所示。

图 9-1-9 新建“浮雕效果”图层

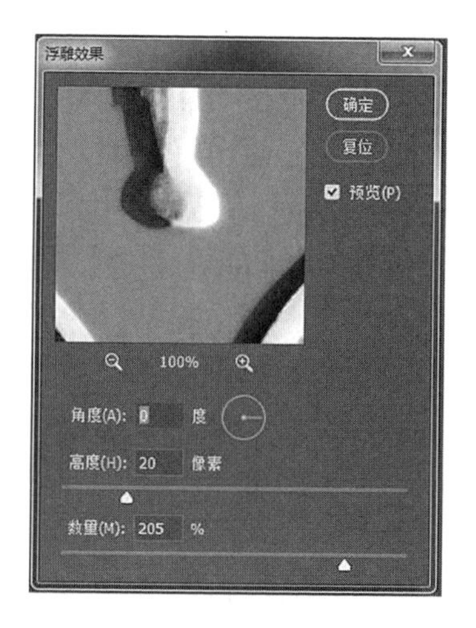

图 9-1-10 “浮雕效果”对话框

（4）保存文件为“9-1-2.jpg”。最终效果如图 9-1-1(b)所示。

案例二 木纹效果的制作

【案例说明】

制作一幅宽 500 像素、高 300 像素的木纹效果图片，如图 9-2-1 所示。本案例可选择【滤镜】菜单中的【渲染】、【杂色】、【模糊】子菜单，运用其中的【云彩】工具、【添加杂色】工具、【动感模糊】工具，并设置各项参数，就可以制作出木纹效果的图像。

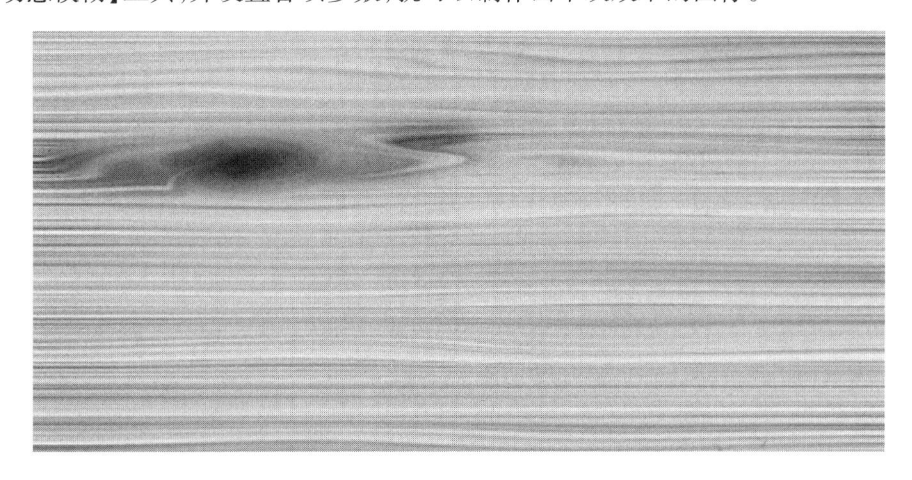

图 9-2-1 木纹效果

【相关知识】

一、渲染

【渲染】滤镜组包含【分层云彩】、【镜头光晕】、【纤维】、【云彩】、【火焰】、【图片框】和【树】等滤镜。

1.【分层云彩】滤镜

使用【分层云彩】滤镜，可以将云彩数据和现有的像素混合，其方式与【差值】：模式混合颜色的方式相同。第一次选择该滤镜时，图像的某些部分被反相为云彩图案。应用此滤镜几次之后，会创建出与大理石的纹理相似的凸缘与叶脉图案，如图 9-2-2 所示。

图 9-2-2 【分层云彩】滤镜效果

2.【镜头光晕】滤镜

使用【镜头光晕】滤镜，可以模拟亮光照射到相机镜头所产生的折射。“镜头光晕”对话框如图 9-2-3 所示。其选项含义如下：

【亮度】：用于调整光晕的强度，它的调整范围是

10%～300%。

【镜头类型】：用于选择产生光晕的镜头类型。通过单击图像缩览图的任意位置或拖动其十字线，指定光晕中心的位置。

3.【纤维】滤镜

使用【纤维】滤镜，可以使用前景色和背景色创建编织纤维的外观，“纤维”对话框如图 9-2-4 所示。其选项含义如下：

图 9-2-3 “镜头光晕”对话框

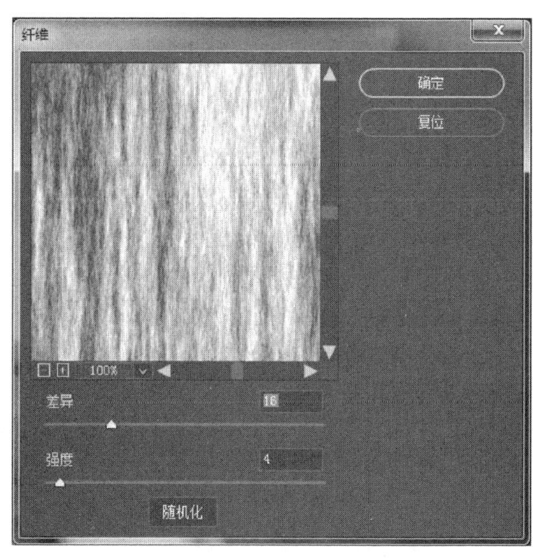

图 9-2-4 “纤维”对话框

【差异】：用于调整颜色的变化方式，数值越小，产生的颜色条纹越长；数值越高，产生的颜色条纹越短。

【强度】：用于调整每根纤维的外观。数值越小，产生的织物效果越松散；数值越大，会产生短的绳状纤维。

【随机化】：单击该按钮，可随机生成新的纤维外观。在使用该滤镜前设置图像的前景色与背景色，可以生成指定颜色的纤维外观。

4.【云彩】滤镜

使用【云彩】滤镜，可以使用介于前景色与背景色之间的随机值，生成柔和的云彩图案。要生成色彩较为分明的云彩图案，先按住【Alt】键，然后操作【云彩】命令。应用【云彩】滤镜时，现用图层上的图像数据会被替换，如图 9-2-5 所示。

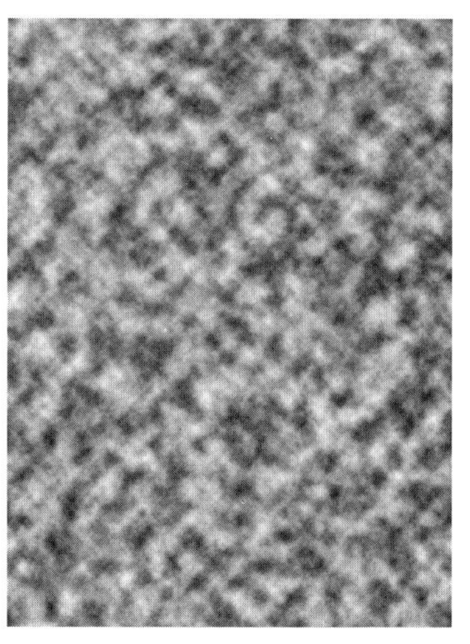

图 9-2-5 【云彩】滤镜效果

5.【火焰】滤镜

【火焰】滤镜是基于路径的滤镜，所以使用的前提是有路径，在图像上可做出火焰燃烧的效果。

6.【图片框】滤镜

【图片框】滤镜图案有经典欧式相框形状的，也有很多花纹修饰形状的，多达 47 种预设可选，非常方便，再加上颜色、大小、排列方式等参数的不同，可以设置出形式多样的图片框。

7.【树】滤镜

【树】滤镜是通过设置光照方向、叶子数量、叶子大小、树枝高度、树枝粗细等选项，生成树的效果的。

二、模糊

【模糊】滤镜柔化选区或整个图像，这对于修饰非常有用。其通过平衡图像中已定义的线条和遮蔽区域的清晰边缘旁边的像素，使变化显得柔和。

1.【场景模糊】滤镜

使用【场景模糊】滤镜，可以根据像素的大小来调整图像整体的模糊程度，像素越大，模糊程度越高；还可以调整光源散景、散景颜色和光照范围，以达到不同的效果，如图 9-2-6 所示。

2.【光圈模糊】滤镜

使用【光圈模糊】滤镜，可以根据像素的大小来调整图像光圈外部的模糊程度，像素越大，模糊程度越高；也可以在画面上手动调整光圈的大小和拖动光圈的位置，调整成不同的效果，如图 9-2-7 所示。

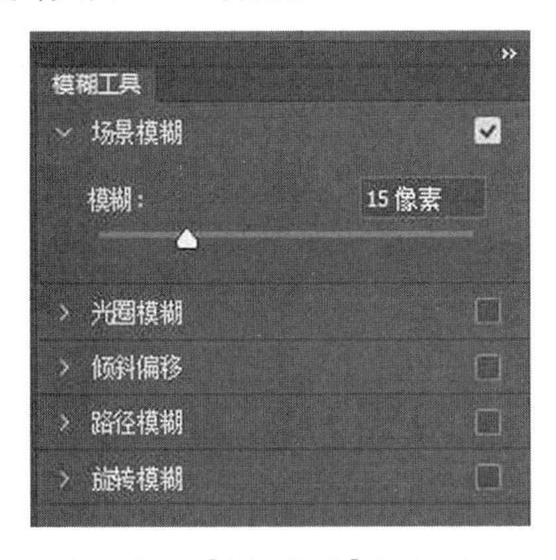

图 9-2-6 【场景模糊】滤镜面板

图 9-2-7 【光圈模糊】滤镜面板

3.【移轴模糊】滤镜

使用【移轴模糊】滤镜，可以根据像素的大小来调整模糊的程度，对图片添加扭曲。扭曲值为负数时呈圈状以中心点往外散射，扭曲值为正数时呈线状以中心点往外散射。勾选【对称扭曲】复选框时线的两侧同时产生扭曲，如图 9-2-8 所示。

4.【表面模糊】滤镜

使用【表面模糊】滤镜，能够在保留边缘的同时模糊图像，创建特殊效果并消除杂色或颗粒，如图 9-2-9 所示。“表面模糊”对话框中选项的含义如下：

【半径】：可以指定模糊取样区域的大小。

【阈值】：可以控制相邻像素色调值与中心像素值相差大时才能成为模糊的一部分，色调差值小于阈值的像素被排除在模糊之外。

图 9-2-8 【移轴模糊】滤镜面板

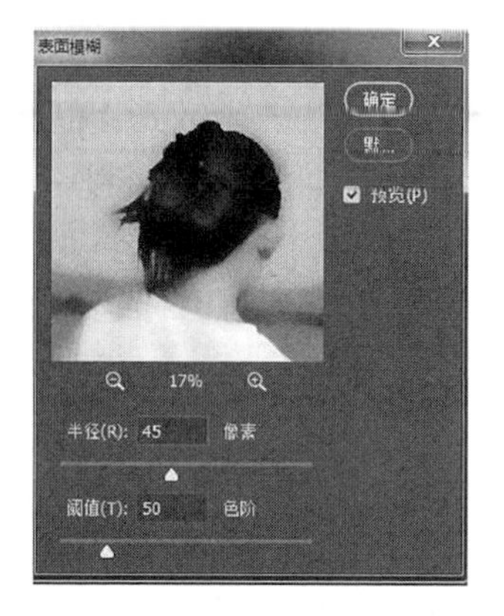

图 9-2-9 “表面模糊”对话框

5.【动感模糊】滤镜

使用【动感模糊】滤镜，可以根据效果的需要沿指定方向（-360°~360°）以指定强度（1~999）进行模糊。此滤镜的效果类似于以固定的曝光时间给一个移动的对象拍照，“动感模糊”对话框如图 9-2-10 所示。对话框中选项的含义如下：

【角度】：在【角度】文本框中输入参数或拖动指针调整角度，可以设置模糊的方向。

【距离】：可以设置像素移动的距离。

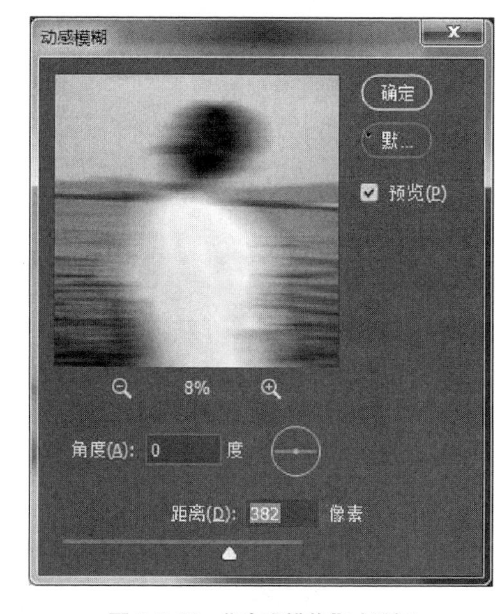

图 9-2-10 “动感模糊”对话框

6.【方框模糊】滤镜

使用【方框模糊】滤镜，可以基于相邻像素的平均颜色值来模糊图像，常用于创建特殊效果。此滤镜可以调整用于计算给定像素的平均值的区域大小，半径越大，产生的模糊效果越好。

7.【模糊】和【进一步模糊】滤镜

【模糊】和【进一步模糊】滤镜会在图像中有显著颜色变化的地方消除杂色。【模糊】滤镜通过平衡已定义的线条和遮蔽区域的清晰边缘旁边的像素，使变化显得柔和。【进一步模糊】滤镜的效果比【模糊】滤镜强 3~4 倍。

8.【径向模糊】滤镜

使用【径向模糊】滤镜，可以模拟缩放或旋转的相机所产生的模糊，产生一种柔化的模糊。

在【模糊方法】组中，选择【缩放】选项，图像会沿径向线模糊，好像是在放大或缩小图像；选择【旋转】选项，图像会沿同心圆环线模糊。然后指定数量，值的范围是 1~100，如图 9-2-11 所示。

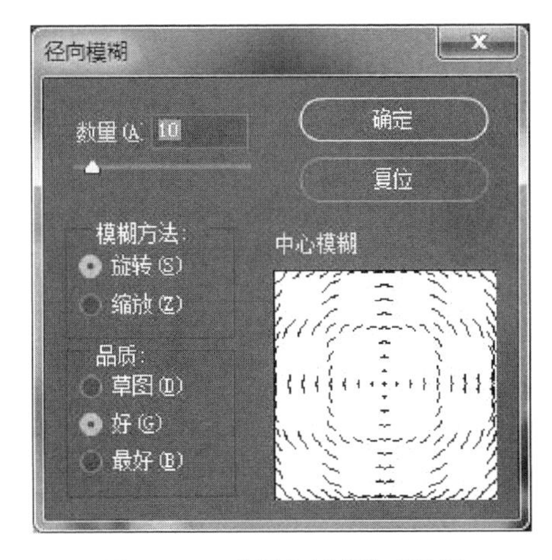

图 9-2-11 “径向模糊”对话框

9.【镜头模糊】滤镜

使用【镜头模糊】滤镜,可以向图像中添加模糊以产生更窄的景深效果,使图像中一些对象在焦点内,让另一些区域变模糊。

【镜头模糊】参数设置栏如图 9-2-12 所示。参数设置栏中选项的含义如下:

【更快】:可以提高图像预览的速度。

【更加准确】:可以查看图像的最终预览效果,但预览较慢。

【深度映射】:在【源】选项的下拉列表中可以选择使用 Alpha 通道和图层蒙版来创建深度映射。

【光圈】:在【形状】选项的下拉列表中可以设置光圈模糊形状的显示方式。

图 9-2-12 “镜头模糊”参数设置栏

【镜面高光】:可以设置镜面高光的范围。

【杂色】:移动【数量】滑块,可以添加或减少图像中的杂色。

【分布】:可以设置杂色的分布方式。

【单色】:在不影响图像颜色的前提下可以向图像中添加杂色。

10.【特殊模糊】滤镜

使用【特殊模糊】滤镜,可以精确地模糊图像。该滤镜可以指定半径、阈值和模糊品质,如图 9-2-13 所示。对话框中选项的含义如下:

【半径】:用于调整模糊的范围,数字越大,模糊效果越明显。

【阈值】:确定像素具有多大差异后才会受到影响。

【品质】:用于调整图像的品质。

【模式】:在【模式】选项的下拉列表中可以选择模糊效果的模式,也可以为整个选区设置模式(【正常】),或为颜色转变的边缘设置模式(【仅限边缘】和【叠加边缘】选项)。在对比度显著的地方,【仅限边缘】选项应用黑白混合的边缘。

11.【形状模糊】滤镜

【形状模糊】滤镜使用指定的内核来创建模糊。该滤镜从自定形状预设列表中选取一种内核,并使用【半径】滑块来调整其大小,如图 9-2-14 所示。

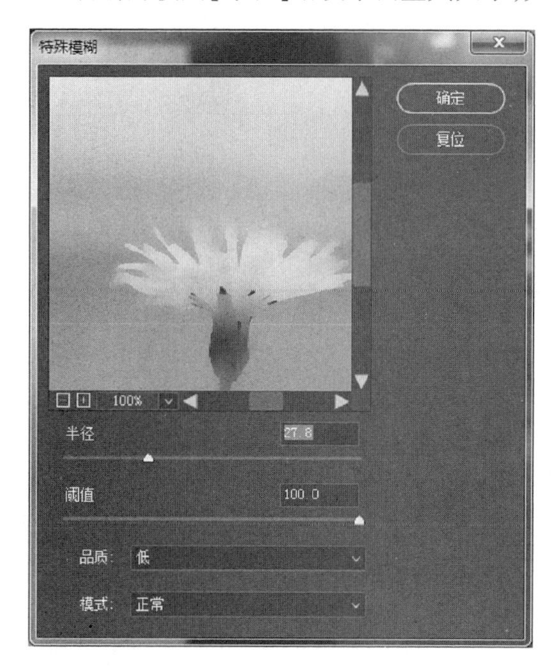

图 9-2-13 “特殊模糊”对话框

图 9-2-14 “形状模糊”对话框

【案例实施】

(1) 新建文档,设置宽为 500 像素,高为 300 像素,分辨率为 72 像素/英寸,RGB 文档设置前景色和背景色为【淡暖褐】和【深黑暖褐】。执行【滤镜】→【渲染】→【云彩】命令,效果如图 9-2-15 所示。

图 9-2-15 【云彩】效果

(2) 执行【滤镜】→【杂色】→【添加杂色】命令,设置数值为 20,单击【高斯分布】按钮,勾选【单色】复选框,效果如图 9-2-16 所示。

图 9-2-16 【添加杂色】效果

（3）执行【滤镜】→【模糊】→【动感模糊】命令，设置角度为 0，距离为 999。

（4）使用【矩形选框工具】，在任意处选取横长形的选区，执行【滤镜】→【扭曲】→【旋转扭曲】命令，角度为默认。接下来多次重复框选部位，每框选一个部位，执行上次的【旋转扭曲】操作，效果如图 9-2-17 所示。

图 9-2-17 【旋转扭曲】效果

（5）执行【图像】→【调整】→【亮度/对比度】命令，将亮度设置为 90，对比度设置为 20。接着使用【加深工具】或【减淡工具】，设置【范围】为中间调，【曝光度】为 7%，在木纹较复杂的位置反复涂抹，直到得到理想的效果。最终效果如图 9-2-18 所示。

图 9-2-18 木纹效果

案例三 卷发效果的制作

【案例说明】

将直发制作成卷发效果,如图 9-3-1 所示。本案例可使用【滤镜】菜单中的【液化】命令,选择【向前变形工具】,设置画笔的各项参数,在直发上相应的位置移动,就可以制作卷发效果。

(a) 直发

(b) 卷发

图 9-3-1 头发前后对比图

【相关知识】

使用【液化】滤镜可对图像进行变形处理,如推、拉、旋转、反射、折叠和膨胀图像的任意区域。执行【液化】命令,打开“液化”对话框。位于左侧的工具栏集中了全部的变形工具,如图 9-3-2 所示。使用这些工具在图像中单击或拖动,可实现变形操作。需要注意的是,该滤镜命令不能应用于索引、位图或多通道颜色模式的图像文件中。

图 9-3-2 工具栏

【液化】滤镜的主要工具有以下几种:

【向前变形工具】:可以移动图像中的像素,得到变形的效果,如图 9-3-3 所示。

【重建工具】:在变形的区域单击鼠标左键或拖动鼠标进行涂抹,可以使变形区域的图像恢复到原始状态。

【褶皱工具】:在图像中单击鼠标或移动鼠标时,可以使像素向画笔中间区域的中心移动,使图像产生收缩的效果,如图 9-3-4 所示。

【膨胀工具】:在图像中单击鼠标或移动鼠标时,可以使像素向画笔中心区域以外的方向移动,使图像产生膨胀的效果,如图 9-3-5 所示。

【左推工具】:可以使图像产生挤压变形的效果。使用该工具垂直向上拖动鼠标时,像素向左移动;向下拖动鼠标时,像素向右移动。当按住【Alt】键垂直向上拖动鼠标时,像

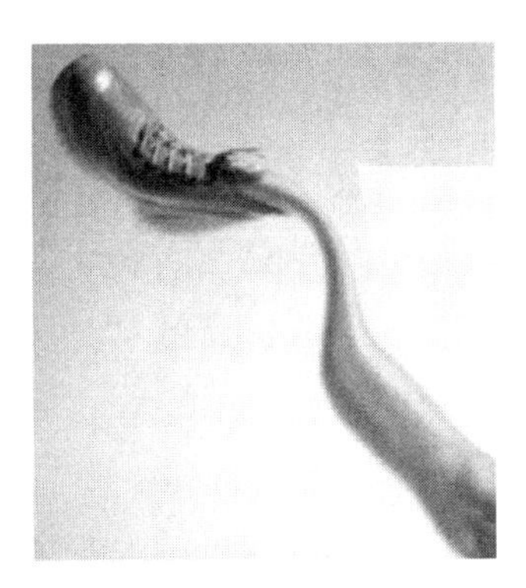

图 9-3-3 向前变形工具

图 9-3-4 褶皱工具

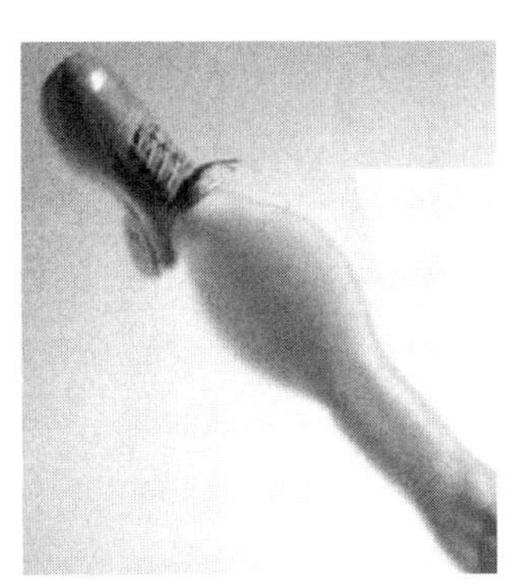

图 9-3-5 膨胀工具

素向右移动;向下拖动鼠标时,像素向左移动。若使用该工具围绕对象顺时针拖动鼠标,可增加其大小;若逆时针拖动鼠标,则减小其大小,如图 9-3-6 所示。

【抓手工具】: 放大图像的显示比例后,可使用该工具移动图像,以观察图像的不同区域。

【缩放工具】: 在预览区域中单击,可放大图像的显示比例;按下【Alt】键在该区域中单击,则会缩小图像的显示比例。

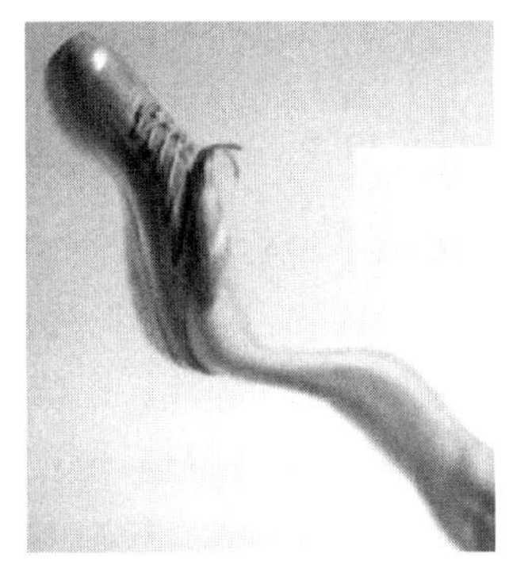

图 9-3-6 左推工具

【案例实施】

(1) 打开本案例素材文件夹中的文件“直发 9-3-7.jpg”,如图 9-3-1(a)所示。

(2) 执行【滤镜】→【液化】命令。

(3) 选用【向前变形工具】,设置画笔大小为 181,画笔密度为 50,画笔压力为 58。

(4) 在头发上按下不放,往左、往右、往下或者往上稍微移动下,直到直发变弯曲即可。最终效果如图 9-3-1(b)所示。

案例四 照片的修正

【案例说明】

将图片中倾斜变形的建筑进行校正,效果如图 9-4-1 所示。本案例可使用【滤镜】菜单中的【镜头校正】工具,运用【移去扭曲】、【几何扭曲】、【向右拉动】按钮,并设置各项参数,就可以将倾斜变形的建筑校正。

(a) 校正前

(b) 校正后

图 9-4-1　照片校正前后对比图

【相关知识】

一、镜头校正

使用【镜头校正】滤镜，可修复常见的镜头瑕疵，如桶形和枕形失真、晕影和色差。使用该滤镜还可以旋转图像，或修复由于相机垂直或水平倾斜而导致的图像透视现象。“镜头校正”对话框如图 9-4-2 所示。对话框中选项的含义如下：

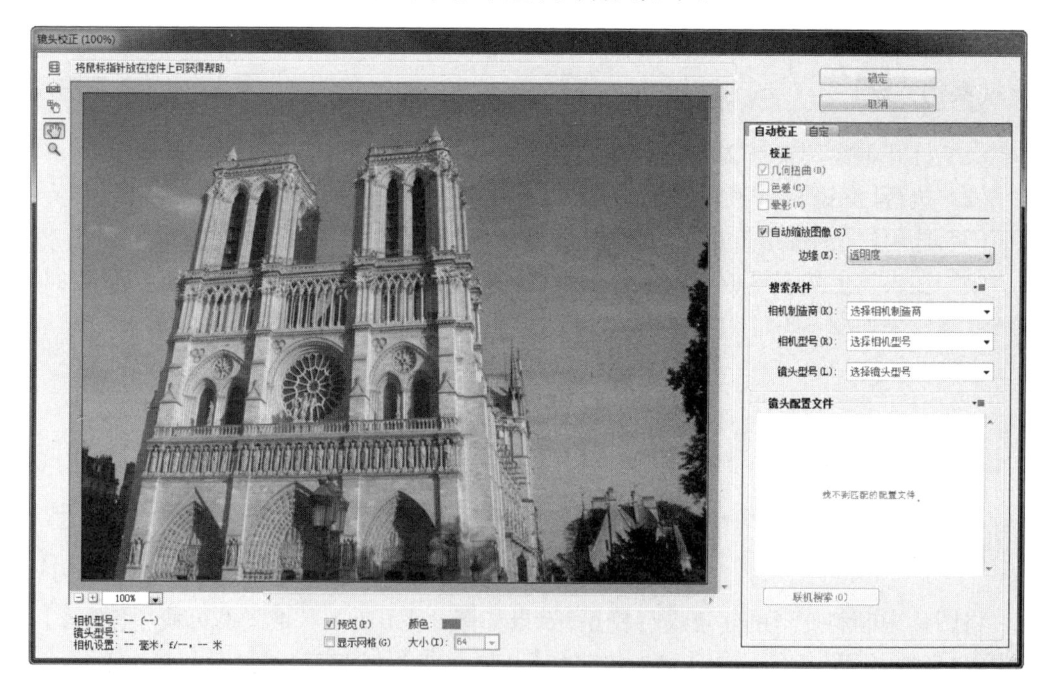

图 9-4-2　“镜头校正”对话框

【移去扭曲工具】：向中心拖动或脱离中心以校正失真。

【拉直工具】：绘制一条直线以将图像拉直到新的横轴或纵轴。

【移动网格工具】：拖动以移动网格。

【几何扭曲】：自动修复失真。

【色差】：调整图像交界处的颜色。

【晕影】：模拟光源照射入镜头的折射光效果。

【自动缩放图像】：勾选此复选框，校正后缩放图像。

选择【自定】选项卡，根据图像的不同情况进行自定校正，如图 9-4-3 所示。

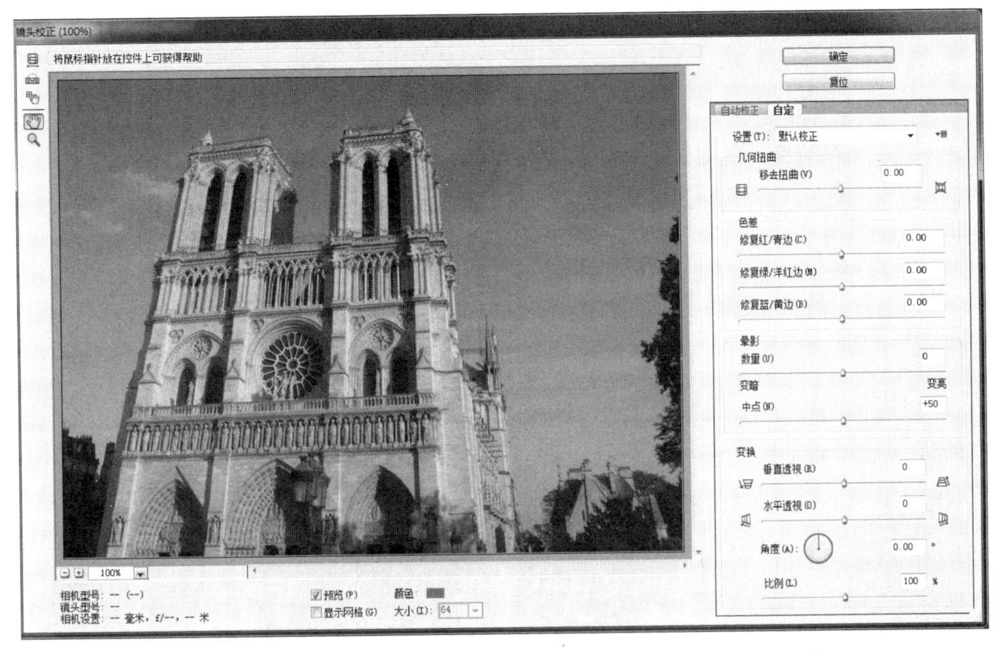

图 9-4-3 【自定】选项卡

二、消失点

使用【消失点】滤镜，可以编辑制作带有透视效果的图像。执行【滤镜】→【消失点】命令，打开“消失点”对话框，对话框中包含了定义透视平面工具、编辑图像工具、测量工具和图像预览。消失点工具的工作方式与 Photoshop 主工具箱中的对应工具十分类似，可以使用相同的快捷键来设置工具选项。使用【创建平面工具】在视图中依据所需的透视方法绘制平面，然后使用【图章工具】:等编辑工具复制图像，将图像延伸。

使用方法如下：

（1）用【创建平面工具】绘制透视网格，如图 9-4-4 所示。

（2）复制图层，选择新图层，重新调出“消失点”对话框，利用【矩形选框工具】，在平面上单击拖移可以选择该平面上的区域。按住【Alt】键拖移选区，可将区域复制到新目标，按住【Ctrl】键拖移选区，可用源图像填充该区域。

图 9-4-4　绘制透视网络

（3）选择变换工具，调整图像到合适位置。

处理前后效果如图 9-4-5 所示。

(a) 处理前　　(b) 处理后

图 9-4-5　处理前后效果对比

三、自适应广角

【自适应广角】滤镜主要用于约束超广角常见的变形现象。

选择【滤镜】→【自适应广角】菜单项，打开“自适应广角”对话框，其中校正方式有 4 种，分别为【鱼眼】、【透视】、【自动】、【完整球面】，如图 9-4-6 所示。

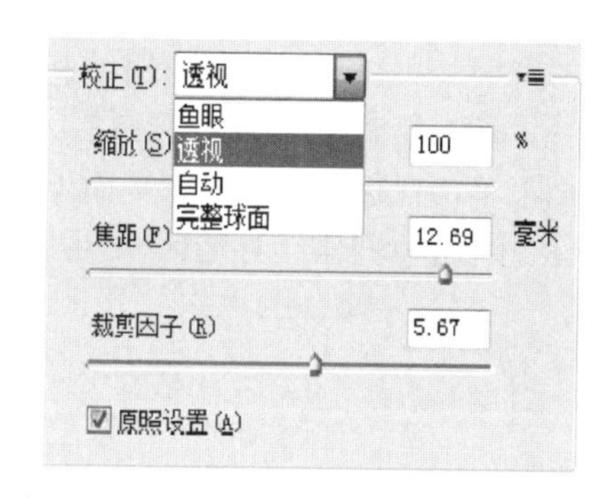

图 9-4-6　校正方式

【鱼眼】校正：焦距用来调整图像广角变形的大小，数值越小，变形越大。

【透视】校正：当选择透视的校正方式时，自动调整焦距到合适大小，焦距越小时图像的广角变形效果

越大,焦距越大时图像的变形效果越小。调整裁剪因子的大小,焦距也随之自动调整数据;将裁剪因子的数据调整到最小状态时焦距变为最小,图像以球状显示;将裁剪因子的数据调整到最大状态时焦距变为最大,图像以原始状态显示。

【自动】校正:图像自动适应广角,缩放功能用来调整图像在画面中显示的大小,数据越小,图像在画面中的显示也越小。

【完整球面】校正:只有在图像的比例是 1∶2 时才能使用该校正方式。

裁剪因子主要调整图像在画面中所裁切形状的大小,当裁剪因子调整为最小时,图像被裁剪为接近于圆的星形的多边形。

【案例实施】

(1) 复制图层,关闭背景图层,原图如图 9-4-1(a)所示。

(2) 执行【滤镜】→【镜头校正】命令。

(3) 打开“镜头校正”对话框,选择【自定】选项卡,勾选【显示网格】复选框。

(4) 用【移去扭曲工具】向中心拖动,或将【几何扭曲】滑块向左拉动,会使建筑出现桶状变形。如果原图有枕头状变形,可以用它来校正。反之,向右拉动滑块,可以用来校正桶状变形,此图无须矫正该选项。

(5) 设置【垂直透视】的参数为-48,将倾斜的建筑拉直,效果如图 9-4-7 所示。

(6) 拉直后图形在画面中的比例有所改变,这张图的建筑顶端超出了画面,需将比例缩小为 80%。

(7) 缩小后的效果如图 9-4-8 所示。

图 9-4-7 【垂直透视】处理后的效果

图 9-4-8 缩小后的效果

(8) 将缩小后的图层通过裁切,可以达到更近似于原图的画面。修正后的效果如图 9-4-1(b)所示。

本章练习

一、选择题

1. 如果扫描的图像不够清晰,可用下列(　　)滤镜弥补。

A. 噪音　　B. 风格化　　C. 锐化　　D. 扭曲

2. 当图像是(　　)模式时,所有的滤镜都不可以使用(假设图像是 8 位/通道)。

A. CMYK　　B. 灰度　　C. 多通道　　D. 索引颜色

3. 下列(　　)滤镜只对 RGB 滤镜起作用。

A. 马赛克　　B. 光照效果　　C. 波纹　　D. 浮雕效果

4. 如果正在处理一幅图像,下列选项中导致有一些滤镜不可选的原因是(　　)。

A. 关闭虚拟内存

B. 检查预置中增效文件夹搜寻路径

C. 删除 Photoshop 的预置文件,然后重设

D. 确认软插件在正确的文件夹中

二、填空题

1. 重复使用上一次用过的滤镜应按________键,打开上一次执行滤镜命令的对话框的快捷键是________键。

2. 使用【云彩】滤镜,可以使用介于前景色与背景色之间的________,生成柔和的云彩图案。

三、操作题

1. 使用液化工具制作瘦腰效果。

(a) 原图　　(b) 效果图

(操作题第 1 题图)

2. 为照片背景制作雾效果。

(a) 原图

(b) 效果图

（操作题第 2 题图）

第十章

图像的获取与输出

◆ **本章学习简介**

本章主要介绍图形的印前处理及输出知识,打印图纸前的一些准备工作,如何为图像定稿,如何在计算机中进行色彩校正,以及如何设置打印页面参数。

◆ **本章学习目标**

- 掌握图像的获取方法及动作的使用方法。
- 掌握批处理图像及打印输出图像的方法。

◆ **本章学习重点**

- 掌握图像获取的方法。
- 掌握图像设计与印刷流程。
- 掌握图像的输出方法。
- 掌握打印图像的方法。

案例一　图像的获取——制作杯子贴图

【案例说明】

小明是个爱猫人士,他想把他拍的猫咪照片印在自己常用的马克杯上,请你帮助他。本案例要求学会各种不同的图像获取方式,用于图像的后期制作。

【相关知识】

要获取图像,主要有以下几种方法。

1. 网络下载

直接上网收集图片素材进行练习,可从各大图片网站下载,如百度图片、花瓣网、千图网等。

2. 数码相机获取

若在网上未找到合适的素材,可以用相机或手机进行拍摄。

3. 用扫描仪将普通图像转化为数字化格式的图像

已经打印出来的图片或者照片可以通过扫描仪进行采集。

4. 截图软件获取

使用截图软件进行截图下载。

【案例实施】

（1）用手机拍摄小猫，获取照片，并上网下载一个空白马克杯图，保存为 JPG 格式，如图 10-1-1 所示。

(a) 空白马克杯

(b) 小猫

图 10-1-1　素材

（2）打开 Photoshop 软件，执行【文件】→【打开】命令，弹出“打开”对话框，打开马克杯图及小猫图，如图 10-1-2 所示。

图 10-1-2　打开素材文件

（3）选择【矩形选框工具】，在小猫图上绘制选区，再单击鼠标右键，弹出快捷菜单，选择【羽化】命令，设置【羽化半径】为 50 像素，如图 10-1-3 所示。设置完毕后单击【确定】按钮。

选择工具箱的【移动工具】，将小猫图放置到马克杯图中，执行【自由变换】命令，调整图像的大小，如图 10-1-4 所示；选择【变形】选项，调整图像，如图 10-1-5 所示。

图 10-1-3　设置【羽化半径】

图 10-1-4　移动小猫图像

（4）设置小猫图层的不透明度为 75%，如图 10-1-6 所示。最终效果如图 10-1-7 所示。

图 10-1-5　调整小猫图像

图 10-1-6　设置【不透明度】

图 10-1-7　最终效果

案例二　图像的输出——生成图像资源

【案例说明】

小李在 Photoshop 软件中进行操作时，除了制作完成的 PSD 图像外，想要把各个素材文件（图 10-2-1）单独保存起来，如图 10-2-2 所示。你有快速保存的好方法？若有，快告诉他吧。

图 10-2-1　原图

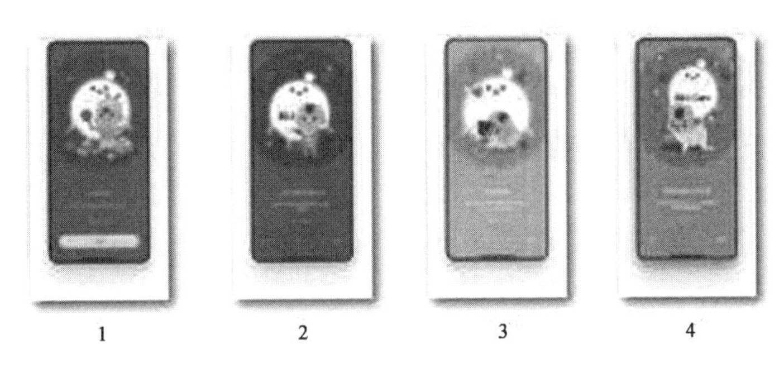

1　　2　　3　　4

图 10-2-2　单独保存的素材图

【相关知识】

一、图像保存格式

Photoshop 在保存图像文件时，执行【文件】→【存储为】命令，弹出“另存为”对话框，其中【保存类型】下拉菜单中有多种保存格式，如图 10-2-3 所示。选择保存文件的格

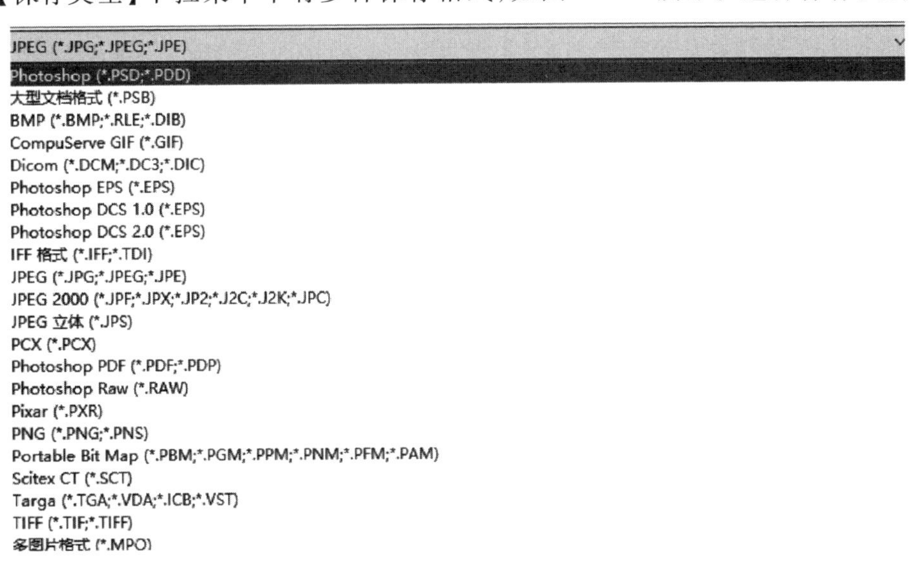

图 10-2-3　多种保存格式

式，再单击【保存】按钮，即可完成文件的保存。

一、图像导出格式

Photoshop 在导出图像文件时，可以选择将文件导出为 PNG、JPG、GIF 和 SVG 格式。如可以执行【文件】→【导出】→【快速导出为 PNG】命令，将文件导出为 PNG 格式。如需要其他格式，可在“首选项”对话框中修改文件格式，如图 10-2-4 所示。

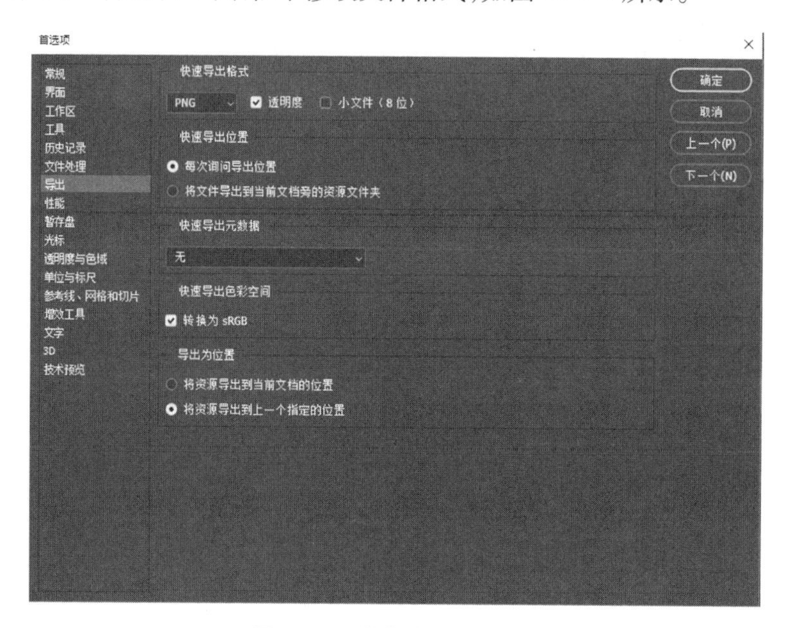

图 10-2-4 “首选项”对话框

【案例实施】

Photoshop 可以让 PSD 文件的每个图生成一幅图像，这个功能可以帮助人们自动提取图像资源，不用手动存储，节约时间成本。

（1）打开本案例素材文件夹中的 PSD 素材文件（图 10-2-5），执行【文件】→【生成】→【图像资源】命令，【图像资源】命令前呈勾选状态，如图 10-2-6 所示。

图 10-2-5 素材文件

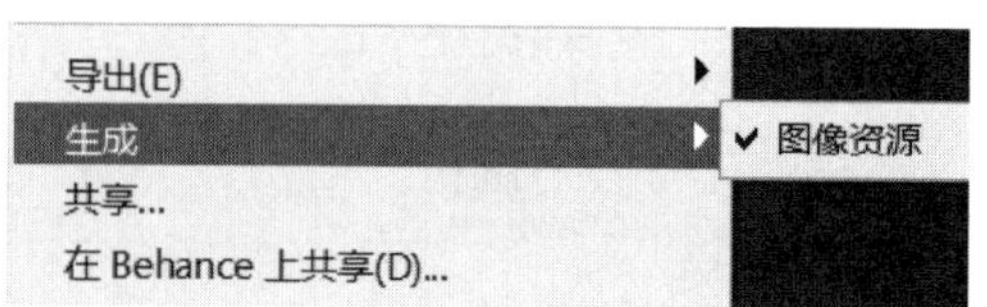

图 10-2-6 【图像资源】命令

(2) 选择图层组中的文件名,双击可修改名称并添加文件格式扩展名“.jpg”,如图 10-2-7 所示。

(3) 操作完成后保存图片 PSD 格式时,图像资源也会自动与原文件保存在一个文件夹中(图 10-2-8)。如需禁用该功能,取消勾选【图像资源】命令即可。

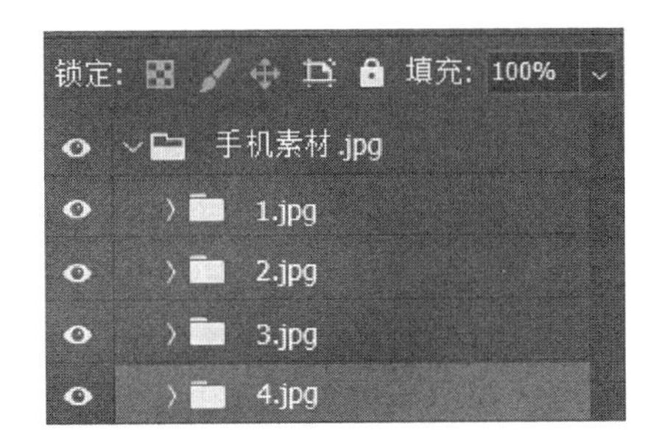

图 10-2-7　修改文件名

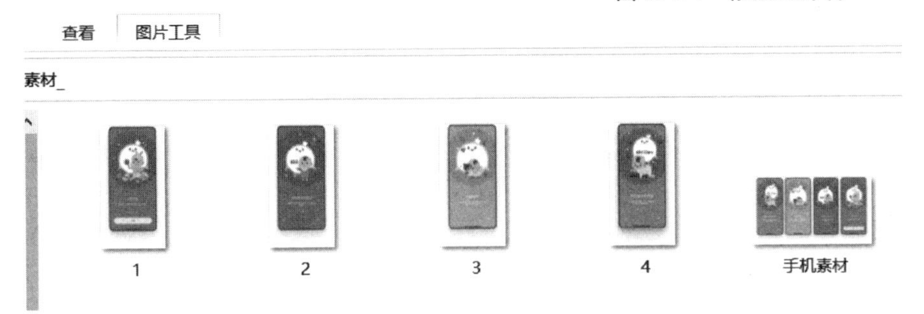

图 10-2-8　保存后的文件夹

案例三　图像的打印——打印节日宣传图

图 10-3-1　节日海报

【案例说明】

教师节快到了,韩某想要给老师们打印一张节日海报(图 10-3-1),你能帮助她完成打印吗?打印多大的尺寸?打印时需要注意什么?通过该案例的学习,你将学会如何打印海报,了解打印设置的相关知识。

【相关知识】

一、色彩管理

执行【文件】→【打印】命令,弹出“Photoshop 打印设置”对话框,如图 10-3-2 所示,在对话框中可以预览打印作品并选择打印机、打印份数和打印方向。在对话框右侧的【色彩管理】选项组中,可以设置色彩管理选项,从而获得更好的打印效果。【颜色处理】用来确定是否使用色彩管理(图 10-3-3),若使用,则需要确定将其用在软件中还是打印设备中。

图 10-3-2 【色彩管理】选项组

图 10-3-3 【颜色处理】选项

打印机配置文件是可以选择适用于打印机和即将使用的纸张类型的适配文件。

【正常打印】/【印刷校样】: 选择【正常打印】,进行普通打印方式;选择【印刷校样】,可以模拟文件在打印机上的输出效果。

【渲染方法】: 指定 Photoshop 如何将色彩转换为打印机颜色空间。

【黑场补偿】: 勾选此复选框,可以模拟输出设备的全部动态范围来保留图像中的阴影细节。

二、设置图像位置大小

在"Photoshop 打印设置"对话框中,【位置和大小】选项组用来设置图像的具体位置,如图 10-3-4 所示。在【位置】选项组中,勾选【居中】复选框,则图像定位在可打印区域的中心位置;取消勾选【居中】复选框,则在【顶】和【左】选项中输入数值,定位图像的具体位置,可打印部分图像。

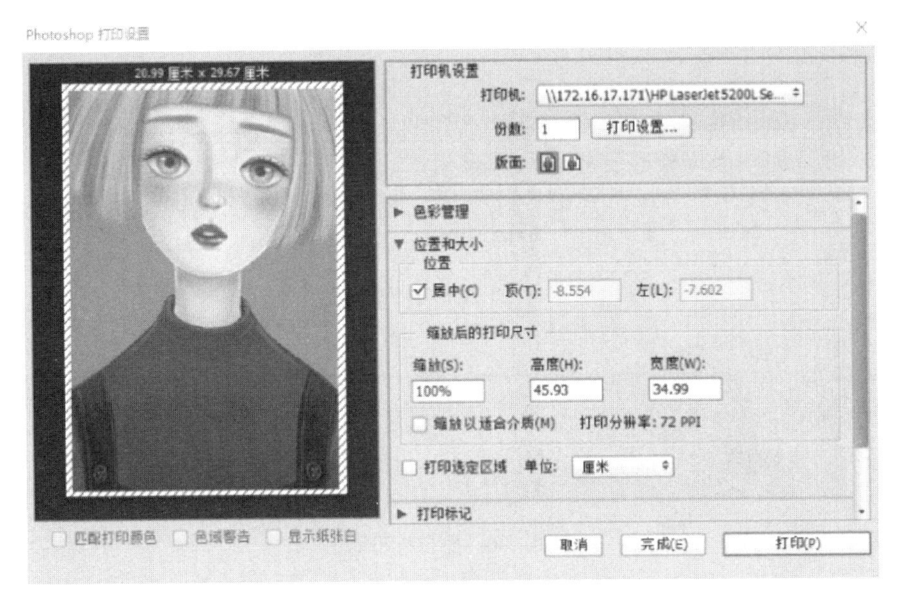

图 10-3-4　【位置和大小】选项组

在【缩放后的打印尺寸】选项组中，勾选【缩放以适合介质】复选框，则自动缩放图像至适合纸张的可打印区域（图 10-3-5）；不勾选此复选框，则在【缩放】选项中输入缩放比例，或在【高度】及【宽度】中设置合适的尺寸进行打印。

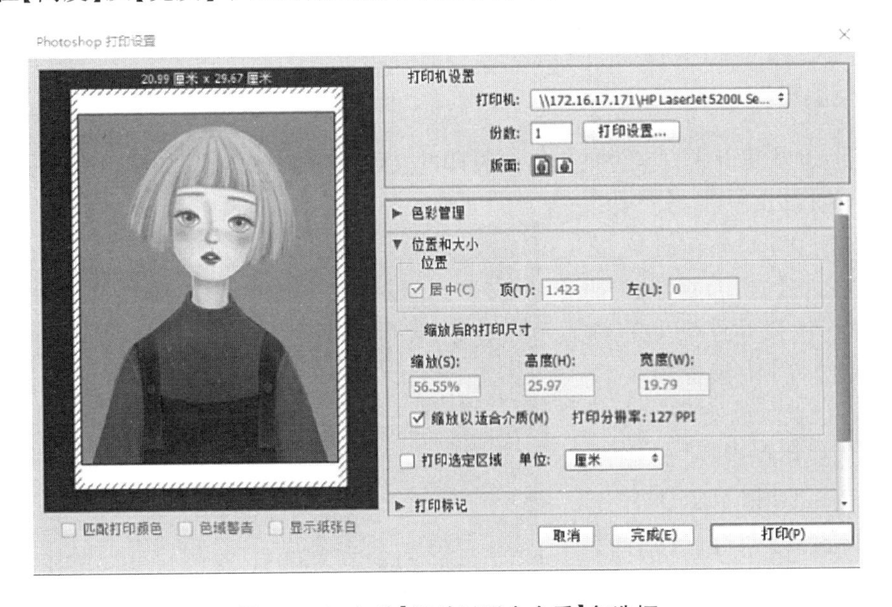

图 10-3-5　勾选【缩放以适合介质】复选框

勾选【打印选定区域】复选框，可以启动裁剪控制功能，通过调整边界框来移动或者缩放图像。

三、设置打印标记

图像若直接从 Photoshop 软件中进行印刷，可在【打印标记】选项组中指定页面上显示标记,如图 10-3-6 所示。

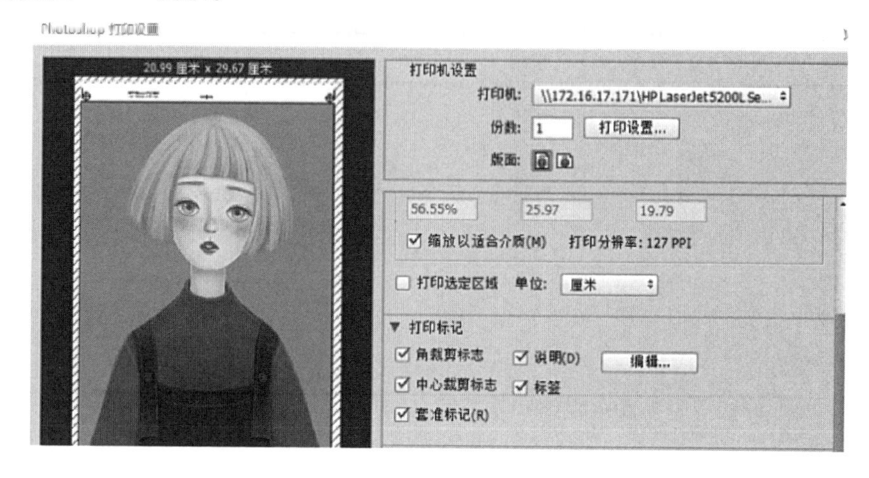

图 10-3-6　显示打印标记

四、设置函数

部分图像在打印时需要添加区域外背景色、裁剪标记等,这些要求可通过函数达成。函数中包含【背景】、【边界】、【出血】等按钮,单击其中一个按钮,则跳出相对应的选项设置。【背景】用于设置图像区域外的背景色。【边界】用于设置图像边缘打印黑色边框的粗细。【出血】用于将裁剪标记移动至图像里,便于裁剪不会丢失图像信息。勾选【药膜朝下】复选框,可以水平翻转。勾选【负片】复选框,可以反转图像颜色状态。

【案例实施】

(1) 打开本案例素材文件夹中需要打印的文件"教师节海报",如图 10-3-1 所示。

(2) 执行【文件】→【打印】命令,弹出"Photoshop 打印设置"对话框,在【打印机】下拉列表中选择连接在计算机上的打印机,在【份数】中选择需要打印的份数,设置颜色处理,在【正常打印】下拉菜单选择【印刷校样】,如图 10-3-7 所示。

(3) 选择【纵向】或【横向】打印后,注意比例关系,再选择打印纸张大小(图 10-3-8),最后单击【打印】按钮即可。

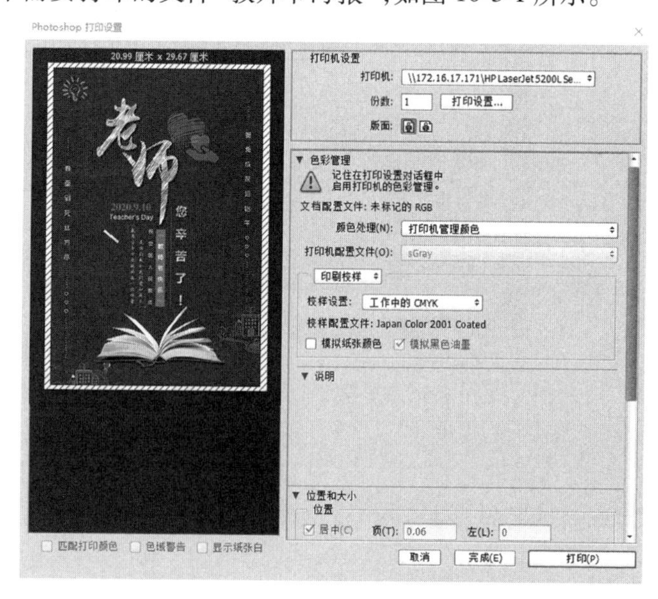

图 10-3-7　"Photoshop 打印设置"对话框

图 10-3-8 选择打印纸张

本章练习

一、选择题

1. 打印的喷绘作品统一使用(   )模式。

A. RGB   B. CMYK   C. 灰度   D. Lab

2. Photoshop 中几乎所有软件都支持(   )格式，该格式的文件大多用于网络传播，可将多张图像存为一个档案，形成动画效果。

A. BMP   B. PSD   C. GIF   D. EPS

3. Photoshop 可以和(   )软件配合使用。

A. CorelDRAW   B. Word   C. AutoCAD   D. Illustrator

4. 如果有大量的图像要做相同的处理，可以选择使用 Photoshop(   )功能。

A. 滤镜   B. 批处理   C. 图层   D. 通道

5. 图像的导出格式不包括(   )。

A. JPEG   B. GIF   C. PSD   D. SVG

二、填空题

1. ________是用于处理单个文件或一批文件的一系列操作。

2. Photoshop 可以保存成________种格式。

3. 为了取得满意的打印效果，在打印之前，用户还应该使用 Photoshop 的____________功能对图像进行处理。

4. 打印中最简单的操作为执行【文件】→【打印】命令打印，快捷键为______________
______。

5. 编辑动作中主要有复制动作、删除动作、________________、________________、
________________、________________和重命名动作。

三、操作题

为了打印自己的证件照，首先执行【文件】→【打印】命令，打开“Photoshop 打印设置”对话框，然后调整相应打印参数进行证件照打印。

第十一章

动　作

◆ **本章学习简介**

本章主要介绍了几种减少工作量的快捷功能。例如,“动作”就是一系列有序的操作集合,用户可以将一系列动作录制下来,并将其保存成一个动作,供在以后的操作中通过播放此动作,达到重复执行这一系列操作的目的。熟练掌握这些功能的使用,可以大幅度地提高工作效率,使较为烦琐的工作变得简单易行。

◆ **本章学习目标**

- 了解动作面板的功能和动作的调整、编辑、应用操作技术。

◆ **本章学习重点**

- 掌握记录动作、播放动作和存储动作的方法。

案例　动作的应用——制作火焰字

在 Photoshop 2020 中经常使用到火焰字,如果用户要完成多个火焰字的制作,就要重复多次相同的操作,那将浪费大量的时间,利用【动作】进行批处理,只需执行一次命令,就可以完成多个火焰字的制作,既省时又省力。

【案例说明】

本案例采用【滤镜】中的【风】命令制作火焰字,并把操作步骤通过【动作】命令录制下来,重复使用录制的步骤,就可以进行多个火焰字效果的制作。

【相关知识】

一、认识【动作】面板

Photoshop 2020 的“动作”是用一个动作代替了许多步的操作,使执行任务自动化,这为设计者在进行图像处理的操作上带来了很大方便。同时,用户还可以通过记录并保存一系列的操作来创建和使用动作,以方便日后可直接从【动作】面板中调出运用。批量转换格式就是先将转换一个图片格式的过程利用【动作】面板记录下来,再利用其批量处理的功能简化操作。

1.【动作】面板

执行【窗口】→【动作】命令,弹出【动作】面板,也可以按下【Alt】+【F9】快捷键,调出【动作】面板,如图 11-1-1 所示。该面板中选项的含义如下:

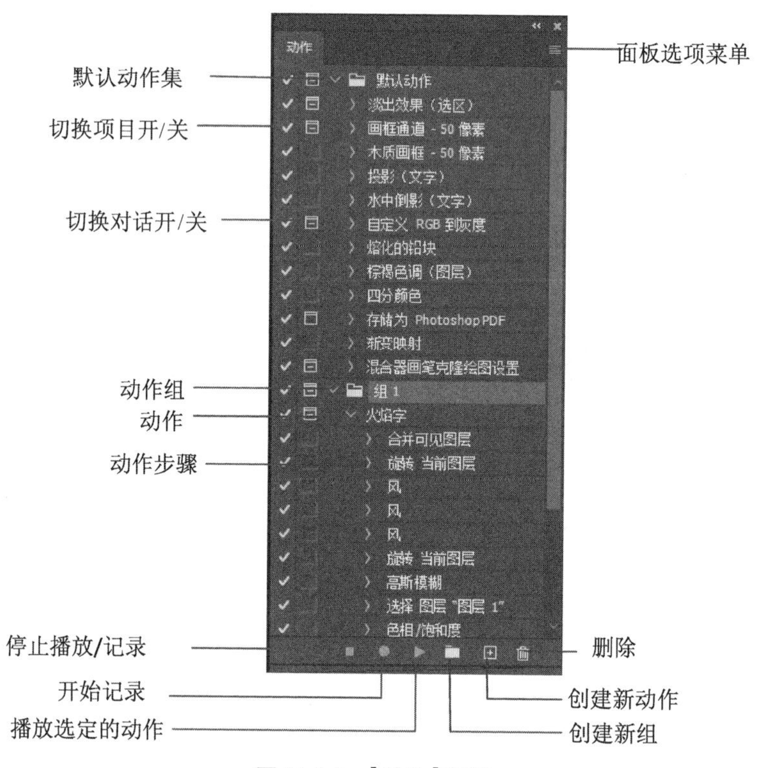

图 11-1-1 【动作】面板

(1) 动作组:类似文件夹,用来组织一个或多个动作。

(2) 动作:一系列操作命令的集合。单击命令前的小三角按钮,可以展开命令列表,显示命令的具体参数。

(3) 动作步骤:动作中每一个单独的操作步骤,展开后会出现相应的参数细节。

(4)【切换项目开/关】☑:若动作组、动作和命令前显示有该图标,则表示这个动作组、动作和命令可以执行;若动作组、动作前没有该图标,则表示该动作组或动作不能被执行;若某一命令前没有该图标,则表示该命令不能被执行。

(5)【切换对话开/关】▣:若命令前显示该图标,则表示动作执行到该命令时会暂停,并打开相应命令的对话框,此时可以修改命令的参数,单击【确定】按钮,可以继续执行后面的动作。若动作组和动作前出现该图标,则表示该动作中有部分命令设置了暂停。

(6)【面板选项菜单】▤:单击位于【动作】面板右上角的【面板选项菜单】按钮▤,系统将弹出面板选项菜单,如图 11-1-2 所示,通过该菜单可以完成动作与组的新建、复制、播放、删除等操作。

(7) 默认动作集:在【动作】面板中有 Photoshop 2020 安装时自带的动作集,用户可

以直接应用这些动作到图形上，快速地复制效果。

（8）【停止播放/记录】按钮：单击后停止记录或播放。

（9）【开始记录】按钮：单击之，即可开始记录，红色凹陷状态表示记录正在进行中。

（10）【播放选定的动作】按钮：在录制【动作 1】的过程中，当单击【停止】按钮，表示【动作 1】录制完毕，之后单击【播放】按钮，会将【动作 1】中的每一个动作步骤依次执行一遍。

（11）【创建新组】按钮：单击位于【动作】面板底部的【创建新组】按钮，系统将弹出如图 11-1-3 所示的“新建组”对话框。在该对话框中的【名称】文本框中输入组的名称，然后单击【确定】按钮，即可创建一个新组，用来组织单个或多个动作。

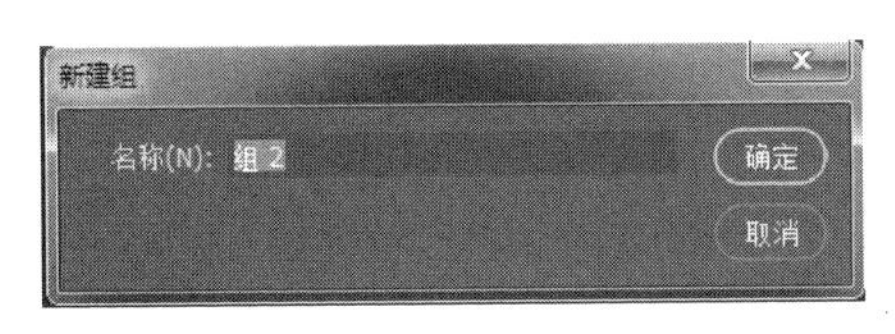

图 11-1-3 “新建组”对话框

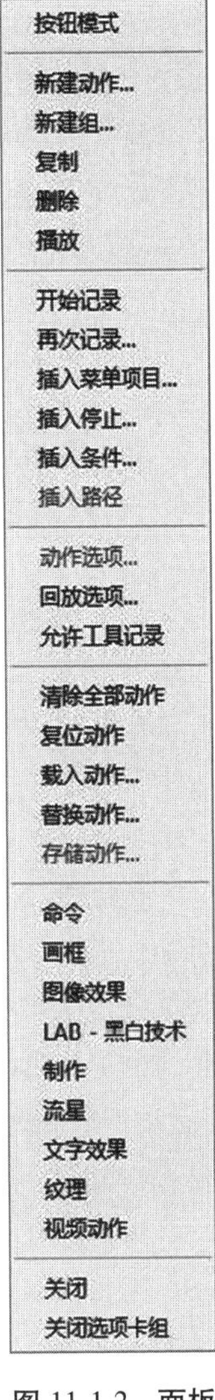

图 11-1-2 面板选项菜单

（12）【创建新动作】按钮：单击位于【动作】面板底部的【创建新动作】按钮，系统将弹出如图 11-1-4 所示的“新建动作”对话框。该对话框中选项的含义如下：

【名称】：系统给出的是【动作 1】，之后如果再新建动作，名称依次是【动作 2】、【动作 3】等，用户可以根据情况修改一个合适的名称。

【组】：如果存在多个组，可以选择新动作属于的组别，这里表示新建的动作属于【组 1】。

【功能键】：当设置了功能键【F10】且动作创建完毕后，按【F10】键，等同于按【播放】按钮。

【颜色】：可以为所创建的动作设置一个颜色标签。

设置完对话框中相关选项，单击【记录】按钮后，【动作】面板下方的红色【记录】按钮就会按下，这时会将每一步动作操作都记录下来。

（13）【删除】按钮：单击位于【动作】面板底部的【删除】按钮，系统将弹出如图 11-1-5 所示的操作提示对话框，单击【确定】按钮，即可删除一个或多个动作或组。

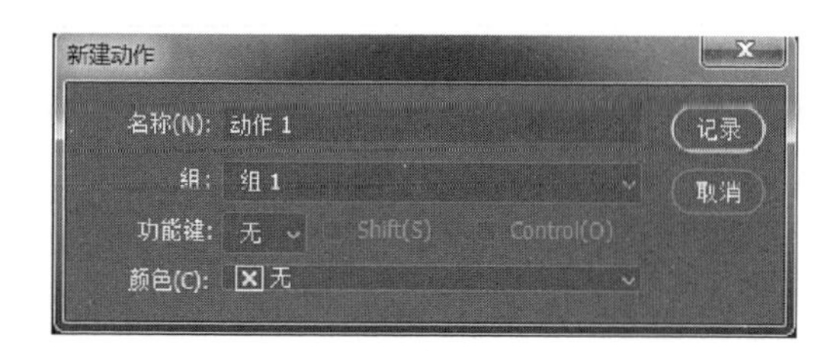

图 11-1-4 “新建动作”对话框

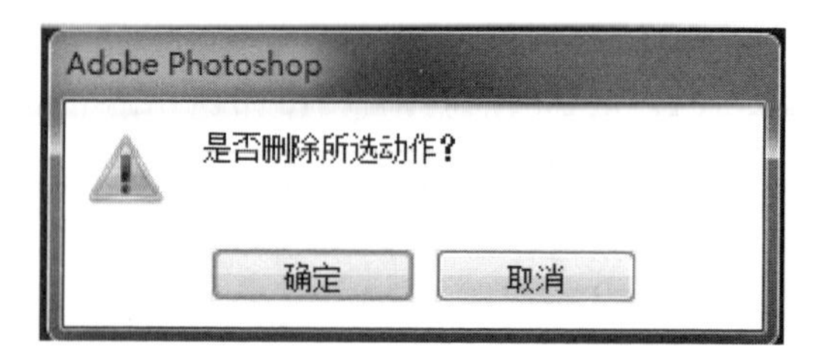

图 11-1-5 操作提示对话框

2. 存储、载入和复位动作

单击【动作】面板右上角的【面板选项菜单】按钮▤,在弹出菜单中可选择【存储动作】、【载入动作】或【复位动作】等选项,如图 11-1-6 所示。

清除全部动作
复位动作
载入动作...
替换动作...
存储动作...

图 11-1-6 存储、载入和复位动作

(1) 存储动作。

在 Photoshop 2020 中【动作】面板显示了一些动作,除此之外,还可以在【动作】面板菜单中看到其他一些动作列表,可以载入这些动作来使用。而且,用户创建的动作可以保存下来以便今后调用(动作文件的扩展名为“.atn”)。存储动作的操作步骤如下:

选中动作组(注意是动作组而不是动作,动作是以动作组的形式保存的,如果选中单个动作,那么【存储动作】命令将是灰化的,不可使用),为动作组键入一个名称,选取适当的存储位置,可以将该组存储在任何位置。若将该文件放置在 Adobe Photoshop 2020 文件夹内的 Presets\Actions 文件夹中,则在重新启动 Photoshop 2020 应用程序后,该组将显示在【动作】面板菜单的底部。

(2) 载入动作。

当清除了【动作】面板中的动作或重装 Photoshop 2020 后,用户可以用【载入动作】命令找到自己保存的动作文件,像原来一样正常使用。所以,录制好一个动作,就可以把它输出为动作文件保存下来以备今后之用。现在,网络上有很多 Photoshop 的“动作”,也可以把它们下载下来,只要是“.atn”文件,就可以用【载入动作】命令载入使用。

(3) 复位动作。

当清除了【动作】面板上的全部动作之后,可以通过【复位动作】命令将默认动作重新载入。此处有【替换】和【追加】两种模式,默认动作存储在 Required 文件夹中。

二、动作的调整、编辑和应用

1. 应用预制动作

Photoshop 2020 中提供了丰富的预制动作,利用这些动作,用户可以分别对文字及图像进行处理,还可以生成图像的边缘和纹理。在【动作】面板中单击动作组名称或动作名称,然后就可以根据需要运行相应的动作或命令。例如,图 11-1-7 为素材图像,图 11-1-8 为选择并执行预制的“木质画框-50 像素”动作后得到的效果。

图 11-1-7 素材图像

图 11-1-8 执行“木质画框-50 像素”动作后的效果

2. 在动作中插入菜单命令

插入菜单项目是指在动作中插入菜单中的命令,这样可以将很多不能录制的命令插入动作中。在【动作】面板中选择一个需要插入菜单命令的动作,然后在面板选项菜单中执行【插入菜单项目】命令,打开“插入菜单项目”对话框,如图 11-1-9 所示;此时在菜单中执行一个要插入的菜单命令,完成后单击【确定】按钮,这样就可以将命令插入相应命令的后面。

图 11-1-9 “插入菜单项目”对话框

3. 在动作中插入停止命令

如果想要在操作中进行一些无法被记录的操作时,就可以使用【插入停止】命令。在【动作】面板中,选择需要插入停止的命令,然后,单击【面板选项菜单】按钮 ,执行【插入停止】命令,系统会弹出“记录停止”对话框;在【信息】文本框中输入提示信息,并勾选【允许继续】复选框,如图 11-1-10 所示,再单击【确定】按钮,即可在该动作后面插入一个停止动作。

图 11-1-10 “记录停止”对话框

4. 在动作中插入路径

在用【路径工具】绘制路径或从 Adobe Illustrator 粘贴路径时，即使处在动作录制状态下，绘制的操作并不会被记录下来。但是，动作中可以插入一条已经绘制好的路径，当动作被播放时，动作会自动生成所绘制的路径，并可以被选择、描边或填充。

注 播放插入复杂路径的动作可能需要大量的内存。如果遇到问题，需增加可用内存量。

插入路径的具体操作步骤如下：

(1) 按下【开始记录】按钮。

(2) 选择一个动作的名称或命令名称，在该动作或命令的最后记录路径。

(3) 新建路径或从【路径】面板中选择现有的路径。

(4) 在【动作】面板菜单中执行【插入路径】命令。

注 如果在单个动作中记录多个【插入路径】命令，则每一个路径都将替换目标文件中的前一个路径。若要添加多个路径，则在记录每个【插入路径】命令之后，使用【路径】面板记录【存储路径】命令。

5. 设置动作的回放选项

默认情况下，动作运行的速度非常快，用户无法看清动作运行的过程，一旦出现错误或问题，也无法判断问题究竟出现在哪一步。此时，用户可以通过修改动作播放的速度来解决这一问题。

单击【动作】面板右上角的【面板选项菜单】按钮▤，在展开的选项菜单中执行【回放选项】命令，打开“回放选项”对话框，如图 11-1-11 所示。其中提供了播放动作的【加速】、【逐步】、【暂停】3 种速度。

图 11-1-11 “回放选项”对话框

【加速】：将以默认的速度播放动作。

【逐步】：在播放动作时，Photoshop 2020 在完全显示每一操作步骤的结果后，才继续执行下一步操作。

【暂停】：可以在播放动作时，控制每个命令的暂停时间。

【案例实施】

(1) 新建文件，设置宽度为 600 像素，高度为 400 像素，分辨率为 72 像素/英寸，背景为黑色，并将文件命名为“火焰字”。

(2) 用【文字工具】，输入“火焰字”，填充白色，调整好大小和位置，如图 11-1-12 所示。

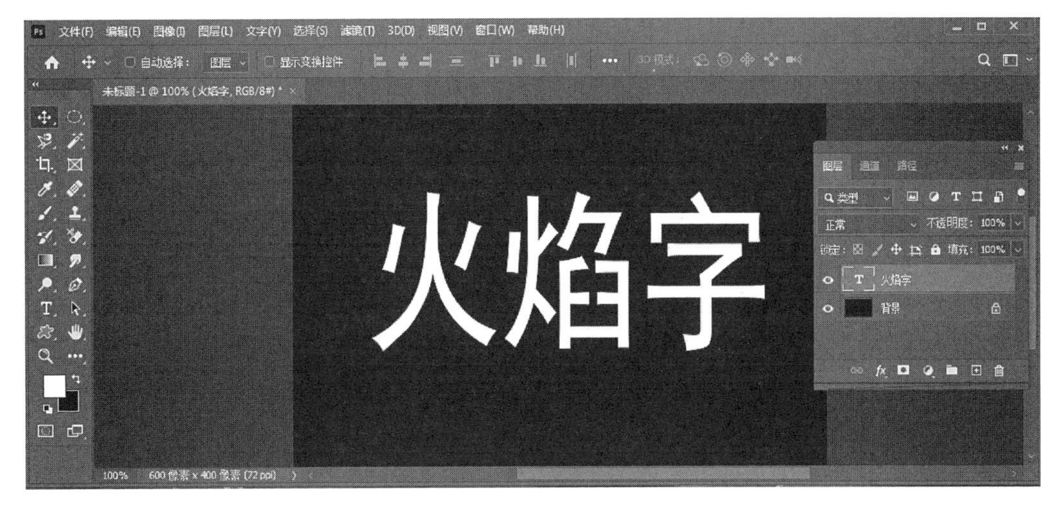

图 11-1-12　输入文字

(3) 打开【动作】面板，记录下每一步的操作。单击【创建新动作】按钮，弹出“新建动作”对话框，输入名称“火焰字”，如图 11-1-13 所示，再单击【记录】按钮。

图 11-1-13　“新建动作”对话框

(4) 按下【Ctrl】+【E】快捷键，合并图层，如图 11-1-14 所示。

(5) 执行【图像】→【图像旋转】→【逆时针 90 度】命令，将图像按逆时针旋转 90 度，得到如图 11-1-15 所示的效果。

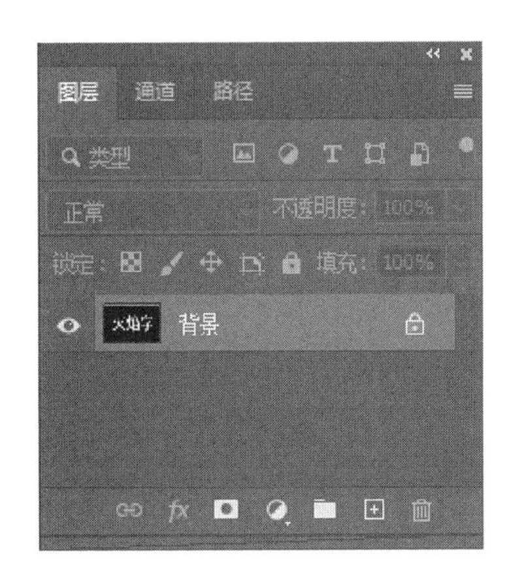

图 11-1-14　合并图层后的【图层】面板

图 11-1-15　逆时针旋转 90 度

（6）执行【滤镜】→【风格化】→【风】命令，选择【方向】为【从右】，如图 11-1-16 所示。

（7）重复执行【滤镜】→【风格化】→【风】命令两次，加强风格化的效果，如图 11-1-17 所示。

（8）执行【图像】→【图像旋转】→【顺时针 90 度】命令，将图像按顺时针旋转 90 度，得到如图 11-1-18 所示的效果。

图 11-1-16 【风】效果

图 11-1-17 加强【风】效果

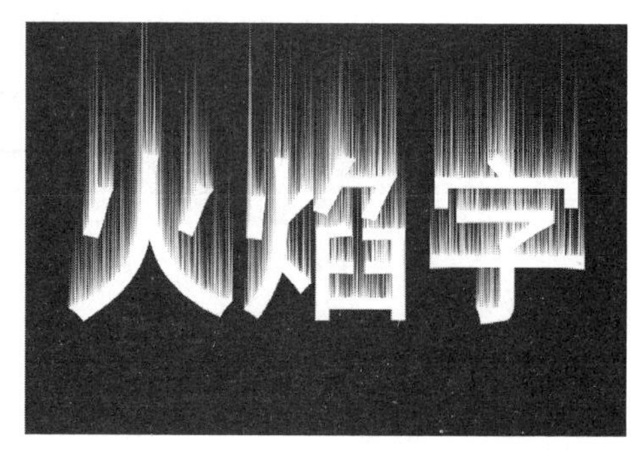

图 11-1-18 顺时针旋转 90 度

（9）执行【滤镜】→【扭曲】→【波纹】命令，在弹出的对话框中设置数量为 118%，大小为中，如图 11-1-19 所示。

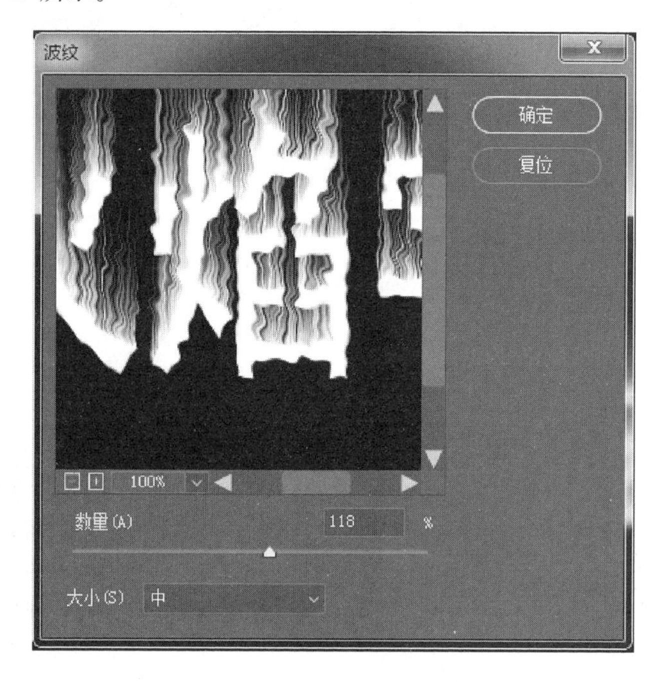

图 11-1-19 “波纹”对话框

（10）执行【图像】→【模式】→【灰度】命令，将图像模式变为灰度。

（11）执行【图像】→【模式】→【索引颜色】命令，将图像模式变为索引颜色。

（12）执行【图像】→【模式】→【颜色表】命令，在【颜色表】的下拉列表选择黑体，如图 11-1-20 所示，再单击【确定】按钮，效果如图 11-1-21 所示。

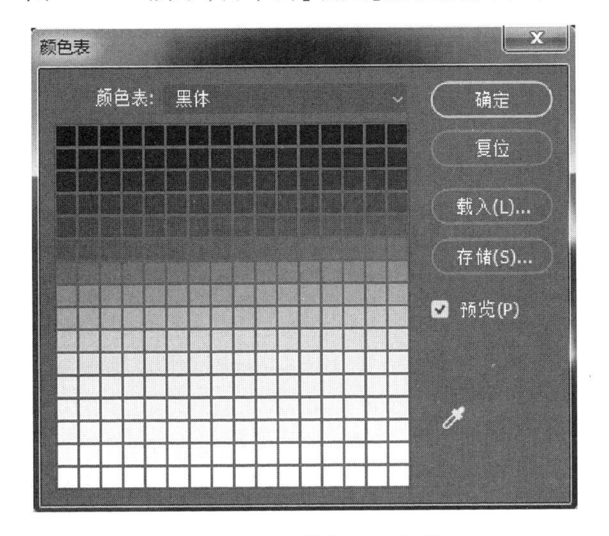

图 11-1-20　“颜色表”对话框

图 11-1-21　火焰字最终效果

（13）单击【动作】面板上的【停止播放/记录】按钮，动作录制完成。

（14）选择【组 1】，单击【动作】面板右上角的【面板选项菜单】按钮▤，选择存储动作，将动作存储为“火焰.atn”保存，如图 11-1-22 所示。

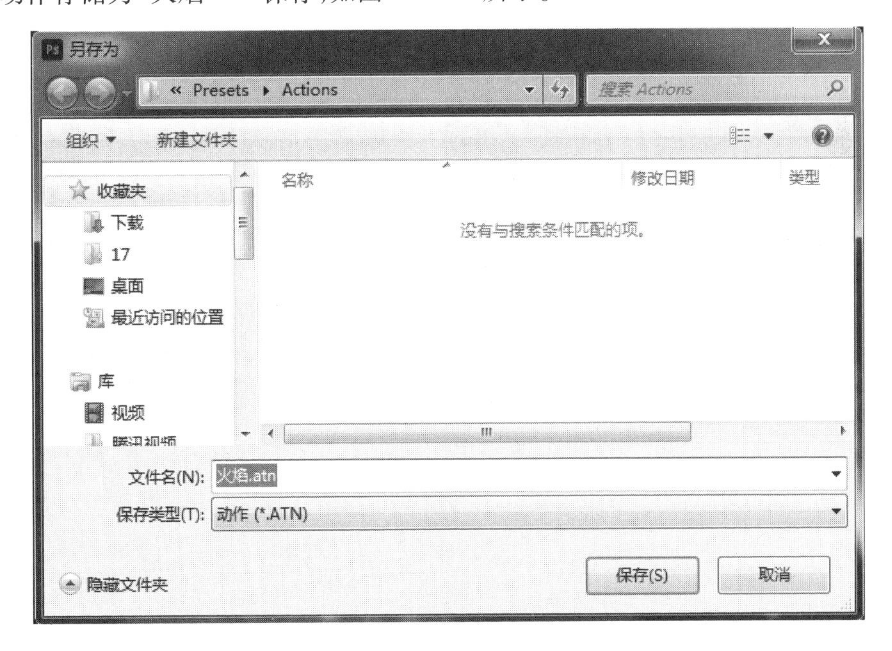

图 11-1-22　存储“火焰字”动作

（15）下面将动作【火焰字】应用到其他文字上。建立文字图层“知足上进”，我们将在这个图层上应用先前创建好的动作【火焰字】。选中动作【火焰字】，单击【动作】面板下方的【播放】按钮▶，得到的效果如图 11-1-23 所示。

图 11-1-23　应用【火焰字】动作

本章练习

一、填空题

1. 要录制新动作,可以在【动作】面板中单击________按钮,打开“新建动作”对话框,设置选项后,单击________按钮,即可进行录制。

2. 要执行录制的动作,只需在【动作】面板中选定该动作,然后单击________按钮或者执行面板选项菜单中的________命令即可。

二、操作题

使用默认动作【渐变映射】和【木质画框】为素材文件夹中的照片“mao.jpg”添加如图(b)所示的效果。

(a) 原图

(b) 效果图

(操作题图)